普通高等教育新工科机器人工程系列教材

工业机器人及其应用

主编　郗安民　何春燕
参编　郗小超　王　旭　孙学彬

机械工业出版社

本书专注于工业机器人的基本概念、基础理论及其应用，从工业机器人应用及集成系统设计出发，引入大量实际工程范例，是一部系统介绍机器人技术与原理，特别是工业机器人集成应用的通用教材。

本书共十章，内容包括绪论、工业机器人的传动与结构、工业机器人的末端执行器、工业机器人外围设备与装置、工业机器人感觉系统、工业机器人控制、工业机器人的生产线与工作站、工业机器人应用工程实例分析、工业机器人的轨迹规划与编程、工业机器人运动学。每章均附有习题。

本书立足于理论知识与工程实际相结合，力求通俗易懂、深入浅出。

本书可作为普通高等院校机械工程、自动化等相关专业学生的教材，也适合有关科技人员作为参考书。

图书在版编目（CIP）数据

工业机器人及其应用/郏安民，何春燕主编. —北京：机械工业出版社，2022.5（2025.8 重印）

普通高等教育新工科机器人工程系列教材

ISBN 978-7-111-70256-6

Ⅰ.①工… Ⅱ.①郏… ②何… Ⅲ.①工业机器人-高等学校-教材 Ⅳ.①TP242.2

中国版本图书馆 CIP 数据核字（2022）第 032432 号

机械工业出版社（北京市百万庄大街22号　邮政编码100037）
策划编辑：刘小慧　余　皞　责任编辑：余　皞　周海越
责任校对：陈　越　张　薇　封面设计：郏小起
责任印制：张　博
固安县铭成印刷有限公司印刷
2025 年 8 月第 1 版第 2 次印刷
184mm×260mm·18.25 印张·1 插页·451 千字
标准书号：ISBN 978-7-111-70256-6
定价：55.00 元

电话服务　　　　　　　　　　网络服务
客服电话：010-88361066　　机 工 官 网：www.cmpbook.com
　　　　　010-88379833　　机 工 官 博：weibo.com/cmp1952
　　　　　010-68326294　　金 书 网：www.golden-book.com
封底无防伪标均为盗版　　机工教育服务网：www.cmpedu.com

前　言

从大学毕业到退休几十年，我几乎就干了一件事——工业机器人的设计与应用。

伴随着机器人技术的成长与发展，我从事机器人技术与应用教学30余年，经历过无数个国内外工业机器人应用系统的集成，并带领学生们在ROBCON的竞赛中摸爬滚打20年，与工业机器人结下了不解之缘，对它的"身体""智力""技能""潜力"有了深刻的认识和体验。我一直有个强烈的愿望，就是把这些年的经验也好，教训也罢，静下心来认真地总结出来，写一本仅涉及工业机器人、注重生产实际应用的适用教材，为推动工业机器人在我国的快速发展尽微薄之力。

工业机器人技术代表了机电一体化技术的最高水平，涉及机械工程、电子技术、计算机技术、自动控制理论及人工智能等多门学科，是当代科学技术发展最活跃的领域之一。工业机器人的应用水平也是一个国家工业自动化水平的重要标志。近年来，我国工业和经济的快速发展对工业机器人的需求呈井喷态势。与工业机器人相关的设计制造企业、关键器件生产企业以及相关的研究院、产业园、高新技术开发区等如雨后春笋遍布全国各地。众多高校也纷纷成立机器人学院或机器人研究院，同时设立机器人专业，开设机器人课程。这一方面说明了我国市场对工业机器人的需求量巨大，另一方面也体现了工业机器人技术人才短缺的状态。所以，作为培养工程技术人才的高等院校，必须脚踏实地、实事求是地做好教材、教学、实验、培训等每一个环节，培养出真正高水平的技术人才，逐步缩短与先进国家的差距，提升我国工业机器人的设计和应用水平。

目前市面上已经有了不少关于机器人技术的教材。相较于这些教材，本书的特点在于仅涉及工业机器人，且立足于理论知识和工程应用相结合，但重点不放在理论分析上，而是放在系统集成和工程应用上，力求通俗易懂，深入浅出。

本书由郗安民和何春燕主编。第二、五、八章由郗安民编写；第六、九、十章由何春燕编写；第一、七章由郗小超编写；第三章由王旭编写；第四章由孙学彬编写；李明博、刘涛、李瑞奇参与了部分工程项目及文档的整理；白云华、王建国和张敬龙绘制了部分插图。在本书编写过程中，我们参考了一些资料和优秀教材，在此对这些文献的作者致以衷心的谢意。

由于本书涉及面广，作者们虽尽心尽力，但疏漏之处仍在所难免，恳请读者批评指正。

郗安民

目　录

第一章 绪论

　　曾经那么神秘的"机器人"已经从科幻小说和电影中走出来，融入到我们的社会生活之中，成为人们的亲密伙伴和朋友。经过几十年的发展，众多专家学者和著名公司研制了应用在各行各业的形式多样的机器人，同时也出版了许多讲授机器人技术的教材和论著。

　　机器人技术融合了机械工程、电子技术、计算机技术、自动控制理论及人工智能等多学科的知识点，结合本书突出工业机器人的特点，本章简要介绍机器人及其发展历史，重点讲述工业机器人的分类、组成及主要技术参数。

第一节 机器人及其发展

一、机器人

　　机器人——作为人类最亲密和神秘的"机器伙伴"，已经在各行各业及日常生活中成为我们的朋友，而且可以预见它的发展将越来越迅速，越来越受到人们的青睐。

　　最早的机器人可以追溯到古代人们发明的各种"机器""玩偶"，如我国西周偃师的伶人、春秋鲁班的木鸟、汉代张衡的计里鼓车、三国诸葛亮的木牛流马等，以及 1662 年日本竹田近江的机器玩偶、1738 年法国 Jake·Wore·Wack 的机器鸭和 1773 年瑞士 Jack·Doros 的玩偶等。

　　robot（机器人）一词源自 1920 年捷克作家 Karel Capek 的科幻剧 *Rossum's Universal Robots*，它由捷克文 robota（意为农奴、苦力）衍生而来，剧中名为 robot 的机器没有感觉和感情，它按照主人的指令，以呆板的方式替代人类从事繁重的劳动。

　　那么，什么是机器人呢？关于机器人的说法有很多。总结各种说法，机器人应具有以下特性：

　　1）一种机械电子装置。

　　2）动作具有类似于人或其他生物体的功能。

　　3）可通过编程执行多种工作，有一定的通用性和灵活性。

　　4）有一定程度的智能，能够自主地完成一些操作。

　　1940 年，一位名叫 Isaac Asimov 的科幻作家首次使用 Robotics（机器人学）来描述与机器人有关的科学，并提出了"机器人学三原则"：

　　1）机器人不得伤害人或由于故障而使人遭受不幸。

2）机器人应执行人们下达的命令，除非这些命令与第一原则相矛盾。

3）机器人应能保护自己的生存，只要这种保护行为不与第一或第二原则相矛盾。

机器人界将这三个原则作为开发机器人的准则。

机器人的大量应用是从工业生产的搬运、喷涂、焊接等方面开始的，这使得人类能从繁重的、重复单调的、有害健康和危险的生产作业中解放出来。在应用中，人们不断地发现机器人技术的潜力，机器人的应用领域也就不断地扩大，如今它已逐步进入或即将进入人们生产和生活的各个领域中。例如，建筑机器人可用来砌墙、抹水泥地面、安装天花板、搬运玻璃和预制件等建筑材料；矿山机器人可用于凿岩、挖掘、石油钻井、取样等；核工业机器人用于检查放射性元素和清理核垃圾；管道爬行机器人用于检修油、气、污水管道；农、林、牧业用机器人可以耕种、收割、采果、喷洒农药化肥、挤奶等；水下机器人可用于深海探测、沉船打捞、海洋矿产和渔业开发、建立海上牧场等；空间机器人可用于星球开发、空间微生物分析、纯净材料的制造、轨道飞行器的检修、增添燃料和清洗、空间自动对接、舱外抢险、捕获、充当航天飞机乘务员等；许多极限作业机器人还可用于极高温、极低温、粉尘、有毒气体、放射性环境，进行消防、抢险救灾、火山探索等工作；模仿人及各种动、植物形态的仿生机器人可用作医院护士、餐厅和家庭服务员，进行生物学研究和文体娱乐活动；厘米或毫米通信线径的微型机器人可用于微细加工、星球表面检查、眼科精细手术等领域；此外，机器人还大量应用于军事，如各发达国家开发了许多海、陆、空战用机器人，以显示军事现代化的实力。可以说，在当今世界上，机器人的应用已无所不在。

二、机器人发展历史、现状和发展趋势

1959 年，George·G·Devol 与美国发明家 Ingerborg 联手制造出世界上第一台工业机器人，随后成立了世界上第一家机器人制造工厂——Unimation 公司。由于 Ingerborg 对工业机器人的研发和宣传，他被称为"工业机器人之父"。

1962 年，美国 AMP 公司生产出万能搬运（Versatran）机器人，与 Unimation 公司生产的万能伙伴（Unimate）机器人一样成为真正商业化的工业机器人，并出口到世界各国，从而掀起了全世界对机器人研究的热潮。Unimate 机器人（见图 1-1）是球坐标机器人，它是由 5 个关节串联的液压驱动机器人，可完成近 200 种示教再现动作。Versatran 机器人（见图 1-2）主要用于机器之间的物料运输，其手臂可以绕底座回转，并沿垂直方向升降，也可

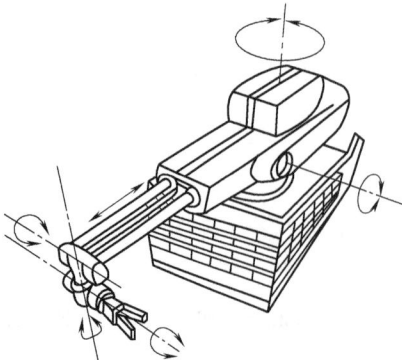

图 1-1　Unimate 机器人

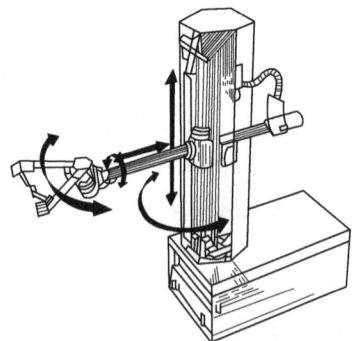

图 1-2　Versatran 机器人

以沿半径方向伸缩。一般认为，Unimate 机器人和 Versatran 机器人是世界上最早的工业机器人。

1967 年，日本川崎重工和丰田公司分别从美国购买了 Unimate 和 Versatran 机器人的生产许可证，日本从此开始了对机器人的研究和制造。20 世纪 60 年代后期，喷漆和弧焊机器人问世并逐步开始应用于工业生产。

1968 年，美国斯坦福研究所公布了他们研发成功的 Shakey 机器人，由此拉开了第三代机器人研发的序幕。Shakey 带有视觉传感器，能根据人的指令发现并抓取积木，不过控制它的计算机有一个房间那么大。Shakey 可以称为世界上第一台智能机器人。

1969 年，日本早稻田大学加藤一郎实验室研发出第一台以双脚行走的机器人。加藤一郎长期致力于仿人机器人的研究，被誉为"仿人机器人之父"。日本专家一向以研发仿人机器人和娱乐机器人见长，后来就出现了本田公司的 ASIMO 机器人和索尼公司的 QRIO 机器人。

1973 年，机器人和小型计算机第一次"携手合作"，诞生了美国 Cincinnati Milacron 公司的 T3 机器人（见图 1-3）。

1979 年，美国 Unimation 公司推出了 PUMA 通用工业机器人（见图 1-4），这标志着工业机器人技术已经成熟。PUMA 至今仍然工作在生产第一线，后续许多机器人技术的研究都以该机器人为模型和对象。

图 1-3　T3 机器人

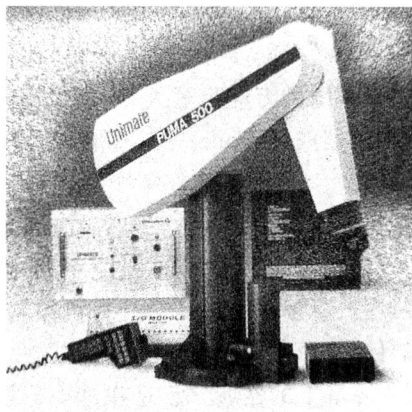

图 1-4　PUMA 通用工业机器人

1979 年，日本山梨大学牧野洋发明了平面关节（selective compliance assembly robot arm，SCARA）型机器人，该机器人在此后的装配作业中得到了广泛应用。

1980 年，工业机器人在日本开始普及，并得到了巨大发展，日本也因此赢得了"机器人王国"的美称。

1984 年，Ingerborg 再次推出机器人 Helpmate，这种机器人能在医院里为病人送饭、送药、送邮件。同年，Ingerborg 还放言：我要让机器人擦地板、做饭、帮我洗车、检查安全。

1996 年，本田公司推出 P2 仿人型机器人，使双足行走机器人的研究达到了一个新的水平。随后，许多国际著名企业争相研制代表自己公司形象的仿人型机器人，以展示公司的科研实力。

1998 年，丹麦乐高公司推出机器人 Mind-storms 套件，让机器人的制造变得像搭积木一样相对简单又能任意拼装，使机器人开始走入个人世界。

1999 年，日本索尼公司推出机器人狗爱宝（Aibo），当即销售一空，从此娱乐机器人迈进普通家庭。

2002 年，美国 iRobot 公司推出了 Roomba 吸尘机器人，它是目前世界上销量最大、商业化最成功的家用机器人。

2006 年，微软公司推出 Microsoft Robotics Studio 机器人，从此机器人模块化、平台统一化的趋势越来越明显。当时比尔·盖茨就预言，家用机器人将很快席卷全球。

2009 年，丹麦优傲机器人（Universal Robot）公司推出第一台轻量型的 UR5 系列工业机器人（见图 1-5）。它是一款 6 轴串联的革命性机器人产品，质量为 18kg，负载高达 5kg，工作半径为 850mm，适合中小企业。UR5 机器人拥有轻便灵活、易于编程、高效节能、成本低和投资回报快等特点。UR5 机器人的另一显著优势是不需安全围栏即可直接与人协同工作，一旦人与机器人接触并产生 150N 的力，机器人就自动停止工作。

2012 年，多家著名机器人厂商开发出双臂协作机器人，如 ABB 公司开发的 YuMi 双臂工业机器人（见图 1-6），能够满足电子消费品行业对柔性和灵活制造的需求。又如 Rethink Robotics 公司推出 Baxter 双臂工业机器人，其示教过程简易，能安全和谐地与人协同工作。在未来的工业生产中，双臂工业机器人将会发挥越来越重要的作用。

图 1-5　UR5 系列工业机器人　　　　　　　　图 1-6　YuMi 双臂工业机器人

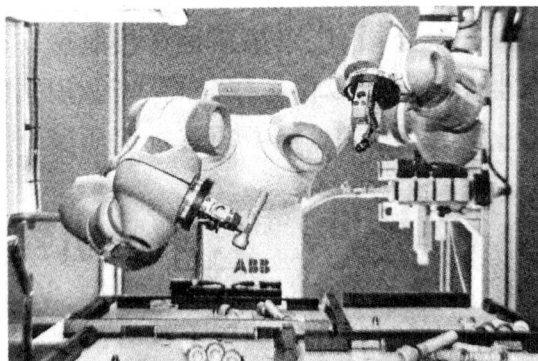

近些年全球机器人的发展惊人，2008 年全球机器人的总销量约为 11.3 万台，而 2009—2017 年间，世界机器人销量年增长率均超过 9%，2017 年达到 32.2 万台。2019 年全球机器人市场规模达到 294.1 亿美元，其中工业机器人的市场规模为 159.2 亿美元，而中国的市场规模达到 86.8 亿美元，其中工业机器人的市场规模为 57.3 亿美元。2014—2019 年机械人的全球平均增长率约为 12.3%，中国的平均增长率约为 20.9%。

我国于 1972 年开始研制工业机器人，数十家研究单位和院校分别开发了固定程序、组合式、液压伺服型通用机器人，并开始了机构学、计算机控制和应用技术的研究。20 世纪 80 年代，我国机器人技术的发展得到政府的重视和支持，机器人步入了跨越式发展时期。1986 年，我国开展了"七五"机器人攻关计划。1987 年，我国的"863"高技术计划将机器人方面的研究开发列入其中，进行了工业机器人基础技术、基础元器件、几类工业机器人整机及应用工程的开发研究。先后研制出了喷涂、弧焊、点焊和搬运等作业机器人整机，几类专用和通用控制系统及几类关键元器件，并在生产中经过实际应用考核，其性能指标达到20世纪80年代初国外同类产品的水平。为了追赶国外先进技术，在国家高技术计划中安排了智能机器人的研究开发，包括水下无缆机器人、多功能装配机器人和各类特种机器人，进行了智能机器人体系结构、机构、控制、人工智能、机器视觉、高性能传感器及新材料等的应用研究。20世纪90年代，由于市场竞争加剧，一些企业认识到必须用机器人等自动化设备来改造传统产业，从而进一步走向产业化。在喷涂机器人，点焊、弧焊机器人，搬运机器人，装配机器人，矿山、建筑、管道作业的特种工业机器人技术和系统应用的成套技术方面继续开发和完善，进一步开拓市场，扩大应用领域，从汽车制造业逐步扩展到其他制造业，并渗透到非制造业领域。例如机器人化柔性装配系统的研究，就体现了工业机器人在未来CIMS（计算机集成制造系统）中的核心技术作用。

近十年间，我国随着生产力成本的快速增长和市场竞争的发展态势，机器人得到了前所未有的重视和发展，机器人的销量由2001年的不足700台迅猛增长至2017年的约8.9万台，16年间的增长超过127倍，年均增长率约为36%。2014年在中国科学院和中国工程院两院大会上，大家认为"机器人革命"有望成为"第三次工业革命"的一个切入点和重要增长点，而机器人则是"制造业皇冠顶端的明珠"，因此有些学者将2014年视为中国机器人的"元年"。

不同类型机器人的需求随着应用行业在不同时期的发展会有所不同，例如2017年，多关节机器人在中国市场中的销量位居首位，全年销售9.1万余台，同比增长66.6%，坐标机器人销售总量超过2.1万台，销量同比增长15.4%，而SCARA型机器人在各类机型中的增速最快，销售总量超过2.3万台，销量同比增长78.6%。

在人才需求方面，根据《制造业人才发展规划指南》的预测，2020年我国高档数控机床和机器人领域人才缺口达到300万人；到2025年，人才缺口进一步扩大到450万人。所以近两年，有200余所高校开办了"机器人工程"专业，不少学校筹建了"机器人学院"，意在加速机器人技术人才的培养。

当前，我国工业机器人产业的整体水平与世界先进水平还有相当大的差距，缺乏关键核心技术，高性能交流伺服电动机、精密减速器、控制器等关键核心部件长期依赖进口。国际工业机器人领域"四大家族"的德国KUKA、瑞士ABB、日本Fanuc和Yaskawa占据我国市场60%~70%的份额。

虽然近几年我国的机器人年装机容量稳居全球第一，但机器人人均数量远低于世界发达国家，2011—2015年间，我国机器人人均保有量由11台/万人增长至49台/万人，增幅近4倍，但距全球69台/万人的平均值尚存差距。德国、日本、韩国等机器人大国的数据分别为301台/万人、305台/万人、531台/万人，分别为我国均值的6.14倍、6.22倍、10.84倍，差距更加明显。

机器人技术的发展，一方面表现在机器人应用领域的扩大和机器人种类的增多；另一方面表现在机器人的智能化。在21世纪，各种智能机器人将得到广泛应用，具有像人的四肢、灵巧的双手、双目视觉、力觉感知功能的仿人型智能机器人将被研制成功。

我国机器人产业发展的机遇与挑战并存，既有制造业提质增效、换挡升级的紧迫需求为机器人行业提供了全新动能，也有经济下行压力加大、核心技术亟待提升、国际不稳定因素增加等不利因素。总体来看机遇大于挑战，我国机器人产业正经历前所未有的快速发展阶段，产品结构不断优化，应用领域持续拓展，新产品将不断涌现。

第二节　工业机器人的分类

关于机器人的分类，国际上没有制定统一的标准，通常是从不同的角度去分类。常见的分类方法有机器人的发展程度、控制方式、驱动方式、应用领域和结构及坐标系特点等。对于工业机器人来说，按照结构及坐标系特点分类更为形象和直观。

一、工业机器人的关节

有的学者将机身、臂部、手腕和末端执行器称为机器人的操作臂，也就是工业机器人，它由一系列连杆依照关节顺序串联而成。关节决定了两相邻连杆副之间的连接关系，也称为运动副。机器人最常用的两种关节是移动关节（prismatic joint）和回转关节（revolute joint），通常用 P 表示移动关节，用 R 表示回转关节。

刚体在三维空间中有 6 个自由度，机器人要完成任一空间作业，也需要有 6 个自由度。机器人的运动由臂部和手腕的运动组合而成。通常臂部有 3 个关节，用于改变手腕参考点的位置，称为定位机构；手腕部分也有 3 个关节，通常这 3 个关节的轴线相互垂直相交，用来改变末端执行器的姿态，称为定向机构。所以，工业机器人可以看成是由定位机构连接定向机构而构成的。

工业机器人的关节常为单自由度主动运动副，即每一个关节均由一个驱动器驱动。典型的关节自由度种类及其图形符号见表 1-1。

表 1-1　典型的关节自由度种类及其图形符号

名　称	符　号	举　例
平移		
回转		
摆动 1		
摆动 2		

二、机器人的类型

机器人臂部 3 个关节的种类决定了机器人工作空间的形式。按照臂部关节沿坐标轴的运动形式，即按 P 和 R 的不同组合，可将机器人分为直角坐标型、圆柱坐标型、球（极）坐标型、关节坐标型和 SCARA 型 5 类。机器人的结构形式由用途决定，即由其所完成的工作性质决定。

1. 直角坐标型机器人

直角坐标型机器人（cartesian coordinates robot）的外形与数控镗铣床和三坐标测量机相似，如图 1-7a 所示，其 3 个关节都是移动关节（3P），关节轴线相互垂直，相当于直角坐标系的 x 轴、y 轴和 z 轴，工作空间为立方体状。其优点是：刚度好，多做成大型龙门式或框架式结构；稳定性好，适用于大负载搬运，而且它的位置精度高、运动学求解简单、控制无耦合。但结构较庞大、工作空间小、灵活性差且占地面积较大。

2. 圆柱坐标型机器人

圆柱坐标型机器人（cylindrical coordinates robot）具有两个移动关节（2P）和一个转动关节（1R），工作空间为圆柱状，如图 1-7b 所示。其特点是位置精度高、运动直观、控制简单、结构简单、占地面积小、价格低廉，因此应用广泛。但不能抓取靠近立柱或地面上的物体。Verstran 机器人是该类机器人的典型代表。

3. 球（极）坐标型机器人

球（极）坐标型机器人（polar coordinates robot）具有一个移动关节（1P）和两个转动关节（2R），工作空间为空心球体状，如图 1-7c 所示。Unimate 机器人是该类机器人的典型代表。其优点是结构紧凑、动作灵活、占地面积小。但结构复杂、定位精度低、运动直观性差。

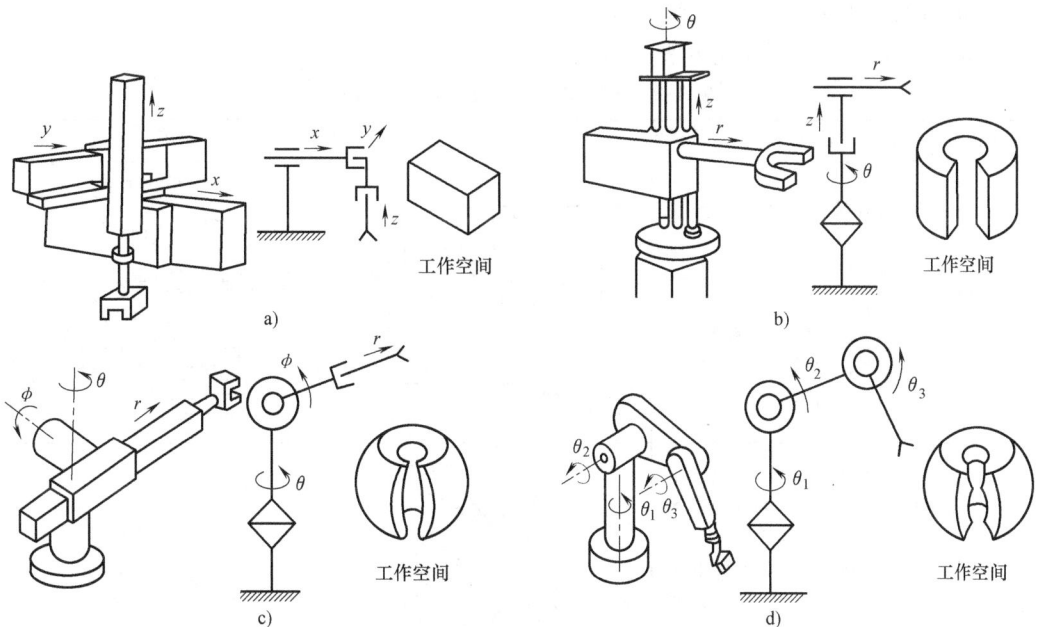

图 1-7 4 种坐标形式的机器人

a) 直角坐标型机器人　b) 圆柱坐标型机器人　c) 球（极）坐标型机器人　d) 关节坐标型机器人

4. 关节坐标型机器人

关节坐标型机器人（articulated robot）由立柱、大臂和小臂组成。它具有拟人的机械结构，即大臂与立柱构成肩关节，大臂与小臂构成肘关节。它具有 3 个转动关节（3R），可进一步分为一个转动关节和两个俯仰关节，工作空间为空心球体状，如图 1-7d 所示。该类机器人的特点是工作空间大、动作灵活、能抓取靠近机身的物体。但运动直观性差、定位精度难以提高。该类机器人由于灵活性好，应用最为广泛。PUMA 机器人是该类机器人的典型代表。

5. SCARA 型机器人

SCARA 型机器人（selective compliance assembly robot arm）有 3 个转动关节，其轴线相互平行，可在平面内进行定位和定向，另外还有一个移动关节，用于完成手爪在垂直于平面方向上的运动，如图 1-8 所示。手腕中心位置由两个转动关节的角度 θ_1 和 θ_2 及移动关节的位移 z 决定，手爪方向由转动关节的角度 θ_3 决定。

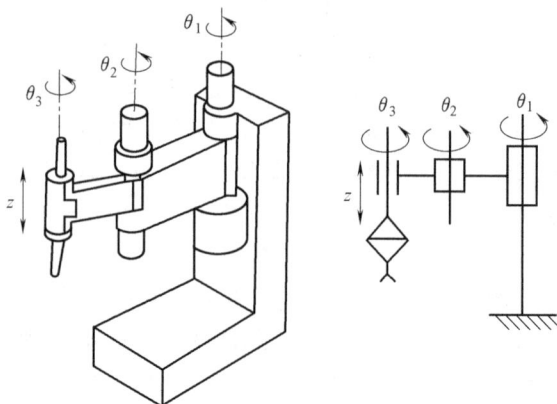

图 1-8 SCARA 型机器人

该类机器人的特点是在垂直平面内具有很好的刚度，在水平面内具有较好的柔顺性，且动作灵活、速度快、定位精度高。例如，Adept1 型 SCARA 型机器人的运动速度可达 10m/s，比一般关节坐标型机器人快数倍。SCARA 型机器人最适宜于平面定位，以及在垂直方向上进行装配，也适用于搬运码垛作业，所以又称为装配机器人或搬运码垛机器人。

6. 不同坐标型机器人的性能比较

不同坐标型机器人的性能见表 1-2。

表 1-2 不同坐标型机器人的性能比较

类型	特　点	工　作　空　间	
直角坐标型	1. 在直线方向上移动，运动容易想象 2. 通过计算机控制实现，容易达到高精度 3. 占地面积大，运动速度低 4. 直线驱动部分难以密封、防尘，容易被污染		
圆柱坐标型	1. 容易想象和计算，直线部分可采用液压驱动，可输出较大的动力 2. 能够伸入型腔式机器内部，它的手臂可以到达的空间受到限制，不能到达近立柱或近地面的空间 3. 直线驱动部分难以密封、防尘 4. 后臂工作时，手臂后端会碰到工作范围内的其他物体	 平面图	 正视图

（续）

类型	特　　　点	工　作　空　间
球（极）坐标型	1. 中心支架附近的工作范围大，两个转动驱动装置容易密封，覆盖工作空间较大 2. 坐标复杂，难于控制 3. 直线驱动装置仍存在密封及工作死区的问题	
关节坐标型	1. 关节都是转动关节，类似于人的手臂，是工业机器人中最常见的结构 2. 它的工作范围较为复杂	
SCARA 型	1. 前两个关节（肩关节和肘关节）都是平面旋转的，最后一个关节（腕关节）是工业机器人中最常见的结构 2. 它的工作范围较为复杂	

第三节　工业机器人的组成与技术参数

一、工业机器人的组成

工业机器人主要由机械系统、驱动系统、控制系统和感知系统 4 部分组成。

1. 机械系统

工业机器人的机械系统一般包括机身、臂部、手腕、末端执行器等部分，每一部分都有若干个自由度，构成一个多自由度的机械系统。此外，有的机器人还具备行走机构（mobile mechanism），则构成行走机器人；若机器人不具备行走及转腰机构，则构成单机器人臂（single robot arm）。末端执行器是直接安装在手腕上的一个重要部件，它可以是两手指或多手指的手爪，也可以是喷漆枪、焊枪等作业工具。工业机器人的机械系统就相当于人的身体（骨骼、手、臂、腿等）。

2. 驱动系统

驱动系统主要指驱动机械系统动作的驱动装置。根据驱动源的不同，驱动系统可分为电气、液压、气压驱动系统 3 种以及将它们结合起来应用的综合系统。该部分的作用相当于人的肌肉。

电气驱动系统在工业机器人中应用得最普遍，可分为步进电动机驱动、直流伺服电动机驱动和交流伺服电动机驱动 3 种形式。早期多采用步进电动机驱动，后来发展了直流伺服电动机驱动，现在交流伺服电动机驱动最为广泛。上述驱动单元有的直接驱动机构运动，有的通过谐波减速器减速后驱动机构运动，其结构简单紧凑。

液压驱动系统运动平稳且负载能力大，对于重载的搬运和加工机器人，采用液压驱动比较合理。但液压驱动系统存在管道复杂、清洁困难等缺点，因此它在装配作业中的应用受到限制。

无论电气驱动还是液压驱动的机器人，其手爪的开合一般都采用气动形式。

气压驱动机器人结构简单、动作迅速、价格低廉，但由于空气具有可压缩性，其工作速度稳定性差。但是，空气的可压缩性可以改善手爪在抓取或卡紧物体时的顺应性，防止力度过大而造成被抓物体或手爪本身的损坏。气压系统压力一般为 0.7MPa，因而抓取力较小。

3. 控制系统

控制系统的任务是根据机器人的作业指令程序及从传感器反馈回来的信号，控制机器人的执行机构，使其完成规定的动作和功能。如果机器人不具备信息反馈特征，则该控制系统称为开环控制系统；如果机器人具备信息反馈特征，则该控制系统称为闭环控制系统。该部分主要由计算机硬件和控制软件组成。软件主要由人与机器人进行联系的人机交互系统和控制算法等组成。该部分的作用相当于人的大脑。

4. 感知系统

感知系统的作用是获取机器人内部和外部环境信息，并把这些信息反馈给控制系统。其中，内部状态传感器用于检测各关节的位置、速度等变量，为闭环伺服控制系统提供反馈信息。外部状态传感器用于检测机器人与周围环境之间的一些状态变量，如距离、接近程度和接触情况等，用于引导机器人识别物体并做出相应处理。外部传感器可使机器人以灵活的方式对它所处的环境做出反应，赋予机器人以一定的智能。该部分的作用相当于人的五官。

机器人系统实际上是一个典型的机电一体化系统，其工作原理为控制系统发出动作指令，控制驱动器动作，驱动器则带动机械系统运动，使末端执行器到达空间某一位置并实现某一姿态，实施一定的作业任务。末端执行器在空间的实时位姿由感知系统反馈给控制系统，控制系统把实际位姿与目标位姿相比较，发出下一个动作指令，如此循环，直到完成作业任务为止。图 1-9 所示为 MOTOMAN-SV3 机器人的组成。

二、工业机器人的技术参数

技术参数是机器人制造商在供货时所提供的产品技术数据。技术参数反映了机器人可胜任的工作、具有的最高操作性能等情况，是选择、设计、应用机器人时必须考虑的数据。机器人的主要技术参数一般有自由度、定位精度、重复定位精度、工作空间与作业范围、承载能力及最大工作速度等。

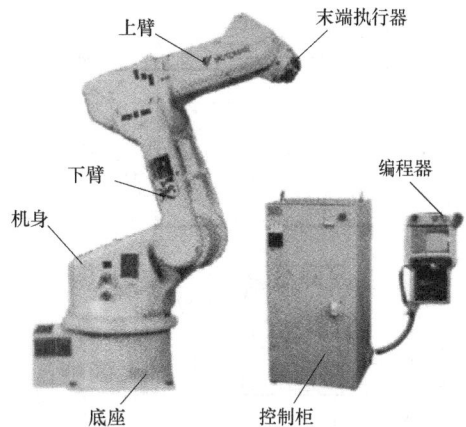

图 1-9　MOTOMAN-SV3 机器人的组成

1. 自由度

自由度（degree of freedom）是指机器人所具有的独立运动的坐标轴数目，不包括末端执行器的开合自由度。机器人的一个自由度对应一个关节，所以自由度与关节的概念是同等的。自由度是表示机器人动作灵活程度的参数，自由度越多就越灵活，但结构也越复杂，控制难度越大，所以机器人的自由度要根据其用途设计或选用，一般为 3~6 个。

大于 6 个的自由度称为冗余自由度。冗余自由度增加了机器人的灵活性，可方便机器人躲避障碍物和改善机器人的动力性能。人类的手臂（大臂、小臂、手腕）共有 7 个自由度，所以工作起来很灵巧，可回避障碍物，并可从不同方向到达同一个目标位置。

2. 定位精度和重复定位精度

定位精度和重复定位精度是机器人两个重要的精度指标。定位精度是指机器人末端执行器的实际位置与目标位置之间的偏差，由机械误差、控制算法误差及系统分辨率等部分组成。重复定位精度是指在同一环境、同一条件、同一目标动作、同一命令之下，机器人连续重复运动若干次时，其位置的分散情况，是关于精度的统计数据。因重复定位精度不受工作载荷变化的影响，故通常用重复定位精度这一指标作为衡量示教-再现工业机器人水平的重要指标。

工业机器人具有定位精度低、重复精度高的特点，例如 MOTOMAN-SV3 机器人的定位精度为 ±0.2mm，而重复定位精度为 ±0.03mm。

3. 工作空间与作业范围

工作空间是机器人运动时手臂末端或手腕中心（通常称为机器人的 P 点，如图 1-10 所示）所能到达的所有点的集合。由于末端执行器的形状和尺寸是多种多样的，为真实反映机器人的特征参数，故工作空间是指不安装末端执行器时 P 点的工作区域。它的大小不仅与机器人各连杆的尺寸有关，而且与机器人的总体结构形式有关。当装上末端执行器之后，机器人的实际作业点一定不是机器人的 P 点，而作业点所能到达的所有点的集合就形成了作业范围，一般情况下作业范围的空间区域大于工作空间的区域。例如末端执行器为一把弧焊枪时，焊丝的前端点就是作业点。因此同一台机器人的工作空间是唯一的，而作业范围随着末端执行器的不同而不同。

作业范围的形状和大小是十分重要的，机器人在执行某作业时可能会因存在手部不能到达的作业死区（dead zone）而不能完成任务。图 1-10 所示为 MOTOMAN-SV3 机器人的工作空间。

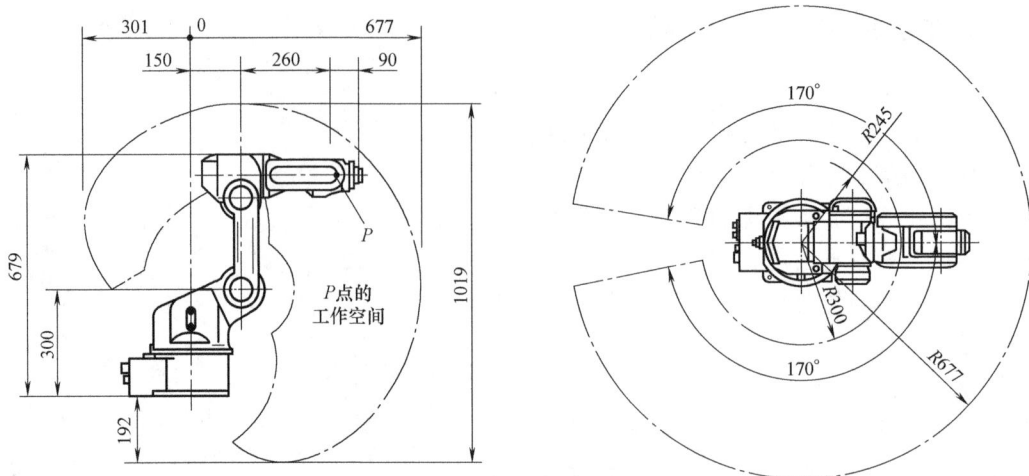

图 1-10 MOTOMAN-SV3 机器人的工作空间

4. 最大工作速度

生产机器人的厂家不同，最大工作速度的含义也可能不同。有的厂家指工业机器人主要自由度上最大的稳定速度，有的厂家指手臂末端最大的合成速度，对此通常都会在技术参数中加以说明。最大工作速度越高，工作效率就越高。但是，工作速度高就要花费更多的时间加速或减速，或者对工业机器人的最大加速率和最大减速率的要求就更高。

5. 承载能力

承载能力是指机器人在作业范围内的任何位置上以任意姿态所能承受的最大质量。承载能力不仅取决于负载质量，而且与末端执行器的偏心距、机器人运行的速度、加速度的大小和方向有关。为保证安全，将承载能力这一技术指标确定为高速运行时的承载能力。通常，承载能力不仅指负载质量，也包括机器人末端执行器的质量。

6. 典型机器人的技术参数

MOTOMAN-SV3 工业机器人的技术参数见表 1-3。其 6 根轴的名称与旋转方向如图 1-11 所示。

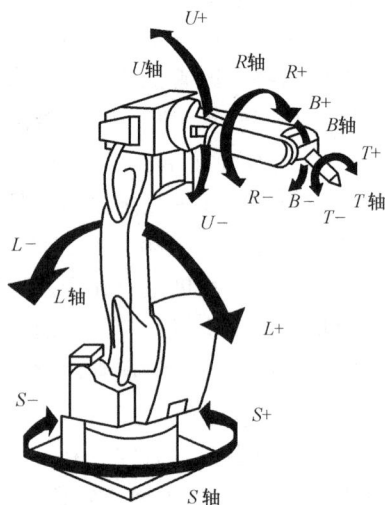

图 1-11 MOTOMAN-SV3 工业机器人 6 根轴的名称与旋转方向

表 1-3 MOTOMAN-SV3 工业机器人的技术参数

机械结构	垂直多关节型
自由度数	6
载荷质量	3kg
重复定位精度	±0.03mm
本体质量	30kg
安装方式	地面安装
电源容量	1.0kV·A

（续）

	S 轴（回转）	±170°
	L 轴（下臂倾动）	+150°、-45°
最大作业范围	U 轴（上臂倾动）	+190°、-70°
	R 轴（手臂转动）	±180°
	B 轴（手腕俯仰）	±135°
	T 轴（手腕回转）	±350°
	S 轴	210°/s
	L 轴	170°/s
最大速度	U 轴	225°/s
	R 轴	300°/s
	B 轴	300°/s
	T 轴	420°/s
	R 轴	5.39N·m（0.55kgf·m）
允许力矩	B 轴	5.39N·m（0.55kgf·m）
	T 轴	2.94N·m（0.3kgf·m）

习　题

1-1　简述工业机器人的定义。

1-2　机器人三原则对机器人做了哪些要求？

1-3　查阅资料，论述国内外机器人发展的现状及发展动向。

1-4　简述工业机器人的主要应用场合，这些场合各有什么特点？

1-5　简述工业机器人的基本组成及各部分之间的关系。

1-6　简述工业机器人各主要技术参数的定义（自由度、重复定位精度、作业范围、最大工作速度、承载能力）。

1-7　什么是机器人的自由度？在设计机器人时如何选择自由度？

1-8　工业机器人按坐标形式分为哪几类？各有什么特点？

1-9　画出 5 种坐标形式机器人的图形符号。

1-10　什么是 SCARA 型机器人？其应用上有何特点？

1-11　机器、自动机和机器人三者之间的关系如何？

1-12　请举出几个身边的机器人实例。

1-13　你认为机器人的发展方向有哪些？

第二章 工业机器人的传动与结构

工业机器人之所以成为高精度的机电产品，除了具有出色的控制系统外，还有颇具"讲究"的机械传动和结构。不同结构类型或者不同用途的工业机器人，其传动和结构各具特点，驱动方式、传动原理和机械结构也有各种不同的类型。

本章介绍几种典型的工业机器人的传动与结构。

第一节 工业机器人的传动系统

机器人部件的运动是通过传动系统实现的，为了认识机器人，必须对其传动系统进行分析。

机器人为了得到所需的运动，就要通过一系列传动元件将运动体和动力源连接起来，以构成传动关系。

机器人的传动关系是用传动系统图表示出来的。图中各种传动元件均用简单的图形符号表示，详见 GB/T 4460—2013《机械制图机构运动简图用图形符号》。一般传动系统图画在能反映机器人外形的各主要传动元件相互位置的投影面上，并尽可能绘制在机体外形的轮廓线内。图中各传动元件是按照运动传递的先后顺序以展开图的形式画出来的，它只表示传动关系，不代表各传动元件的实际尺寸和空间位置。

一、MOTOMAN-MP6 垂直关节型机器人的传动系统

垂直多关节六自由度机器人的外观和传动示意图如图 2-1 所示。它由 6 台交流伺服电动机分别传动 6 套机构，形成 6 个独立的运动，分别称之为 S 轴、L 轴、U 轴、R 轴、B 轴和 T 轴。S 轴为竖直方向，整机的活动部分绕该轴回转，电动机 M_1 通过减速器 R_1 使机器人腰部旋转，回转角度为 340°；L 轴为水平方向，电动机 M_2 通过减速器 R_2 使机器人的下臂绕 L 轴摆动，摆动角度为 240°；U 轴为水平方向，电动机 M_3，通过减速器 R_3 和拉杆使机器人的上臂绕 U 轴摆动，摆动角度为 270°；R 轴位于上臂中心，内藏在上臂后部的电动机 M_4 通过减速器 R_4 使机器人上臂的前段绕 R 轴旋转，旋转角度为 360°；B 轴位于上臂的最前端，内藏于上臂前部的电动机 M_5 通过减速器 R_5 使机器人的手腕绕 B 轴摆动，摆动角度为 270°；T 轴位于手腕中心，内藏在上臂前部的电动机 M_6 通过减速器 R_6 使机器人的手腕绕 T 轴旋转，旋转角度为 400°。把这 6 个轴的运动综合起来，就形成了机器人的工作空间。为便于设计，指定 R 轴、B 轴和 T 轴中心线的交点 P 为参考点，也称为基点 P。机器人的产品样本一般都

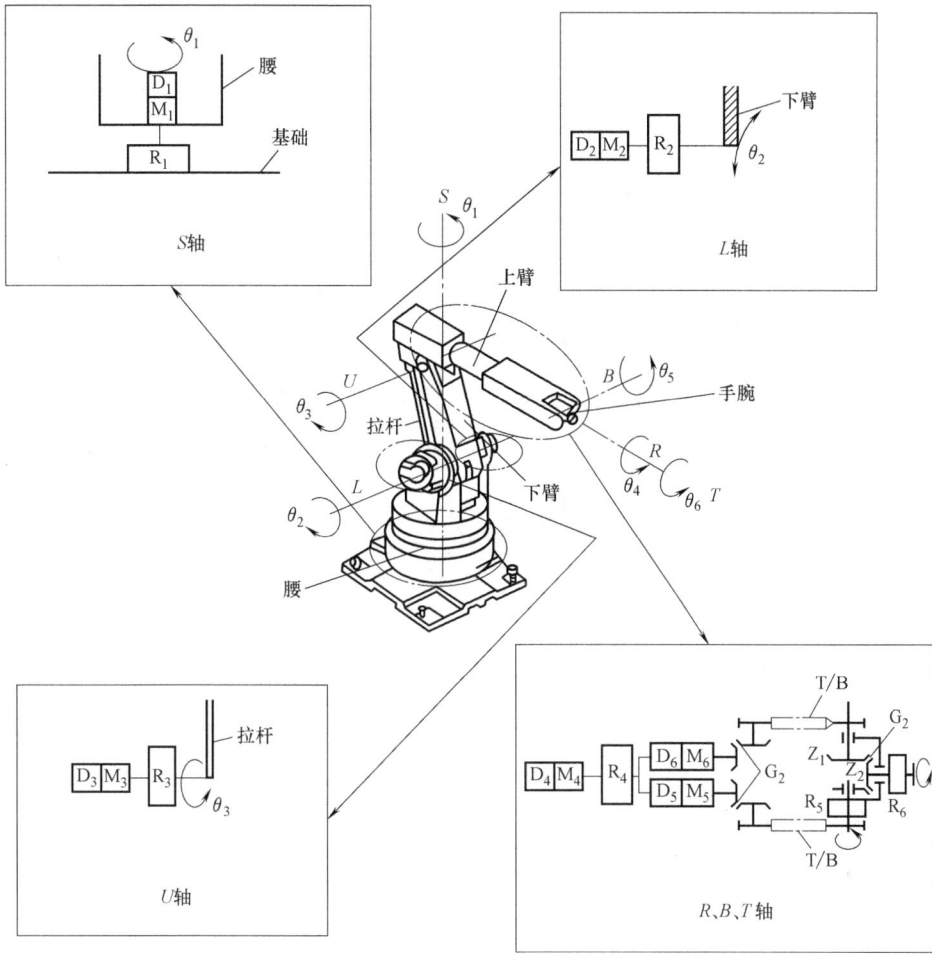

图 2-1 垂直多关节六自由度机器人的外观和传动示意图

会标出 P 点运动的范围，它是设计工作站和选择机器人的重要依据。

二、PUMA-262 型机器人的传动系统

PUMA-262 型机器人是一种精密轻型关节机器人，具有传动精度高、结构紧凑、工作范围大和适应广泛等特点，可用于小型机电元件装配、包装、搬运、喷涂等作业。

图 2-2 所示为 PUMA-262 型机器人的结构示意图，图中给出了各轴的位置、数量、可转角度以及机器人的主要构成部件。6 个自由度为腰、大臂、小臂、手腕Ⅰ、手腕Ⅱ和手腕Ⅲ。图 2-3 所示为机器人的传动系统图，图 2-4 所示为机器人的关节及齿轮组示意图。

6 个运动的传动路线表达式为

腰：腰部电动机 $\xrightarrow{z_1}{z_2}\xrightarrow{z_3}{z_4}$ 立柱转动

大臂：大臂电动机 → 联轴器 $\xrightarrow{z_5}{z_6}\xrightarrow{z_7}{z_8}\xrightarrow{z_9}{z_{10}}$ 大臂转动

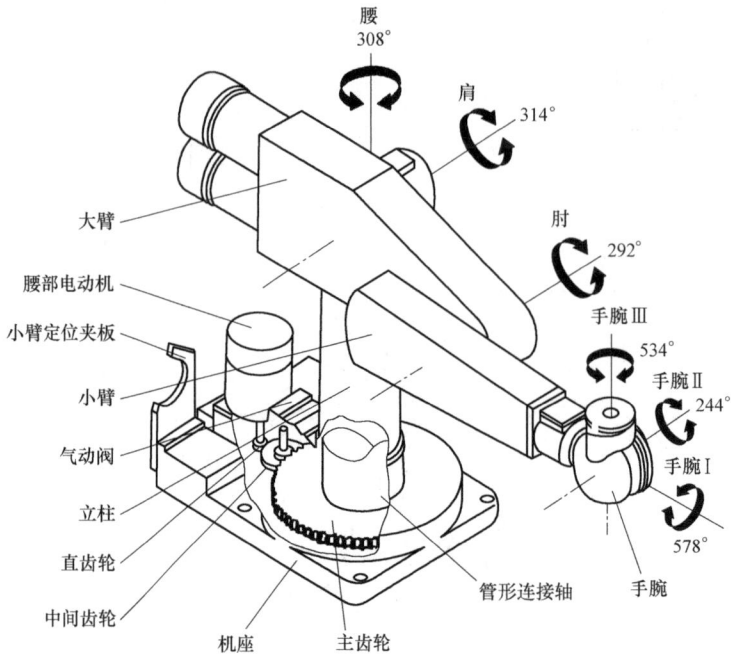

图 2-2 PUMA-262 型机器人的结构示意图

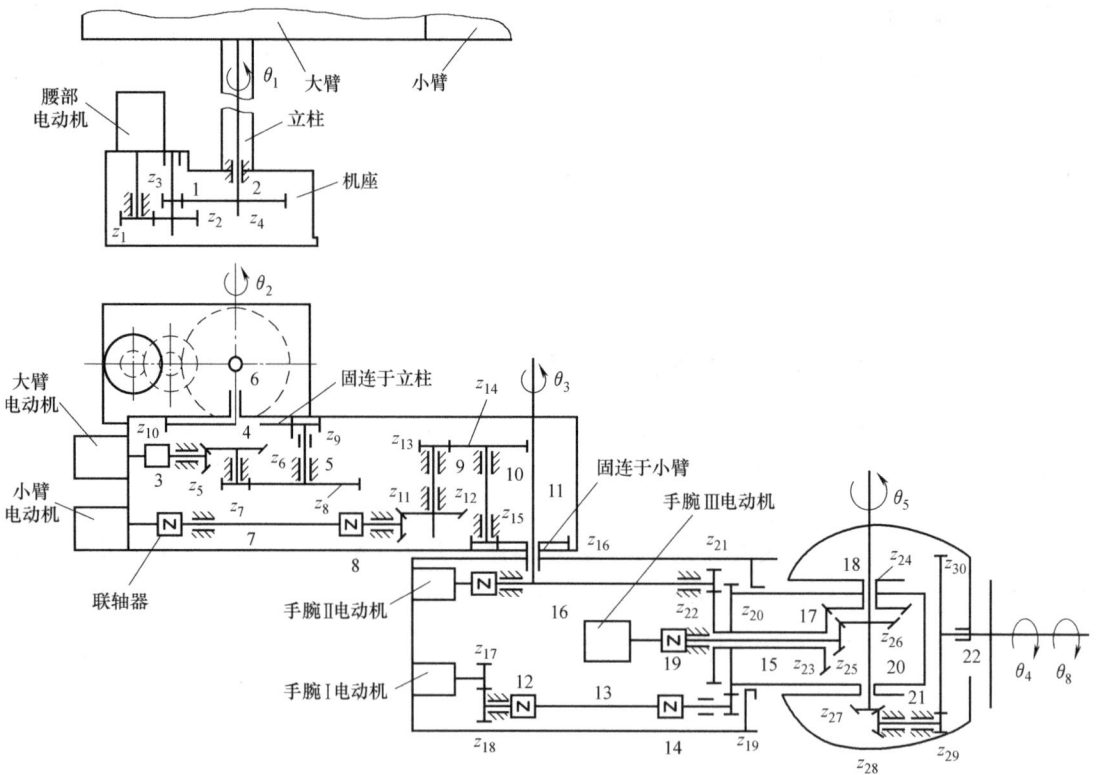

图 2-3 PUMA-262 型机器人的传动系统图

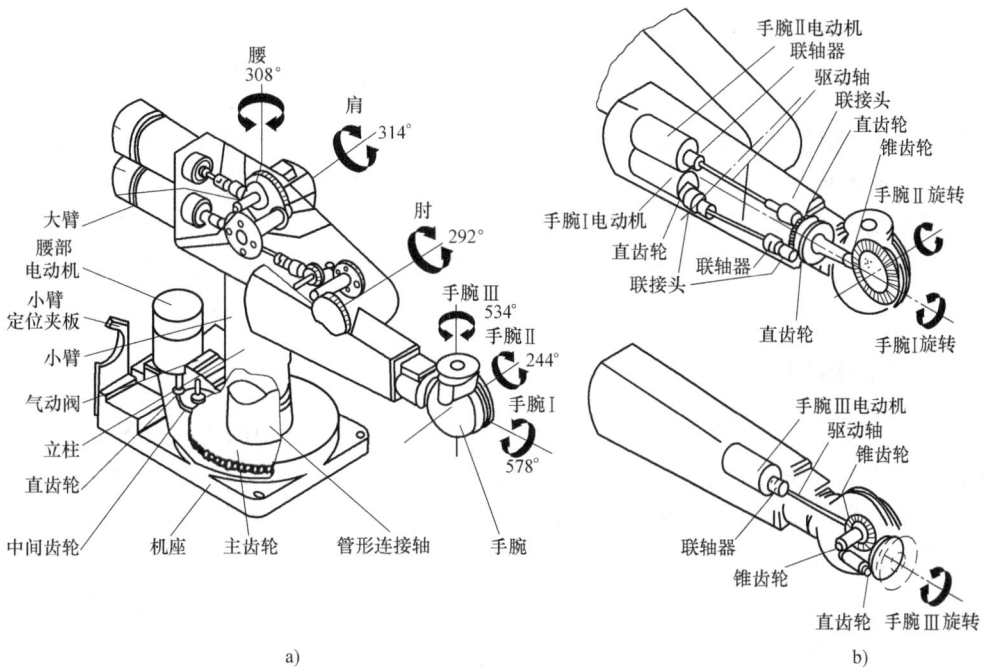

图 2-4 PUMA-262 型机器人的关节及齿轮组示意图

小臂：小臂电动机→联轴器→直轴→联轴器→$\dfrac{z_{11}}{z_{12}}\dfrac{z_{13}}{z_{14}}\dfrac{z_{15}}{z_{16}}$→小臂转动

手腕 Ⅰ：手腕 Ⅰ 电动机→$\dfrac{z_{17}}{z_{18}}$→联轴器→直轴→联轴器→$\dfrac{z_{19}}{z_{20}}$→手腕 Ⅰ 转动

手腕 Ⅱ：手腕 Ⅱ 电动机→联轴器→$\dfrac{z_{21}}{z_{22}}\dfrac{z_{23}}{z_{24}}$→手腕 Ⅱ 转动

手腕 Ⅲ：手腕 Ⅲ 电动机→联轴器→$\dfrac{z_{25}}{z_{26}}\dfrac{z_{27}}{z_{28}}\dfrac{z_{29}}{z_{30}}$→手腕 Ⅲ 转动

将 6 个独立的运动集合起来，就形成了该机器人的工作范围，也称为工作空间，如图 2-5 所示。

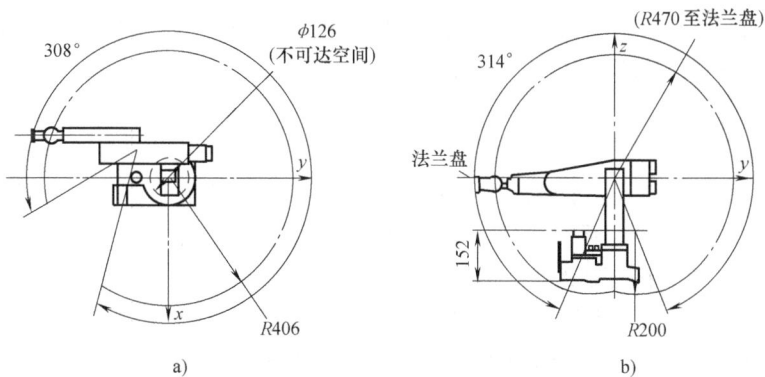

图 2-5 PUMA-262 型机器人的工作空间

a）顶视图 b）左视图

第二节　PUMA-262 型机器人结构

PUMA-262 型机器人也是关节型六自由度机器人，其应用范围与 MOTOMAN-MP6 型机器人类似，所不同的是两者自由度配置的位置。PUMA-262 型机器人靠近手部的自由度多，大臂回转角度大，因此末端执行器在某个方向上允许转动的范围大，在拧紧螺钉等作业中更为适用。另外从两者的工作空间也可以看出它们的不同之处。下面详细介绍 PUMA-262 型机器人的结构。

一、腰部结构

图 2-6 所示为 PUMA-262 型机器人的总体图（见插页）。其中的 A 向视图是腰部结构图，底座是机器人的整体支承件，可固接于地面或其他部件上，立柱固接在底座上。

腰部电动机的输出轴与齿轮轴 39 相连，齿轮轴上的小齿轮与双联齿轮 37 的大齿轮啮合。其小齿轮则与固连在空心轴 31 上的大齿轮 33 相啮合，空心轴带动机器人的大臂及前端各部件转动，形成机器人的腰部旋转。齿轮轴 39 上装有电磁制动闸，使得腰部转动的刹车平稳并自锁。双联齿轮 37 装在中间轴 38 上，中间轴则由两个轴承安装在底座上；空心轴 31 也通过轴承安装在与底座固连的轴套 30 上，其上部与大臂 2 的旋转支座连接。

二、大臂和小臂结构

大臂与小臂的结构形式相似，均由铝制的铸件壳体与薄铝板铰接而成，铸件壳体既是承力骨架，又是内部齿轮及轴等元件的支承柱。

大臂内装有大臂和小臂的驱动电动机（见图 2-6），电动机 6 是大臂驱动电动机，电动机轴端的联轴器和轴与锥齿轮 26 连接，通过一对锥齿轮和二级直齿轮传递运动，而最后一个大齿轮通过连接件固定在回转的空心套 31 上，在大齿轮不转动的情况下，反带大臂转动（见图 2-6 中的 A—A 剖视图）。各轴均用轴承安装在大臂的壳体上，并消除安装间隙。

大臂内的另一个电动机是小臂驱动电动机，其传动与结构类似于大臂，电动机轴端通过弹性管联轴器 7、传动轴 8 和又一联轴器传动外齿轮，也是通过一对锥齿轮和二级直齿轮传递运动，而最后一个大齿轮与小臂是固定连接的，从而驱动小臂相对于大臂转动，安装锥齿轮 20 的连轴小齿轮 21，安装直齿轮 23 的连轴小齿轮 19 都是由轴承支承在大臂的壳体上（见图 2-6 中的 E—E 剖视图）。

三、手腕结构

如图 2-6 和图 2-7 所示，小臂后端装有手腕 I 和手腕 II 的电动机，在它的中部靠近手腕处，装有手腕 III 的电动机。手腕 I 的电动机轴上安装直齿轮，通过一对直齿轮啮合带动由两个联轴器联接的直轴，在直轴的另一端，再通过一对直齿轮啮合而形成二级传动。最后一个直齿轮与手腕 I 部件固接，便实现了手腕 I 的转动。手腕 II 也是两级转动，与手腕 I 不同的是，第一级为直齿轮，第二级为锥齿轮，最后一个锥齿轮与球形壳体连接，这样手腕 II 的电动机便可带动手腕 II（球形壳）相对于手腕 I 转动了。

手腕 III 采用三级齿轮传动，第一级和第二级为锥齿轮，第三级为直齿轮，最后的直齿轮

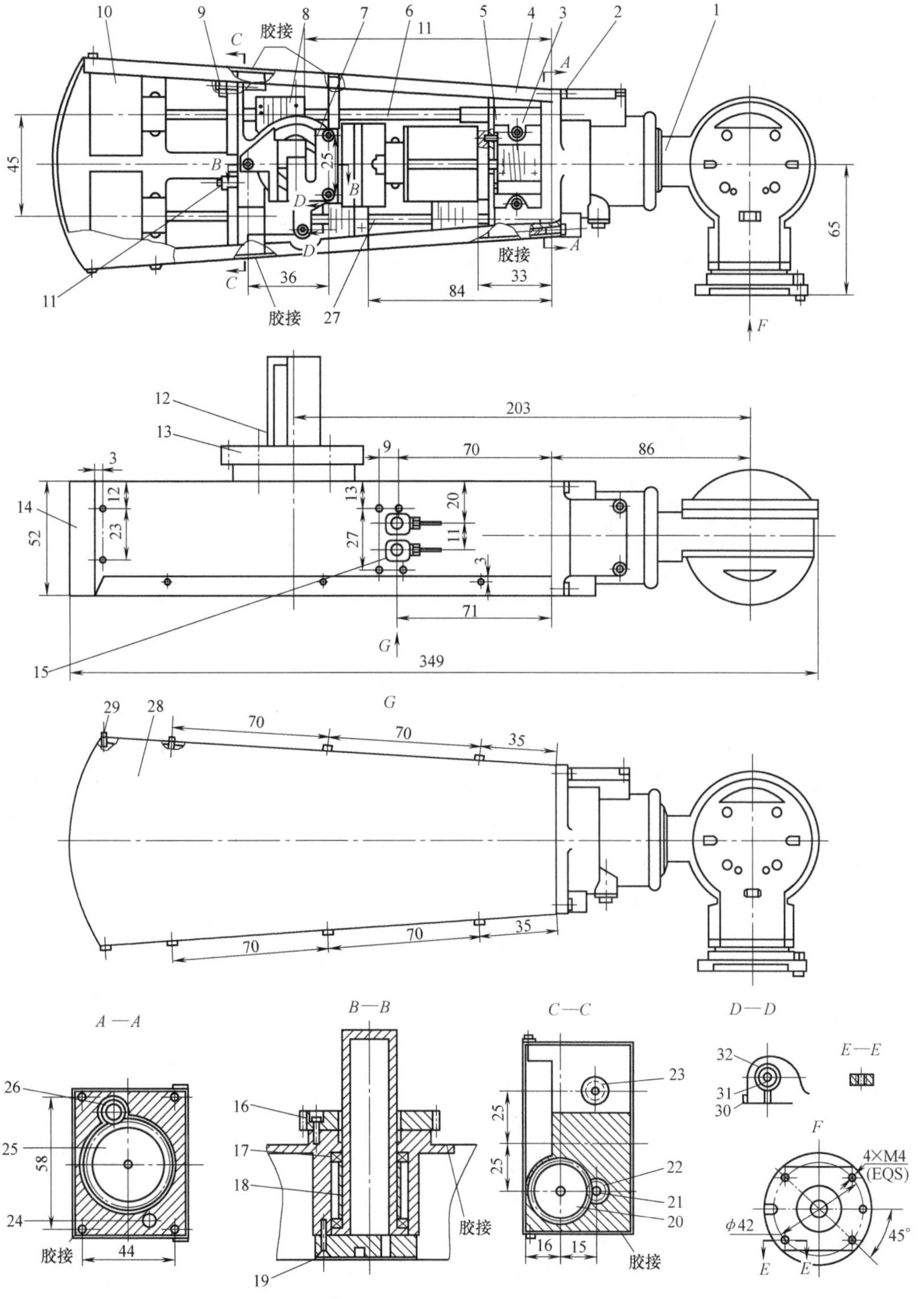

图 2-7 PUMA-262 型机器人小臂

1—手腕 2、3、9、16、19—M3 螺钉 4—壳体 5、29—M2 螺钉 6—传动轴 7—压块 8—联轴器 10—电动机
11—小钩块 12—空心轴 13—大齿轮 14—端盖 15—气嘴 17、23、31—轴承 18—衬套
20、22、25、26—齿轮 21、24、27—轴 28—前盖 30—垫圈 32—偏心衬套

与机器人末端的手腕Ⅲ法兰连接，这样手腕Ⅲ的电动机便可以带动手腕Ⅲ（安装末端执行器的法兰）相对于手腕Ⅱ转动了。

四、结构特点

PUMA-262 型机器人的结构设计特点：

1）为保证较高的传动精度，各对齿轮都设计有消除齿轮间隙的调整机构，其结构如图 2-8 所示。调整方法为：先松开锁紧螺钉，将专用扳手插入调整孔转动偏心衬套，以调整齿轮啮合的中心距，消除传动间隙，最后拧紧锁紧螺钉。

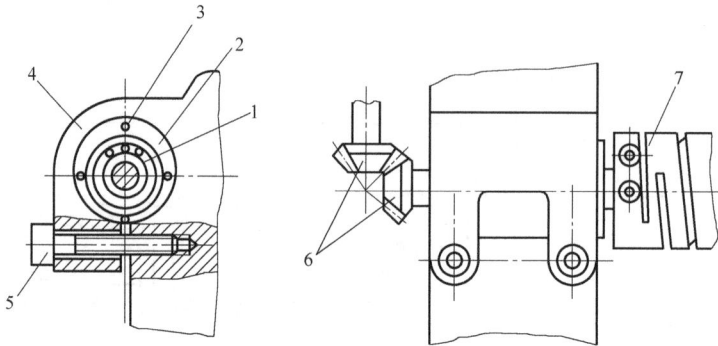

图 2-8　消除齿轮间隙的调整机构

1—轴承　2—偏心衬套　3—调整孔　4—机体　5—锁紧螺钉　6—锥齿轮　7—弹性管联轴器

2）在转轴的连接上，采用一种结构新颖、工艺简单的弹性管联轴器，如图 2-9 所示。这种联轴器由金属整体加工而成。其两端为夹紧轴的结构，有两个螺钉，一个用来顶紧，防止轴的相对转动；另一个用来锁紧，防止轴的轴向松动。联轴器中段为刻有螺旋槽的弹簧式结构，使其在轴向、周向都有较大的柔性，能朝任意方向弯曲，能补偿两轴不同轴的偏斜以及轴向长度偏差，此外它还能起到缓和冲击、衰减振动的作用。

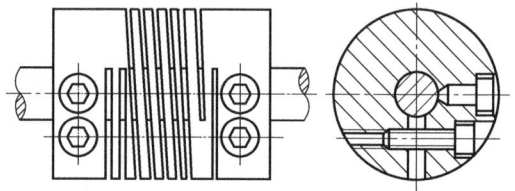

图 2-9　弹性管联轴器

3）为了保证手臂操作安全可靠，PUMA-262 型机器人在腰部、大臂、小臂电动机轴上各装有一个电磁制动闸。当手臂切断电源时，腰部、大臂、小臂产生制动，使手臂保持原有姿态。电磁制动闸的结构原理如图 2-10 所示。当手臂电源被切断时，弹簧 1 把活动压块 6 紧压在锥形块 4 上，而锥形块 4 与轴 5 是固联的，由于摩擦，轴 5 被锁住。当手臂电源接通时，电磁铁 8 通电产生磁力，把活动压块 6 吸向电磁铁，即与锥形块 4 脱开，于是轴 5 便能自由转动。

由于手腕的重量与尺寸都很小，故手腕Ⅰ、Ⅱ、Ⅲ上没有设置这种制动闸。

4）机体结构简单，重量轻。

① 大、小臂均采用薄壁与整体骨架构成的结构，有利于提高刚度，减轻重量。内部铝铸件形状复杂，既可用作内部齿轮安装壳体与轴的支承座，又可兼作承力骨架，传递集中载荷。这样不仅能节省材料，减少加工量，又可减轻整体重量。

手臂外壁与铸件骨架采用铰接，使连接件减少，工艺简单，减轻了重量。

② 轴承外环定位简单。一般在无轴向载荷处，轴承外环采用端面打冲定位的方法。

③ 采用薄壁轴承与滑动铜衬套，以减少结构尺寸，减轻重量。

④ 有些小尺寸的齿轮与轴加工成一体，可减少连接件，增加传递刚度。

⑤ 大、小臂、手腕部结构密度大，很少有多余空隙。如电动机与臂的外壁仅有 0.5mm 间隙，手腕内部齿轮传动安排也是紧密无间，这样使总尺寸变小，重量减轻。

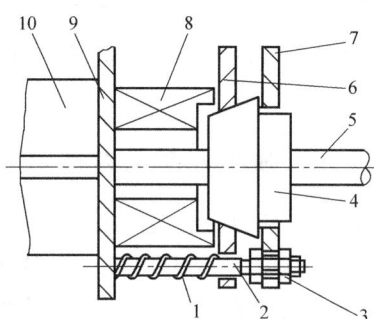

图 2-10 电磁制动闸结构原理图
1—弹簧 2—支柱 3—螺母 4—锥形块
5—轴 6—活动压块 7—定位板 8—电
磁铁 9—电动机支承件 10—电动机

5）工作范围大，适应性广。PUMA-262 型机器人除了自身立柱所占的空间外，它的工作空间几乎是它的手臂长度所能达到的全部空间。再加之其手腕轴的活动角度大，最大的达 578°，因此使它工作时位姿的适应性很强。比如用手腕拧螺钉，关节 4、6 配合，一次就能转 1112°。

6）重复定位精度高。这是由于结构上采用刚性齿轮传动、调整齿轮间隙机构和弹性管联轴器，工艺上加工精密，多用整体铸件的结果。

第三节　MP6 垂直关节型机器人结构

在工业中使用最多的机器人类型是垂直关节型六自由度机器人，它多用于搬运、装配、弧焊、点焊、切割、研磨和喷涂等作业。

下面介绍 MOTDOMAN-MP6 型机器人 6 轴的结构。

一、S 轴的结构

S 轴的电动机安装在机器人底座的内部，如图 2-11 所示。电动机轴插入 RV（rot-vector）减速器的输入孔内，通过连接板，将电动机壳体和减速器壳体连成一体，然后把连接板安装在机器人腰部的转动壳体上；减速器的输出盘与底座固定连接。当电动机轴旋转时，由于输出盘无法转动，从而迫使减速器壳体和机器人腰部转动壳体一起反向旋转。在底座和活动体之间安装一个推力向心交叉短圆柱滚子轴承，内圈由内压盖环与活动体连接，外圈由外压盖环与固定底座压

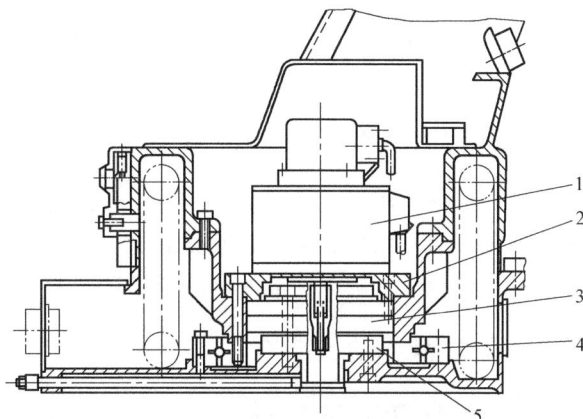

图 2-11　机器人的 S 轴结构
1—电动机 2—连接板 3—减速器 4—交
叉圆柱滚子轴承 5—内齿盘

紧。这样，机器人腰部（即活动体部分）就可以绕 S 轴相对于固定底座旋转。在圆周方向，固定体上装有两个极限行程开关和两个限位死挡块，活动体上装有压板和撞块，可使 S 轴在 340°的范围内运动。

二、L 轴和 U 轴的结构

L 轴和 U 轴的电动机水平安装在机器人两侧，如图 2-12 所示。图的左侧为 L 轴的电动机，右侧为 U 轴的电动机。螺钉将电动机连接在减速器的法兰上，法兰则安装在机器人腰部的旋转体上。

机器人下臂下端的左侧与 L 轴减速器的输出转盘连接，右侧固连的小轴通过一个圆锥滚子轴承支承在 U 轴的连杆内，连杆端部则与 U 轴减速器输出转盘固连。当电动机旋转时，下臂绕减速器中心摆动，并在极限位置安装了限位挡块。

U 轴减速器输出转盘与连杆连接，电动机通过连杆带动拉杆下端，拉杆的上端与上臂铰支连接，下臂、上臂、拉杆和连杆 4 个构件形成平行四边形机构。这样，电动机驱动上臂绕 U 轴摆动。连杆与拉杆也采用铰支方式（安装两个圆锥滚子轴承）；销轴与拉杆孔采取过盈配合，右侧的压盖用于调整轴承间隙；拉杆与上臂的连接也是铰支方式，与连杆和拉杆的连接相同；上臂支承在下臂凸起的双立板内的圆锥滚子轴承上，轴承两端的闷盖可以调整轴承间隙，同时起到密封防尘的作用。

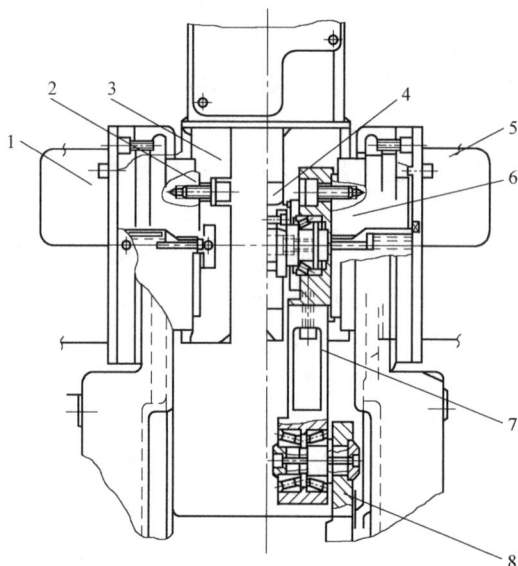

图 2-12　机器人 L 轴和 U 轴的结构
1—L 轴电动机　2—L 轴减速器　3—下臂
下端左侧　4—下臂下端右侧　5—U 轴电动机
6—U 轴减速器　7—连杆　8—拉杆

三、R 轴的结构

上臂分成前后两段，如图 2-13 所示。后段铰支在下臂上，前段相对于后段转动。R 轴的电动机装在后端内部，谐波减速器的输出轴与上臂前段连接，前段通过圆锥滚子轴承支承在后段的中隔板上，轴承前部的调节螺母用于调整轴承间隙。

四、B 轴和 T 轴的结构

B 轴和 T 轴的驱动电动机都安装在上臂前段的内部，如图 2-14 所示。手腕通过一对圆锥滚子轴承支承在上臂的前部。

B 轴的电动机运动经一对锥齿轮和同步带传到 B 轴中心轴上，这个中心轴也是谐波减速器的输入轴，减速器的输出转盘与手腕连接。这样，电动机就能带动手腕绕 B 轴的中心摆

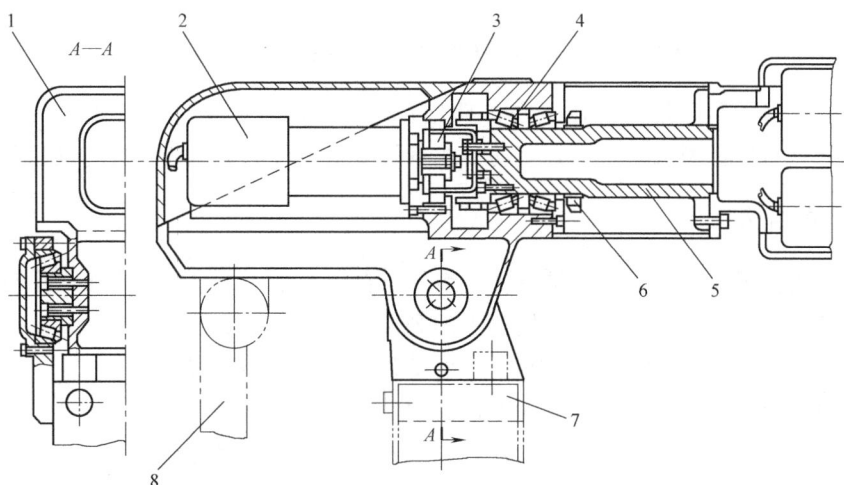

图 2-13　机器人的 R 轴结构

1—上臂　2—R 轴电动机　3—谐波减速器　4—圆锥滚子轴承
5—上臂前段　6—调节螺母　7—下臂　8—拉杆

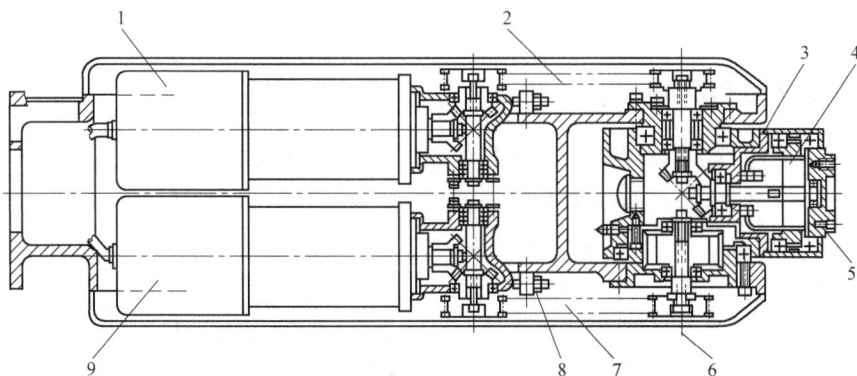

图 2-14　机器人 B 轴和 T 轴的结构

1—T 轴电动机　2、7—同步带　3—手腕　4—T 轴谐波减速器　5—手腕法兰
6—B 轴中心　8—带张紧螺钉　9—B 轴电动机

动。锥齿轮轴和 B 轴中心轴由深沟球轴承支承。

机器人手腕转动（即 T 轴）的传动路线是：T 轴电动机→锥齿轮→同步带轮→锥齿轮→谐波减速器→手腕（T 轴）。同步带轮轴的结构与 B 轴结构类似，谐波减速器的输入轴由一对深沟球轴承支承在减速器的输出壳体内，而输出壳体则由一对圆锥滚子轴承支承在手腕的外层壳体内，手腕前部的法兰用于连接相应的末端执行器。

除上述机器人的主要传动与结构外，还有润滑管路、密封结构、压缩空气和布线通道等辅助装置。

第四节 直角坐标型机器人结构

注塑机的取料机器人是为注塑生产自动化专门配备的，主要有旋转式和平行行走式两种，后者属于直角坐标型机器人。其驱动方式有气动、步进电动机或伺服电动机等。

一、总体结构

这种机器人为平行式机器人，是一种典型的三自由度结构，主要适用于大中型卧式注塑机，双分型面注射模的场合。注塑机机器人的外观如图 2-15 所示。设置主手和副手两个手爪。主手使用真空吸盘吸取工件；副手使用气动手指夹取料口。考虑到工件较大，为了使工件能够平稳放置且不损坏其外观，因此主手腕具有旋转 90° 的功能。X、Y、Z 轴方向的主梁均采用高刚性铝合金型材。主手和副手安装在同一个沿 Y 轴方向的运动台架上，可移动距离为 1230mm。机器人主手的最大抓取质量是 2kg。主手 X 轴方向可移动距离为 200mm，Z 轴方向可移动距离为 600mm；副手的 X 轴方向可移动距离为 100mm，Z 轴方向可移动距离为 670mm；定位精度为 ±0.3mm。

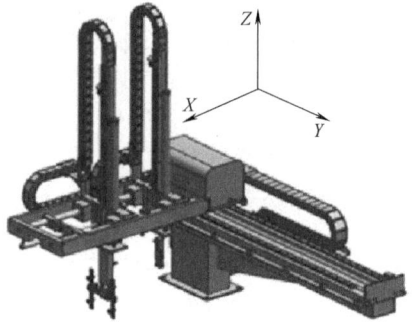

图 2-15 注塑机机器人的外观

二、Y 向横移和 X 向纵移机构

机器人 Y 轴方向运动对移动的距离精度要求不高，而且移动速度达到 500mm/s 即可，所以使用 86BYG250-80 型的步进电动机经弹性联轴器、滚珠丝杠、螺母驱动运动台架。台架的导向使用直线导轨部件，如图 2-16 所示，两根直线导轨固定在机器人基座上，台架与线性滑块和滚珠丝杠的螺母连接，由此带动台架在导轨上作往复直线运动。导轨的型号为 EGW25CA，导轨长度为 1720mm。滚珠丝杠型号为 WTF2060-3。

机器人 X 轴方向的运动与 Y 轴方向的运动方式相似，导向形式由矩形直线导轨滑座型变更为圆轴直线轴承型，对于主、副手移动部件来说，均采用双轴双轴承形式，轴承型号为 JBF35AWW。主手和副手气缸型号分别为 CG1F-25-200 与 CG1F-25-100。

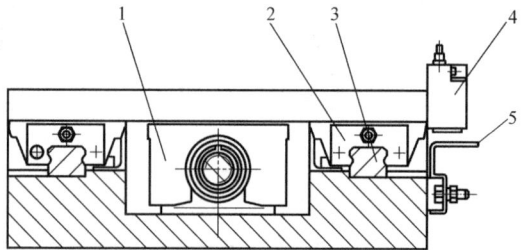

图 2-16 X、Y 轴方向运动机构局部示意图
1—滚珠丝杠机构 2—线性滑块 3—直线导轨
4—电感式接近开关 5—金属感应板

X 轴方向运动采用油压吸振器缓冲机构与金属限位挡块，实现运动末端的缓冲与精确定位，选用 RB1411 型缓冲器。Y 轴方向的运动缓冲由控制电动机的运行速度实现，极限位置使用 S25 电感式接近开关限位。

三、升降机构

主、副手 Z 轴方向的升降运动也采用气缸驱动，主手气缸型号为 CG1F40-600，副手气缸型号为 CG1F40-670。主手手臂局部示意图如图 2-17 所示，主、副手的移动距离不大，而且只需克服工件和手部的重力，所以选用活塞内径为 40mm 的气缸。

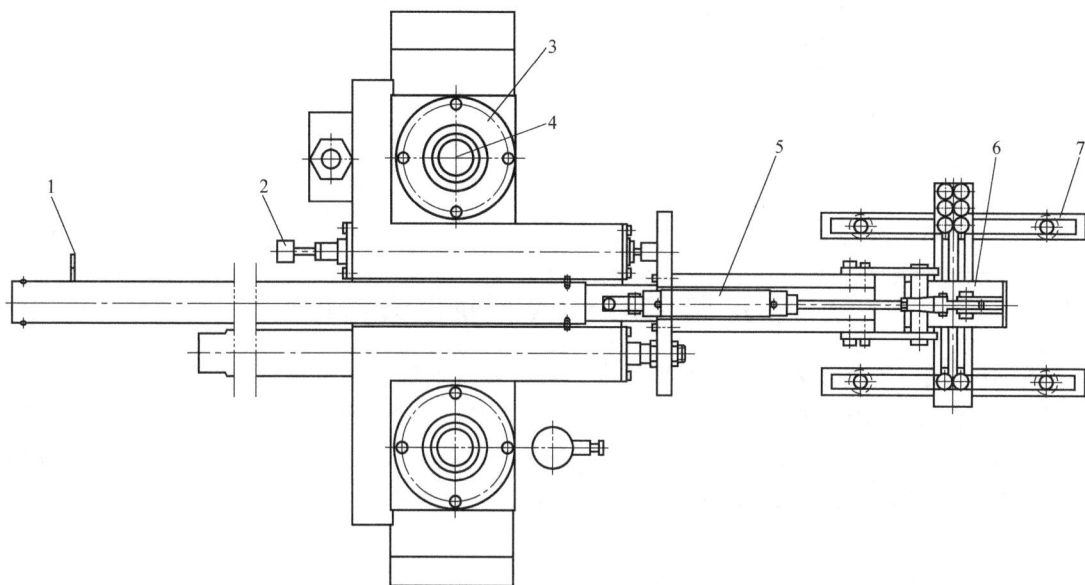

图 2-17　主手手臂局部示意图

1—限位挡块　2—油压吸振器　3—直线轴承　4—直线轴　5—气缸　6—连杆机构　7—真空吸盘机构

Z 轴升降方向结构及导向部件示意图如图 2-18 所示。Z 轴方向升降的导向采用单直线导轨双滑块型结构，滑块固定在 x 轴方向移动的固定座上，导轨带动抓取机构做升降运动。其型号选用 EGW20CA，导轨长度为 1000mm。

主、副手在 Z 轴方向的运动也采用油压吸振器缓冲机构与金属限位挡块，以实现运动末端的缓冲与精确定位。同样选用 RB1411 型缓冲器。

四、手爪类型

主手采用真空吸盘以竖直姿态抓取工件，然后手腕转动 90°，将工件以水平姿态释放。这里选用 CM2D-25-65 型简易气缸来实现手腕的转动，如图 2-19 所示。

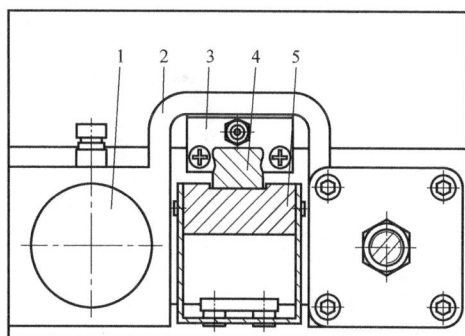

图 2-18　Z 轴升降方向结构及导向部件示意图

1—气缸　2—机器人固定座　3—线性滑块　4—直线导轨　5—导轨固定板

副手用于抓取水口，由于抓取力不大，因此选用 1615D 型气动夹具，如图 2-20 所示。

相对于垂直关节型机器人来说，直角坐标型机器人的结构就简单许多，导向机构多采用矩形直线导轨型、圆轴直线轴承型或导轮型；传动方式多采用滚珠丝杠型、齿轮齿条型或气缸直接驱动型。

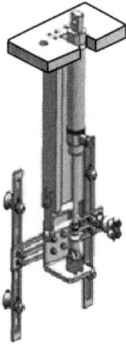

图 2-19　主手手爪

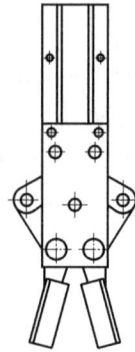

图 2-20　气动夹具

第五节　SCARA 型机器人结构

SCARA 是一种水平关节型工业机器人，一般有 4 个自由度。其结构形式分两大类，一类的运动顺序为转动—转动—升降—转动，如图 2-21a 所示，另一类的运动顺序为升降—转动—转动—转动，如图 2-21b 所示。前者一般是小型机器人，多用于电子行业中小型零件的搬运、装配；后者一般是较大型机器人，多用于工业生产中较大型产品的搬运、码垛等作业。

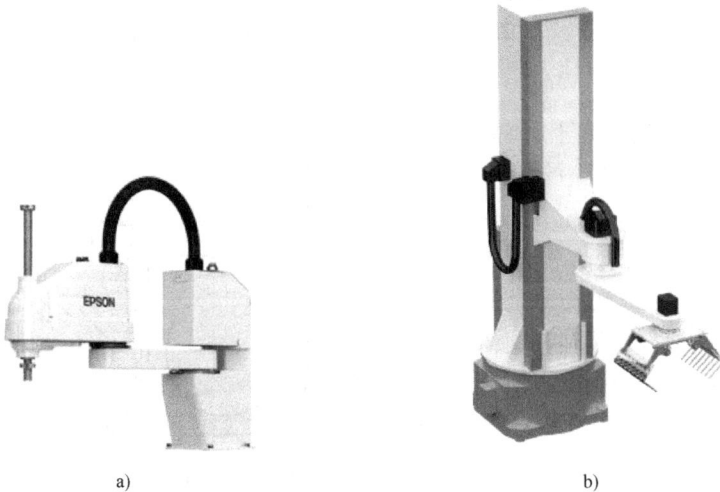

a)

b)

图 2-21　PUMA-262 机器人的传动系统
a）末轴升降型　b）末轴旋转型

下面介绍一种小型的 SCARA 型机器人结构。

一、总体构成

这种 SCARA 型机器人有 4 个自由度，也就是有 4 个独立运动，即：大臂旋转关节为 I 轴，小臂旋转关节为 II 轴，主轴上、下移动为 III 轴，主轴旋转为 IV 轴。其中机器人大臂长为

350mm，小臂长为 300mm。图 2-22 所示为 SCARA 型机器人的总体构成图，图 2-23 所示为工作空间图。SCARA 型机器人的主要性能参数见表 2-1。

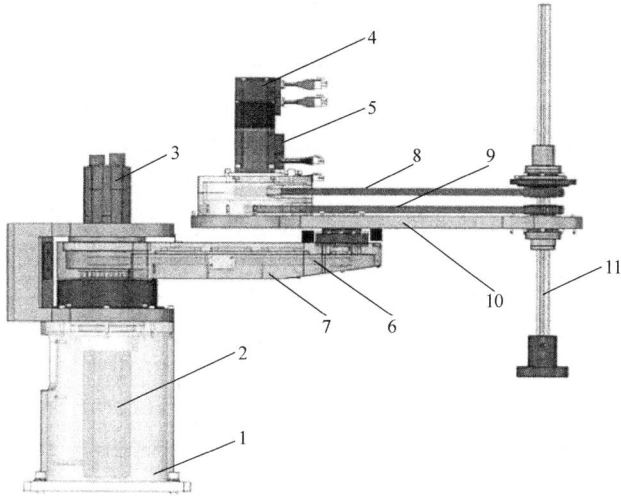

图 2-22 SCARA 型机器人的总体构成图

1—基座 2—大臂电动机 3—小臂电动机 4—主轴旋转电动机 5—主轴
升降电动机 6、8、9—同步带 7—大臂 10—小臂 11—滚珠丝杠

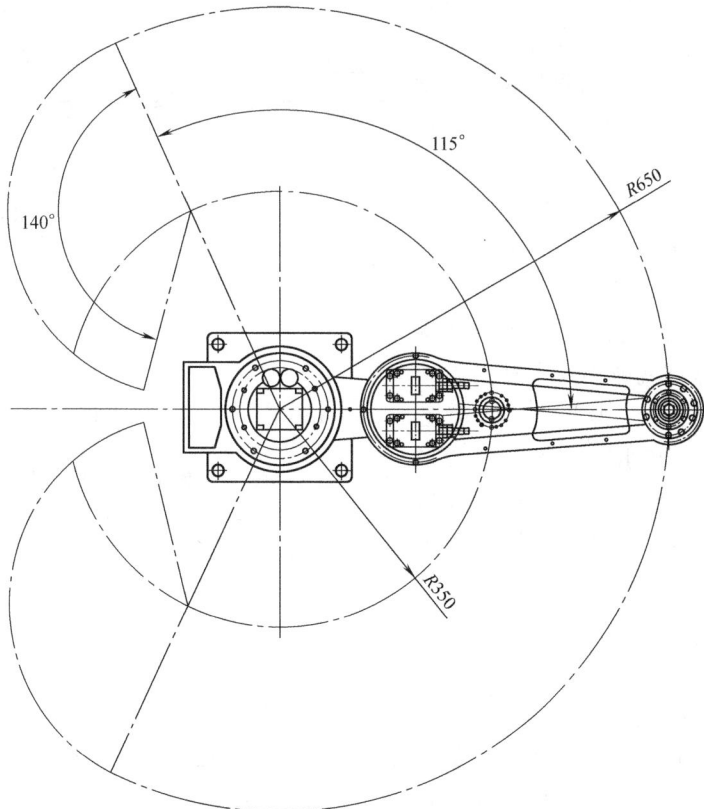

图 2-23 SCARA 型机器人工作空间

表 2-1　SCARA 型机器人的主要性能参数

项目	性 能 参 数			
运动部件	大臂	小臂	主轴旋转	主轴上、下运动
运动范围	±115°	±140°	±500°mm	200mm
最大运动速度	300°/s	450°/s	2000°/s	1000mm/s
最大线速度	1.8m/s	2.3m/s		1m/s
重复定位精度	±0.01mm			
工作半径	轴 1 和轴 2 之间为 350mm,轴 2 和轴 3 之间为 300mm,轴 1 和轴 3 之间最小半径为 200mm			
最大负载	8kg			
额定负载	5kg			
工作行程	650mm,即(350+300)mm			
刹车	轴 3 和轴 4			
质量	40kg			

二、大臂旋转关节

图 2-24 所示为机器人的大臂结构图。大臂旋转关节采用电动机和减速器组合的传动方案。C 型支架 3 与机器人底座 1 固连成一体，驱动大臂电动机 12 从下方与底座连接，行星减速器 10 从上方固定在 C 型支架上，驱动电动机与减速器同轴传动。大臂 8 安装在减速器的输出盘上，电动机经过减速器减速后带动大臂旋转。在 C 型支架上装有两个限位挡块 4，用来实现大臂在 ±115° 范围内的转动限位。另外，在固定法兰 6 与大臂之间装有一个起辅助支承作用的深沟球轴承 7，这样就减小了大臂对减速器的弯矩，改善了受力状态。大臂选用施耐德电动机与 RV 减速器组合形式。驱动电动机的型号为 BMH0703T，额定转矩为 2.9N·m，额定功率为 900W。减速器速比为 1:40。

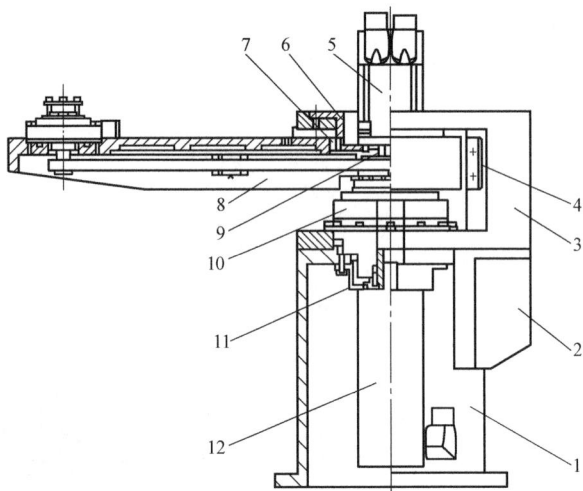

图 2-24　大臂结构

1—底座　2—接插件固定架　3—C 型支架　4—限位挡块　5—小臂电动机　6—固定法兰　7—深沟球轴承　8—大臂　9—主动带轮　10—行星减速器　11—固定法兰　12—大臂电动机

三、小臂旋转关节

如图 2-24 所示，小臂旋转的驱动电动机 5 与其减速器是分开安装的，电动机安装在固定法兰 6 上，而这个法兰安装在 C 型支架上，电动机与机器人底座和 C 型支架成为一体，电动机轴上装有主动带轮 9；减速器固定在大臂前端，被动带轮装在输入轴上，小臂安装在减速器的输出盘上。电动机通过主、被动带轮间的带传动和减速器带动小臂转动。小臂转动范围为±140°，也使用限位挡块限位。

小臂的电动机选用施耐德的 BMH0701T，额定转矩为 1.4N·m，额定转速为 4000rad/min，额定功率为 450W。减速器选用 Harmonic Drive 的谐波减速器 SHF-17-100，在输入转速为 2000r/min 时，额定转矩为 24N·m，峰值转矩可达 54N·m。

四、主轴升降和旋转关节

如图 2-25 和图 2-26 所示，主轴升降和旋转关节的机构及元器件都安装在小臂上。Ⅲ轴电动机和Ⅳ轴电动机分别安装在小臂后端的电动机安装座上，电动机轴上分别装有主动轮。丝杠螺母和花键螺母分别固定在小臂前端的螺母支架两端面上，其上分别安装了从动轮，丝杠轴穿过丝杠螺母和花键螺母，一端安装主轴的连接法兰，另一端为自由端。

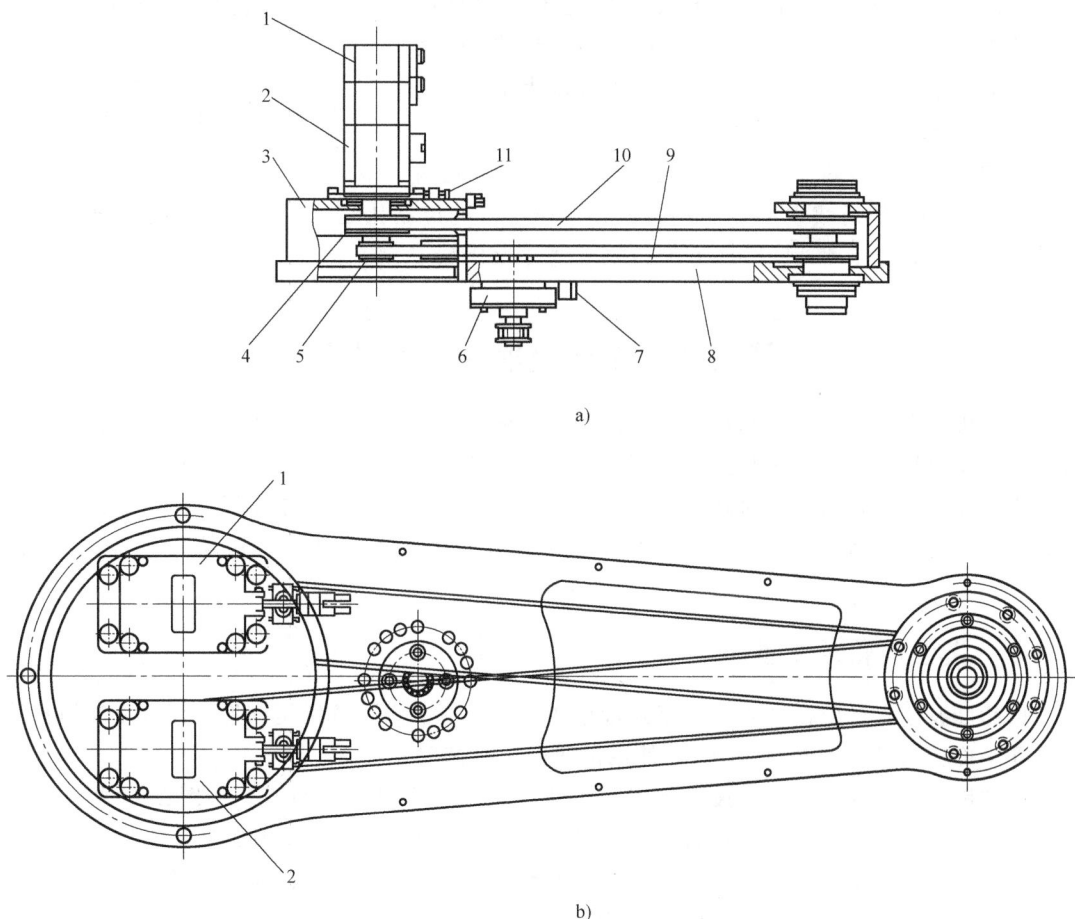

a)

b)

图 2-25　小臂结构

1—Ⅲ轴电动机　2—Ⅳ轴电动机　3—电动机底座　4—Ⅳ轴主动轮　5—Ⅲ轴主动轮　6—小臂谐波
减速器　7—限位块　8—小臂本体　9—Ⅲ轴同步带　10—Ⅳ轴同步带　11—张紧调节螺栓

Ⅲ轴电动机通过同步带驱动丝杠螺母系机构，使丝杠实现升降；Ⅳ轴电动机通过同步带驱动花键螺母系机构，再在Ⅲ轴电动机的转动补偿下，使主轴实现旋转。所以主轴的运动形式有 3 种：

（1）主轴的升降运动　Ⅲ轴电动机转动，通过同步带轮带动丝杠部件同步带轮转动，从而带动丝杠螺母转动，此时Ⅳ轴电动机2不转动，实现主轴的上下移动。

（2）主轴的螺旋运动　Ⅳ轴电动机转动，通过同步带轮带动花键螺母转动，同时Ⅲ轴电动机不转动，实现主轴的螺旋运动。

（3）主轴的旋转运动　Ⅳ轴电动机转动，通过同步带轮带动花键螺母转动，同时Ⅲ轴电动机也转动，反向补偿由花键螺母转动引起的主轴升降量，实现主轴的旋转运动。

花键螺母和丝杠螺母驱动电动机均选用施耐德的BCH2LD-023，额定功率为200W，额定转速为3000r/min，额定转矩为0.64N·m，最大转矩为1.95N·m。丝杠直径为20mm，导程为20mm。

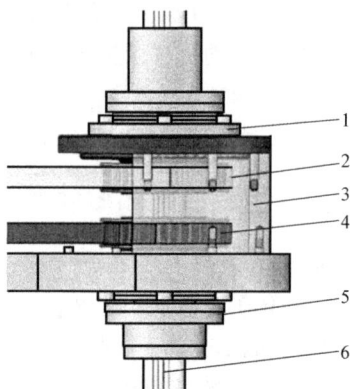

图 2-26　主轴结构

1—花键部件　2—花键部件同步带轮
3—支架　4—丝杠部件同步带轮
5—滚珠丝杠部件　6—丝杠轴

电动机与丝杠螺母系的传动比是1∶2，主动带轮齿数为20，从动带轮齿数为40；电动机与花键螺母系的传动比是3∶4，主动带轮齿数为36，从动带轮齿数为48，带型均为XL型，基准宽度为9.5mm。

第六节　工业机器人用减速器

工业机器人驱动电动机的转速一般达到每分钟几千转，但机械本体的动作却较慢，减速后要求的输出转速为每分钟几百转，甚至只有每分钟几十转，所以减速器在机器人的驱动中是必不可少的，而且机器人对减速器有较高要求：①减速比大；②重量轻，结构紧凑；③精度高，回差要小。目前工业机器人使用的减速器主要有两种，即谐波齿轮减速器和RV减速器。

一、谐波齿轮减速器

虽然谐波齿轮已问世多年，但直到近年才开始广泛使用。特别是靠近机器人末端执行器的后几个旋转关节，有60%~70%均使用谐波齿轮减速器。

谐波齿轮由刚性齿轮、谐波发生器和柔性齿轮3个主要零件组成，如图2-27所示。工作时，刚性齿轮6固定安装，各齿均布于圆周上，具有外齿圈2的柔性齿轮5沿刚性齿轮内齿圈3转动。如果柔性齿轮比刚性齿轮少两个齿，则柔性齿轮沿刚性齿轮每转一圈就反方向转过两个齿的相应转角。谐波发生器4具有椭圆形轮廓，装在其上的滚珠支承着柔性齿轮，谐波发生器驱动柔性齿轮旋转并使之发生弹性变形。转动时，柔性齿轮的椭圆形长轴部分只有少数齿与刚性齿轮啮合，只有这样，柔性齿轮才能相对于刚性齿轮自由地转过一定的角度。通常，刚性齿轮固定，谐波发生器作为输入端，柔性齿轮与输出轴相连。

谐波齿轮传动的传动比计算公式为

$$i = \frac{z_2 - z_1}{z_2}$$

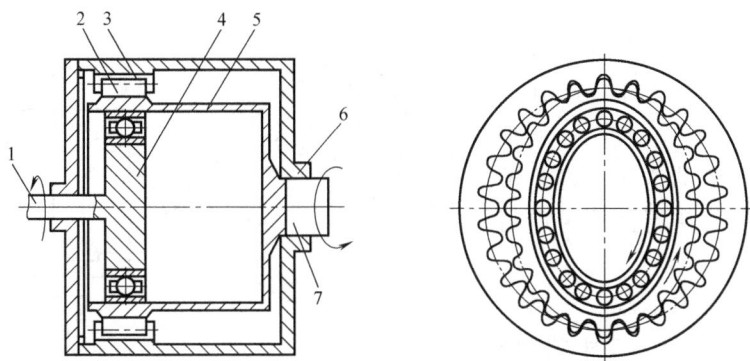

图 2-27　谐波齿轮减速器

1—输入轴　2—柔性齿轮外齿圈　3—刚性齿轮内齿圈　4—谐波发生器　5—柔性齿轮　6—刚性齿轮　7—输出轴

式中，z_1 为柔性齿轮齿数；z_2 为刚性齿轮齿数。

假设刚性齿轮有 100 个齿，柔性齿轮比它少 2 个齿，则当谐波发生器每转 50 圈时，柔性齿轮才转 1 圈，这样，只占用很小的结构空间就可得到 1∶50 的减速比。由于同时啮合的齿数较多，谐波发生器的力矩传递能力强。在刚性齿轮、谐波发生器、柔性齿轮三个零件中，尽管任何两个都可以选为输入元件和输出元件，但通常总是把谐波发生器作为输入轴，把柔性齿轮作为输出轴，以此来获得较大的减速比。

由于自然形成的预加载谐波发生器啮合齿数较多，齿的啮合比较平稳，谐波齿轮传动的齿隙几乎为零，因此其传动精度高、回差小。但是，由于柔性齿轮的刚度较差，承载后会出现较大的扭转变形，从而会引起一定的误差，所以一般用在靠近机器人末端执行器的后几个关节上。对于多数应用场合，这种变形不会引起太大的问题。

谐波齿轮传动的特点是：

1）结构简单、体积小、重量轻。

2）传动比范围大，单级谐波减速器传动比可在 50~300 之间，优选在 75~250 之间。

3）运动精度高、承载能力大。由于是多齿啮合，与相同精度的普通齿轮比，其运动精度能提高 4 倍左右，承载能力也能大大提高。

4）运动平稳、无冲击、噪声小。

5）齿侧间隙可以调整。

二、RV 减速器

RV 减速器由第一级渐开线圆柱齿轮行星减速机构和第二级摆线针轮行星减速机构两部分组成，为一封闭差动轮系。RV 减速器具有结构紧凑、传动比大、振动小、噪声低、能耗低的特点。与机器人中常用的谐波齿轮减速器相比，具有很高的疲劳强度、刚度和寿命，而且回差精度稳定，不像谐波齿轮减速器那样随着使用时间增长运动精度就会显著降低，故RV 减速器在高精度机器人传动中得到广泛应用。

1. 结构组成

RV 减速器的结构与传动简图如图 2-28 所示。它主要由以下几个构件组成。

（1）中心轮　中心轮（太阳轮）1 与输入轴连接在一起，以传递输入功率，且与行星轮 2 相互啮合。

（2）行星轮　行星轮 2 与曲柄轴 3 相连接。$n \geq 2$ 个（图 2-28 中 $n=3$）行星轮均匀地分布在同一个圆周上，起着功率分流的作用，即将输入功率分成 n 路传递给摆线针轮行星机构。

（3）曲柄轴　曲柄轴 3 一端与行星轮 2 相连，另一端与支承圆盘 8 相连，两端用圆锥滚子轴承支承。它是摆线轮 4 的旋转轴，既能带动摆线轮进行公转，同时又支承摆线轮产生自转。

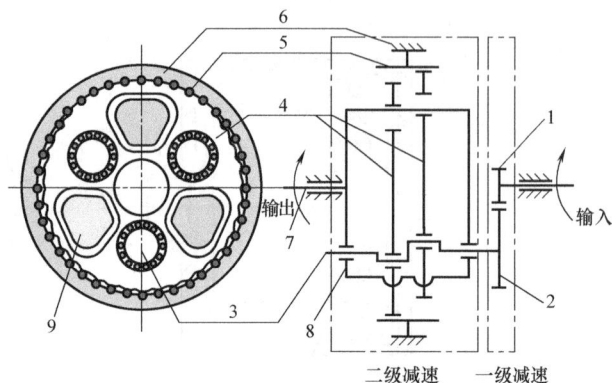

图 2-28　RV 减速器结构与传动简图
1—中心轮　2—行星轮　3—曲柄轴　4—摆线轮　5—针齿销
6—针轮壳体　7—输出轴　8—支承圆盘　9—输出块

（4）摆线轮　摆线轮 4 的齿廓通常为短幅外摆线内侧等距曲线。为了实现径向力平衡，一般采用两个结构完全相同的摆线轮，通过偏心套安装在曲柄轴的曲柄处，且偏心相位差为 180°。在曲柄轴 3 的带动下，摆线轮 4 与针轮相啮合，既产生公转，又产生自转。

（5）针齿销　数量为 N 个的针齿销，固定安装在针轮壳体上构成针轮，与摆线轮 4 相啮合而形成摆线针轮行星传动。一般针齿销的数量比摆线轮的齿数多一个。

（6）针轮壳体（机架）　针轮壳体 6 是针齿销的安装壳体，通常是固定的，输出轴 7 旋转。如果输出轴固定，则针轮壳体旋转，两者之间由内置轴承支承。

（7）输出轴　输出轴 7 与支承圆盘 8 相互连成一个整体。在支承圆盘 8 上均匀分布 n 个曲柄轴的轴承孔和输出块 9 的支承孔（图 2-28 中各为 3 个）。在 3 对曲柄轴支承轴承的推动下，通过输出块 9 和支承圆盘 8，把摆线轮上的自转矢量以 1∶1 的速比传递出来。

2. 工作原理

如图 2-28 所示，驱动电动机的旋转运动由中心轮 1 传递给 n 个行星轮 2，形成第一级减速。行星轮 2 的旋转运动传递给曲柄轴 3，使摆线轮 4 产生偏心运动。当针轮固定（与机架连成一体）时，摆线轮 4 一边随曲柄轴 3 产生公转，一边与针轮相啮合。由于针轮固定，摆线轮在与针轮啮合的过程中，产生一个绕输出轴 7 旋转的反向自转运动，这个运动就是 RV 减速器的输出运动。

通常摆线轮的齿数比针齿销数少一个，且齿距相等。如果曲柄轴旋转一圈，摆线轮与固定的针轮相啮合，沿与曲柄轴相反的方向转过一个针齿销，形成自转，其动作原理如图 2-29 所示。摆线轮的自转运动通过支承圆盘上的输出块带动输出轴运动，实现第二级减速输出。

3. 主要特点

RV 减速器具有两级减速装置和曲轴，采用了中心圆盘支承结构的封闭式摆线针轮行星传动机构。其主要特点是三大（传动比大、承载能力大、刚度大）、二高（运动精度高、传动效率高）、一小（回差小）。

1）传动比大。通过改变第一级减速装置中中心轮和行星轮的齿数，可以方便地获得范围较大的传动比。其常用的传动比范围为 $i=57 \sim 192$。

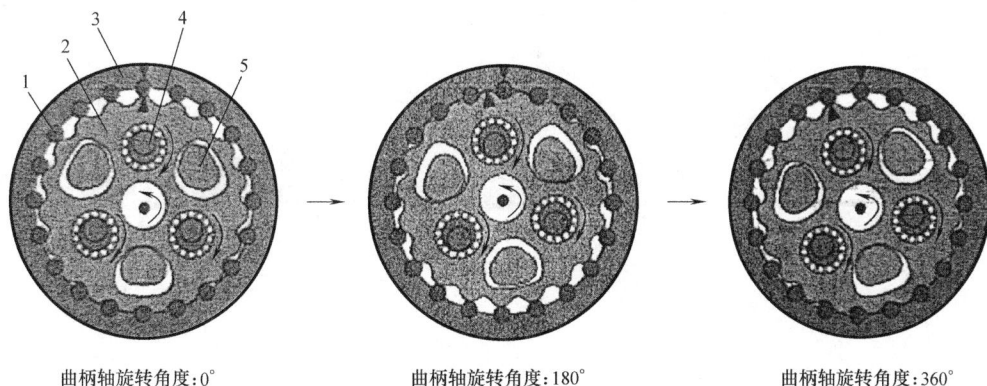

曲柄轴旋转角度：0°　　　　　曲柄轴旋转角度：180°　　　　　曲柄轴旋转角度：360°

图 2-29　RV 减速器的动作原理

1—针齿销　2—摆线轮　3—针轮壳体　4—曲柄轴　5—输出块

2）承载能力大。由于采用了 n 个均匀分布的行星轮和曲柄轴，可以进行功率分流，而且采用了具有圆盘支承装置的输出机构，故其承载能力大。

3）刚度大。由于采用了圆盘支承装置，改善了曲柄轴的支承情况，从而使传动轴的扭转刚度增大。

4）运动精度高。由于系统的回转误差小，因此可获得较高的运动精度。

5）传动效率高。除了针轮的针齿销支承部分外，其他构件均为滚动轴承支承，传动效率高。传动效率 $\eta = 0.85 \sim 0.92$。

6）回差小。各构件间所产生的摩擦和磨损较小，间隙小，传动性能好，间隙回差小于 1 arc min（1 arc min＝1′）。

习　　题

2-1　工业机器人机械系统总体设计主要包括哪几个方面？

2-2　机器人的 3 种驱动方式各自的优缺点是什么？

2-3　简述关节型六自由度机器人的电动机布置方案。

2-4　确定机器人自由度的原则是什么？

2-5　试述精度、重复精度和分辨率之间的关系和区别。

2-6　工业机器人常用的减速器有哪两种？有何特点？

2-7　工业机器人手腕的旋转自由度一般应如何布置？

2-8　针对以下几种作业要求选用合适类型的机器人，并说明理由。

（1）大型物体的码垛作业，要求码垛若干层，每一层纵横方向压缝排列。

（2）数控机床的上、下料作业，要求机床加工时，机器人避开机床的自动门。

（3）仪器仪表装配作业，被装配零件供料点处在扇形区域内。

（4）轿车车架的焊接作业。

2-9　简述 SCARA 型机器人机身和结构的特点，并说明它是如何工作的。

第三章　工业机器人的末端执行器

工业机器人末端执行器就是通常所说的手爪，它用来夹持工件或工具。由于被夹持工件的形状、尺寸、重量、材质和表面状态不同，手爪的结构也千差万别。大多数手爪的结构都是根据工件的特点和作业需求而专门设计的。如果没有末端执行器，工业机器人将一无是处，无所作为。而能研制出一款新型的末端执行器，就可能为工业机器人开创一片新的应用领域。由此可以看出，在工业机器人及其应用工程中末端执行器是至关重要不可缺少的。

设计机器人末端执行器时，要注意以下几项基本要求。

1）末端执行器的元器件应尽量选用已定型的标准基础件，如气缸、油缸、传感器等，再配以恰当的机构和连接件，以适于生产作业要求。一种新的末端执行器的出现，就可以增加机器人的一种新的应用。

2）末端执行器的质量要尽可能地轻，并力求结构紧凑。

3）正确对待末端执行器的万能性与专用性。万能末端执行器在结构上相当复杂，几乎不可能实现。在实际应用中，最适用的仍是那些结构简单、万能性不强的末端执行器，因此要着重开发各种各样专用的、高效率的末端执行器，加上末端执行器的快速更换装置，从而实现机器人的多种作业功能。

本章介绍一些常用的工业机器人末端执行器，其主要形式有夹钳式、吸附式、弧焊枪、点焊枪、喷涂枪、仿生式和专用型末端执行器。

第一节　夹钳式末端执行器

夹钳式手部（末端执行器）与人手相似，是工业机器人广泛应用的一种手部形式，能通过手指的开闭动作实现对物体的夹持。它一般由手指和驱动机构、传动机构及连接与支承元件组成，如图 3-1 所示。

一、手指

手指是直接与工件接触的部件。手部松开和夹紧工件，就是通过手指的张开与闭合来实现的。机器人手部一般有两个手指，也有 3 个或多个手指，其结构形式常取决于被夹持工件的形状和特性。

指端形状通常有两类：V 形指和平面指。图 3-2 所示为 3 种 V 形指端的形状，用于夹持圆柱形工件。图 3-3 所示的平面指为夹钳式手的指端，一般用于夹持方形工件（具有两个平

行平面）、板形或细小棒料。另外，尖
指和薄、长指一般用于夹持小型或柔性
工件。其中，薄指一般用于夹持位于狭
窄工作场地的细小工件，以避免和周围
障碍物相碰；长指一般用于夹持炽热的
工件，以免热辐射对手部传动机构的
影响。

指面形状常有光滑指面、齿形指面
和柔性指面等。光滑指面平整光滑，用
来夹持已加工表面，避免已加工表面受
损。齿形指面上刻有齿纹，可增加夹持
工件的摩擦力，以确保夹紧牢靠，多用
来夹持表面粗糙的毛坯或半成品。柔性

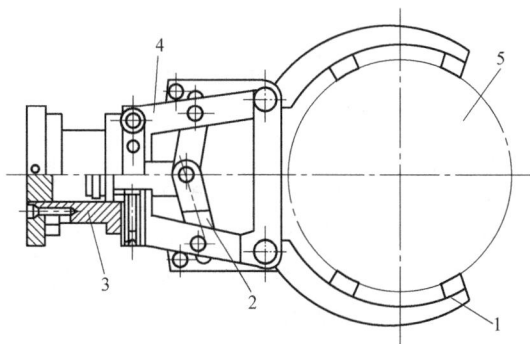

图 3-1　夹钳式手部的组成
1—手指　2—传动机构　3—驱动机构　4—支架　5—工件

指面内镶橡胶、泡沫、石棉等物，有增加摩擦力、保护工件表面、隔热等作用，一般用于夹
持已加工表面、炽热件，也适于夹持薄壁件和脆性工件。

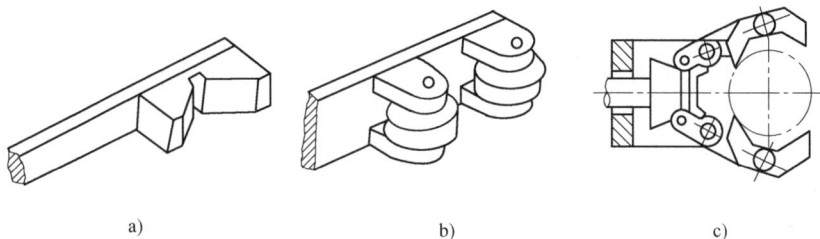

图 3-2　V 形指端的形状
a）固定 V 形　b）滚柱 V 形　c）自定位式 V 形

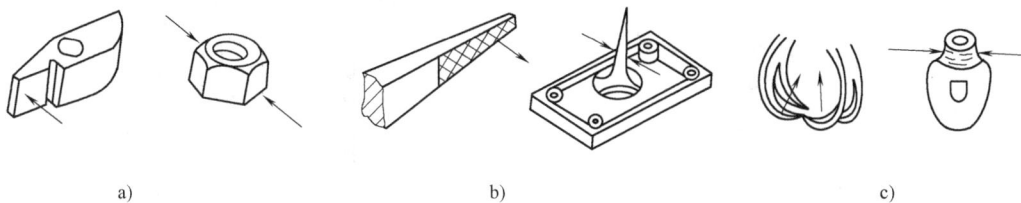

图 3-3　夹钳式手的指端
a）平面指　b）尖指　c）特形指

二、传动机构

传动机构是向手指传递运动和动力，以实现夹紧和松开动作的机构。该机构根据手指开
合的动作特点分为回转型和平移型。回转型传动机构分为一支点回转和多支点回转。根据手
爪夹紧是摆动还是平动，又可分为摆动回转型和平动回转型。

1. 回转型传动机构

夹钳式手部中使用较多的是回转型手部,其手指就是一对杠杆,一般再同斜楔、滑槽、连杆、齿轮、蜗轮蜗杆或螺杆等机构组成复合式杠杆传动机构,用以改变传动比和运动方向等。

图 3-4a 所示为单作用斜楔式回转型手部结构简图。斜楔向下运动,克服弹簧拉力,使杠杆手指装着滚子的一端向外撑开,从而夹紧工件;斜楔向上移动,则在弹簧拉力作用下使手指松开。手指与斜楔通过滚子接触可以减少摩擦力,提高机械效率。有时为了简化,也可让手指与斜楔直接接触,如图 3-4b 所示。

图 3-5 所示为滑槽式杠杆回转型手部简图,杠杆形手指 4 的一端装有 V 形指 5,另一端开有长滑槽。驱动杆 1 上的圆柱销 2 套在长滑槽

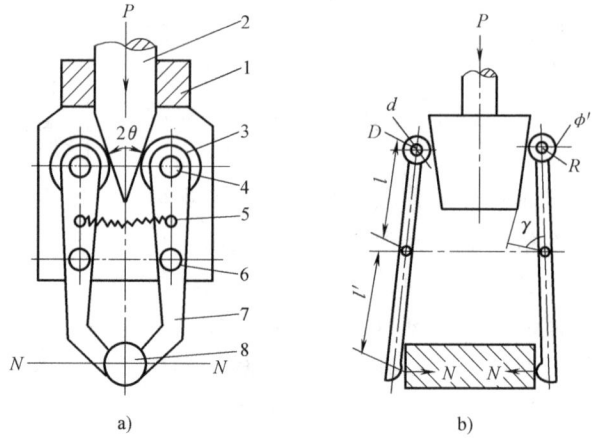

图 3-4 斜楔杠杆式手部结构
1—壳体 2—斜楔驱动杆 3—滚子 4—圆柱销
5—拉簧 6—铰销 7—手指 8—工件

内,当驱动连杆同圆柱销一起做往复运动时,即可拨动两个手指各绕其支点(铰销 3)做相对回转运动,从而实现手指的夹紧与松开动作。

图 3-6 所示为双支点连杆杠杆式手部简图,驱动杆 2 末端与连杆 4 由铰销 3 铰接,当驱动杆 2 做直线往复运动时,通过连杆推动两杆手指各绕其支点做回转运动,从而使手指松开或闭合。

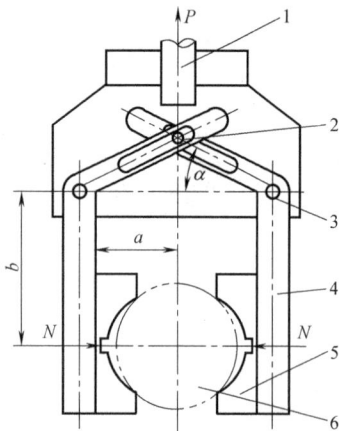

图 3-5 滑槽式杠杆回转型手部简图
1—驱动杆 2—圆柱销 3—铰销 4—手
指 5—V 形指 6—工件

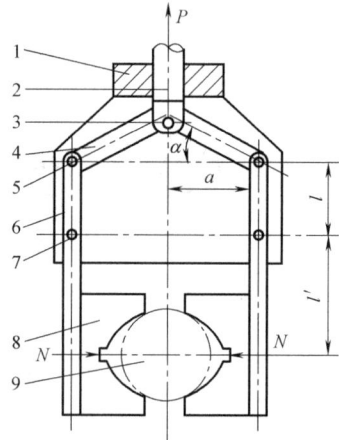

图 3-6 双支点连杆杠杆式手部简图
1—壳体 2—驱动杆 3—铰销 4—连杆
5、7—圆柱销 6—手指 8—V 形指 9—工件

图 3-7 所示为齿轮齿条直接传动的齿轮杠杆式手部结构。驱动杆 2 末端制成双面齿条,

与扇齿轮 4 相啮合，而扇齿轮 4 与手指 5 固连在一起，可绕支点回转。驱动力推动齿条做直线往复运动，即可带动扇齿轮回转，使手指松开或闭合。

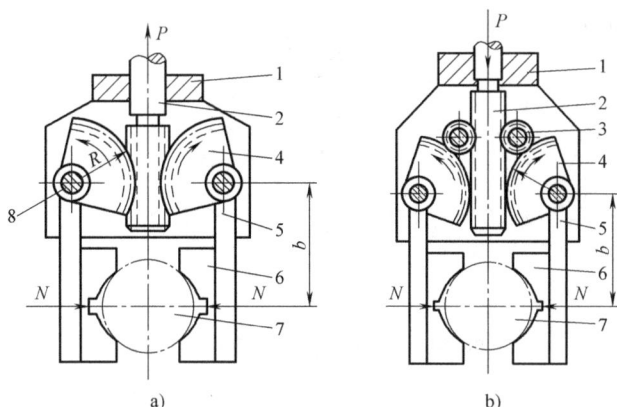

图 3-7 齿轮杠杆式手部结构
a）手部结构一 b）手部结构二
1—壳体 2—驱动杆 3—中间齿轮 4—扇齿轮 5—手指 6—V 形指 7—工件 8—铰销

2. 平移型传动机构

平移型夹钳式手部是通过手指的指面做直线往复运动或平面移动来实现张开或闭合动作的，常用于夹持具有平行平面的工件（如冰箱等）。其结构较复杂，不如回转型手部的应用广泛。

（1）直线往复移动机构 实现直线往复运动的机构很多，常用的斜楔传动、齿条传动、螺旋传动等均可应用于手部结构。图 3-8 所示为直线平移型夹钳式手部结构，它们既可是双指型的，也可是三指（或多指）型的；既可自动定心，也可非自动定心。

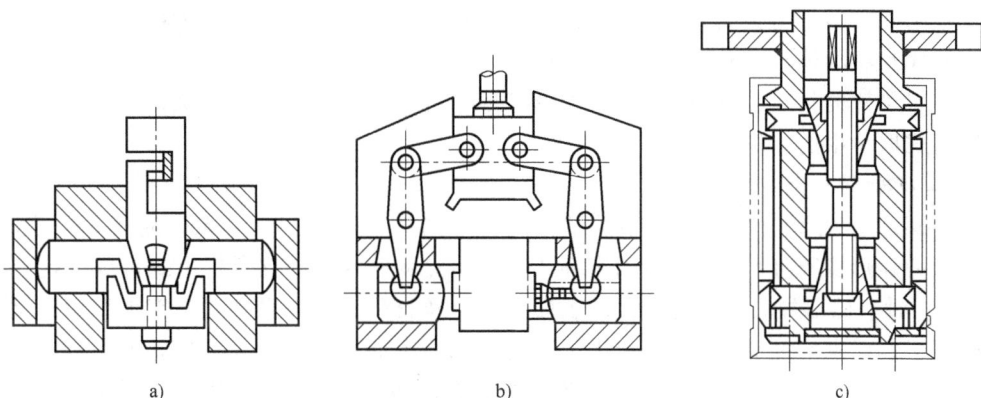

图 3-8 直线平移型夹钳式手部结构
a）斜楔平移结构 b）连杆杠杆平移结构 c）螺旋斜楔平移结构

（2）平面平行移动机构 图 3-9 所示为几种平面平移型夹钳式手部结构。它们的共同点是：都采用平行四边形的铰链机构-双曲柄铰链四连杆机构，以实现手指平移。其差别在于分别采用齿条齿轮、蜗杆蜗轮、连杆斜滑槽的传动方法。

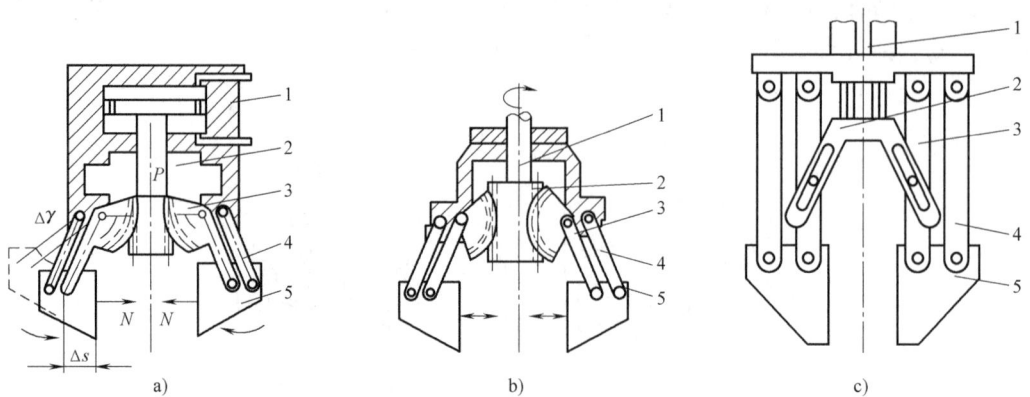

图 3-9 平面平移型夹钳式手部结构

a）齿条齿轮传动 b）蜗杆蜗轮传动 c）连杆斜滑槽传动

1—驱动器 2—驱动元件 3—驱动摇杆 4—从动摇杆 5—手指

第二节 吸附式末端执行器

吸附式取料手（末端执行器）靠吸附力取料，根据吸附力的不同分为气吸附和磁吸附两种。吸附式取料手适应于大平面（单面接触无法抓取）、易碎（玻璃、磁盘）、微小（不易抓取）的物体，因此使用面很广。

一、气吸附式取料手

气吸附式取料手是利用吸盘内的压力和大气压之间的压力差而工作的。按形成压力差的方法，可分为真空吸附、气流负压吸附、挤压排气式等。

气吸附式取料手与夹钳式取料手相比，具有结构简单、质量轻、吸附力分布均匀等优点，对于薄片状物体（如板材、纸张、玻璃等）的搬运更有优越性。它广泛用于非金属材料或不可有剩磁的材料的吸附，但要求物体表面较平整、光滑、无孔、无凹槽。下面介绍几种气吸附式取料手的结构原理。

1. 真空吸附取料手

图 3-10 所示为真空吸附取料手的结构。真空的产生是利用真空泵，故其真空度较高。主要零件为碟形橡胶吸盘 1，通过固定环 2 安装在支承杆 4 上，支承杆由螺母 5 固定在基板 6 上。取料时，碟形橡胶吸盘与物体的表面接触，橡胶吸盘在边缘既起到密封作用，又起到缓冲作用，然后真空抽气，吸盘内腔形成真空，吸取物体。放料时，管路接通大气，失去真空，放下物体。为避免在取、放料时产生撞击，有的还在支承杆上配有缓冲弹簧。为了更好地适应物体吸附面的倾斜状况，有的在橡胶吸盘背面设计有球铰链。真空吸附取料手有时还用于微小、难以抓取的零件，如图 3-11 所示。

图 3-12 所示为各种真空吸附取料手。

真空吸附取料工作可靠，吸附力大，但需要有真空系统，成本较高。

2. 气流负压吸附取料手

气流负压吸附取料手的结构如图 3-13a 所示。它利用流体力学原理，当需要取物时，压

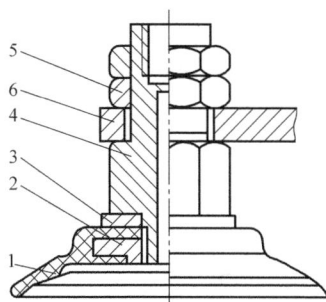

图 3-10　真空吸附取料手结构
1—碟形橡胶吸盘　2—固定环　3—垫片
4—支承杆　5—螺母　6—基板

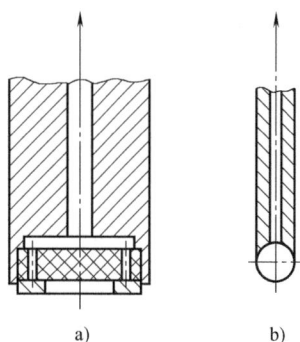

图 3-11　微小零件取料手
a）垫圈取料手　b）钢球取料手

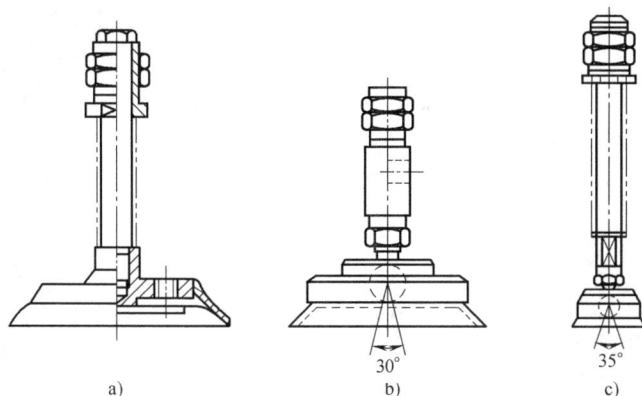

图 3-12　各种真空吸附取料手
a）普通型缓冲吸盘　b）球铰式侧向进气吸盘　c）球铰式缓冲吸盘

缩空气高速流经喷嘴时，出口处的气压低于吸盘腔内的气压，于是腔内气体被高速气流带走而形成负压，完成取物动作；当需要释放时，切断压缩空气即可。这种取料手需要压缩空气，而压缩空气从生产厂里较易取得，且成本较低，故在生产厂中用得较多。

如图 3-13b 所示，当电磁阀得电时，压缩空气从真空发生器左侧进入并产生主射流，主射流卷吸周围静止的气体一起向前流动，从真空发生器的右口流出。于是在射流的周围形成一个低压区，接收室内的气体被吸进与其融合再一起流出，在接收室内及吸头处形成负压。当负压达到一定值时，可将工件吸起，此时压力开关发出一个工件已被吸起的信号。当电磁阀失电时，无压缩空气进入真空发生器，不能形成负压，气爪将工件放下。

图 3-13c 所示为气流负压吸附取料手的应用实例。

3. 挤压排气式取料手

挤压排气式取料手如图 3-14 所示。其工作原理为：取料时吸盘压紧物体，橡胶吸盘 1 变形，挤压腔内多余的空气，取料手上升，靠橡胶吸盘的恢复力形成负压，将物体吸住；释放时，压下拉杆 3，使吸盘腔与大气相连通而失去负压。该取料手结构简单，但吸附力小，吸附状态不易长期保持。

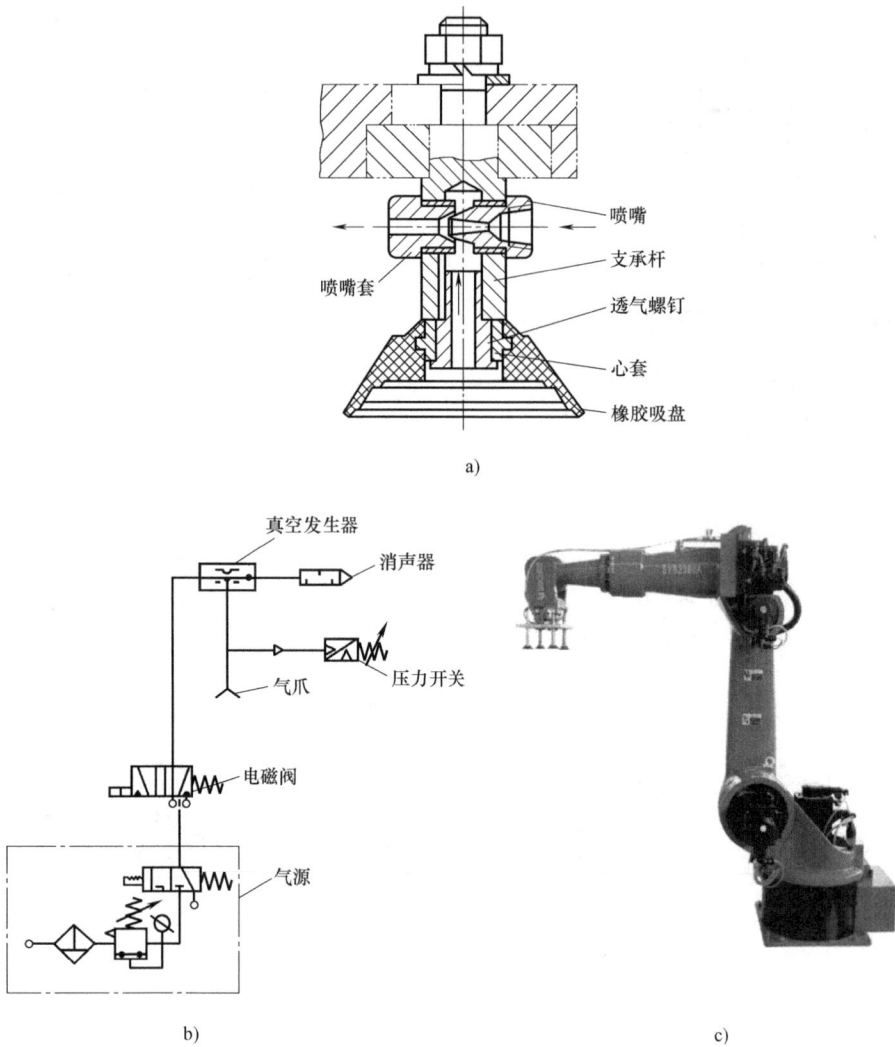

a)

b)

c)

图 3-13 气流负压吸附取料手

a）结构图 b）气路原理图 c）应用实例

二、磁吸附式取料手

磁吸附式取料手是利用电磁铁通电后产生的电磁吸力取料，因此只能对铁磁物体起作用；另外，对某些不允许有剩磁的零件要禁止使用。所以，磁吸附式取料手的使用有一定的局限性。

电磁铁的工作原理如图 3-15a 所示。当线圈 1 通电后，在铁心 2 内外产生磁场，磁力线穿过铁心、空气隙和衔铁 3 形成回路，衔铁受到电磁吸力 F 的作用被牢牢吸住。实际使用时，往往采用图 3-15b 所示的盘状电磁铁。其中衔铁是固定的，衔铁内用隔磁材料将磁力线切断。当衔铁接触零件时，零件被磁化形成磁力线回路，并受到电磁吸力而被吸住。

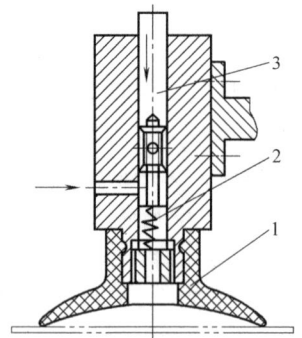

图 3-14 挤压排气式取料手

1—橡胶吸盘 2—弹簧 3—拉杆

图 3-16 所示为盘状磁吸附取料手的结构图。铁心 1 和磁盘 3 之间用黄铜焊料焊接并构成隔磁环 2，既焊为一体又将铁心和磁盘分隔，这样使铁心 1 成为内磁极，磁盘 3 成为外磁极，其磁路由壳体 6 的外圈，经磁盘 3、工件和铁心，再到壳体内圈形成闭合回路，以此吸附工件。铁心、磁盘和壳体均采用 8~10 号低碳钢制成，可减少剩磁，并在断电时不吸或少吸铁屑。盖 5 为用黄铜或铝板制成的隔磁材料，用以压住

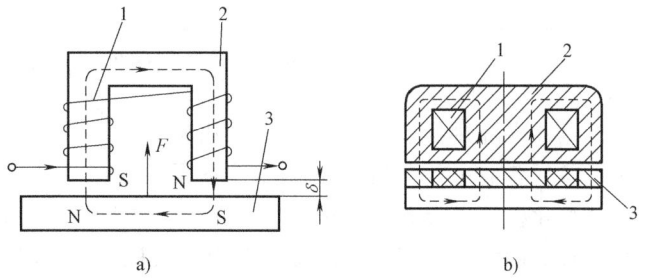

图 3-15　电磁铁
a）电磁铁工作原理　b）盘状电磁铁
1—线圈　2—铁心　3—衔铁

线圈 11，防止工作过程中线圈的活动。挡圈 7、8 用以调整铁心和壳体的轴向间隙，即磁路气隙 δ。在保证铁心正常转动的情况下，气隙越小越好，而气隙越大，则电磁吸力会显著地减小，因此一般取 δ = 0.1mm ~ 0.3mm。

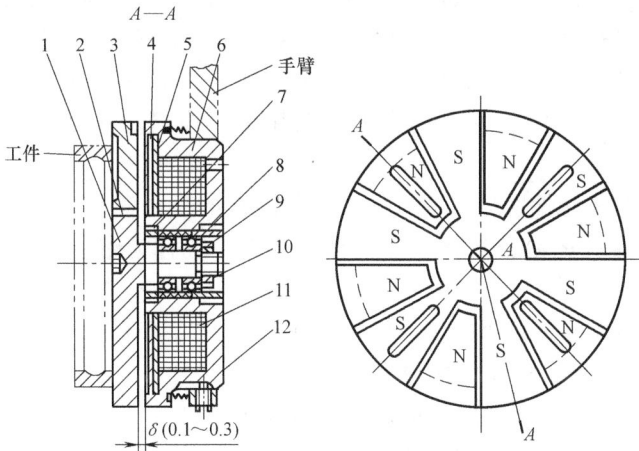

图 3-16　盘状磁吸附取料手结构
1—铁心　2—隔磁环　3—磁盘　4—卡环　5—盖　6—壳体
7、8—挡圈　9—螺母　10—轴承　11—线圈　12—螺钉

图 3-17 所示为几种电磁式吸盘吸料示意图。

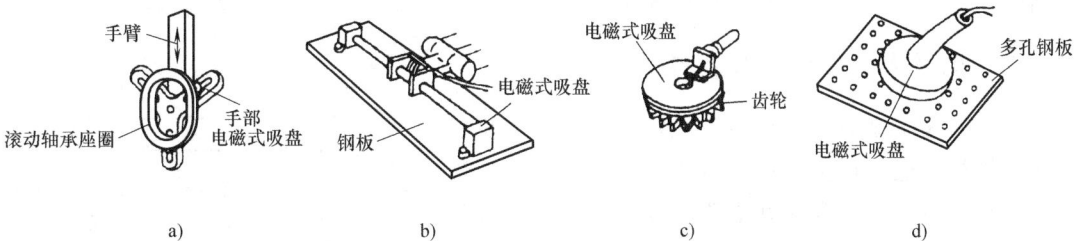

图 3-17　几种电磁式吸盘吸料示意图
a）吸附滚动轴承底座　b）吸取钢板　c）吸取齿轮　d）吸附多孔钢板

第三节 焊枪及其送丝机构

机器人焊接作业在机器人的应用中占有很大的比例。针对不同材料、结构、型材和用途，各行各业中的焊接使用着各种不同的焊接方法，例如二氧化碳气体保护焊、钨极氩弧焊、熔化极氩弧焊和药芯焊丝电弧焊等。焊接作业环境差、劳动强度高，对操作者的身体健康有较大的损害，所以在焊接作业中引入机器人是必然的趋势。对于不同的焊接技术和焊接方式，机器人需要安装不同的末端执行器。这一节以二氧化碳气体保护焊为例，介绍机器人的末端执行器——焊枪。

一、气体保护焊原理

气体保护焊通常按照电极是否熔化和保护气体的不同，分为非熔化极惰性气体保护焊和熔化极气体保护焊。非熔化极惰性气体保护焊是指在惰性气体的保护下，利用钨电极与工件间产生的电弧热熔化母材和填充焊丝（如果使用填充焊丝）的一种焊接方法，简称 TIG 焊。熔化极气体保护焊是指用金属熔化极作电极，利用连续送进的焊丝与工件之间燃烧的电弧作热源，由焊炬嘴喷出的气体将焊接区与空气隔绝，通过电弧产生高温熔化母材和焊丝的焊接方法。按照所使用保护气体的不同，熔化极气体保护焊主要有以下几种类型。

1）以高纯氩气 Ar≥99.99% 作为保护气体的称为氩弧焊（MIG 焊），可以焊接碳素钢、低合金钢、耐热钢、低温钢、不锈钢等材料，常用来焊接铝及其合金、铜及铜合金等有色金属。

2）以惰性气体与氧化性气体（氧气、二氧化碳）的混合气作为保护气体，或以二氧化碳气体或二氧化碳+氧气的混合气作为保护气体时，统称为熔化极活性气体保护电弧焊（简称 MAG 焊）。

3）以纯度≥99.5% 的二氧化碳作为保护气体的称为二氧化碳气体保护焊，其按填充焊丝的不同分为实芯二氧化碳气体保护焊和药芯二氧化碳气体保护焊。实芯二氧化碳气体保护焊可以焊接低碳钢、低合金钢。药芯二氧化碳气体保护焊（FCAW焊）不仅可以焊接碳素钢、低合金钢，而且可以焊接耐热钢、低温钢和不锈钢等材料。

熔化极气体保护焊的主要优点是可以方便地进行各种位置的焊接，同时也具有焊接速度较快、熔敷率较高的优点。其原理示意图如图 3-18 所示。

二、机器人气体保护焊系统

机器人气体保护焊系统除了机器人本体、变位机和夹具体外，还有焊枪、焊接电源、保护气系统、送丝系统和控制系统，其典型配置如图 3-19 所示。焊接电源的正负极分别通过导线接在焊丝和变位机体上；送丝电动机一般装在机器人本体上，丝盘和丝桶则装

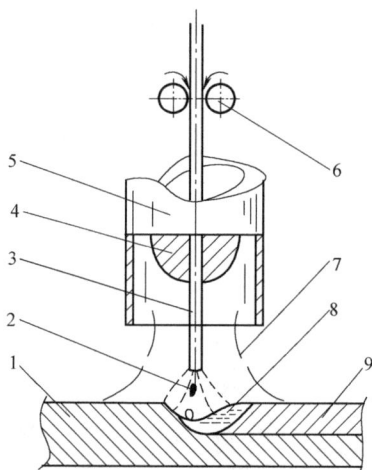

图 3-18 熔化极气体保护焊原理示意图
1—工件母材 2—电弧 3—焊丝
4—导电嘴 5—保护套 6—送丝轮
7—保护气体 8—熔池 9—焊缝

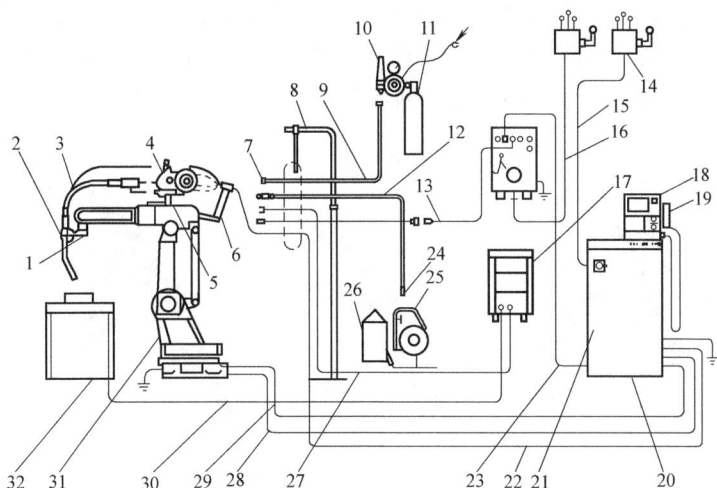

图 3-19 机器人气体保护焊系统的典型配置

1—碰撞传感器装置 2—焊枪 3—焊枪导管 4—送丝装置 5—电动机架 6—导管支架 7、24—接头
8—线管旋转支架 9—保护气管 10—压力表 11—保护气瓶 12—送丝管 13—控制导线
14—断路器 15、16—电源线 17—焊机 18—显示器 19—示教盒 20—机器人控制柜
21—控制柜门 22—碰撞传感器导线 23——体化导线 25—焊丝盘 26—焊丝桶
27—焊接正极导线 28、29—电源线 30—焊接负极导线 31—M-SK6 机器人 32—变位机

在一个架子上或放在地面；保护气管通过专用接头与送丝机连接；机器人控制箱和电控箱联
合控制整个工作站的协调作业。

三、机器人末端执行器——焊枪

1. 焊枪的形式

对于不同的焊接方式、冷却形式、焊丝直径、焊接功率和机器人类型，焊枪的结构形式
也有所不同。焊接方式由焊接原理所确定，对应的焊枪结构也不同。图 3-20 所示为 3 种不
同焊接方式的焊枪外形。常用的冷却方式有空冷和水冷两种。水冷方式需要在焊枪结构中设
计进回水路，冷水进入焊枪带走热量，通过水
箱冷却而循环使用；焊接功率和焊丝直径与被
焊工件的材料、焊缝大小及焊接速度等有关，
焊丝直径大则一般焊接功率也大，焊丝在焊枪
中行走的阻力就相对较大，焊枪结构也必须适
应这样的要求。有多种类型的机器人都可以用
于焊接作业。许多机器人公司开发了适用于焊
接作业的机器人及其控制系统，在焊枪和送丝
装置的安装形式、冷却水循环方式、保护气供
给、焊接软件功能等方面各具特色，这些因素
也会影响焊枪的结构。

2. 焊枪的结构

这里介绍 3 种较为典型的焊枪结构。

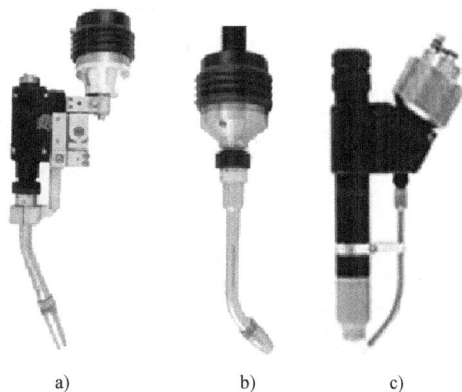

图 3-20 3 种不同焊接方式的焊枪外形
a）电缆外置式气保焊枪 b）电缆内藏
式气保焊枪 c）氩弧焊焊枪

（1）空冷焊枪 图 3-21 所示为 3 款空冷焊枪，分别是外置防撞型、内置防撞型和外置无防撞传感器型，它们的内部结构基本相同。图 3-22 所示为空冷焊枪结构示意图，主要有鹅颈、导电嘴座、绝缘筒、分气环、导电嘴和火口等。当焊丝直径不同时，其主要器件的尺寸不同。

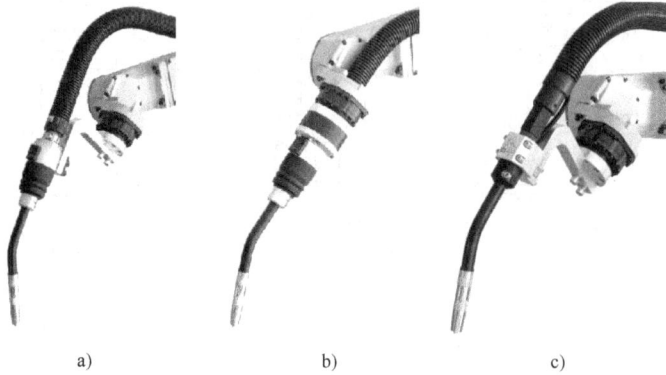

图 3-21 空冷焊枪

a）外置防撞型 b）内置防撞型 c）外置无防撞传感器型

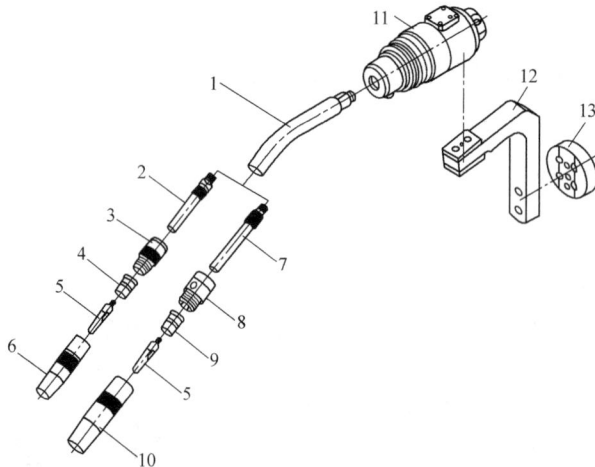

图 3-22 空冷焊枪结构示意图

1—鹅颈 2、7—导电嘴座 3、8—绝缘筒 4、9—分气环 5—导电嘴
6、10—火口 11—防撞传感器 12—支架 13—连接法兰

导电嘴是焊枪中重要的器件，其孔径和长度因焊丝的直径不同而不同，既要保证导电可靠，又要尽可能减小焊丝在导电嘴中的行进路程，以减少送丝阻力，保证送丝通畅。导电嘴孔径太小，送丝阻力增大，焊丝如有局部折弯，极易"卡壳"，造成焊丝无法送给；导电嘴孔径过大，焊丝在孔中"晃动"，致使导电不良和焊丝导向不定，严重的还会造成焊丝与导电嘴内壁"打火"而粘连。钢焊丝导电嘴孔径一般比焊丝直径大 0.1~0.4mm，导电嘴长度一般为 20~30 mm。对于铝焊丝一类的软质焊丝，则需适当增加导电嘴的孔径和长度。在选择导电嘴材料时，首先要考虑其导电性和耐磨性。常用的材料是铬青铜、钨青铜和紫铜等。

　　3 种焊枪的不同之处在于焊枪的安装方式，图 3-21a 和 c 是标准型机器人安装焊枪的方式。在标准法兰上安装支架，再将焊枪装在支架上，两者不同的是图 3-21c 没有使用防撞传感器，而是用过渡套把焊枪连接在法兰上。图 3-21b 所示的机器人是为焊接作业开发的机器人，焊枪能够直接装在机器人的连接法兰上，这样送丝管便能从法兰的中心穿过，起到前端固定焊丝管的作用，这种变化有利于机器人的运动和示教，避免干涉和偏载。图 3-23 所示为内置焊枪和外置防撞传感器的焊枪与机器人法兰连接的示意图。

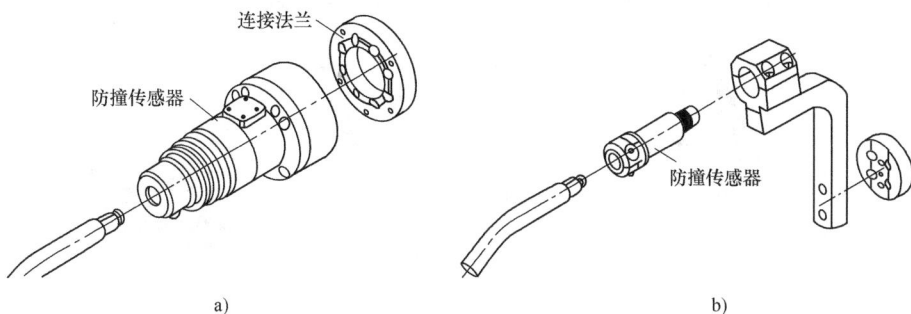

图 3-23　内置焊枪和外置防撞传感器的焊枪与机器人法兰连接的示意图

　　（2）水冷焊枪　图 3-24 所示为外置和内置防撞型水冷焊枪的外形图。它们的安装形式和内部结构与空冷焊枪基本相同，只是在导电嘴等主要结构的外面增加了一个水套。水套使用散热性较好的铜材料制作，内外两层管状零件焊成一体，形成一个环状容腔。具有一定压力的循环水进入水套，带着由焊接热传给主要零部件的热量从水套流出，返回水箱内进行冷却。这种方式较空冷而言更加有利于防止焊接热造成的焊丝黏结、焊枪长时间作业和延长零件的使用寿命。

　　（3）氩弧焊机器人焊枪　钨极氩弧焊是用钨棒作为电极加上氩气进行保护的焊接方法，其方法构成如图 3-25 所示。焊接时氩气从焊枪喷嘴中连续喷出，在电弧周围形成保护层，隔绝空气，以防止其对钨极、熔池的热影响，从而获得优质的焊缝。

　　这种焊接方法具有以下优缺点：氩气具有极好的保护作用，能有效地隔绝周围空气；钨

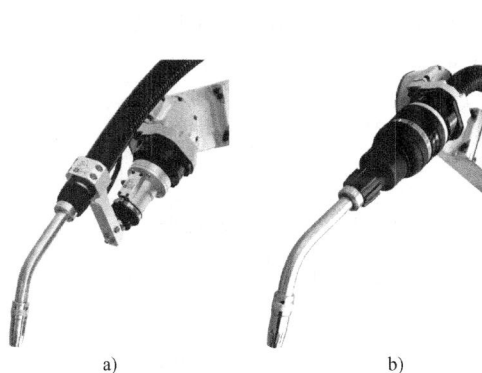

图 3-24　水冷焊枪外形图
a）外置防撞型　b）内置防撞型

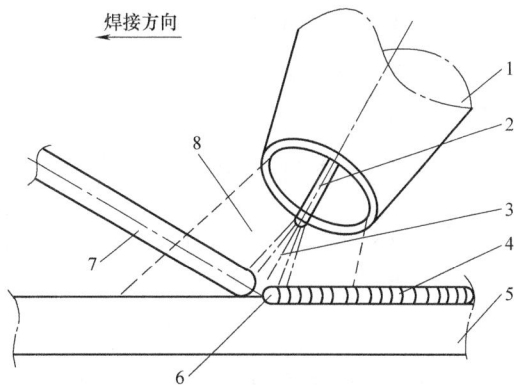

图 3-25　钨极惰性气体保护焊有害影响
1—喷嘴　2—钨极　3—电弧　4—焊缝　5—工件　6—熔池　7—填充焊丝　8—惰性气体

极电弧非常稳定，即使在电流很小（<10A）的情况下仍可稳定燃烧，特别适用于薄板材料的焊接；热源和填充焊丝可分别控制，因而容易调整热输入，所以用这种焊接方法可进行全方位焊接，也是实现单面焊双面成型的理想方法；由于填充焊丝不通过电流，故不产生飞溅，焊缝成型美观；交流氩弧焊能够焊接一些化学活泼性强的有色金属，如铝、镁及合金。它的缺点是熔敷速度小、熔深浅、生产率低；另外氩气较贵，生产成本较高。

图 3-26 所示为氩弧焊机器人焊枪的外形和结构图。图中氩气经由本体、夹头、夹头套、陶瓷火口喷出；焊丝由自动送丝装置经过送丝嘴送到焊点位置。

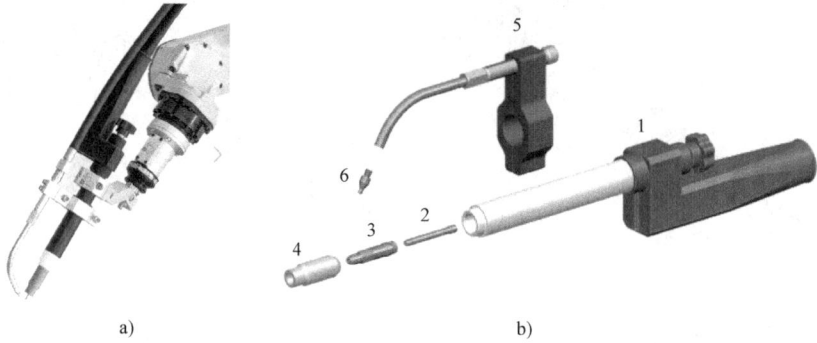

图 3-26　氩弧焊机器人焊枪的外形和结构图

a）外形　b）结构

1—本体　2—夹头　3—夹头套　4—陶瓷火口　5—自动送丝装置　6—送丝嘴

第四节　机器人点焊枪及其控制系统

机器人点焊用于焊接低碳钢板、不锈钢板、镀锌或多功能镀铅钢板、铅板、铜板等薄板类部件，具有焊接效率高、变形小、不需添加焊接材料等优点，广泛应用于汽车覆盖件、驾驶室、车体等部件的高质量焊接中。

点焊的工作原理是：通过焊枪电极对两层板件施加并保持一定的压力，使板件可靠接触并输出合适的焊接电流，因板间电阻的存在，接触点产生热量、局部熔化，从而使两层板件牢牢地焊接在一起。点焊的过程可以分为预加压、通电加热和冷却结晶三个阶段。

在机器人点焊作业中，末端执行器就是各种类型的点焊枪。

一、机器人点焊系统

机器人点焊系统的构成如图 3-27 所示，主要由点焊枪、点焊用焊机、变压器、气动系统和冷却水系统构成。

二、机器人点焊枪

1. 点焊枪类型

机器人点焊枪的形状及大小可根据作业环境、作

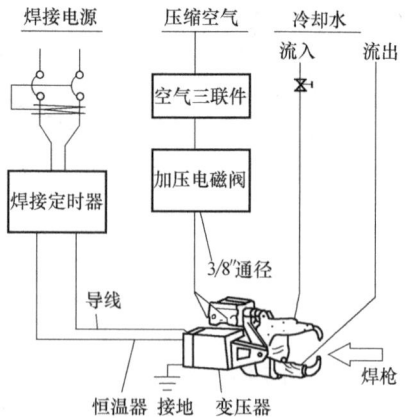

图 3-27　机器人点焊系统的构成

业位置以及周边空间大小选择，必要时需要专门设计。图 3-28 所示为点焊生产线所用的点焊枪类型。焊枪所用电极也可以根据要求选择，常见的点焊枪头形状见表 3-1。

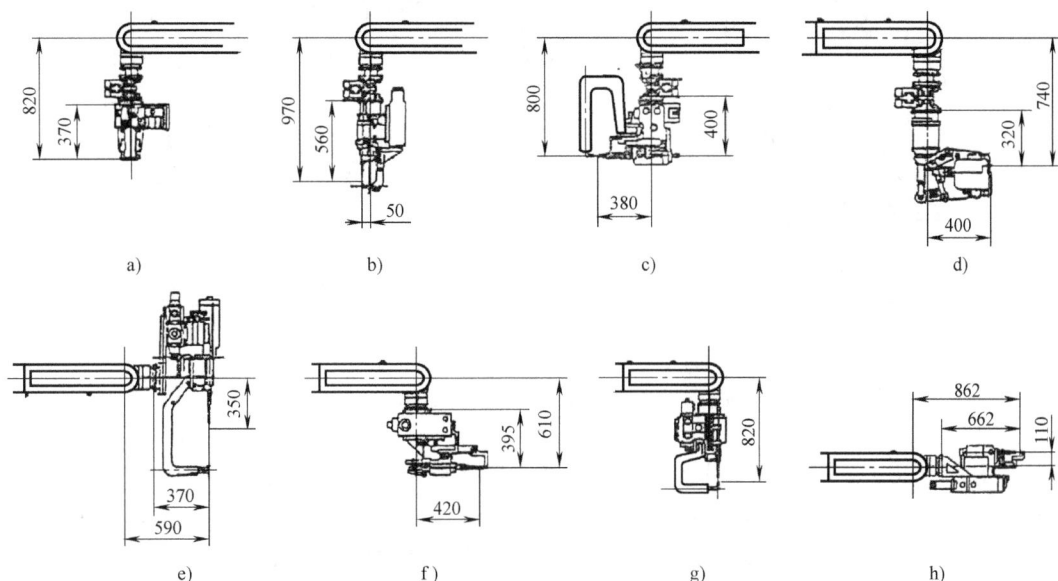

图 3-28　点焊生产线所用的点焊枪类型

表 3-1　点焊枪头形状

形　式	形　状	备　注	形　式	形　状	备　注
F 形		平面状	C 形		锥台状
R 形		球面状	E 形		偏心状
D 形		穹丘状	P 形		点状

点焊机器人的焊接变压器装在焊枪后面，所以变压器必须尽量小型化。对于容量较小的变压器，可以用 50Hz 工频交流电；而对于容量较大的变压器，采用逆变技术把 50Hz 工频交流电变为 600~700Hz 交流电，这样可以减小变压器的体积和质量。变压后可以直接用 600~700Hz 的交流电焊接，也可以进行二次整流，用直流电焊接。

2. 气动焊枪

（1）C 型和 X 型气动焊枪　焊枪通常为一体化气动焊枪，气缸驱动焊枪的上、下电极夹紧至预设压力后，通电来完成焊接作业。图 3-29 所示为 C 型和 X 型两种类型的气动焊枪。C 型气动焊枪主要用于点焊垂直及近似于垂直位置的焊点，X 型气动焊枪主要用于点焊水平及近似于水平位置的焊点。

不同型号的点焊枪上均有一套电极位置自动微调机构，它可以根据工件的位置形状自动确定焊接平面，具有自动补偿功能，以保证焊枪在一定的误差范围内获得满意的焊接效果，并避免由于工件的误差而引起的焊接变形。

气动焊枪两个电极之间一般只有两级冲程。电极压力由减压阀调节，一旦调定后就不能

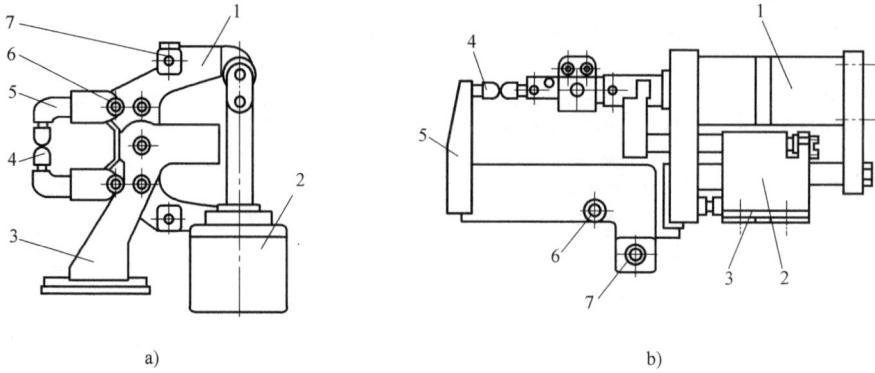

图 3-29 气动焊枪的类型

a) C 型气动焊枪 b) X 型气动焊枪

1—钳体 2—加压气缸 3—安装座 4—电极帽 5—电极夹头 6—冷却水管接口 7—二次电缆接口

随意变化，所以气动焊枪无法根据所焊接工件的变化来实时调节焊接压力的大小，不能完全满足某些对压力有特殊要求的焊点要求。此外，气动焊枪无法控制电极移动过程的速度、位置等参数，造成焊接时对工件有较大的冲击，容易使工件产生变形和振动错位。

（2）浮动机构 由于被焊工件大多是由薄板件组成的冲压件，刚性差且极易产生不规则的变形，导致工件在夹具中发生错位。目前工业生产中的机器人一般不带视觉系统，因而对实际工件与标准样件之间的差别无法进行自动补偿。为了获得满意的焊接效果，焊钳一般需设计具有自动补偿功能的浮动机构，以弥补这种错位以及电极磨损的自动调整。此浮动机构有以下 4 种形式。

1）齿轮齿条浮动机构。如图 3-30 所示，当工件在夹具中与样件吻合无偏差时，气源由 a 进入气缸 1 后，推动活塞杆 2 带动电极座 3、电极 4 向前运动，直至接触工件。与此同时，齿条 6 也在活塞杆 2 的带动下向前移动。由于齿轮齿条的啮合作用，使齿轮 7 逆时针转动，

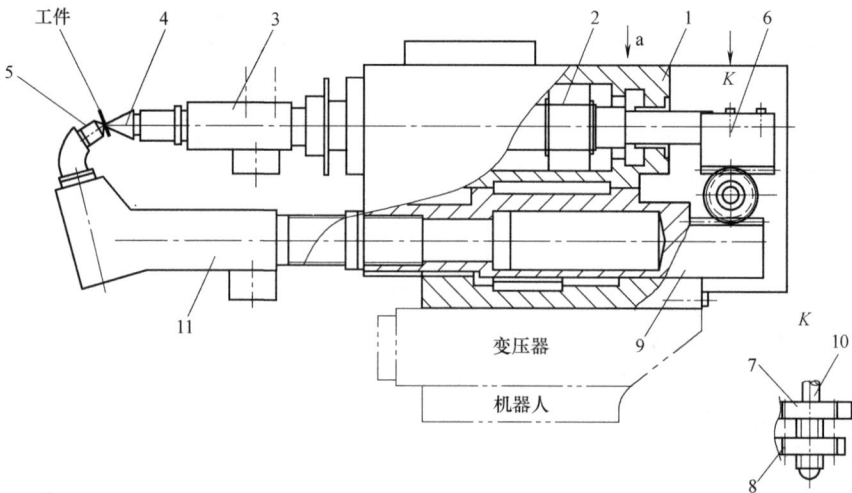

图 3-30 机器人用 C 型气动焊枪（齿轮齿条浮动式）

1—气缸 2—活塞杆 3—电极座 4、5—电极 6、9—齿条 7、8—齿轮 10—轴 11—钳体

通过另一齿轮 8 与齿条 9 的啮合，使齿条 9 反向向后移动，带动钳体 11 和电极 5 同时向后运动，直至接触工件，通电焊接。这时，电极 4 与 5 的移动距离是相等的。

当工件在夹具中产生偏差时，齿轮 7 是用键连接在轴 10 上的，齿轮 8 空套在此轴上。同样气缸 1 进气，使电极 4 与 5 同时向工件运动，由于工件位置偏左，所以电极 5 先接触工件，产生阻力便停止运动。而电极 4 继续向前运动，使齿轮 8 在轴 10 上打滑不再转动，于是齿条 9 保持不动，也就是已接触工件的电极 5 不再运动，保证了焊接浮动性。焊接完毕后，气源反向进气，推动活塞杆 2 向后动作，使两电极离开焊好的工件，并回到原位，完成一个循环。

采用齿轮齿条传动，传动效率高，传动稳定，使用寿命长。另外焊钳结构紧凑，并能防止电极偏转。

2）气缸浮动机构。如图 3-31 所示，此焊钳采用两个气缸，气缸 1 使焊钳产生焊接压力，它带动电极 5 完成辅助行程和工作行程。辅助行程使焊钳进入焊接位置，再用工作行程进行焊接。气缸 9 带动电极 6 完成工作行程，起浮动作用。它的浮动功能是靠气缸 1 和气缸 9 之间气路的特殊连接来实现的。气缸 1 的进口 b 与气缸 9 的 e 口相接，f 口与 d 口相接。首先从气缸 1 的 a 口先进气，活塞杆 3 带动电极 5 向前走辅助行程 55mm，使焊钳进入焊接位置；然后 b 口进气，电极 5 继续向前直到接触工件，与此同时气缸 9 的 e 口进气，使气缸 9 带动钳体 7 和电极 6 向工件运动，直至接触并进行焊接。此外在双导杆上使用了直线滚动轴承 8，因此钳体 7 在焊接过程中运行平稳、焊接位置准确、浮动效果好，而且结构简单。

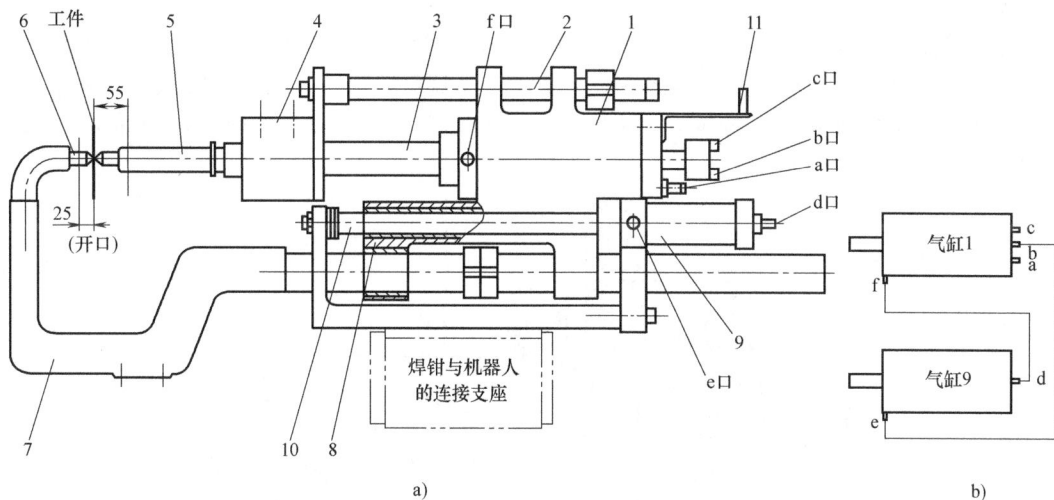

图 3-31　机器人用 C 型浮动气动焊枪

a）结构示意图　b）气路连接关系

1、9—气缸　2、10—导杆　3—活塞杆　4—电极座　5、6—电极　7—钳体　8—直线滚动轴承　11—架

3）X 型气动焊枪的浮动机构。图 3-32 所示的 X 型气动焊枪也采用双行程气缸，气源由 a 进入气缸，推动活塞杆 2 向前运动。由于铰链 7 的作用，带动上钳体 3 和下钳体 6，使上、下电极夹紧工件，无论上电极还是下电极，有一方先接触工件受到阻力之后便停止运动，另一电极则会绕铰链 7 转动，直至接触工件，达到自动跟踪工件的效果。限位块 8 限制下臂的

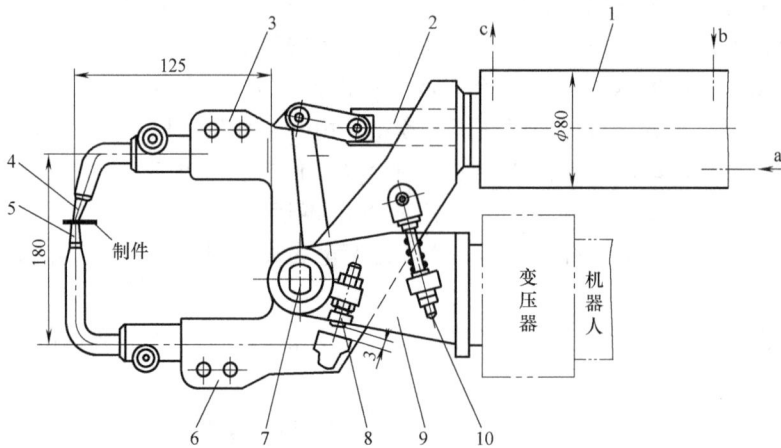

图 3-32 机器人用 X 型气动焊枪

1—气缸 2—活塞杆 3—上钳体 4、5—电极 6—下钳体 7—铰链 8—限位块 9—支架 10—拉杆

开口位置，而上臂的开口位置完全靠气缸控制。

4）弹簧浮动机构。这种机构靠弹簧压缩进行浮动，成本低，结构简单，但使用寿命短，易出现故障。

3. 伺服点焊枪

为克服气动点焊枪的缺点，提高焊接过程的可控性，近年来随着伺服控制技术的日益成熟，伺服点焊枪被越来越广泛地应用到汽车车体的点焊焊接中。

伺服点焊枪采用伺服电动机驱动，用伺服电动机代替了气动焊枪中的气缸，如图 3-33 所示。这种焊枪的张开和闭合由伺服电动机驱动，码盘反馈位移，使焊枪的张开度可以根据实际需要任意选定并预置，同时电极间的压紧力也可以无级调节。伺服点焊枪具有如下优点：

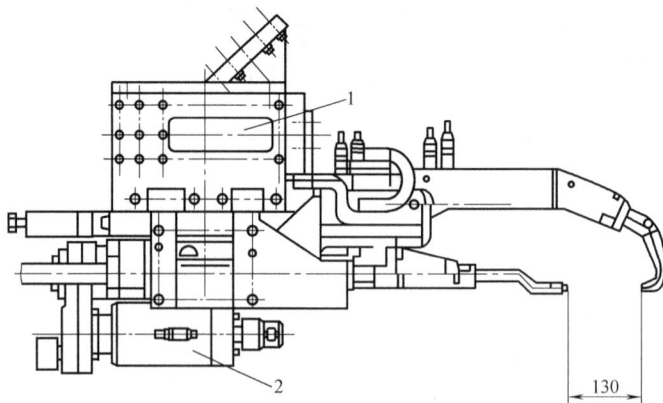

图 3-33 伺服点焊枪

1—焊接变压器 2—伺服电动机

1）每个焊点的焊接时间可大幅度降低。因为焊枪的张开度是由机器人精确控制的，机器人在移位的同时点焊枪就已经完成了开口度的设置或复位动作。

2）焊枪的张开度可以根据工件的情况任意调整，只要不发生碰撞或干涉，就尽可能减小张开度。加压时，不仅压力大小可以调节，而且两电极闭合速度可调，减少了撞击变形和噪声。在使用中，伺服点焊枪可作为机器人的外部轴，其动作由机器人控制柜直接控制。

第五节　机器人喷枪

机器人喷涂作业广泛应用在实际生产中。喷涂可分为空气喷涂、无空气喷涂、静电喷涂以及上述基本喷涂形式的各种派生方式，如大流量低压力雾化喷涂、热喷涂、自动喷涂、多组喷涂等。喷涂作业环境差、劳动强度高，对操作者的身体健康有较大的损害，加之类似于汽车等产品的表面喷涂质量要求很高，所以在喷涂作业中引入机器人同样是必然趋势。这一节以喷漆作业为例，介绍机器人的末端执行器——喷枪。

一、喷漆与喷枪原理

气动喷漆是利用空气压缩气流从喷枪的喷嘴中间喷出，遵循文丘里原理，在喷嘴前端形成负压区，将涂料从容器中吸出来，同时利用几股对称气流将涂料急骤打散成微粒状，微颗粒呈均匀雾状飞向被喷物体，在被喷物体表面附着连续均匀的漆膜，达到防腐和美观的效果。

雾化分三个阶段。第一阶段：涂料由虹吸作用从喷嘴喷出后，就被从环形口喷出的气流包围，气流所产生的气旋使涂料分散；第二阶段：涂料的液流与从辅助孔喷出的气流相遇时，气流控制液流的运动中，使其进一步分散；第三阶段：从空气帽喇叭口喷出的气流从相反的方向冲击涂料，使其成为扇形的液雾。根据涂料与空气雾化方式不同，气动喷漆枪可分为内混式和外混式；根据涂料的供给方式不同，气动喷漆枪可分为重力式、虹吸式和压送式。机器人喷枪多为压送式。

喷漆的特点与要求：

1）底漆黏度一般为 20~30s，色漆和面漆为 16~20s，罩光清漆为 10~14s。漆液太稠则喷涂颗粒太粗，漆液太稀则容易流挂。

2）空气压力一般控制在 0.3~0.4MPa。空气压力过小，漆液雾化不良，表面会形成麻点；空气压力过大，易流挂，且漆雾过大，既浪费材料又影响操作者的健康。

3）喷嘴与物面距离一般以 200~300mm 为宜，距离过近易流挂，过远易出麻点，且漆雾飞散造成浪费。具体的距离大小应根据油漆的种类、黏度及气压的大小来适当调整。慢干漆、黏度稠和压力大时喷涂的距离可远一点，反之就近一点。远近范围在 10~50mm 之间调整，否则难以获得理想的漆膜。

4）喷枪要平直于物面喷涂，尽量减少斜向喷涂，移动速度一般为 20~30cm/s。

5）喷涂时后一道漆要压住前一道漆的 1/3 或 1/4，这样才能避免漏喷。

二、机器人喷涂系统构成

如图 3-34 所示，典型的机器人喷涂系统主要由涂装机器人、机器人控制系统、供漆系统、自动喷枪、喷房、防爆吹扫系统等组成。

涂装机器人与标准工业机器人相比，在结构方面的差别除了球型手腕与非球型手腕外，主要是防爆、油漆及空气管路和喷枪的布置形式；通过加长手臂长度来扩大工作范围；2、3

个手腕的自由度，使其更加轻巧快速，适合容腔内部、狭窄空间及复杂工件的喷涂；较先进的涂装机器人采用了中空手臂和柔性中空手腕。

供漆系统主要由涂料单元控制盘、气源、流量调节器、齿轮泵、涂料混合器、换色阀、供漆供气管路及监控管线组成。

防爆吹扫系统主要由危险区域之外的吹扫单元、机器人内部的吹扫传感器、控制柜内的吹扫控制单元三部分组成。通过向机器人含有电气元件的内部吹入过压气体，以阻止混有漆料的爆燃性气体进入机器人而引起打火和爆燃。

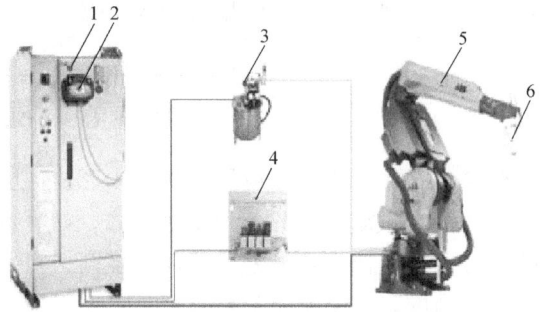

图 3-34　机器人喷涂系统

1—机器人控制系统　2—示教盒　3—供漆系统
4—防爆吹扫系统　5—涂装机器人　6—自动喷枪

三、机器人空气喷枪

图 3-35 所示为 3 种空气喷枪的外形。空气喷枪的种类虽然很多，但它们的基本结构都是类似的，一般分为雾化部分、调节部分和枪体 3 部分。辅助结构包含空气管、过滤装置、气压调节装置。

a)　　　　　　　　　　　b)　　　　　　　　　　　c)

图 3-35　空气喷枪

a) 日本明治 FA100H-P　b) 美国 DEVILBISS T-AGHV　c) 德国 PILOT WA500

空气喷枪的基本结构如图 3-36 所示。其中空气帽、喷嘴和针阀是决定喷枪工作质量的关键部件。

1. 空气帽

空气帽的作用是将压缩空气通过压气喷头上的孔形成不同的气流，在出口处使油漆雾化，并喷出一定的形状。空气帽的出气孔分为主出气孔、副出气孔、侧出气孔。出气孔数的多少、直径大小、内腔深浅都和涂料喷嘴的出漆孔直径大小有关，也影响涂料雾化的质量。一般来说，空气帽出气孔总面积与涂料喷嘴出漆孔面积之比为 3 : 5。主出气孔直径的大小直接影响雾化程度和喷出距离，副出气孔直径和侧出气孔直径影响雾化程度和喷涂面积。在出漆量一定的条件下，直径与涂料喷嘴外径的配合间隙越小，则雾化效果越好；配合间隙大，则雾化效果差。配合间隙一般为 0.5~1.2mm，同轴度控制在 0.1mm 之内。空气帽的材料一般是铸铜。

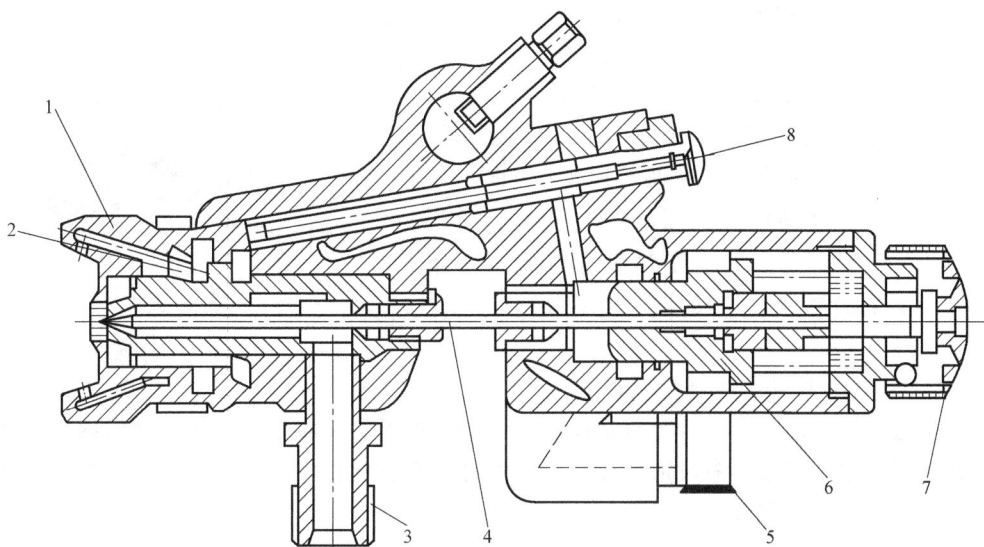

图 3-36 空气喷枪的基本结构

1—空气帽 2—喷嘴 3—涂料接口 4—针阀 5—压缩空气接口
6—喷漆自动控制阀 7—涂料量调节旋钮 8—喷雾图形调节旋钮

2. 喷嘴

喷嘴与喷枪本体固定在一起成为涂料顶针的阀座。在气压的作用下，液体从喷嘴的出漆口喷出进入气流区并雾化。

喷嘴的出漆孔径有 3 种：$d=1.4\mathrm{mm}$、$1.8\mathrm{mm}$、$2.6\mathrm{mm}$。喷嘴外径有两种：$d=2.5\mathrm{mm}$、$3.5\mathrm{mm}$。$d=1.4\mathrm{mm}$、$1.8\mathrm{mm}$ 的喷嘴用于喷涂油漆，而 $d=2.6\mathrm{mm}$ 的喷嘴用于喷涂高黏度的防声胶或石墨。

空气帽与喷嘴上的两个锥面一致且必须同轴。喷嘴的材料可选用淬火钢，也可用不锈钢或碳化钨。

3. 针阀

针阀与喷嘴配合，用来控制液体涂料的流量，起到流量阀的作用。喷枪使用一段时间后，针阀和喷嘴配合处就会磨损，间隙变大或者配合不好而造成漏漆。这时只要将涂料针阀与喷嘴的配合面重新研磨，并调整一下针阀的位置，就可避免漏漆，同时也延长了针阀的使用寿命，减少其消耗。根据雾化的需要，可调节针阀后面的螺母，来控制出漆量，以达到所需要的雾化要求。针阀的锥度一般为 $21°\sim25°$，材料一般用淬火钢、不锈钢或碳化钨。

由此，对于空气喷涂，影响喷雾在空间分布的因素主要是喷枪空气帽的结构、气孔的数量和位置、孔口结构、空气气流、喷嘴和针阀的几何形状、供料泵的压力、空气压力和流速以及由针阀的位置所决定的单位时间供漆量和油漆黏度等。

第六节 仿生式末端执行器

夹钳式和吸附式末端执行器通常无法有效地夹持具有不规则或复杂外形的工件，而仿生式末端执行器有其独到的优势，因此各种类型的仿生式手爪也成了人们研究的热点。

为了能对不同外形的物体实施抓取，并使物体表面受力比较均匀，因此研制出了柔性
手。图 3-37 所示为多关节柔性手腕，每
个手指由多个关节串联而成。手指传动
部分由牵引钢丝绳及摩擦滚轮组成，每
个手指由两根钢丝绳牵引，一侧为握紧，
另一侧为放松。驱动源可采用电动机驱
动或液压、气动元件驱动。柔性手腕可
抓取凹凸不平的物体并使物体受力较为
均匀。

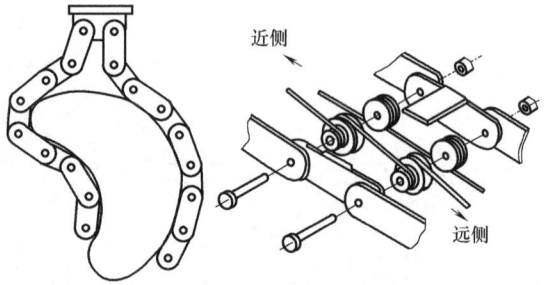

图 3-37　多关节柔性手腕

图 3-38 所示为用柔性材料做成的柔
性手，它是一端固定，另一端为自由端的双管合一的柔性管状手爪。当一侧管内充气体或液
体，另一侧管内抽气或抽液时形成压力差，柔性手爪就向抽空侧弯曲。此种柔性手适用于抓
取轻型、圆形物体，如玻璃器皿等。

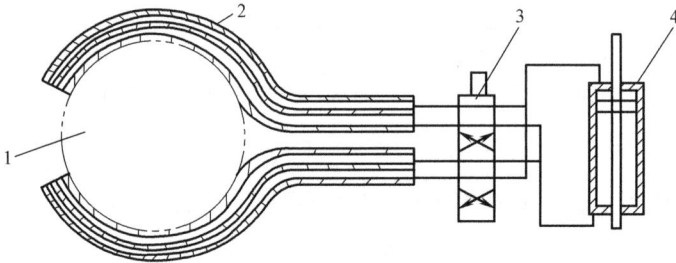

图 3-38　柔性手

1—工件　2—手指　3—电磁阀　4—油缸

机器人手爪和手腕最完美的形式是模仿人手的多指灵巧手。如图 3-39 所示，多指灵巧
手有多个手指，每个手指有 3 个回转关节，每个关节的自由度都是独立控制的。因此，几乎

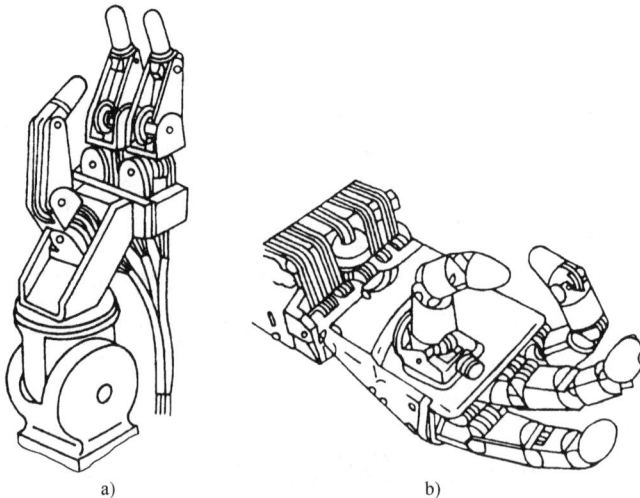

a)　　　　　　　　　　b)

图 3-39　仿人手

a) 3 指灵巧手　b) 4 指灵巧手

人手指所能完成的各种复杂动作它都能模仿,诸如拧螺钉、弹钢琴、做礼仪手势等动作。若在手部配置触觉、力觉、视觉、温度传感器,将会使多指灵巧手达到更加完美的程度。多指灵巧手的应用前景十分广泛,可在各种极限环境下完成人无法实现的操作,如在核工业领域、宇宙空间作业,在高温、高压、高真空环境下作业等。

图 3-39a、b 分别示出了 3 指灵巧手和 4 指灵巧手。

第七节 专用型末端执行器

专用型末端执行器是用于特殊作业场合,针对特殊工件而专门设计的末端执行器,它在整个机器人应用领域中占有一定的比例。在许多新开发的领域内,简单地使用上面所讲的末端执行器大都不能适用,必须根据工件类型、作业要求开发和研究新的专用末端执行器。作业难度较大时,还要做大量的模拟试验,并反复修改设计,最终确定其具体结构形式。随着机器人技术在各个领域内的不断渗透,必将会提出各种各样专用型末端执行器的新课题。由于机器人应用范围之广,作业形式千差万别,几乎很难提出一种规定的设计思想,也没有统一的设计方法可循。这里试图通过几个实例说明专用型末端执行器的设计思路及不同的结构形式。

一、汽车挡风玻璃密封胶坝粘贴的机器人末端执行器

汽车生产线上在安装汽车挡风玻璃之前,需要在玻璃与车体的接触区域涂覆密封胶。为了防止密封胶受到挤压而向内流淌,影响汽车的外观质量,在涂胶之前,要在玻璃的周边事先筑起一道拦胶坝,即密封胶坝,如图 3-40 所示。坝体是用海绵制成的,截面为矩形。在海绵底部涂有一层不干胶,并附有保护纸。粘贴前要先将保护纸剥离,然后将坝体贴在玻璃上。

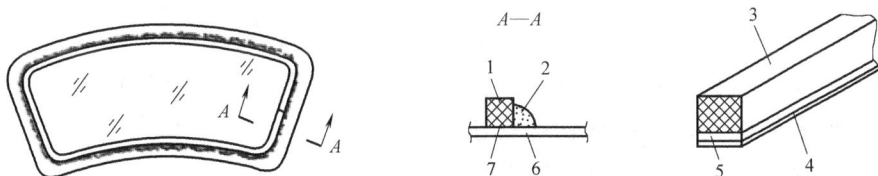

图 3-40 汽车挡风玻璃的密封胶坝及坝体
1—胶坝 2—密封胶 3—坝体 4—不干胶保护纸 5、7—不干胶 6—玻璃

(1)设计要求与难点 使用机器人作业,必须解决好下面几个问题:

1)要将胶坝准确、牢固地贴在玻璃表面。

2)随着机器人贴坝的运动,要同步地将不干胶保护纸剥离开,并收集起来。

3)在胶坝的头尾接合处准确地切断坝条,并将尾部收整压紧。

4)坝条的导向和流动要顺畅。

5)更换坝条盘要简便迅速。

可见,难点之一在于保护纸的剥离速度与坝条流动速度必须严格匹配,否则会出现保护纸抽拉坝条,造成坝条的堆积,如图 3-41b 所示;或保护纸随坝条一起冲入压轮底部,而不能粘贴,如图 3-41c 所示。另外,坝条的粘贴质量与机器人的运动速度、示教水平、导槽结

构与方向和各压轮的压紧力有着密切的关系。通过多次试验，更换各处拉紧弹簧或压簧的刚度和反复修改机器人的示教，最终的末端执行器达到了高质量的粘贴要求。

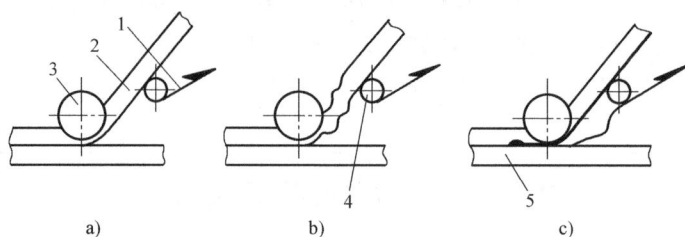

图 3-41　保护纸与坝条的剥离

a) 正常剥离　b) 坝条堆积　c) 保护纸被带入压轮底部
1—保护纸　2—胶坝　3—主压轮　4—保护纸导轮　5—玻璃

（2）结构与功能　汽车挡风玻璃密封胶坝粘贴的机器人末端执行器的结构示意图如图 3-42 所示。

密封胶坝粘贴的机器人末端执行器按照其使用功能可以分成以下几部分：坝条盘的快装、坝条导向、保护纸收集、坝条的压紧与整平、坝条切断和齿轮传动等。坝条盘的快装轴如图 3-43 所示，手轮小端的圆柱面上开有两个对称分布的勾形槽 a，插入快装轴后旋转一个角度，销子 b 固定了手轮的轴向位置，此时弹簧 c 给手轮一个轴向推力，以防止手轮松动。导向轮的夹持力是可调的，在一定的夹持力作用下，既可以使导向轮前的坝条保持拉紧状态，又可以防止坝条切断后坝条的倒流。保护纸收集轮处装有一个微型电动机，其驱动力仅能保证使收集轮旋转，将送纸齿轮送出的纸带缠绕起来，而不能使纸带反过来带动坝条运动。当机器人使末端执行器与工件接触并开始粘贴运动时，主压轮将坝条压紧在工件上，压轮与工件间的摩擦力驱动压轮旋

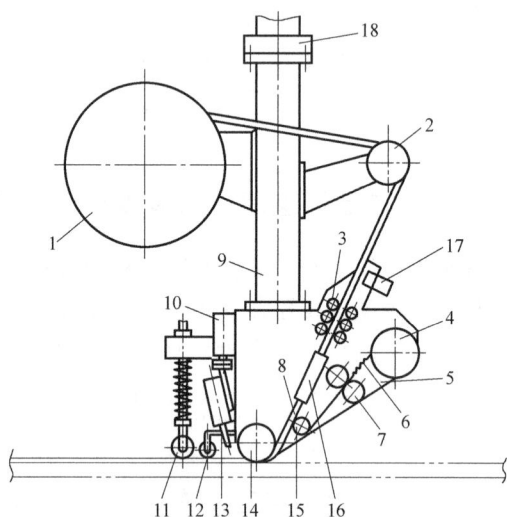

图 3-42　密封胶坝粘贴的机器人
末端执行器的结构示意图

1—坝条盘　2—导轮　3—张力轮　4—保护
纸收集轮　5—工具体　6—保护纸　7—送纸
齿轮　8—坝条　9—主结构架体　10—气缸
11—修整轮　12—压轮　13—气动剪刀
14—主压轮　15—保护纸导轮　16—坝条
导槽　17—传感器　18—机器人手腕

转，将坝条通过导向装置从坝条盘中抽拉出来，与此同时，通过一套齿轮传动机构，压轮驱动送纸齿轮转动，如图 3-44 所示。齿轮 a、b 的啮合不断地抽拉纸带，使其与坝条分离，当速度产生波动时，齿轮 a、b 处设有打滑机构，以避免纸带运动过快而抽拉坝条造成坝条的堆积。气动剪刀由气缸带动可上下移动，需要切断时，气动剪刀移至下位，压缩空气使剪刀运动切断坝条。修整轮主要用于切断后剩余坝条的压紧与修整。传感器是坝条有无料检测元件。

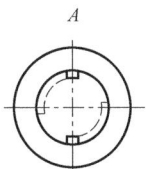

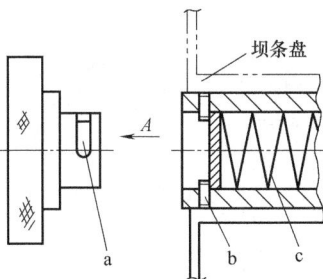

图 3-43　坝条盘快装轴

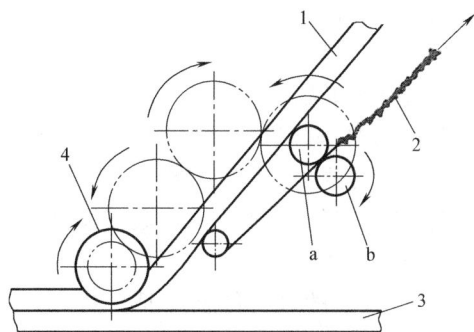

图 3-44　保护纸分离传动示意图

1—坝条　2—保护纸　3—玻璃　4—主压轮

密封胶坝粘贴的机器人末端执行器的机构简单、可靠，无须独立的驱动装置，适用于粘贴的特殊作业。经过轻量化设计，其总重仅有 5.8kg，实际生产中选用六自由度，可搬质量为 6kg 的工业机器人。

二、软包装袋类产品的末端执行器

在生产中有许多不同规格的软包装袋类产品，例如面粉、米、水泥、化肥等的包装袋。它们的生产流程大多是相似的：储料罐—自动计量—包装成袋—整形—机器人码垛入库。其中机器人码垛已经广泛应用在生产中，而它的末端执行器（手爪）必须适应该类产品的特点而特殊设计。

1. 软包装袋类产品的特点分析

这类软包装袋类产品的主要特点是：①物料松软，易在袋内流动；②外形随其放置姿态而变化，不易保持一定的形态；③质量较大，一般从 5kg 到 50kg 不等；④多数产品需要码垛入库；⑤劳动强度大；⑥环境条件差。

设计时需要考虑如下问题：

1）机器人抓取之前，产品必须通过整形而达到近似一致的形态。

2）机器人在抓取、运送、码放时及码放后要保证产品的外形基本不变。

3）末端执行器结构要适用于产品的软质特点，适应于码放要求。

4）相邻层要交叉码放而不易倒塌。

2. 末端执行器的结构

末端执行器的结构形式随软包装产品的类型、质量和袋内材料略有不同，但基本结构形式差异不大。这里以一个长 500mm、宽 300mm、厚 100mm，质量为 10kg 的面粉袋为例，介绍一种结构形式的末端执行器，如图 3-45 所示。机器人的安装法兰上安装框形构件，其上安装了两套装置。第一套是压紧装置，两组压紧装置布置在面粉袋长度方向的始末两端，薄型气缸施力，两根在直线滚动轴承内滑动的导向轴导向，与气缸和导向轴相连的压板将面粉袋压实在叉型爪上，以保证在搬运过程中面粉袋的形态基本保持不变。第二套是叉型爪装置，在两个抽出气缸的施力下，两根在直线滚动轴承内滑动的导向轴导向，与气缸和导向轴相连的叉型爪可以推出或者拉回，当拉回时从定位传送带上抓取面粉袋；到达码放位置后，在推出叉型爪的同时，压板将面粉袋压放在垛盘上。

码垛的工作过程是：

1）在整形传送带上，通过整形装置将面粉袋整理成较为整齐的外形。

2）面粉袋在定位传送带上，被定位装置实施长宽两个方向的准确定位。

3）末端执行器回收压紧板，叉型爪与压板呈开口状态。

4）叉型爪的多个圆柱形爪，从定位传送带的多个辊道缝隙槽处插到面粉袋下面，如图 3-46 所示。

5）机器人上移，圆柱形爪托住面粉袋下面。

6）末端执行器的压紧板下压，将面粉袋抱紧在压紧板与圆柱形爪之间。

7）机器人上抬面粉袋使其离开定位传送带。

8）将面粉袋移到垛盘的码放位置。

9）末端执行器在压紧板未动的状态下先抽出圆柱形爪。

10）压紧板回位，完成一次码放，机器人回到原点位置。

在上述码垛作业中，须事先规划好码放的顺序，既要为增加其稳固性而交错码放相邻层的物品，又要在每次码放时便于抽出叉型爪。本例末端执行器的总体设计思路，也适用于多种其他相似物品的码垛。

3. 3 组叉型爪的饮料盒末端执行器

在这种设计思路下，根据产品特点、生产节拍和码放规律的要求，也可以考虑增加叉型

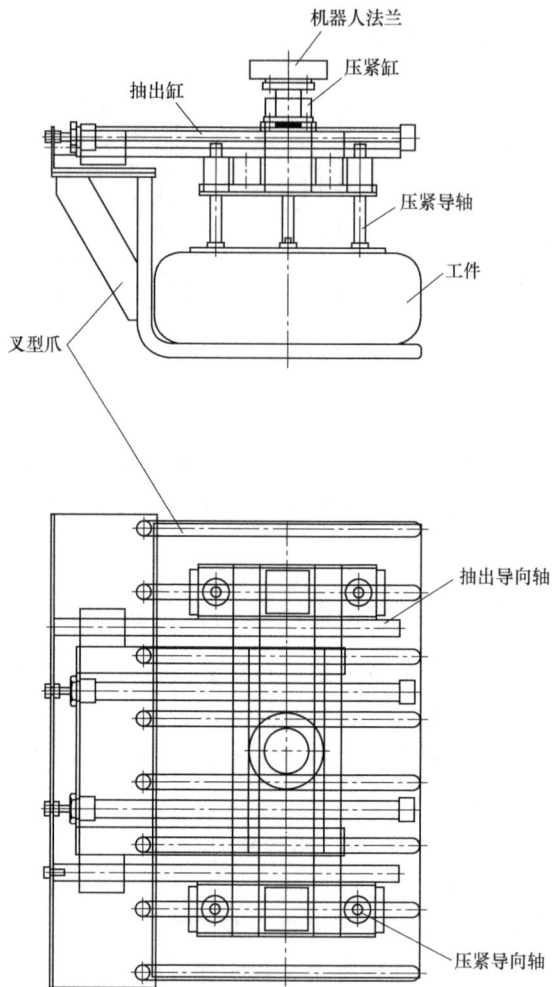

图 3-45　面粉袋的末端执行器

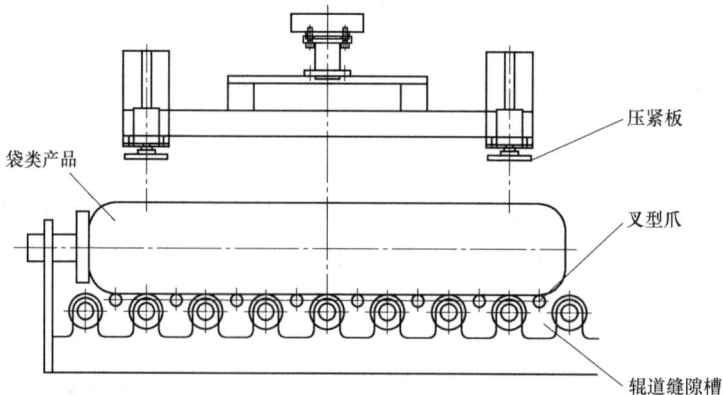

图 3-46　抓取状态示意图

爪的数量。例如，在一个末端执行器上，设置 2 组甚至 3 组同样的抽拉叉型爪，这样就成倍地减少了机器人移动时间，在一个工作循环中可以完成 2 到 3 组物品的码放。

如常见的饮料或奶制品的纸质包装盒，一种常见的外形尺寸为长 65mm×宽 40mm×高 100mm，特点是容积小、罐装快、生产速度快，在传送带末端的定位台上已经简单地将 4×6 盒包装成一个套装。

码垛规律如图 3-47 所示，每层有 4×6 盒的套装 6 组，相邻组之间转位 90°，相邻层之间左右 3 组镜像码放，形成交叉搭接。

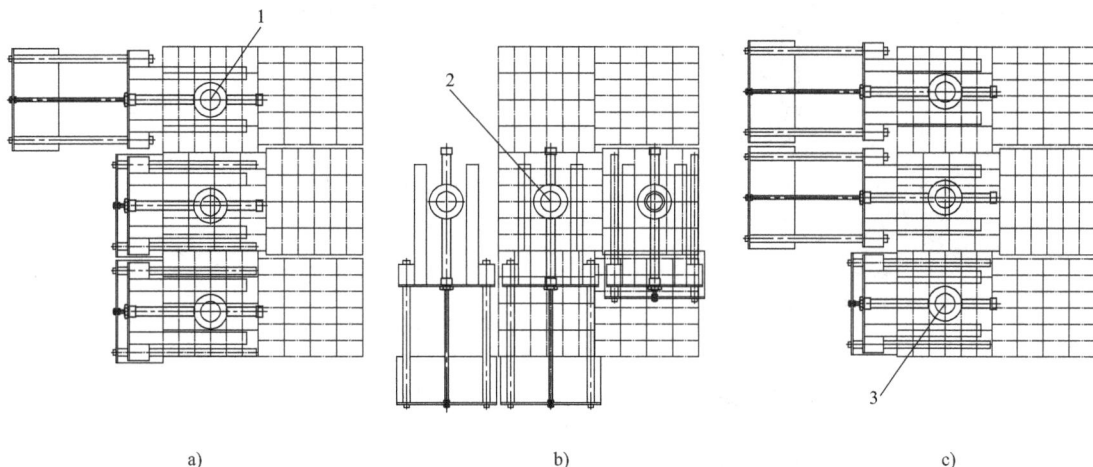

a)　　　　　　　　　　　　b)　　　　　　　　　　　　c)

图 3-47　3 组叉型爪的饮料盒码放顺序示意图

a）第 1 组物品码放　b）第 2 组物品码放　c）第 3 组物品码放

如果机器人一组一组地抓取码放，显然不能满足生产线生产节拍的要求。所以末端执行器设计了 3 组同样的叉型爪，能够一次在定位传送带上抓取 3 组套装。机器人在垛盘上按照图 3-47 所示的 1、2、3 码放顺序，分 3 次将 3 组 4×6 盒套装按 90°转位规律码放，这样既满足了生产节拍的要求，又大大提高了生产效率。

第八节　其他末端执行器

一、弹性力手爪

弹性力手爪的特点是其夹持物体的抓力是由弹性元件提供的，不需要专门的驱动装置。在抓取物体时需要一定的压力，而在卸料时，则需要一定的拉力。

图 3-48 所示为几种弹性力手爪的结构原理。图 3-48a 所示的手爪有一个固定爪，另一个活动爪 6 靠压缩弹簧 4 提供抓力。活动爪绕轴 5 回转，空手时其回转角度由接触面 2、3 限制。抓取物体时，活动爪 6 在推力作用下张开，靠爪上的凹槽和弹性力抓取物体；卸料时，需固定物体的侧面，手爪用力拔出即可。

图 3-48b 所示为具有两个滑动爪的双活动指弹性力手爪。压缩弹簧 7 的两端分别推动两个杠杆活动爪 10 绕轴 8 摆动，销轴 9 保证两爪闭合时有一定的距离，在抓取物体时接触反力使手爪张开。

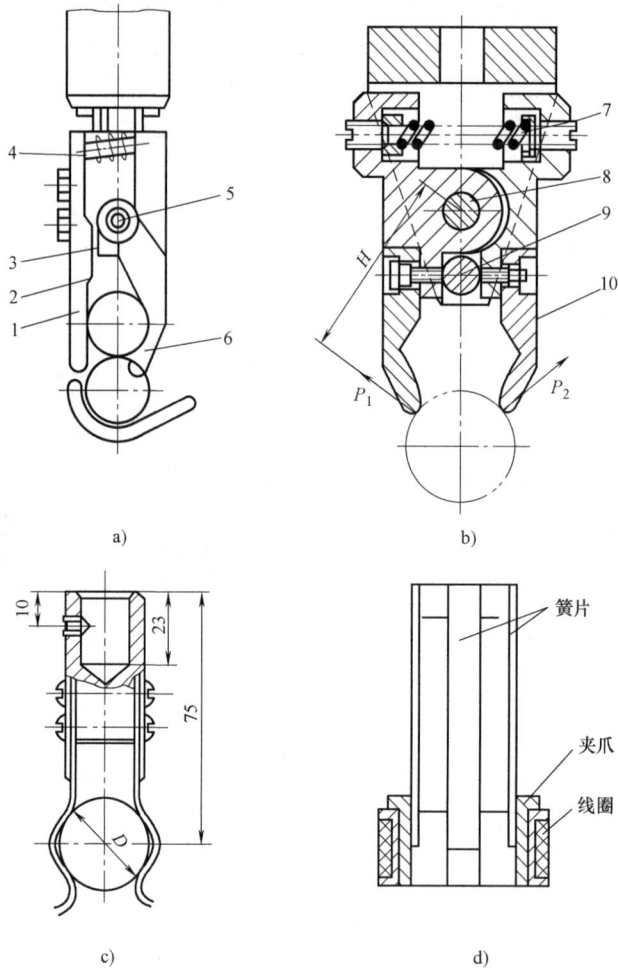

图 3-48　几种弹性力手爪的结构原理

a）单活动指弹性力手爪　b）双活动指弹性力手爪　c）双手指板弹簧爪　d）四手指板弹簧爪
1—手指　2、3—接触面　4、7—压缩弹簧　5—轴　6—活动爪　8—轴　9—销轴　10—杠杆活动爪

图 3-48c 所示为用两片板弹簧做成的双手指板弹簧爪。

图 3-48d 所示为用 4 片板弹簧做成的四手指板弹簧爪，用于抓取电表线圈。

二、摆动式手爪

摆动式手爪的特点是在手爪的开合过程中，爪的运动状态是绕固定轴摆动的。其结构简单、使用较广，适合于圆柱表面物体的抓取。

图 3-49 所示为一种摆动式手爪的结构原理，这是一种连杆摆动式手爪。工作时活塞杆移动，并通过连杆带动手爪绕同一轴转动，完成开合动作。

图 3-50 所示为自重式手部结构原理，要求工件对手指的作用力方向应在手指回转轴垂直线的外侧，使手指趋向闭合。这种手部结构是依靠工件本身的重量来夹紧工件的，工件越重，夹紧力越大。该手部结构手指的开合动作由铰接的活塞夹紧油缸实现，适用于搬运垂直

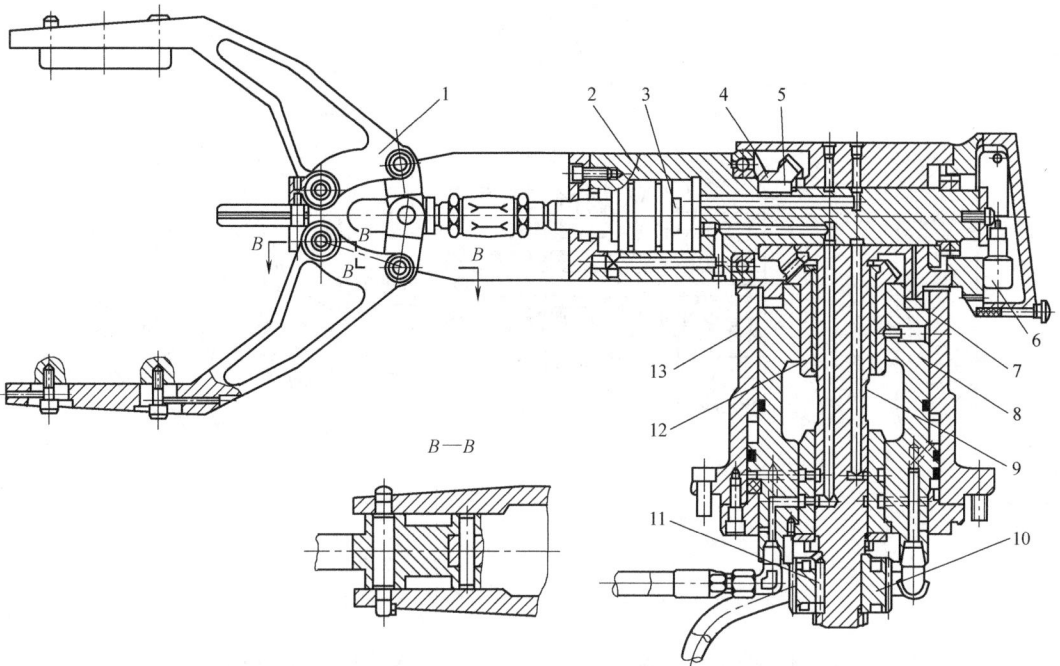

图 3-49 摆动式手爪的结构原理

1—手爪 2—夹紧油缸 3—活塞杆 4、12—锥齿轮 5、11—键 6—行程开关
7—止推轴承垫 8—活塞套 9—主体轴 10—圆柱齿轮 13—升降油缸体

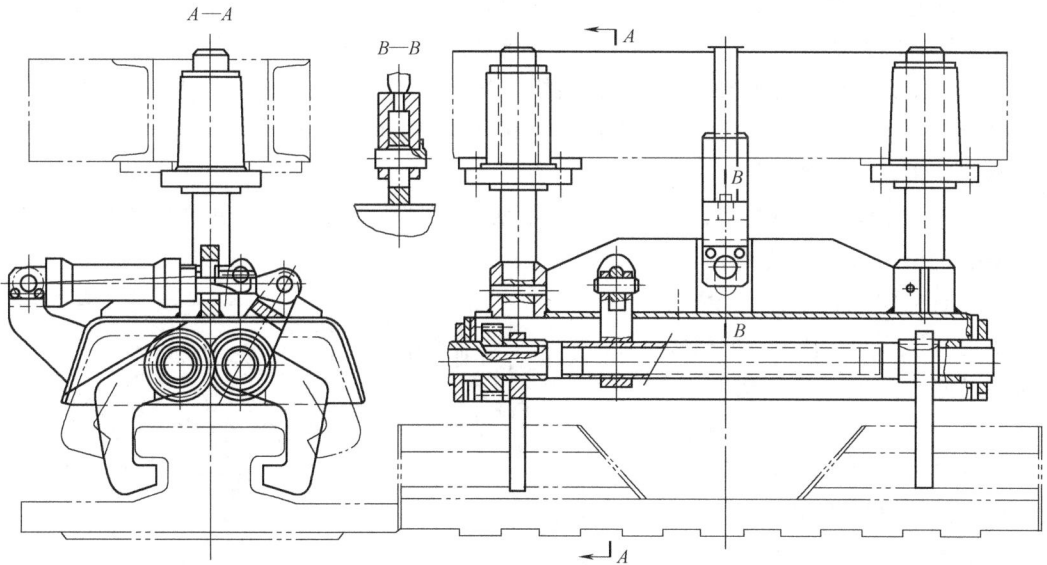

图 3-50 自重式手部结构原理

上升或水平移动的重型工件。

图 3-51 所示为弹簧外卡式手部结构原理。手指 1 的夹放动作是依靠手臂的水平移动来

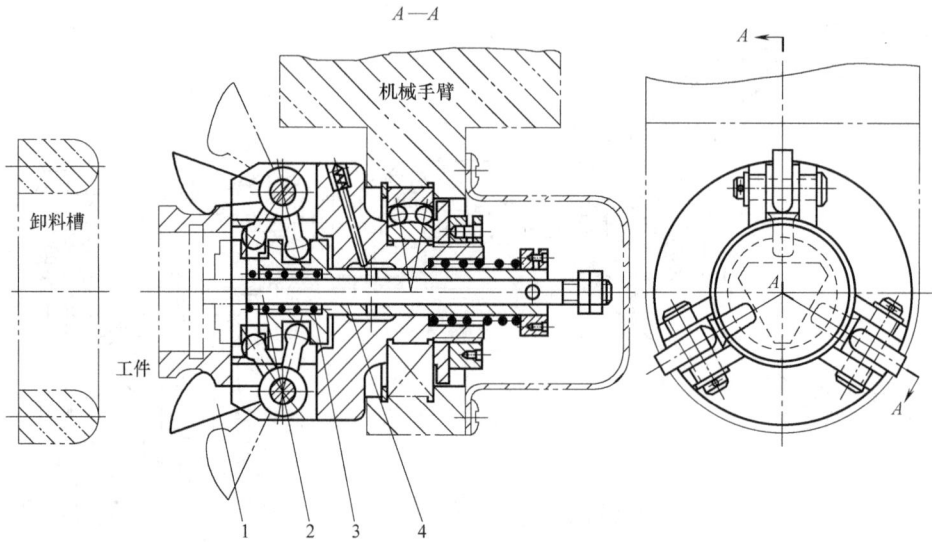

图 3-51 弹簧外卡式手部结构原理

1—手指 2—顶杆 3—压缩弹簧 4—拉杆

实现的。当顶杆 2 与工件端面相接触时，压缩弹簧 3 并推动拉杆 4 向右移动，使手指 1 绕支承轴回转而夹紧工件。卸料时手指 1 与卸料槽口相接触，使手指张开，顶杆 2 在压缩弹簧 3 的作用下将工件推入卸料槽内。这种手部适用于抓取轻小的环形工件，如轴承内座圈等。

三、钩托式手部

在夹持类手部中，除了用夹紧力夹持工件的夹钳式手部外，钩托式手部用得较多。它的主要特征是不靠夹紧力夹持工件，而是利用手指对工件钩、托、捧等动作来托持工件。应用钩托方式可降低驱动力的要求，简化手部结构，甚至可以省略手部驱动装置。它适用于在水平面内和垂直面内做低速移动的搬运工作，尤其对大型笨重的工件或结构粗大而质量较轻且易变形的工件更为有利。

钩托式手部分为两种类型，即无驱动装置型和有驱动装置型。无驱动装置的钩托式手部，手指动作通过传动机构，借助臂部的运动来实现，手部无单独的驱动装置。图 3-52a 所示为一种无驱动装置型钩托式手部结构，手部在臂部的带动下向下移动。当手部下降到一定位置时，齿条 1 下端碰到撞块，臂部继续下移，齿条便带动齿轮 2 旋转，手指 3 即进入工件的钩托部位。手指托持工件时，销子 4 在弹簧力作用下插入齿条缺口，保持手指的钩托状态，并可使手臂携带工件离开原始位置。在完成钩

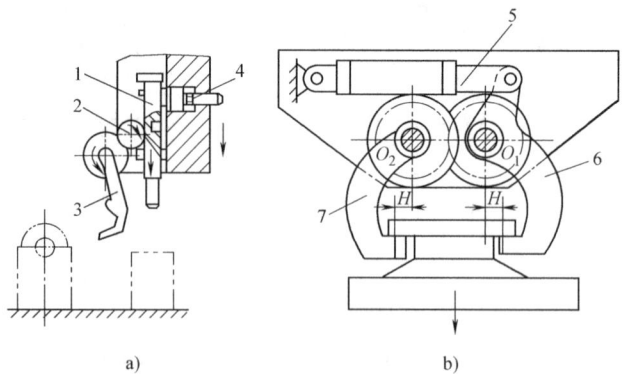

图 3-52 钩托式手部

a）无驱动装置型 b）有驱动装置型

1—齿条 2—齿轮 3—手指 4—销子 5—液压缸 6、7—杠杆手指

托任务后，由电磁铁将销子向外拔出，手指又呈自由状态，可继续下个工作循环。

图 3-52b 所示为有驱动装置型的钩托式手部结构。其工作原理是依靠机构内力来平衡工件重力而保持托持状态。驱动液压缸 5 以较小的力驱动杠杆手指 6 和 7 回转，使手指闭合至托持工件的位置。手指与工件的接触点均在其回转支点 O_1、O_2 的外侧，因此在手指托持工件后，工件本身的重量不会使手指自行松脱。

第九节　末端执行器更换装置

一、多末端执行器组合作业

机器人是一种通用的自动化设备，配置不同的末端执行器就能完成不同的生产作业任务，如安装焊枪就成为一台焊接机器人；安装拧螺母机则成为一台装配机器人。目前有许多由专用电动、气动工具改型而成的机器人末端执行器，如图 3-53 所示，有拧螺母机、焊枪、电磨头、电铣头、抛光头、激光切割机等。当需要在一个机器人手腕上换装多个末端执行器时，就形成了多末端执行器的组合作业，这不仅能够大幅度提高机器人的使用率，也便于组织生产作业。

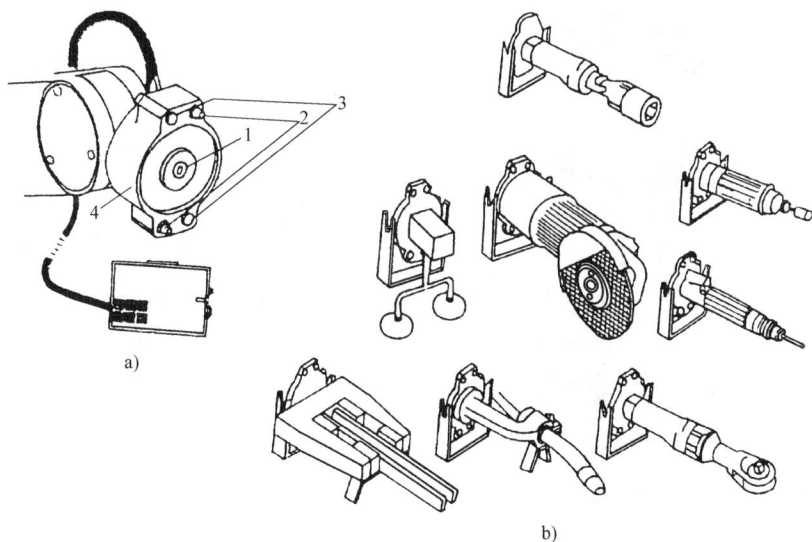

图 3-53　各种专用末端执行器和电磁吸盘式换接器

a）电磁吸盘式换接器　b）各种专用末端执行器

1—气路接口　2—定位销　3—电接头　4—电磁吸盘

二、更换装置

当需要机器人在作业时自动更换不同的末端执行器时，就需要为其配置具有快速装卸不同末端执行器功能的更换装置。更换装置由两部分组成，即换接器和配合器。换接器装在机器人腕部，若干个配合器装在不同的末端执行器上。换接器就像电源的"插头"，而配合器相当于"插座"，一个插头配若干个插座，这样就能够实现机器人末端执行器的快速自动更换。

在图 3-53 所示的机器人手腕上装有一个电磁吸盘式换接器，电磁吸盘 4 的直径为 60mm，质量为 1kg，吸力为 1100N。换接器有 18 芯的电插头和 5 路的气路接头，可接通电源、信号、压力气源和抽真空源。两个定位销 2 用来保证换接器与配合器的连接精度。装有配合器的各末端执行器排列在工具架上，在需要使用某个末端执行器时，机器人就运动到该末端执行器的上方，将定位销部分插入销孔，其手腕上的换接器吸盘吸牢末端执行器上的配合器，接通电源和气源，然后从工具架上取出末端执行器实施相应的作业。

对末端执行器更换装置的主要要求有：具备气源、电源及信号的快速连接与切换；能承受末端执行器的工作载荷；在失电、失气情况下，或机器人停止工作时不会自行脱离；具有必要的换接精度等。

图 3-54 所示为一种气动型更换装置，它是利用气动锁紧器将两部分进行连接的，并具有到位指示灯，以表示电路和气路是否接通。末端执行器库如图 3-55 所示。

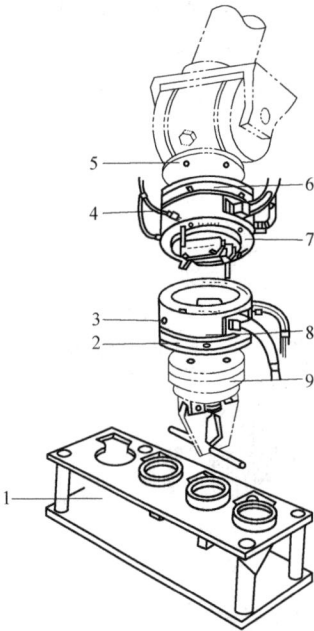

图 3-54　气动型更换装置

1—末端执行器库　2—执行器过渡法兰　3—位置
指示灯　4—换接器气路　5—连接法兰　6—过渡
法兰　7—换接器　8—配合器　9—末端执行器

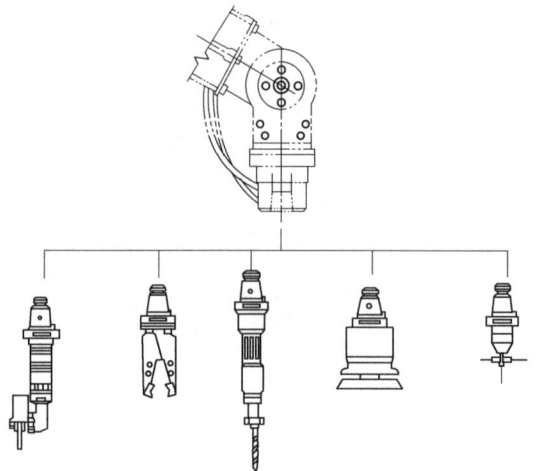

图 3-55　末端执行器库

三、多工位转换装置

在某些场合，机器人的作业任务相对集中，需要一定量的末端执行器，也可以在机器人手腕上设置一个多工位转换装置。例如，在机器人柔性装配线某个工位上，机器人要依次装配垫圈、螺钉等几种零件，末端执行器采用多工位转换装置，使用不同转位的末端执行器从几个供料处依次抓取相应零件，然后逐个进行装配。这样，既可以替代几台专用机器人，又可以避免通用机器人频繁地更换末端执行器，同时也节省了装配作业时间，大大提高了生产率。

多工位转换装置如图 3-56 所示，就像数控加工中心的刀库一样，可以有棱锥型和棱柱型两种形式。棱锥型转换装置可保证手爪轴线和手腕轴线一致，受力更合理，但其传动机构较为复杂；棱柱型转换装置传动机构较为简单，但手爪轴线和手腕轴线不能保持一致，受力状态不良。

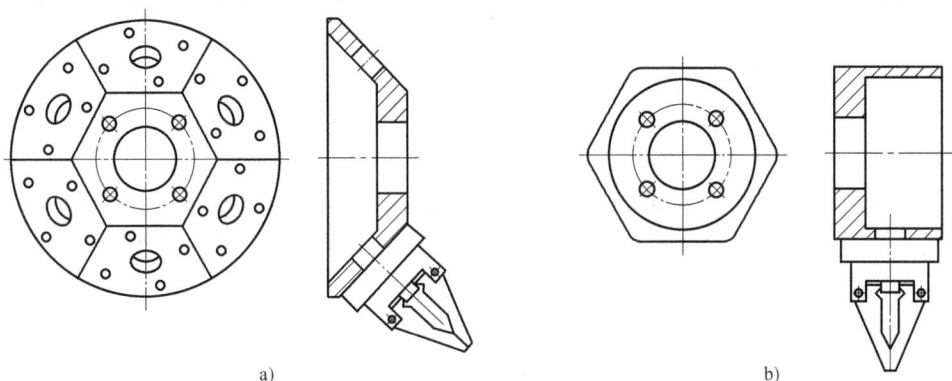

a)   b)

图 3-56 多工位转换装置

a）棱锥型 b）棱柱型

习 题

3-1 工业机器人末端执行器的特点是什么？有哪些种类？

3-2 手爪的开合为什么常用气压驱动？

3-3 夹持式手部有哪几类？夹钳式手部由哪几个部分组成？

3-4 夹钳式手部的手指和指端形状有哪几种？有什么特点？

3-5 夹钳式手部的手指材料有哪些？各有什么特点？

3-6 夹持式手部的传动机构有哪几种？各有什么特点？

3-7 钩托式手部的主要特征是什么？与其他手部相比有什么特点？

3-8 弹簧式手部的工作原理是什么？

3-9 吸附式手部有哪几类？为什么要用吸附式手部？

3-10 气吸式手部有哪几类？各依靠什么原理？

3-11 磁吸式手部有哪几类，各有什么优缺点？

3-12 气吸式与磁吸式手部各有什么优缺点？

3-13 试述磁力吸盘的基本原理。

3-14 真空吸盘有哪几种？试说明它们的工作原理。

3-15 夹持式手部、吸附式手部和仿生式手爪分别适用于哪些作业场合？

3-16 设想一种零件的特定作业，在生产中使用什么末端执行器较为合适？画出其结构示意图。

第四章 工业机器人外围设备与装置

工业机器人的性能和优越性尽人皆知，但是没有相关作业所需的外围设备和装置的支撑，它将一无是处。因此这些外围设备和装置的选型、设计及布局在工业机器人的集成系统中是极其重要的，出类拔萃的设计和策划将会使机器人如虎添翼。这些外围设备和装置随着机器人作业对象、类型、规模的不同而有着较大的差异，所以本章仅介绍常用的工件位置变换机、机器人架台、焊枪送丝及清枪装置和随行夹具。

第一节 工件位置变换机

在工业机器人作业的许多场合，特别是在焊接作业中，机器人所持焊枪与工件焊缝的相对位姿，是保证焊接质量的重要因素。由于机器人的结构及其工作空间是确定的，而各种工件的焊缝位置和形状千差万别，相对于机器人来说，其位置可能分布在各个方向，再加上工件形状和夹具体上的零部件也可能会影响焊枪的正确找位，必然会出现位姿不理想或根本无法焊接的情形。如何把工件各处的焊缝位置均变换到最有利于机器人焊枪找位和焊接的地方，就成为机器人焊接等作业中必须解决的一个问题。经过多年实践，出现了适用于不同作业场合，结构形式各异的工件位置变换机，很好地解决了机器人与工件相对位置变换的问题。

一、工件位置变换机的基本要求

不同应用场合的工件千差万别，相应的夹具体也是各种各样的。工件位置变换机（简称变位机）要适应工件与夹具体以及作业的要求，这里将不同形式的变位机综合起来，一般地论述对它的基本要求。

1）变位机要能把工件变换到最佳位置，以保证机器人工具（如焊枪等）处于最合理的工作状态。

2）变位机要尽可能地满足所有作业位置的变换要求。对于确实难于实现的位置或加工死区，可由人工处理或在下一工作站中通过转变装夹设法解决。

3）变位机要具有较高的重复定位精度，以确保工件加工的一致性和稳定的加工质量。

4）变位机要尽可能地缩短机器人的等待时间，通过两工位或多工位的构造形式，将人工处理时间与机器人的工作时间重叠起来，缩短加工周期，提高生产率。

5）变位机要有足够的强度和刚度，足以抵抗正常外力，使综合变形量不影响机器人的正常作业和工件的焊接质量。

6）变位机运转时必须解决电气导线和气路软管的破坏性缠绕问题，设置必要的引线和进气装置，保护导线和管路不受损坏。

7）变位机用于焊接作业时，焊接电源的负极要尽量靠近被焊工件，并要求电流不通过轴承等接触点较少或接触面积较小的机械零件，以保证起弧质量好和不损坏机械运动器件。

8）对于振动性较大的作业，变位机应与机器人本体通过底座等结构件连成一体，以保证机器人与变位机的相对位置精度。

二、工件位置变换机及其结构形式

变位机的种类繁多，它根据工件形状、大小、驱动方式、定位方式和位置停留数量的不同要求，在驱动、定位和结构上也各具特点。变位机常用的驱动方式有气压驱动、交流电动机驱动和交流伺服电动机驱动，相对应的定位方式有气动销定位、挡铁定位和位置伺服定位。气压驱动与交流电动机驱动的成本低，多用于位置停留点数少、精度要求居中的作业；而交流伺服电动机驱动的造价高，可以作为机器人的外部轴，由增设的机器人控制单元控制，常用于位置停留点数多、变位机与机器人协调运动和定位精度要求较高的作业。

各厂家生产的变位机结构形式很多，而且对于特殊的工件还需要开发专用的变位机，所以变位机的名称和分类也是五花八门。这里列出几种常见的结构形式。

1. 单轴悬臂型

如图 4-1 所示，这种变位机是最简单的一种形式，常采用伺服电动机驱动，回转轴平行于地面，工件的翻转速度可调。这类变位机适合于小型焊接工作站，可节约空间，也可实现一台机器人对应多台此类型变位机的高效率生产。

2. 单轴水平型

如图 4-2 所示，此变位机与单轴悬臂型类似，回转轴垂直于地面，也适合小型工作站和小型工件的焊接。根据工件的形状和焊缝位置，视安装的方便和机器人的位姿选择单轴悬臂型或单轴水平型，这种类型可以实现工件 ±180° 的水平回转。

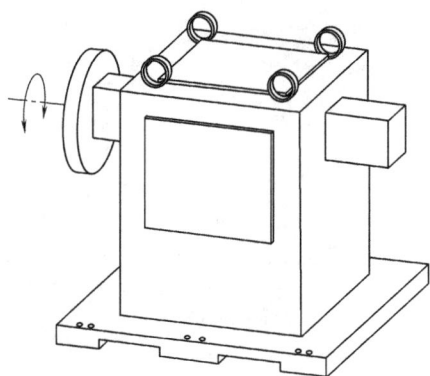

图 4-1　单轴悬臂型

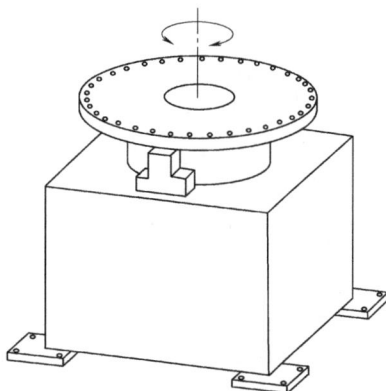

图 4-2　单轴水平型

3. 单轴双支点型

如图 4-3 所示，这类变位机的驱动多采用伺服电动机或者普通电动机，也是简单工作站常用的一种类型。其翻转速度可调，能够配合机器人按预定程序将夹具上的工件翻转一定的角度。如果是机器人的外部轴，就能形成机器人与变位机的协调动作，完成较复杂的空间曲线的焊接或涂胶作业。它是焊接机器人工作站中应用最广泛的设备。

4. 双轴标准型

如图 4-4 所示，此变位机的两轴一般均采用伺服电动机驱动，当夹具实现倾斜翻转的同时，也能实现夹具在安装台面±180°的回转，这能够使机器人的工作空间和与夹具的相互协调能力大大增强，机器人焊接姿态和焊缝质量得到更完美的展现。这类变位机适合小型焊接工作站，常用于小工件的焊接，如消声器的尾管、油箱等。

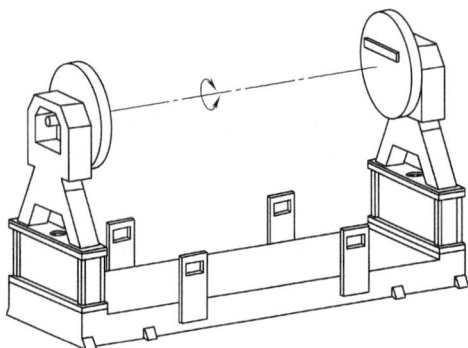

图 4-3　单轴双支点型

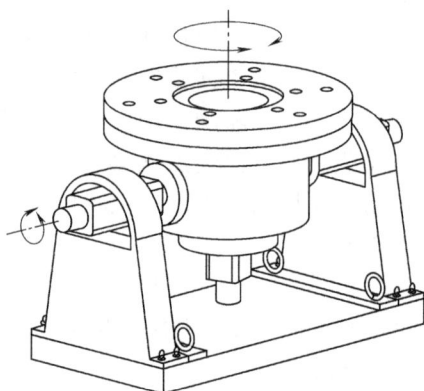

图 4-4　双轴标准型

5. L 型双轴型

如图 4-5 所示，此变位机两轴均采用伺服电动机驱动，在焊接夹具实现翻转的同时，也可实现±180°水平回转。这类变位机的承载能力比上述双轴标准型变位机大，第一轴的翻转角度更大，适合较大工件的焊接，如挖掘机的挖斗类产品的焊接。L 型双轴型变位机是双轴变位机的升级设备。图 4-6 所示为 L 型双轴型变位机实物图。

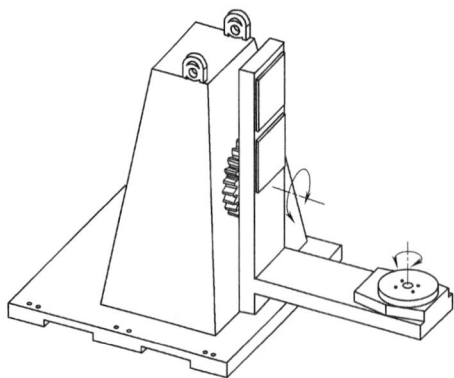

图 4-5　L 型双轴型

图 4-6　L 型双轴型变位机实物图

6. C 型双轴型

如图 4-7 所示，C 型双轴型变位机与 L 型双轴型变位机原理相近，它在第二轴的上端增加了与夹具固定的回转支承，并与电动机驱动端同步旋转。它的第一轴减速比较大，就结构来说，其承载能力要比 L 型双轴型变位机的承载能力大很多，一般用于重型工件的焊接。

7. 三轴垂直翻转型

如图 4-8 所示，此变位机的驱动均采用伺服电动机，第一轴的翻转实现夹具 A、B 侧的换位，第二轴、第三轴的自身翻转实现夹具板的转动。这种布局实现了变位机与机器人的同步协调动作，当 A 侧机器人焊接时，人工在 B 侧装卸工件，大大提高了生产率。

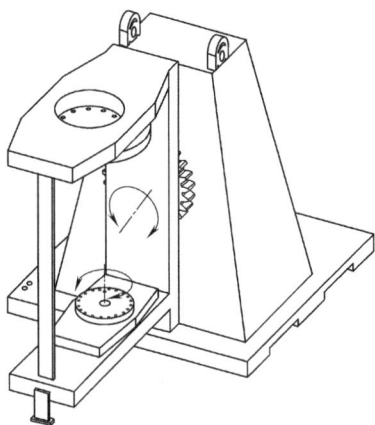

图 4-7　C 型双轴型

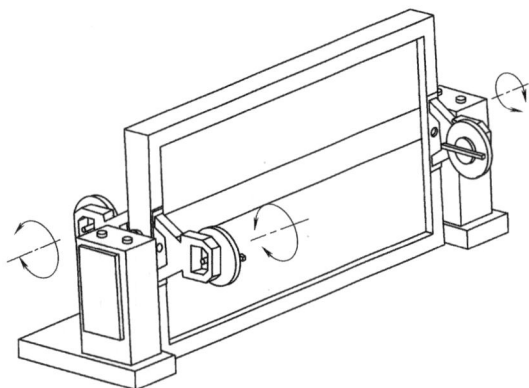

图 4-8　三轴垂直翻转型

这种三轴垂直翻转型变位机的机器人焊接工作站占地面积较大，一般用于车桥等较大型工件的焊接。跨距较小的夹具可用一个机器人作业；而对于跨距较大的夹具，一个机器人就无法完全满足工作空间要求，此时可选用双机同时焊接或者增加机器人移动架台，以满足工件的作业要求。

8. 三轴水平回转型

如图 4-9 所示，此变位机是垂直翻转型变位机的变形设备，工作原理与三轴垂直翻转型变位机基本相同。只是第一轴的回转实现夹具 A、B 侧的换位，第二轴、第三轴依然是通过自身翻转实现夹具板的转动。同样当 A 侧机器人焊接时，B 侧由人工装卸工件。

这类变位机水平回转半径较大，对厂房的高度要求较低，一般采用单机焊接。

9. 五轴两工位型

如图 4-10 所示，此变位机的五轴驱动均采用伺服电动机，分 A、B 两工位，两侧的工作原理是相同的，每一侧相当于是一台 L 型变位机，分别实现夹具的回转和翻转。第一轴实现夹具自身回转，第二轴实现夹具翻转，第三轴是水平回转，实现变位机 A、B 工位的切换。

从这台变位机的结构形式可以看出，对于某些特殊结构、特殊要求的作业，使用现有结构形式或尺寸的变位机均不能满足生产要求，为此需要设计专用变位机，这也是工业机器人

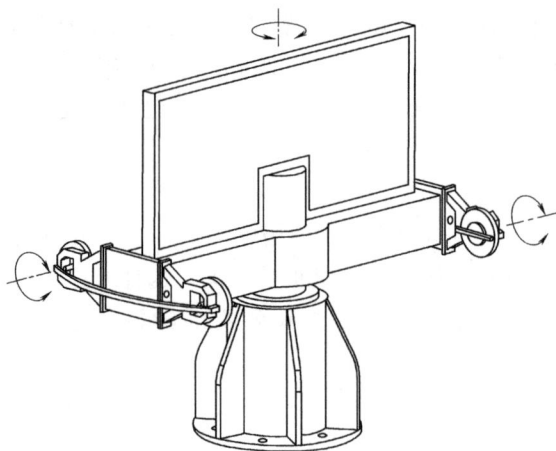

图 4-9　三轴水平回转型

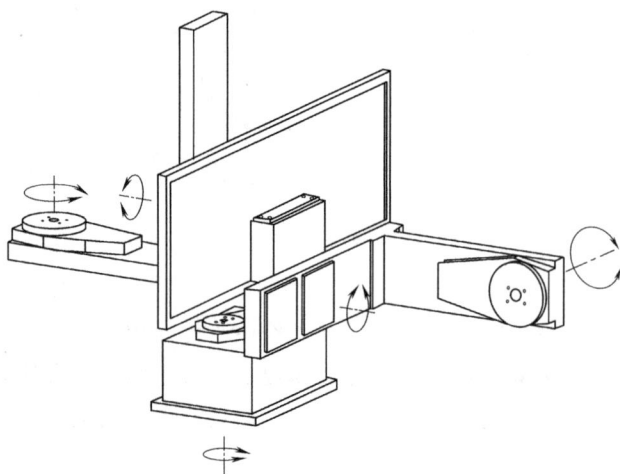

图 4-10　五轴两工位型

工作站集成设计的重要内容之一。图 4-11 所示为国内外两种变位机的实物图。

三、变位机的标准化趋势

变位机的标准化是指在变位机的设计中引入模块化的概念，每个模块都有统一的安装尺寸，但是每个模块又有不同的结构尺寸，这样经过组合，就能快速设计和组装出多种类型的变位机。

变位机的标准化不但提高了工作效率，缩短了焊接变位机的供货周期，更重要的是能够推动变位机的规范化和标准化，解决生产企业各行一套的生产现状。首钢安川机器人有限公司（以下简称安川）在标准化方面做出卓有成效的工作。

图 4-11 国内外两种变位机的实物图

1. 单元划分

按照各组成部分的功能和结构把变位机拆分成若干个独立单元，如驱动单元、从动单元、旋转机架、基座、加高台架、首箱、尾箱等单元模块。

（1）驱动单元 驱动单元是变位机的基本模块之一，主要由电动机、减速器、夹具连接盘、焊接座等组成。安川的驱动单元有两种高度，以满足不同夹具回转半径的需要。驱动单元有轻载与重载之分，轻载电动机的功率为 1.3kW，重载电动机的功率为 3.7kW。

（2）从动单元 从动单元也是变位机的基本模块之一，主要由夹具连接盘、焊接座等组成。标准从动单元的高度与驱动单元相对应，以满足不同夹具回转半径的需要。从动单元也有轻载与重载之分。

（3）基座 基座是连接驱动单元、从动单元等模块的基础，起着支承和连接作用。按照其外形特点分成 I 型、U 型等。它与相关单元和加高台架等安装尺寸是一致的，以便于不同形式的组合。

（4）加高台架 加高台架是调整变位机回转轴高度的辅助模块，根据不同的工件尺寸和所需要的回转空间要求，规范出几种规格以备选用，其安装尺寸与相关单元和基座是一致的。

2. 变位机的组合设计

使用上述标准单元模块能够方便地组合出不同形式的变位机类型。

（1）单轴变位机 单轴变位机由驱动单元、从动单元、基座、加高台架组合而成，如图 4-12 所示。使用 I 型和 U 型的基座就组合出两种不同类型的单轴变位机，即 I 型单轴变位机和 U 型单轴变位机。在选用不同长度基座的情况下，就可以使单轴变位机适合安装 1600mm、2000mm、2500mm、3000mm、3500mm 等不同跨距的夹具。同理，加高台架的高度不同，可组合成不同高度的变位机，以满足不同回转半径的需要。

（2）其他变位机 与上述单轴变位机的组合类似，在设计变位机时，首先考虑使用标准单元模块组合新的变位机。例如，三轴垂直翻转型变位机可以使用驱动单元、从动单元、旋转机架、首箱、尾箱、基座等组合而成，三轴水平回转型变位机可以使用驱动单元、从动单元、梁、基座等组合而成。随着变位机的生产和应用的不断扩展，逐渐纳入新的标准单元而扩充单元模块库，从而促进变位机标准化工作的发展。

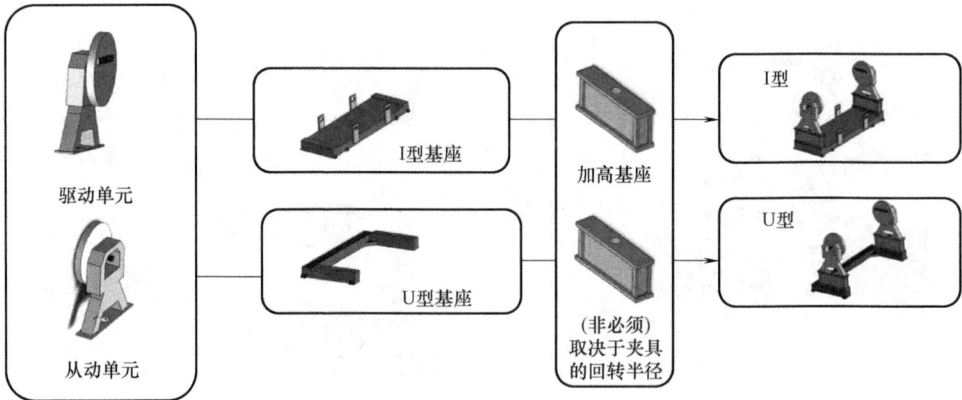

图 4-12 变位机单元模块的组合示例

四、三轴水平回转型变位 机的结构

图 4-13 所示为一款三轴水平回转型变位机，通过它可分析具体的机械结构。H 型支架装在转台上，它可以旋转 180°，变换两个夹具体的位置。在 H 型支架上装有两套双支点旋转系统，分别驱动两个夹具体，以使机器人相对于工件可以找到最佳的作业位置。在 H 型支架四角下方的架台上装有 4 个气缸，它们驱动的定位销及托销使 H 型支架准确定位，并可以防止在操作力等外力的作用下 H 型支架的变形，影响机器人的作业质量。

转台的结构示意图如图 4-14 所示，交流伺服电动机通过 RV 减速器和齿轮副使主轴带动 H 型支架旋转，在 0° 和 180° 两个位置，用接近传感器、超限开关和挡块完成停止位置和出现故障时的检测和定位。主轴的中部有一个通孔，下端装有引线和引管的支架，导线及软管通过主轴心部从下至上引到 H 型支架内，分别送到各接线和接管处，引线和引管支架与固定在箱体上的支架之

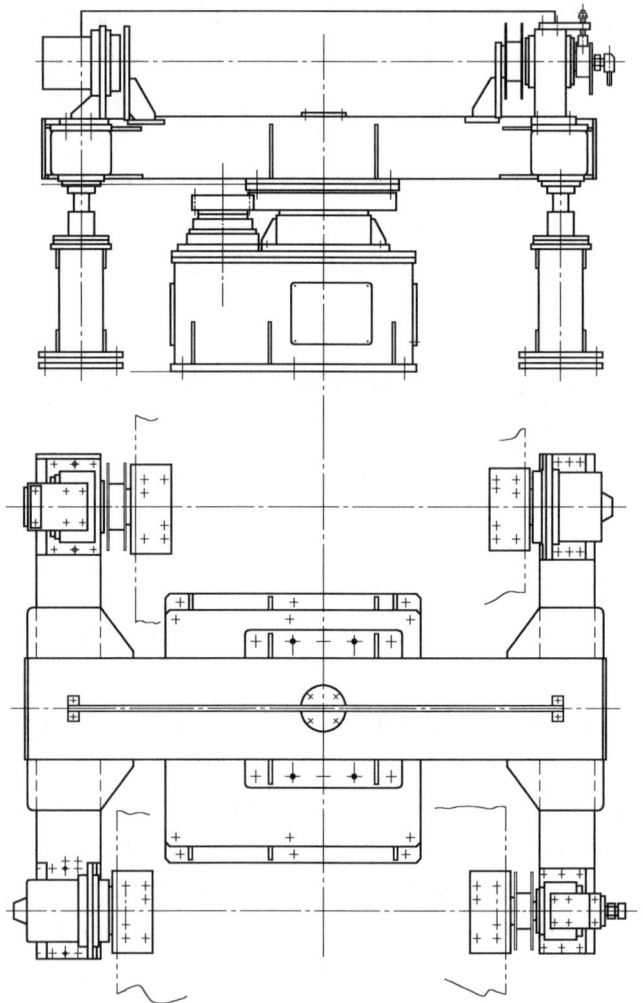

图 4-13 三轴水平回转型变位机

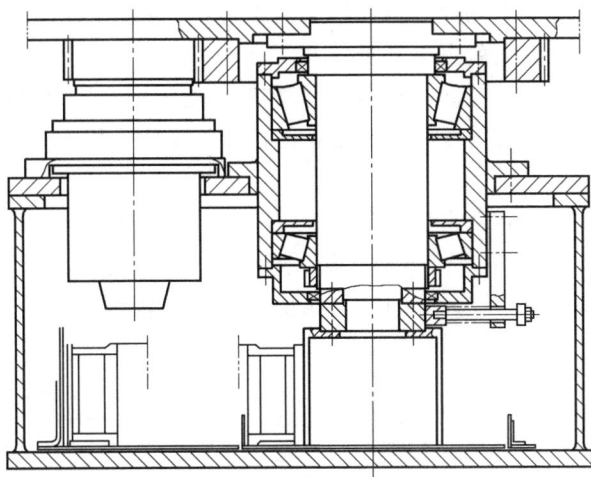

图 4-14 转台结构示意图

间采用可弯曲的链式管路保护套。

安装夹具体的双支点旋转系统的结构示意图如图 4-15 所示。夹具体安装在主动侧和被动侧的接手上。主动侧的交流伺服电动机通过 RV 减速装置驱动夹具体旋转。从动侧的转轴是中空的，旋转进气活接头安装在转轴的尾部，压缩空气从尾部引入，从转轴的前端面引出，焊接电源的负极固连在轴承箱右侧的压块上，在弹簧的作用下，始终紧密地与转轴接触，保证良好的导电性，并且电流不通过轴承。转轴前端的轮盘是电线的释放和收集装置。夹具体旋转的极限位置是通过两个接近开关检测的，如果接近开关出现故障，主动侧接手后部的撞块会因死挡块限位而停转。

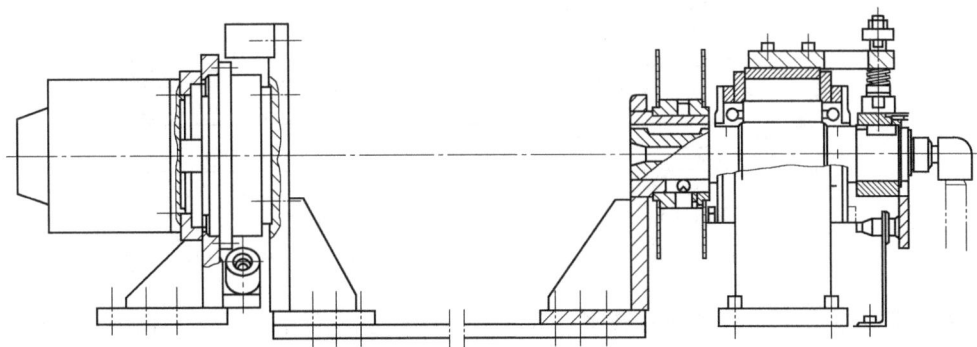

图 4-15 双支点旋转系统结构示意图

第二节 机器人架台

机器人架台是机器人的安装基础，它有固定式和移动式两类。固定式架台需要根据机器人型号、作业对象、工作站布局和机器人作业要求等选用或者专门设计。这里只介绍移动式机器人架台。

对于大型工件的机器人作业，最突出的特点是工件待加工区域分布广泛，远远超出了机器人的工作空间，而机器人末端执行器往往又是像焊枪、喷枪和研磨轮等质量较小的工具，只需要选择持重较小的机器人就可以满足作业要求。在这种情况下，就要设法在小型机器人的前提下，扩大机器人的工作空间。机器人移动架台就是一种较好的辅助装置。把机器人装在可移动的滑台上，在一个方向或多个方向移动机器人本体，便可大大提高机器人的工作能力和应用领域。

如果机器人在作业中只有两个停留位置，行程居中，那么选择气压驱动方式即简便又可靠。图 4-16 所示为一种气压驱动式单轴机器人移动架台。安装机器人的滑台在高精度直线导轨上移动，气缸行程不大于 1500mm，末端执行器上所需的导线及气管通过链式保护套引入。

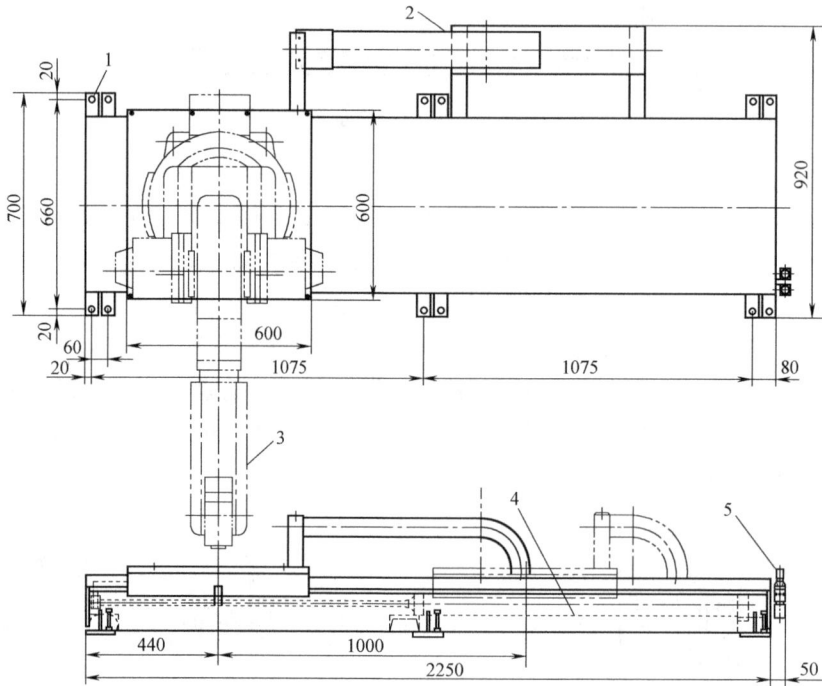

图 4-16 一种气压驱动式单轴机器人移动架台

1—安装孔 2—导套 3—机器人 4—行走驱动气缸 5—气源三联件

如果机器人在作业中停留位置较多，或在滑台的移动过程中，机器人仍进行协同作业，那么采用交流伺服电动机驱动方式最为适用，如图 4-17 所示。安装机器人的滑台在直线导轨上移动，交流伺服电动机也固定在滑台上，通过减速器和齿轮齿条副（齿条固定在底座上），驱动滑台运动。显然这种架台成本高，定位精度高。

图 4-18 所示为一种三轴机器人移动架台。各轴的控制可根据停留点数，机器人在运动中是否工作等内容要求，选用气缸、交流电动机或交流伺服电动机。各轴的移动行程则根据工件形状和大小确定。这种架台在 3 个方向上扩大了机器人的工作空间，在理论上较好地解决了机器人在应用中受机构动作范围限制的问题。

如果机器人移动架台的各轴均选用交流伺服电动机，并作为机器人的外部轴，那么这种架台连同机器人便可以看成是一台扩大了工作空间的改型机器人。

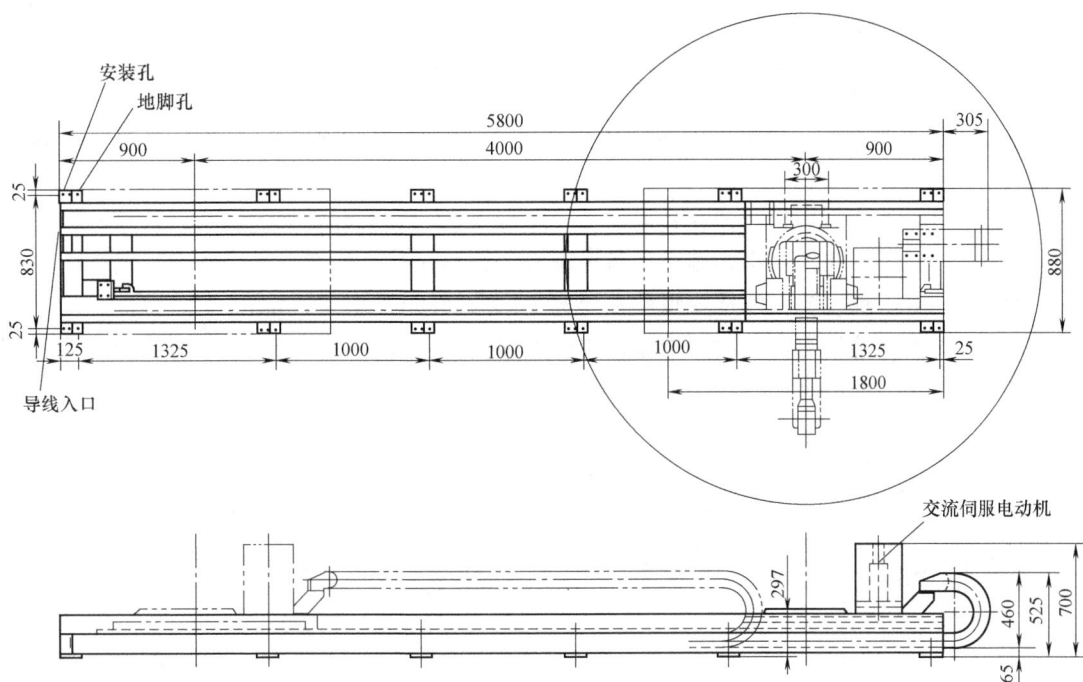

图 4-17　交流伺服电动机驱动式单轴机器人移动架台

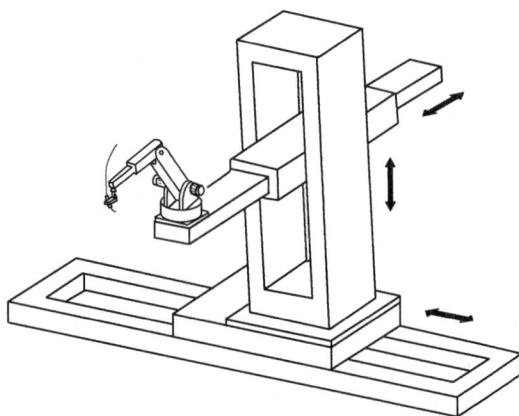

图 4-18　三轴机器人移动架台

根据不同的使用要求，还有许多不同结构形式的机器人移动架台，如龙门式、龙门移动式等，而且随着机器人应用领域的不断拓宽，还会产生出各种各样的机器人移动架台。

第三节　焊丝送丝机及清枪装置

焊接作业使用的焊丝送丝机和清枪装置是机器人弧焊工作站中主要的辅助装置，它直接影响焊接作业的质量和机器人的连续生产节奏。目前这类产品型号很多，结构形式也有所不同，但是其原理和功能是相同的。

一、焊丝送丝系统

送丝系统由送丝机、焊枪、送丝软管等构成。

送丝机驱动焊丝前行并对焊丝进行矫直，使焊丝能够顺利地进入送丝软管和焊枪的导电嘴。

焊枪是机器人的末端执行器，其内部的导电嘴对送丝效果有较大的影响。若导电嘴与焊丝的接触长度越长，孔径越小，则送丝阻力越大；若接触长度越短，孔径越大，则会使焊丝与导电嘴的接触不良，就可能造成焊丝和导电嘴内壁之间打弧，甚至粘连。

送丝软管担负着从送丝机向焊枪输送焊丝的任务。软管的材质和状态对送丝稳定性有着重要影响。

1. 送丝系统的种类

送丝系统按送丝方式分为推式、拉式和推-拉式 3 种，如图 4-19 所示。

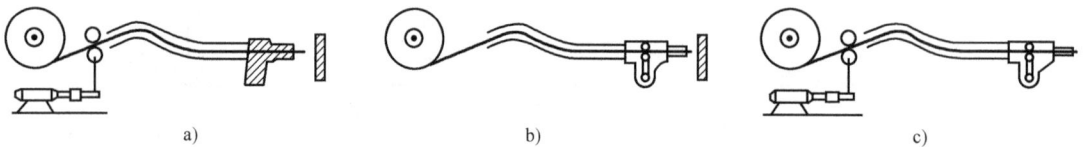

图 4-19　3 种送丝方式
a) 推式　b) 拉式　c) 推-拉式

（1）推式送丝系统　推式是应用最广泛的送丝方式之一。推式送丝系统由直流电动机驱动减速齿轮以带动一对或几对送丝滚轮构成。弹簧将送丝滚轮压紧在焊丝上，以便将送丝电动机的扭矩传递给焊丝。通过调节弹簧可以控制送丝滚轮作用于焊丝上的压紧力和送丝的轴向力，如图 4-19a 所示。

优点：焊枪结构简单、轻便，便于操作、维修。但焊丝需要经过 3~5m 的送丝软管才能进入焊枪，焊丝在软管中受到的阻力较大，在一定程度上影响了送丝的稳定性。

（2）拉式送丝系统　拉式送丝系统与推式送丝系统相比较，主要优点是：焊丝所受轴向力是张力，送丝阻力小，送丝稳定；不会出现焊丝弯曲，在小直径（一般焊丝直径小于 0.8mm）的焊接中得到广泛应用。缺点是焊枪较重。

（3）推-拉式送丝系统　这种送丝系统实际上是前述两种送丝系统的组合。最常见的是在靠近焊丝盘处安装一个推丝电动机，在焊枪内安装一个拉丝电动机，如图 4-19c 所示。这种方式虽然能提高送丝的稳定性，但因结构复杂和焊枪较重，在实际中仅用于需要长距离送丝的情况。

2. 送丝机原理与相关元件

送丝机工作原理如图 4-20 所示，焊丝从焊丝盘 7 中抽出，通过矫直机构 3 矫直，进入送丝滚轮 6 与 4，在焊丝与滚轮之间摩擦力的作用下带动焊丝前进，主动轮 6 由电动机 5 带动旋转，焊丝进入导向套管。某型号的送丝机外观如图 4-21 所示。

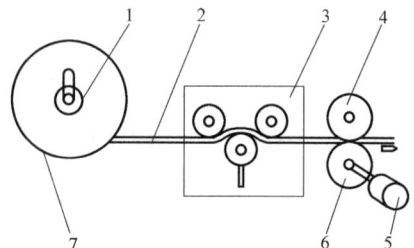

图 4-20　送丝机工作原理图
1—焊丝盘转轴　2—焊丝　3—矫直机构
4—送丝滚轮（压紧从动轮）　5—电动机
6—送丝滚轮（主动轮）　7—焊丝盘

（1）送丝滚轮 焊丝的运动是由送丝滚轮驱动的，如图 4-22 所示，从焊丝盘引出的焊丝，经矫直机构矫直后进入两个送丝滚轮之间，其中一个为主动轮，另一个为从动轮（也有两个均为主动轮的）。送丝电动机驱动主动轮旋转，依靠滚轮与焊丝间的摩擦力驱动焊丝沿切线方向运动，焊丝的送丝力（摩擦力）越大，送丝的可靠性和稳定性越高。

图 4-21 某型号的送丝机外观

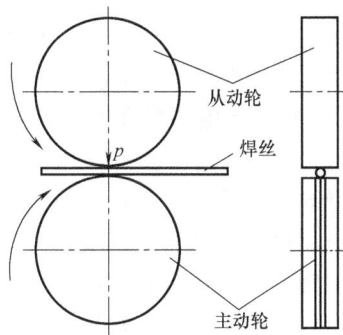

图 4-22 送丝滚轮与焊丝的关系

送丝滚轮一般由 45 钢、高碳工具钢或合金钢制成，经表面热处理后达到洛氏硬度 50～60HRC，直径一般为 38～40mm，厚度为 10～12mm。

送丝滚轮的形状如图 4-23 所示。其中图 4-23a 所示为滚花形送丝滚轮，以增加对焊丝的压力来提高送丝力。但这种方式会将焊丝表面压出锯齿状压痕，反而增加了焊丝在管道中的阻力，也会加速管道和导电嘴的磨损，故较少采用。图 4-23b 所示为 V 形槽送丝滚轮。随着 V 形夹角的减小，送丝滚轮对焊丝的压力增加。对于材质较硬的焊丝，当 V 形张角为 40°时，较平面滚轮的送丝力可提高 10%～30%。在实心焊丝的场合多采用这种形式，对于管状焊丝则不宜采

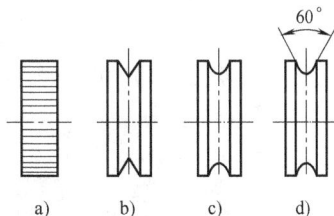

图 4-23 送丝滚轮的形状
a）滚花形 b）V 形槽 c）U 形槽 d）圆弧形槽

用。图 4-23c 为 U 形槽送丝滚轮。槽底半径与焊丝半径一致，因此焊丝与槽的接触面积大大增加，降低了送丝滚轮对焊丝的压力，避免了焊丝的变形。但是这种形式需要随焊丝直径的不同而配用相应规格的送丝滚轮。一般直径大于 2mm 的软质焊丝，多采用 U 形槽送丝滚轮。图 4-23d 所示为圆弧形槽送丝滚轮，其实质是将 U 形槽的两侧改为 30°斜面，槽底圆角维持原状，使实际接触圆弧为 60°，适于输送管状焊丝的场合。

通常按焊丝直径选用相应的送丝滚轮。常用送丝滚轮的槽有 $\phi 0.8mm$、$\phi 1.0mm$、$\phi 1.2mm$ 三种。每个送丝滚轮有两个不同规格的槽，当槽磨损严重时，必须及时更换。

（2）软管 软管内径需要与焊丝直径相匹配。内径过小就会增大焊丝与软管内壁的接触面，增加送丝阻力，容易造成焊丝在软管内"卡死"；内径过大则焊丝在软管内呈"波浪式"前进，也会增大送丝阻力。

软管的材料有两类：一类是用弹簧钢丝绕制而成，另一类采用聚四氟乙烯（俗称塑料王）制成。聚四氟乙烯的摩擦系数小、耐热温度高，特别适合于铝及铝合金等软质焊丝，

软管结构如图 4-24 所示。软管弯曲度小则送丝阻力小，反之亦然。对于铝焊丝等软质焊材，软管弯曲导致送丝阻力增加而带来的危害性比钢质焊丝大得多。

（3）导电嘴 导电嘴的孔径和长度随不同直径的焊丝设计，既要保证导电可靠，又要尽可能减小焊丝在导电嘴中的行进长度，目的在于减少送丝阻力，保证送丝通畅。导电嘴孔径太小，送丝阻力增大，原始焊丝如有局部折弯，就极易"卡壳"，造成焊丝无法送给；孔径过大，焊丝在孔

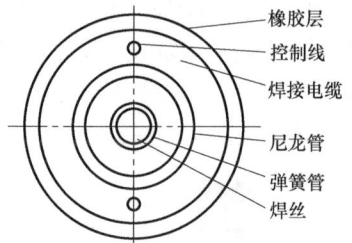

图 4-24 软管结构

中"晃动"，致使导电不良和焊丝导向失稳，严重时还会造成焊丝与导电嘴内壁"打火"而粘连。

钢焊丝导电嘴孔径一般比焊丝直径大 0.1~0.4mm，导电嘴长度为 20~30 mm。对于铝焊丝类的软质焊丝，则需适当增加导电嘴的孔径和长度。在选择导电嘴材料时，需要考虑其导电性和耐磨性。常用材料是铬青铜、钨青铜、纯铜等。为增加其耐磨性和精度，可以采取冷锻或冷挤压工艺，以进一步提高硬度。

（4）焊丝盘 开式焊丝盘的直径一般是 300~350mm，绕丝质量为 20~25kg。焊丝通常采用密排层绕，即每一层中焊丝应该紧密排列，一层绕满之后再绕下一层，并且焊丝不得出现硬弯。为防止焊丝盘自由旋转而导致焊丝松散脱落，需在焊丝盘的轴孔中放入制动弹簧，以增加阻尼。

焊丝盘可装在机器人本体上，也可装在立于地面的焊丝盘架上。如图 4-25 所示，焊丝从送丝套管中穿入，通过送丝机构送入焊枪。安装新的焊丝盘时，需将焊丝头部扳直，打磨尖锐的棱角，使焊丝头部能够顺利地穿入导丝管内，并调整好送丝轮的压力。

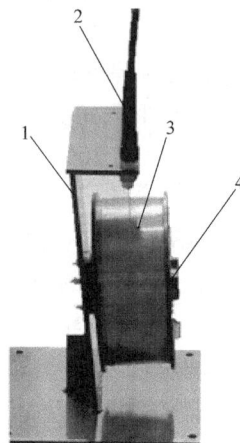

a)   b)

图 4-25 焊丝盘的安装

a）焊丝盘装在机器人本体上 b）焊丝盘装在地面的架子上

1—盘架 2—送丝套管 3—焊丝 4—从动轴

（5）送丝电动机 送丝电动机一般采用直流电动机进行无级调速。细焊丝采用等速送丝方式，运行中应保持送丝速度不变，送丝电动机采用他励式或永久磁铁型；粗焊丝一般采

用恒电流型电源和变速送丝，送丝电动机除直流电动机外，还可以用步进电动机、串励式电动机、异步电动机等。等速送丝机的送丝速度为 2~16m/min，变速送丝机的送丝速度为 0.2~5m/min。送丝电动机的功率根据生产实际来定，一般为 45~160W。

交流电动机也可以作为送丝电动机，它通过调换齿轮的方法进行有级调速。送丝电动机应有足够的功率，能在较大范围内实现无级调速，保证送丝的稳定性；要求起动和停止惯性小、调速范围大、起动灵敏、引弧可靠，并保证收弧时焊丝留有一致的长度，便于再次引弧。

3. 一种送丝机结构

市场上有多种不同形式和规格的送丝机。图 4-26 所示为一种形式的送丝机结构，它主要由送丝电动机、加压手柄、加压弹簧、驱动齿轮、中间齿轮、绝缘套和电动机固定架等组成。

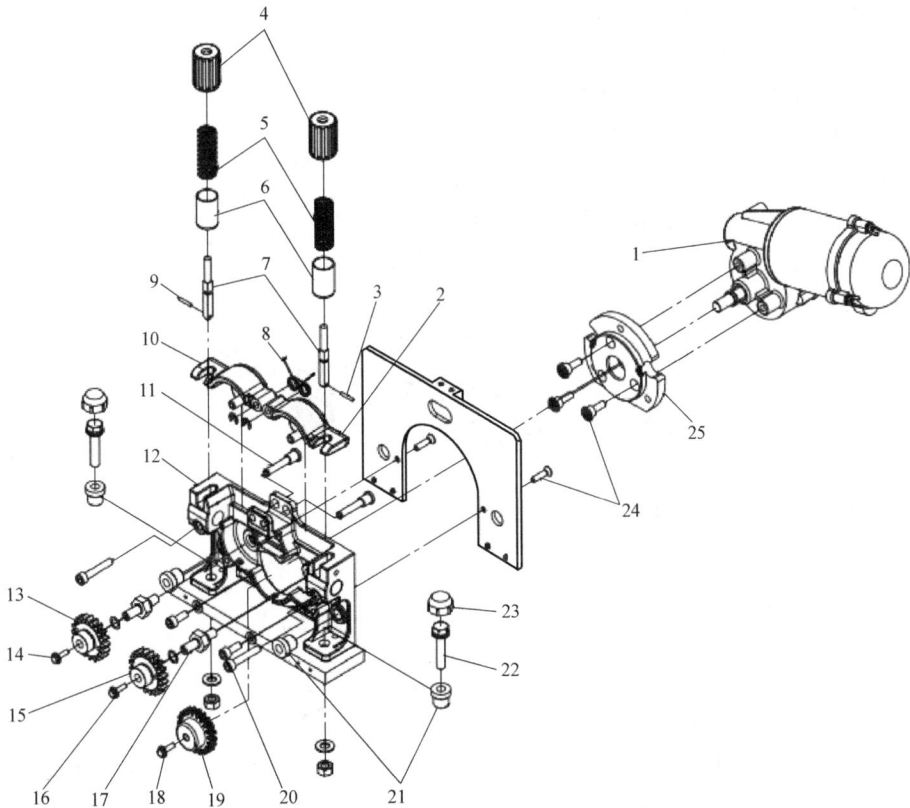

图 4-26　一种形式的送丝机结构

1—送丝电动机　2—加压轮臂（R）　3、9—销钉　4—加压手柄　5—加压弹簧　6—加压弹簧座
7—加压螺栓　8—线圈弹簧　10—加压轮臂（L）　11—加压轮臂销　12—主支架
13、15—中间齿轮　14、16、18、20、24—紧固螺钉　17—驱动轮轴　19—驱动
齿轮　21—绝缘套　22—螺栓　23—绝缘帽　25—电动机固定架

二、焊枪清理装置

多数弧焊作业均会出现焊渣飞溅的现象。特别是在一个焊接循环较长的作业中，热量聚

集大，飞溅的焊渣极易堆积到焊嘴周围和焊嘴内壁，甚至粘连在导电嘴周围。这种长时间不做处理的堆积会完全堵塞焊嘴内腔，阻碍正常出丝。所以，在焊接作业中必须定时清理焊渣。

一般在完成一个工件的焊接后，有时设定为几个焊接循环后，机器人将焊枪移动到清理装置处，分别使用剪丝单元、清渣、喷液实施相应的作业。这几个单元处分别装有检测传感器，当检测到焊枪到位，便会自动起动该单元的相应机构。图 4-27 所示为一种型号的焊枪清理装置。

（1）剪丝单元　受焊接电流收弧电压及收弧控制参数波动的影响，断弧后焊丝头到焊嘴口的距离会有较大的变化，出现焊丝过短、过长问题或焊丝端头形成球状渣瘤，而这些现象对下次准确起弧和起弧质量有着很大的影响。因此，在每个焊接循环结束后，无论是否清渣，机器人都要将焊枪移动到剪丝单元处。电动送丝机送出一小段焊丝，由气动剪自动地剪去一截焊丝，以保证焊丝露出焊嘴的长度为一定值，这样就保证了再次起弧的质量。

（2）清渣单元　一般由电动机驱动带有钢丝刷的旋转头旋转，清理焊嘴内腔和嘴部的焊渣，保持焊嘴内腔清洁和通畅，保证送丝和保护气体的畅通。图 4-28 所示为清理前后的效果。

（3）喷液单元　通过启动和关闭开关气阀，定量地将防粘油均匀地喷洒在焊嘴的内腔，使焊渣不易粘接，并易于再次清理。

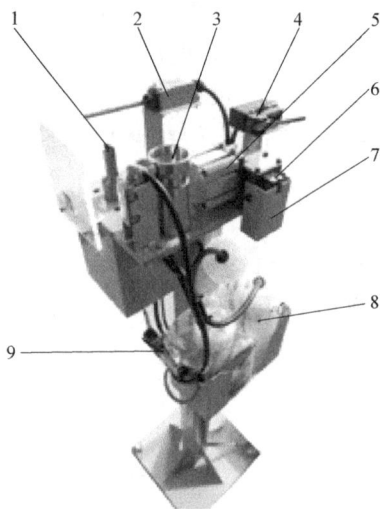

图 4-27　焊枪清理装置

1—清渣头　2—清渣电动机开关　3—喷雾头
4—剪丝气缸开关　5—剪丝气缸　6—剪丝刀
7—断丝收集盒　8—润滑油瓶　9—电磁阀

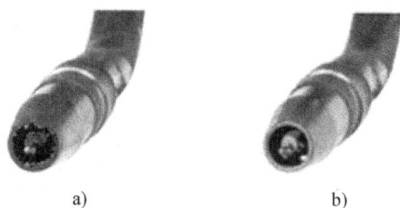

图 4-28　清枪前后的效果
a）清枪前　b）清枪后

第四节　随 行 夹 具

在工业机器人生产线和自动化程度较高的大批量生产中，流水作业形式是必不可少的。被加工工件在各个作业工位之间，依照其工艺路线要求顺序流动，完成所规定的一系列作业内容。这种流动的实现和作业质量的保证，常常依赖于随行夹具的使用。这一节将介绍一些典型的随行夹具。

一、随行夹具的定义及其作用

随行夹具是一种跟随生产线或柔性系统传输线运转的移动夹具。工件安装在随行夹具上，除了完成对工件的定位和夹紧外，还带着工件按照流水线的工艺流程由运送机构输送到每一个工位上，完成相应的加工、安装、调试和检测。

常规随行夹具对工件的定位与在一般夹具上的定位一样，但考虑到随行夹具在运送、提升、转向等过程中，因振动易产生工件松动情况，所以工件的夹紧多采用自锁夹紧机构。

生产中所使用的随行夹具随着行业、产品、作业形式、流水线用途和类型，以及自动化程度等差异而各不相同，其种类繁多、结构各异，差异巨大。如汽车生产线上的汽车底盘、车门等部件使用的随行夹具是依照部件的外形而设计的；数控加工中心每一种被加工工件的随行夹具，也是按照工件特点和加工要求而专门设计的；在大量使用工业机器人的柔性生产线上的随行夹具，其运转是按照作业的工艺流程进行设计，并形成线内循环的。

工件输送系统在不同的制造系统中会有些区别，柔性制造系统中的工件输送系统与其他制造系统中的工件输送系统有很大区别，柔性制造系统里的工件输送系统不是有规律地按顺序从前一个工位到下一个工位，而是没有规律性，不按固定排序运输工件，甚至有时把不一样的工件混在一起进行传输。需要设置软件来更改工件在工位上停留的时间，以便更改运输过程中的差异。

（1）单线运输　此运输装置可以放在机床线的一侧或者在两条机床线的中间。传送设备可以是传送小车也可以是传送带，输送装置沿机床一边布置，或从两排机床中间通过。这样的传送设备自身储量较小，需要设置中间存储库。

（2）圆形运输　机床生产线一般在圆形运输线的外侧。传送设备除了小车与滚动的传送带外，还有吊装式传输器。这样的传送设备比较灵活，具有方向性，可大大增加工作效率，有随机性。

（3）闭环运输　生产线由很多托盘与随行夹具共同组合而成，整个传送带由许多随行夹具和托板组成，利用系统自身的编码器来识别地址，这样就可以任意地对工件进行排序。

除了上面介绍的 3 种运输方式外，还有比较成熟的工业机器人，能够承载中小尺寸工件的运输与传送。

二、一面两孔组合定位原理

一面两孔定位是工件以一个平面和两个与平面垂直的孔作为定位基准的组合定位方式。定位元件是一个平面和两个定位销，俗称一面两销定位，这是生产中典型而常用的定位方式。如在批量机械加工箱体、杠杆、盖板类零件时，也常用在随行夹具的定位中。

图 4-29 所示为一面两孔定位示意图，定位元件是一面两销（一个支承板、一个圆柱销、一个菱形销）。支承板平面限制工件的 3 个自由度，每个销限制工件的 2 个自由度。其中，工件沿孔心连线方向的自由度被两销重复限制，存在过定位现象，这样工件的两孔极易

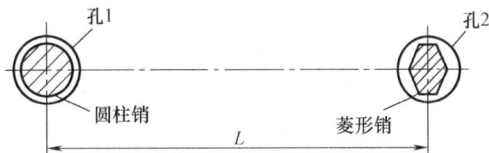

图 4-29　一面两孔定位示意图

和两销产生干涉。对此将其中一销进行削边处理，这个销称为菱形销或削边销。这样圆柱销限制 2 个自由度，而菱形销只限制 1 个自由度，消除了过定位。最后采用对称布置的压板将定位后的工件夹紧。

采用一面两孔定位易于做到工艺过程中的基准统一，保证了工件的相对位置精度，且具有支承面大，支承刚度好，结构简单、可靠，装卸工件方便等特点。但也存在以下缺点：①间隙配合引起定位误差，降低了定位精度；②定位元件和夹紧元件分离，结构不够紧凑；

③定位和夹紧先后进行，即先定位后夹紧，在降低工作效率的同时也增加了生产成本。

用自定心弹性开口套取代圆柱销和菱形销，同时实现定位和夹紧，这种方式能够避免上述一面两孔定位的缺陷。其结构如图 4-30 所示。定位原理仍然是一面两孔定位，支承板为一面，定位销（圆柱销和菱形销）换成自定心弹性开口套。开口套上部开有 4 个长槽，形成 4 片同心的弹性片，内侧是角度为 32°的内锥面，开口套下部为定位部分。开口套中装有一个倒锥拉杆，拉杆的上部为外锥面。当拉杆在气缸驱动下沿开口套轴线向下移动时，开口套的弹性片在锥面作用下产生径向胀开，使工件在自定位的同时实现了夹紧；而当拉杆向上运动时，则解除定位和夹紧。菱形销的结构与圆

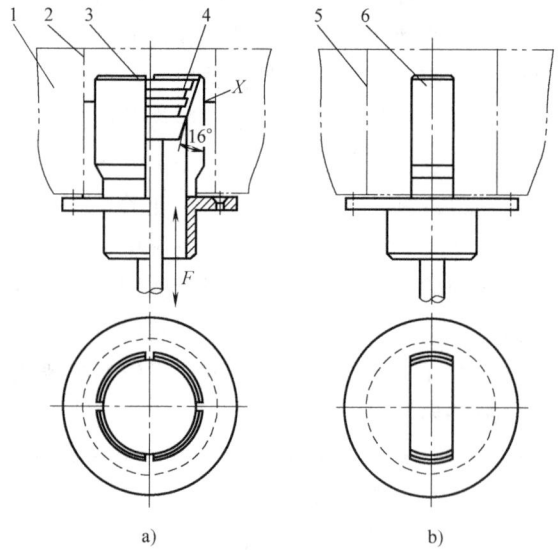

图 4-30 自定心弹性开口套结构

a）圆柱弹性开口套 b）削边弹性开口套

1—工件 2、5—定位孔 3、6—弹性开口套 4—拉杆

柱弹性开口套类似。与传统的一面两孔定位方式相比较，采用弹性开口套的方式具有定位精度高、结构紧凑、操作方便、工作效率高和劳动强度低等优点。

三、几种不同用途的随行夹具

这里介绍几个实例，从中体验随行夹具在生产中的应用。

1. 机械加工中的随行夹具

（1）数控加工中心的随行夹具 铁路机车柴油机的箱体与一般的箱体类零件相比，具有质量重、内腔复杂和孔系多的特点。其外形尺寸为 3958mm×1198mm×1290mm，净重达 7t，如图 4-31 所示。在柔性加工线上，这类箱体一般采用大型组合机床或加工中心对其表面或孔系实施加工。由于箱体壁薄、型腔复杂，切削加工时，不当的夹紧方式以及切削力极易导致工件变形，所以要设计专用的随行夹具。随行夹具应具有以下特点：①工序集中，在一个工位上尽可能对箱体的 5 个表面实施加工；②一次装夹中要完成所

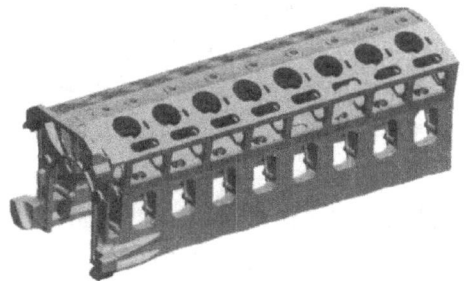

图 4-31 铁路机车柴油机箱体

有气缸孔的加工，以此保证气缸孔之间夹角及对主轴孔中心线的垂直度；③采用仰、卧两种随行夹具完成箱体的所有加工。

图 4-32 所示为国外某公司的柴油机箱体柔性加工线，4 台龙门加工中心设备和 1 台三坐标测量仪一字排列，前面是一条平行于设备的随行夹具输送线。这是一种较为典型的数控加工中心与测量融为一体的柔性加工生产线。它将箱体的半精加工、精加工、三维数据的在线

采集测量在线地连接起来，并且在准备区配备 3 个随行夹具工位。当一个箱体在加工中心完成全部加工后，数控输送平台将这个箱体的随行夹具移出加工中心，并进入准备区由人工拆卸，然后再将准备区一个已安装并夹紧好箱体的随行夹具送入加工中心，进入加工循环流程。

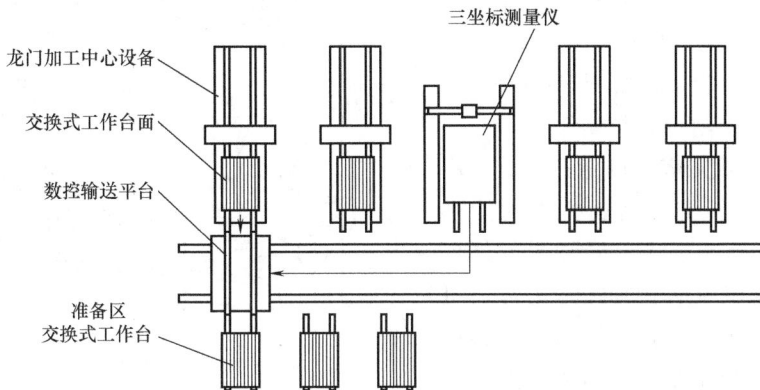

图 4-32　国外某公司柴油机箱体柔性加工线

根据箱体加工工艺要求，分别设计两种正反安装箱体的随行夹具就能完成箱体 6 个面的所有加工，即箱体仰置加工随行夹具和箱体卧置加工随行夹具。

1）箱体仰置加工随行夹具。箱体仰置加工随行夹具主要用于加工箱体的主轴孔、主轴承座平面、主轴承螺栓孔、凸轮孔及箱体底平面等。其结构如图 4-33 所示。该夹具包括定位、导向和夹紧 3 个系统。

① 定位系统。曲轴的回转中心是该箱体主要孔系的基准。箱体顶面是与该中心线平行的一个平面，因此选用顶面作为箱体仰置加工时的主要定位基准面，再选用分布在箱体顶面的 2 个冷却水孔作为辅助定位基准，从而构成箱体在夹具上的"一面两孔"定位。

② 导向系统。导向件主要用在较大的工件上，其实质就是实施预定位。这里通过 4 个锥形导向柱，利用气缸孔从箱体内部进行导向，从而避免由于吊装不稳定而造成的对随行夹具的冲击。

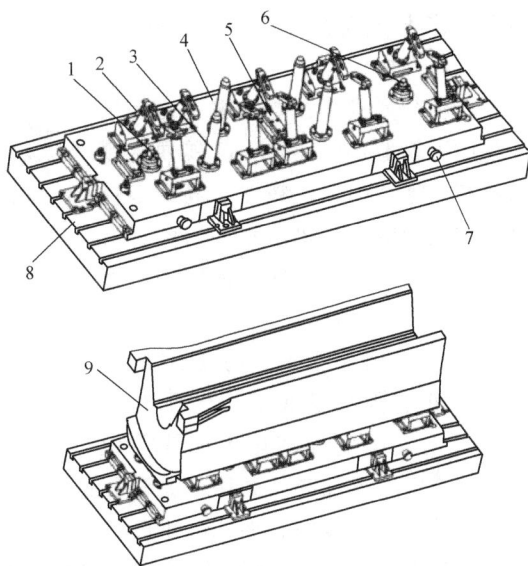

图 4-33　箱体仰置加工随行夹具
1—菱形定位销　2—压紧装置　3—导向柱
4—夹具体　5—平面定位块　6—圆柱定位销
7—吊耳　8—随行夹具平台　9—箱体

③ 夹紧系统。为了保证工件的加工精度，箱体在夹紧时既不能变形又必须夹紧可靠。夹紧机构常用螺杆压板形式，压板夹紧装置从箱体内部多点压紧箱体，且所有夹紧零部件都在箱体内部，以保证加工中心对箱体外表面及各孔系的无干涉加工。随行夹具体的背面通过

米字形肋板加强夹具体的刚性和强度，确保在吊运和加工过程中不产生变形。

2）箱体卧置加工随行夹具。箱体卧置加工随行夹具主要用于加工前面箱体仰置加工随行夹具未加工的 16 个气缸孔、气缸孔平面、气缸盖螺栓孔、箱体顶面、顶面出水孔等。其结构如图 4-34 所示，它与箱体仰置加工随行夹具类似。

（2）加工不规则零件的随行夹具 高压油泵驱动单元属于发动机关键功能部件。如图 4-35a 所示，由于壳体零件外形不规则，此类零件在机械加工时易造成机床的装夹困难，或者随自动线运行时会造成在工作台上定位困难，从而大大加剧机器人对它的抓取难度。

在这种情况下采用随行夹具，可以较好地解决这些问题。按照零件不规则的外形选择定位基准，将其装在特定的随行夹具中。如图 4-35b 所示，利用随行夹具规则的外形安装在机床上，或者放置在流水线上，或者供机器人抓取。

设计随行夹具时，要考虑到内部结构，既能可靠地定位零件，又要便于零件的装卸。零件的定位精度要高于零件自身的相关精度，并要求零件与随行夹具装在一起后，对于车床的回转中心是动平衡的。

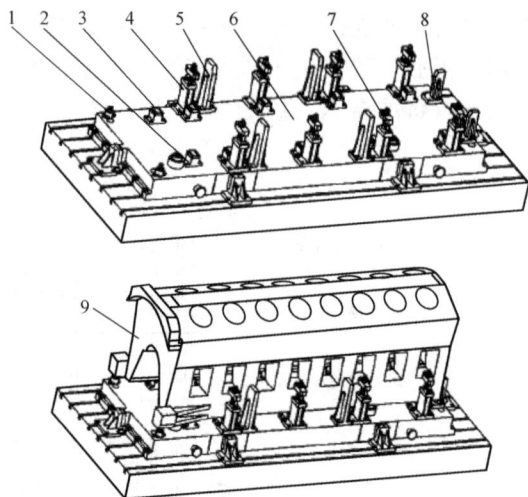

图 4-34 箱体卧置加工随行夹具
1—后端可调支承 2—菱形定位销 3—平面定位块
4—夹紧装置 5—侧面导向柱 6—随行夹具体
7—圆柱定位销 8—端面导向柱 9—箱体

2. 工业机器人生产线的随行夹具

（1）可重构车身底盘焊装随行夹具 为了最大限度地利用生产线及设备，减少投资，增加产品品种，提高企业竞争力，生产线混流生产就是必需的，也就是说，要求一个随行夹具能够装夹外形相近、尺寸不同的多个同类型工件。例如，某汽车生产线多车型混流生产对车身底盘焊装随行夹具系统的要求是：

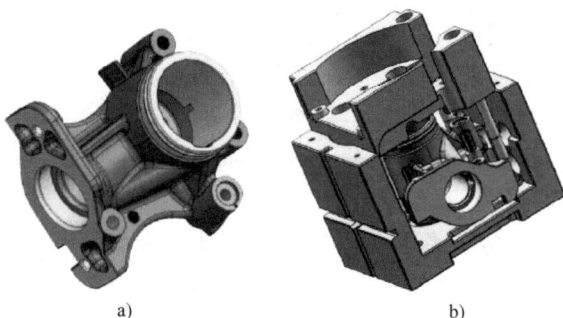

图 4-35 工件和随行夹具立体图
a）高压油泵驱动单元外形 b）随行夹具与工件组合

1）高度柔性。为了满足混流生产，随行夹具需要兼容 3 个平台、8 个车型，并具有可扩展性。

2）快速切换。生产节拍要达到 60~68JPH，这就要求必须在 40s 内完成车型的切换工作，包括机械重组以及电气的对接和恢复通信等。

随行夹具的可重构化能够满足这种应用的需求。其系统主要由信息控制系统、重构单元立体库、夹具、夹具运输系统组成。由上位机传入车型信息并判断出所需重构夹具的单元编号；夹具运输系统运输重构单元至重构站，由机器人装卸重构单元，重新装配随行夹具；重构后的夹具由传送机构运送至焊装生产线上使用。

图 4-36 所示为某车型的焊装随行夹具结构。汽车底盘支撑定位机构为该焊装随行夹具的核心部件，包括底座、共用定位单元、固定单元、可重构单元和切换抓手等。

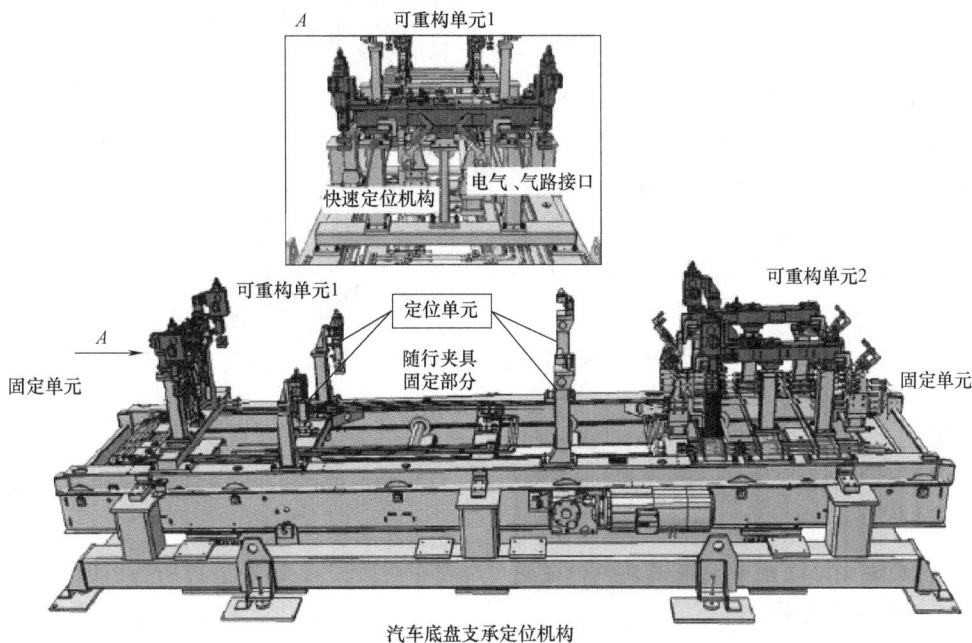

图 4-36　某车型的焊装随行夹具结构

根据不同车型的需要，左右两侧安置两个可重构单元，其余的定位单元部件和固定单元部件等均相同。共用的定位单元包括 4 个销钉式夹紧气缸，对称固定在中段位置的支承柱上。固定单元包括 3 个固定组件，每个固定组件包括定位销、定位块以及气缸等零件。定位销和定位块分别固定在底座的支承柱上，起到支承固定作用。根据兼容的车型数量，固定单元可匹配多套可重构单元。两者定位块处的快速接头能够实现压缩空气和电源的对接。

切换抓手（也就是机器人末端执行器）如图 4-37 所示，法兰与机器人连接，抓手是 3 个并排的气缸驱动的夹爪。夹爪中部的定位块实现抓手与重构单元竖直方向的定位，夹爪斜侧面的凹槽在合爪的同时实现水平方向的定位。机器人使用这个抓手进行随行夹具重构单元的更换。更换时机器人先拆下原有单元，再将待重构单元与固定组件上下对准，利用一面两孔原理进行定位，到位后气缸夹紧，并连接气源和信号线路。

图 4-38 所示为焊装随行夹具的线下检测台，通过检测台的检测，系统确认所配的重构单元是准确无误的。

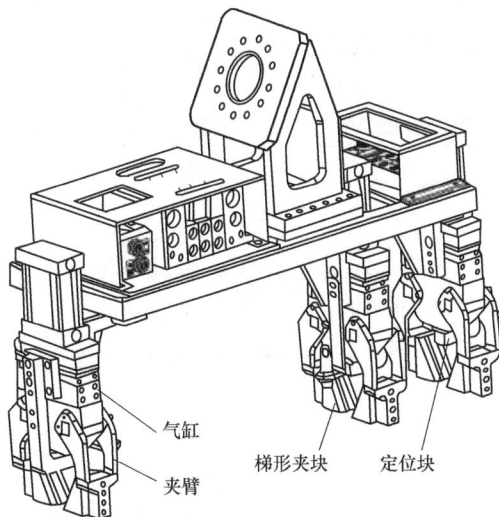

图 4-37　切换抓手（机器人末端执行器）

这种可重构车身底盘焊装随行夹具模式具有自动化程度高、定位精确、切换稳定可靠、切换速度快等特点，可广泛应用于各种自动化生产线，能有效降低生产线的投资。

（2）循环式随行夹具　循环式随行夹具大量应用在自动化生产的流水线上，是形成"流水"作业必不可少且非常重要的组成部分。线上的某一个工位处，由人工或机器人取出上一个循环已完成作业的工件，使该工位的"空"夹具再次投入新的"流水"循环中。其主要特点是：

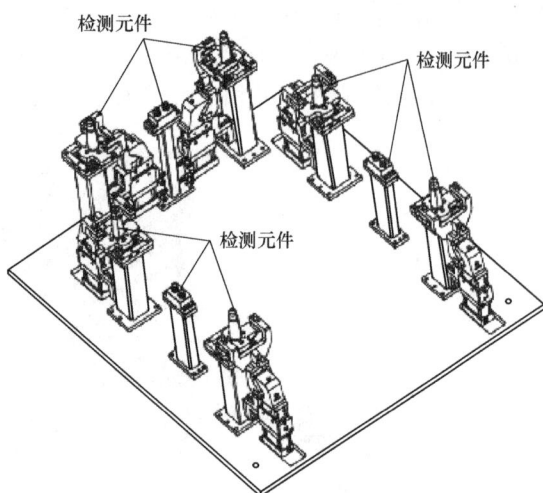

图 4-38　焊装随行夹具的线下检测台

1）完成规定的系列作业内容。循环式随行夹具将自动生产的流水线串接起来，将产品生产的某个系列的工序作业内容有序地排布在流水线中，通过一个循环来完成产品该系列的作业内容。

2）一致性。无论有多少块夹具板，在一个循环的流水线上，每一块夹具板的结构形式、定位方式等是完全相同的。

3）传输形式。随行夹具板在流水线上的传输方式，随着作业性质、工件质量、定位精度等要求的不同而有所不同。常见的传输方式如图 4-39 所示，有链条式、滚轮式、链板式、传动辊式、带式和同步机构传动式，其中链条式、滚轮式和传动辊式是最为常见的。这种传输多使用电动机驱动，特别是交流变频电动机易于调整传输链的传输速度。对于部分同步机构也常采用气缸驱动。

4）定位方式。随行夹具板的定位主要是根据工件的加工精度要求而选择的。如图 4-40

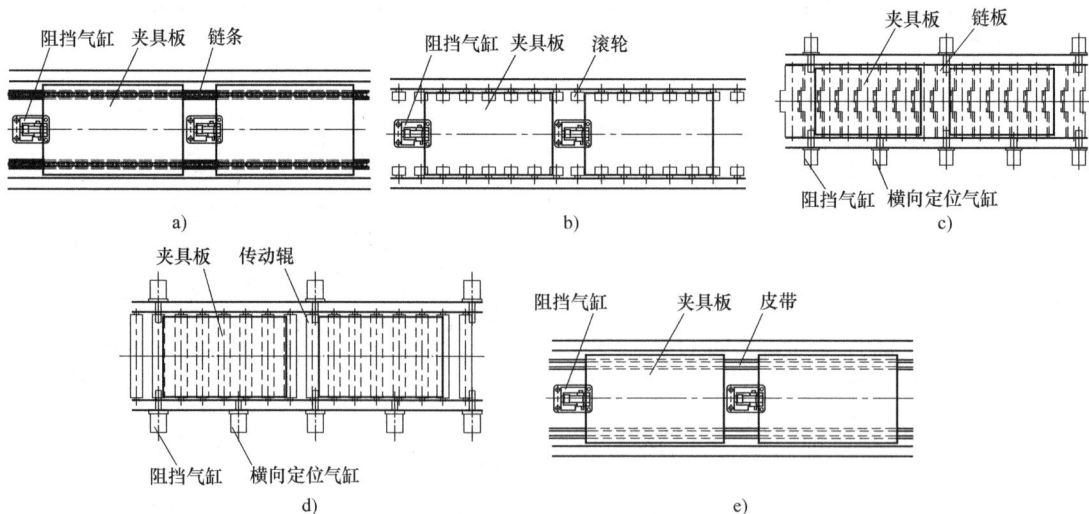

图 4-39　随行夹具板常见的传输方式
a）链条式　b）滚轮式　c）链板式　d）传动辊式　e）带式

所示，对于精度要求高的，可以选择一面两孔定位形式，一般精度的可使用楔形定位块定位和单面压紧定位。无论选择哪种定位，均需要在夹具板的前行方向上设置升降挡块拦截夹具板，这样一方面阻止了夹具板的行进，另一方面也实现了前行方向上的初定位。然后再由相应的定位机构实现最终的精确定位。

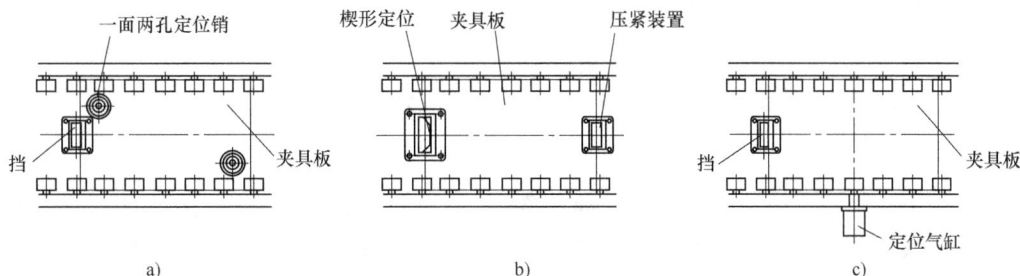

图 4-40　随行夹具板的几种定位方式

a）一面两孔定位　b）楔形定位块定位　c）单面压紧定位

5）多型号混流生产中的自动识别。随行夹具板常用在混流生产中，要求在一种夹具板上能够安装不同尺寸但类型相同的多个型号的工件。因此在生产中，控制系统要实时地采集产品型号，识别夹具板上的工件是否相符。目前这种识别技术主要包括条码识别、射频识别、光学字符识别、磁卡及智能卡识别、生物识别、语音识别与视觉识别等。其中条码识别技术是目前应用最广的。条形码由"条+空+字符"组成，按照特定规则排列组合出能够表示一定信息的"码制"，从而准确地代表一种型号的工件。利用固定在流水线旁的光电扫描阅读设备读码，以此识别产品，调用不同程序，完成对相应工件的作业，实现准确无误的混流生产。

6）循环方式。常见的循环方式有两种，即水平循环式和垂直循环式。

图 4-41 所示为水平循环式随行夹具的布局示意图。通常，在一个平面上由 8 组传动链构成一个循环链。在传动链上，随行夹具板依照箭头方向，"步进式"的每次移动一个板距，相应的装置对夹具板上安装的工件进行相应的作业。这种布局方式有利于各工位机器人或专用装置的布置，工位数量多，作业情况直观明了，但占地面积较大。

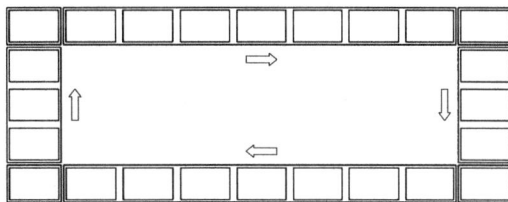

图 4-41　水平循环式随行夹具的布局示意图

例如，第七章中的汽车座椅骨架焊接生产线就是采用这种循环形式。在其 30 个工位上分别安排了座椅骨架的散件供给、拼合、夹紧、点焊、弧焊、翻转、安装靠背弹簧和取出工件等一系列作业。除此之外，还有识别工件种类、变换夹具板流动方向、清扫等工位。工件装夹在一块随行夹具板上。30 块夹具板（每站各一块）放在由链驱动的支撑滚轮上，周而复始地按图示箭头方向循环。这种形式要求各块随行夹具板间的精度一致性较高。

如图 4-42 所示为垂直循环式随行夹具的布局示意图。一般上层的 A 面为生产作业面，其上的随行夹具按顺序每次送进一个板位，相应的装置或工具在各工位上进行相应的作业。当夹具板到达 a 处时完成所有作业内容，由机器人或人工在此处取出工件。"空"的夹具板在 b 处由升降机械送到 c 处，并快速经过下层的传动链送到 d 位，再由升降机送到 e 位。在这个新循环开始的地方，由人工或机器人将待加工的工件装入夹具板中，进入一个新的循环。这种方式节省空间，但下层传动链的视线较差、空间较小，一般不安排复杂的加工作业，大多数情况下只是运送空夹具板返回，有时也可以安排对夹具板的清理作业。这种形式的随行夹具板广泛地应用在自动化生产中。

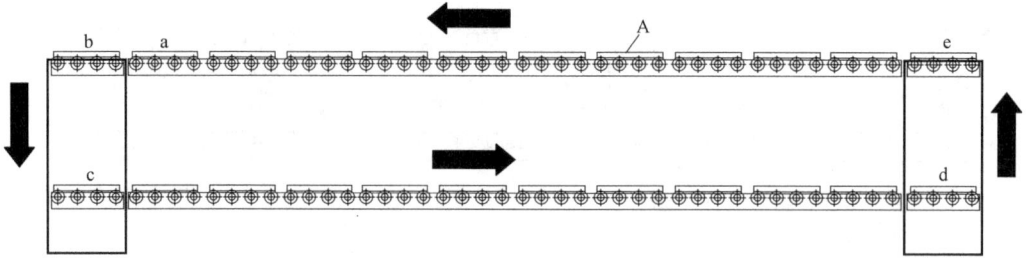

图 4-42　垂直循环式随行夹具的布局示意图

习　　题

4-1　为什么在机器人集成系统中要使用变位机，其作用是什么？

4-2　变位机的基本要求有哪些？

4-3　变位机的结构形式有哪些，分别用在什么场合？

4-4　为什么使用机器人移动架台？伺服型移动架台用在什么场合？

4-5　气体保护焊的焊枪清理最主要的三个单元是什么？有何作用？

4-6　随行夹具的作用是什么？说说你所知道的随行夹具的种类或者实例。

第五章 工业机器人感觉系统

工业机器人感觉系统通常由多种传感器或视觉系统构成。工业机器人及其工作站的稳定性与可靠性，依赖于机器人对其工作环境的准确感知和自适应的能力，随着工业机器人应用领域的不断拓宽及智能型机器人的发展，对工业机器人感觉系统提出了更高、更精的要求。它的集成水平直接反映了智能化的程度，也成为工业机器人的一个重要发展方向。

本章主要介绍机器人及其集成系统中常用的传感器和视觉系统的工作原理、使用要求、选择方法及应用示例。

第一节 机器人的传感技术概述

一、机器人与传感器

1. 人与机器人的感官

人类通过五种熟知的感觉（视觉、听觉、嗅觉、味觉、触觉）来接收外界信息，这些信息通过神经传递给大脑，大脑对这些分散的信息进行加工、综合后发出行为指令，调动肌体（如手、足等）执行某些动作。

对于机器人来说，可以将其计算机看作大脑，机器人的机构本体（执行机构）看作人的肌体，机器人的各种传感器看作人的五种感觉器官。机器人要获得环境信息，同人类一样需要通过感觉器官来获取。

2. 机器人的感觉

要使机器人拥有智能，对环境变化做出判断，首先，必须使机器人具有感知环境的能力，用传感器采集信息是机器人智能化的第一步；其次，要采取恰当的方法，将多个传感器获取的环境信息加以综合处理，控制机器人进行智能化作业，是提高机器人智能程度的重要体现。因此，传感器及其信息处理系统是构成机器人智能的重要部分，它为机器人智能作业提供了决策依据。

（1）触觉 触觉能感知目标物体的表面性能和物理特性，包括柔软性、硬度、弹性、粗糙度和导热性等。

（2）力觉 力觉能感知所关注对象的受力大小。按照传感器在机器人的安装部位不同，传感器可以分为关节力传感器、腕力传感器和指力传感器。

（3）接近觉 接近觉用于感知两物体的接近程度。机器人在移动或操作过程中获知与目标（障碍）物的接近程度，移动机器人可以实现避障，作业类机器人可避免手爪由于接近目标物的速度过快而造成的碰撞。

（4）嗅觉　嗅觉用于检测空气中的化学成分、浓度等。常用的传感器有气体传感器和射线传感器等。

（5）味觉　味觉用以感知外界物质的味道，对其液体化学成分进行分析。味觉传感器有 pH 计、化学分析仪等。

（6）听觉　听觉用以感知外界物体所发出的音调、音强和音质。常用的有传声器等。目前该类传感器与人耳的功能相比还相差很远。

（7）视觉　视觉用以感知外界物体的大小、明暗、颜色、形状、动静等。此类传感器是机器人及其应用中最重要的传感器之一。视觉技术一般包括 3 个过程：图像获取、图像处理和图像理解。

其他传感器还有磁传感器、安全用传感器和电波传感器等。

二、传感器的定义

传感器是利用物体的物理、化学变化，并将这些变化变换成电信号（如电压、电流和频率等）的装置，通常由敏感元件、转换元件和基本转换电路组成，如图 5-1 所示。其中，敏感元件是将某种不易测量的物理量转换为易于测量的物理量；转换元件是将敏感元件输出的物理量转换为电量，它与敏感元件一起构成传感器的主要部分；基本转换电路是将敏感元件产生的不易测量的小信号进行转换，使传感器的信号输出符合工业系统的具体要求（如 $4\sim20\text{mA}$、$-5\sim5\text{V}$ 等）。

被测量 →｜敏感元件｜→｜转换元件｜→｜基本转换电路｜→ 电量

图 5-1　传感器的组成

三、工业机器人用传感器的分类

1. 内部传感器与外部传感器

机器人工作时，需要检测自身的状态或作业对象与作业环境的状态，因此工业机器人所用传感器可分为内部传感器和外部传感器两大类。

（1）内部传感器　内部传感器是用于测量机器人自身状态参数（如手臂间的角度等）的功能元件。该类传感器安装在机器人各轴中，用来感知机器人自身的状态，以调整和控制机器人的行动。内部传感器通常由位置、速度及加速度传感器等组成。

（2）外部传感器　外部传感器用于测量与机器人作业有关的外部环境信息。检测机器人所处环境（如与物体的距离等）及状况（抓取物体是否滑落等）都要使用外部传感器。它可获取机器人周围环境、目标物的状态特征等相关信息，使机器人和环境产生交互作用，从而使机器人对环境具备自校正和自适应能力。

2. 接触式传感器与非接触式传感器

接触式与非接触式传感器是根据传感器完成的功能来分类的。当机器人采集信息时不允许与零件接触，它的采样环节就需要使用非接触式传感器。这种传感器可以划分为两种类型。一种是只测量一个点的响应，例如利用超声测距装置测量一个点的响应，它是在一个锥形信息收集空间内测量距离物体的远近；另一种是给出一个空间阵列或若干相邻点的测量信息，如照相机就是测量空间阵列信息最普通的装置。

接触式传感器可以测定是否与物体接触，也可测量力或转矩。最普通的触觉传感器就是一个简单的开关，当它接触零部件时，开关闭合。一个简单的力传感器，可用一个加速度仪来测量其加速度，进而得到被测力。

四、传感器的性能指标

正确评价或选择传感器需要确定传感器的性能指标。传感器一般有以下几个性能指标。

1. 灵敏度

灵敏度是指当传感器的输出信号达到稳定时，输出信号变化与输入信号变化的比值。假如传感器的输出和输入呈线性关系，其灵敏度可表示为

$$s = \frac{\Delta y}{\Delta x} \tag{5-1}$$

式中，s 为传感器的灵敏度；Δy 为传感器输出信号的增量；Δx 为传感器输入信号的增量。

假设传感器的输出与输入呈非线性关系，其灵敏度就是传感器输出与输入关系曲线的导数。传感器输出和输入的量纲不一定相同。若输出和输入具有相同的量纲，则传感器的灵敏度也称为放大倍数。一般来说，传感器的灵敏度越大越好，这样可以使传感器输出的信号精确度更高、线性更好。但是过高的灵敏度有时会导致传感器的输出稳定性下降，所以应该根据机器人的具体要求选择适宜的传感器灵敏度。

2. 线性度

线性度反映传感器输出信号与输入信号之间的线性程度。假设传感器的输出信号为 y，输入信号为 x，则 y 与 x 的关系可表示为

$$y = bx \tag{5-2}$$

若 b 为常数，或者近似为常数，则传感器的线性度较高；如果 b 是一个变化较大的量，则传感器的线性度较低。机器人控制系统应该选用线性度较高的传感器。实际上，只有在少数情况下，传感器的输出和输入才呈线性关系；在大多数情况下，b 都是 x 的函数，即

$$b = f(x) = a_0 + a_1 x_1 + a_2 x_2 + \cdots + a_n x_n \tag{5-3}$$

如果传感器的输入量变化不太大，且 a_1，a_2，$\cdots$，a_n 都远小于 a_0，那么可以取 $b = a_0$，近似地把传感器的输出和输入看成线性关系。常用的线性化处理方法有割线法、最小二乘法、最小误差法等。

3. 测量范围

测量范围是指被测量的最大允许值和最小允许值之差。一般要求传感器的测量范围必须覆盖机器人有关被测量的作业范围。如果无法达到这一要求，则可以设法选用某种转换装置，但这样就会引入某种误差，使传感器的测量精度受到一定的影响。

4. 精度

精度是指传感器的测量输出值与实际被测量值之间的误差。在机器人系统设计中，应该根据系统的工作精度要求选择合适的传感器精度，并且要注意传感器精度的使用条件和测量方法。使用条件应包括机器人所有可能的工作条件，如不同的温度、湿度、运动速度和加速度，以及在可能范围内的各种负载作用等。用于检测传感器精度的测量仪器必须具有比传感

器高一级的精度。

5. 重复性

重复性是指传感器按同一方式进行全量程连续多次测量输入信号时，相应测试结果的变化程度。测试结果的变化越小，传感器的测量误差就越小，重复性越好。多数传感器的重复性指标都优于精度指标，这些传感器的精度不一定很高，但只要温度、湿度、受力条件和其他参数不变，其测量结果就不会有较大变化。同样，对于传感器的重复性，也应考虑使用条件和测试方法的问题。对于示教-再现型机器人，传感器的重复性至关重要，它直接关系到机器人能否准确地再现示教轨迹。

6. 分辨率

分辨率是指传感器在整个测量范围内所能辨别的被测量的最小变化量，或者所能辨别的不同被测量的个数。它辨别的被测量的最小变化量越小，或被测量个数越多，分辨率越高；反之，分辨率越低。无论是示教-再现型机器人，还是可编程型机器人，都对传感器的分辨率有一定的要求。传感器的分辨率直接影响机器人的可控程度和控制品质。一般需要根据机器人的工作任务规定传感器分辨率的最低限度。

7. 响应时间

响应时间是传感器的动态特性指标，是指传感器的输入信号变化后，其输出信号随之变化并达到一个稳定值所需要的时间。对于某些传感器，输出信号在达到某一稳定值以前会发生短时间的振荡。传感器输出信号的振荡一定会影响机器人的控制精度和工作精度，所以传感器的响应时间越短越好。响应时间的计算，应当以输入信号开始变化的时刻为起始点，以输出信号达到稳定值的时刻为起终点。实际上，还需要规定一个稳定值范围，只要输出信号的变化不再超出此范围，即可认为它已经达到了稳定。在具体系统的设计中，还应规定响应时间的容许上限。

8. 抗干扰能力

机器人的工作环境是多种多样的，在有些情况下可能相当恶劣，因此对于机器人所用的传感器必须考虑其抗干扰能力。由于传感器输出信号的稳定是控制系统稳定工作的前提，为防止机器人做出意外动作或发生故障，设计传感器系统时必须采用可靠性设计技术。通常抗干扰能力是通过单位时间内发生故障的概率来定义的，因此它是一个统计指标。

在选择工业机器人传感器时，需要根据实际工况、检测精度、控制精度等具体要求来确定所用传感器的各项性能指标，同时还需要考虑机器人工作的一些特殊要求，比如重复性、稳定性、可靠性、抗干扰性等，最终选择出性价比较高的传感器。

第二节　位置和位移传感器

工业机器人关节的位置控制是机器人最基本的控制要求，而对位置和位移的检测也是机器人最基本的感觉要求。位置和位移传感器根据其工作原理和组成的不同有多种形式，常见的有电位器式位移传感器、电阻式位移传感器、电容式位移传感器、电感式位移传感器、编码式位移传感器、霍尔式位移传感器、磁栅式位移传感器等。这里介绍几种典型的位移传感器。

一、电位器式位移传感器

电位器式位移传感器（potentiometer sensor）由一个线绕电阻（或薄膜电阻）和一个滑动触点组成。滑动触点由机械装置带动。当被检测的位置发生变化时，滑动触点也发生位移，从而改变滑动触点与电位器各端之间的电阻值和输出电压值。传感器根据输出电压值的变化，就可以检测出机器人各关节的位置和位移量。

按照传感器的结构，电位器式位移传感器可分成两大类，一类是直线型电位器式位移传感器，另一类是旋转型电位器式位移传感器。

1. 直线型电位器式位移传感器

直线型电位器式位移传感器的工作原理和实物图分别如图 5-2 和图 5-3 所示。工作台与传感器的滑动触点相连，当工作台左、右移动时，滑动触点也随之左、右移动，从而改变与电阻接触的位置。通过检测输出电压的变化量，确定工作台相对于电阻中心位置的移动距离。

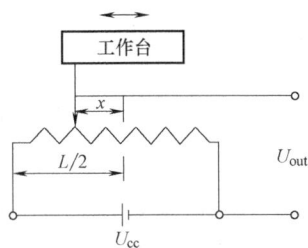

图 5-2　直线型电位器式位移传感器的工作原理

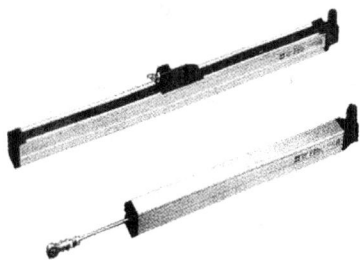

图 5-3　直线型电位器式位移传感器实物图

假定输入电压为 U_{cc}，电阻丝长度为 L，触点从中心向左端移动 x，电阻右侧的输出电压为 U_{out}，则根据欧姆定律，移动距离为

$$x = \frac{L(2U_{out} - U_{cc})}{2U_{cc}} \tag{5-4}$$

直线型电位器式位移传感器主要用于检测直线位移。其电阻器采用直线型螺线管或直线型碳膜电阻，滑动触点只能沿电阻的轴线方向做直线运动。直线型电位器式位移传感器的工作范围和分辨率受电阻器长度的限制，线绕电阻、电阻丝本身的不均匀性会造成传感器非线性的输入和输出关系。

2. 旋转型电位器式位移传感器

旋转型电位器式位移传感器的电阻元件呈圆弧状，滑动触点在电阻元件上做圆周滑动。由于滑动触点等的限制，传感器的工作范围只能小于 360°。把图 5-2 中的电阻元件弯成圆弧形，可动触点的另一端固定在圆的中心，并像时针那样回转，由于电阻值随着回转角而改变，因此基于上述同样的原理就可以构成角度传感器。图 5-4 和图 5-5 分别为旋转型电位器式位移传感器的工作原理和实物图。当输入电压 U_{cc} 加在传感器的两个输入端时，传感器的输出电压 U_{out} 与滑动触点的位置成比例。在应用时，机器人的关节轴与传感器的旋转轴相连，这样根据测量的输出电压 U_{out} 的数值，即可计算出机器人关节轴对应的旋转角度。

电位器式位移传感器具有性能稳定、结构简单、使用方便、尺寸小、重量轻等优点。它

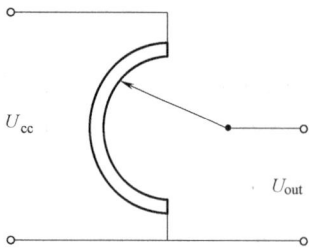

图 5-4 旋转型电位器式位移传感器的工作原理

图 5-5 旋转型电位器式位移传感器实物图

的输入/输出特性可以是线性的，也可以根据需要选择其他任意函数关系的输入/输出特性。它的输出信号选择范围很大，只需改变电阻器两端的基准电压，就可以得到比较小或比较大的输出电压信号。这种位移传感器不会因为失电而丢失信息。当电源因故断开时，电位器的滑动触点将保持原来的位置不变，只要重新接通电源，原有的位置信息就会重新出现。电位器式位移传感器的一个主要缺点是容易磨损，当滑动触点和电位器之间的接触面上有磨损或有尘埃附着时会产生噪声，使电位器的可靠性和寿命受到一定的影响。正因为如此，电位器式位移传感器在机器人上的应用受到极大的限制。近年来随着光电编码器价格的降低，电位器式位移传感器逐渐被光电编码器所取代。

二、光电编码器

光电编码器（encoder）是集光、机、电技术于一体的数字化传感器，它利用光电转换原理将旋转信息转换为电信息，并以数字代码输出，可以高精度地测量转角或直线位移。光电编码器具有测量范围大、检测精度高、价格便宜等优点，在数控机床和机器人的位置检测及其他工业领域都得到广泛应用。一般把该传感器装在机器人各关节轴上，用来测量各关节轴转过的角度。

根据检测原理，编码器可分为接触式和非接触式两种。接触式编码器采用电刷输出，以电刷接触导电区和绝缘区分别表示代码的 1 和 0 状态；非接触式编码器的敏感元件是光敏元件或磁敏元件，采用光敏元件时以透光区和不透光区表示代码的 1 和 0 状态。根据测量方式，编码器可分为直线型（光栅尺、磁栅尺）和旋转型两种，目前机器人中较为常用的是旋转型光电编码器。根据测出的信号，编码器可分为绝对式和增量式两种。以下分别介绍绝对式光电编码器和增量式光电编码器。

1. 绝对式光电编码器

绝对式光电编码器（absolute encoder）是一种直接编码式的测量元件，它可以直接把被测转角或位移转化成相应的代码，指示的是绝对位置而无绝对误差，在电源切断时不会失去位置信息。但其结构复杂、价格昂贵，且不易做到高精度和高分辨率。

绝对式光电编码器主要由多路光源、光敏元件和码盘所组成。码盘处在光源与光敏元件之间，其轴与电动机轴相连，随电动机的旋转而旋转。码盘上有 n 个同心圆环码道，整个圆盘又以一定的编码形式（如二进制编码等）分为若干（2^n）等份的扇形区段。光电编码器利用光电原理，把代表被测位置的各等份上的数码转化成电脉冲信号输出，以用于检测。

图 5-6 所示为 4 位绝对式光电编码器的结构及各个扇区对应输出的脉冲信号。4 位绝对

式光电编码器码盘如图 5-7 所示，圆形码盘上沿径向有 4 个同心码道，每条码道上由透光和不透光的扇形区（分别为图中黑色和白色部分）相间组成，分别代表二进制数的 1 和 0，相邻码道的透光和不透光扇区数目是双倍关系。码盘上的码道数就是它的二进制数码的位数，最外圈代表最低位，最内圈代表最高位。

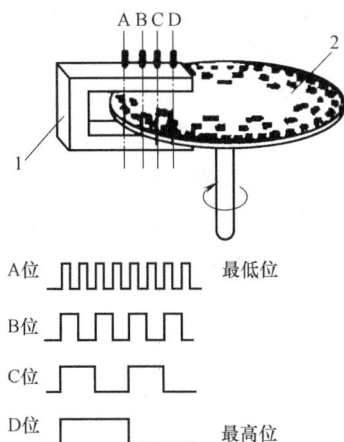

图 5-6　4 位绝对式光电编码器的结构及
各个扇区对应输出的脉冲信号
1—光遮断器　2—光电编码器码盘

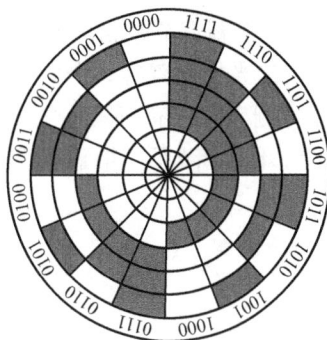

图 5-7　4 位绝对式光电编码器码盘

与码道个数相同的 4 个光电器件分别与各自对应的码道对准并沿码盘半径直线排列，通过这些光电器件的检测，把代表被测位置的各等份上的数码转化成电信号输出，得到如图 5-6 所示的脉冲信号。码盘每转一周，产生 0000～1111 共 16 个二进制数，对应于转轴的每一个位置均有唯一的二进制编码，因此可用于确定旋转轴的绝对位置。

绝对位置的分辨率（分辨角）α 取决于二进制编码的位数，即码道的个数 n。分辨率 α 的计算公式为

$$\alpha = \frac{360°}{2^n} \tag{5-5}$$

如果有 10 个码道，则此时角度分辨率可达 $0.35°$。目前市场上使用的光电编码器的码盘数为 4～18 道。在应用中，通常要考虑伺服系统要求的分辨率和机械传动系统的参数，以选择码道数合适的编码器。

二进制编码器的主要缺点是码盘上的图案变化较大，在使用中容易产生误读。在实际应用中，可以采用格雷码代替二进制编码。格雷码的特点是每相邻十进制数之间只有一位二进制码不同，因此图案的切换只用一位数（二进制的位）进行，所以能把误读控制在一个数范围之内，从而提高了编码器的可靠性。

绝对式光电编码器的特点如下：

1）可以直接读出角度坐标的绝对值，没有累积误差。

2）掉电时，绝对式光电编码器的位置不会丢失，一旦电源接通，即可读出现在准确的位置信号。同样，在经过一阵干扰后，可通过复读重新获得准确的位置信号。因此，绝对式光电编码器与增量式光电编码器相比，不存在掉电信号丢失的问题，抗干扰能力强，可用于

长期的定位控制。

3）绝对式光电编码器读出的信号采用格雷码等数字信号，其错码概率较小，对于后部二次仪表的运算，因为是数字量计算，不易出错，故数据传输及计算的可靠性高。

2. 增量式光电编码器

（1）增量式光电编码器的工作原理　增量式光电编码器（increasing encoder）能够以数字形式测量出转轴相对于某一基准位置的瞬时角位置，此外还能测出转轴的转速和转向。增量式光电编码器主要由光源、码盘、检测光栅、光电检测器件和转换电路组成，其结构如图 5-8 所示。码盘上刻有节距相等的辐射状透光缝隙，相邻两个透光缝隙之间的区域代表一个增量周期。检测光栅上刻有 3 个同心光栅，分别称为 A 相光栅、B 相光栅和 C 相光栅。A相光栅与 B 相光栅上分别有间隔相等的透明和不透明区域，用于透光和遮光，A 相和 B 相在码盘上互相错开半个节距。增量式光电编码器码盘及信号形式如图 5-9 所示。

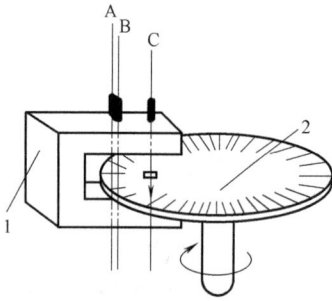

图 5-8　增量式光电编码器的结构
1—3 位光遮断器　2—码盘

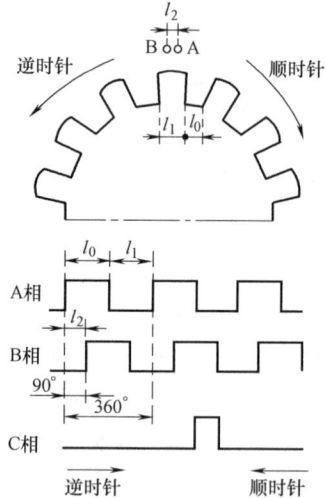

图 5-9　增量式光电编码器码盘及信号形式

当码盘逆时针方向旋转时，A 相光栅先于 B 相光栅透光导通，A 相和 B 相光电元件能接收时断时续的光。A 相超前 B 相 90°（1/4 周期），产生近似正弦的信号。这些信号被放大、整形后成为图 5-9 所示的脉冲数字信号。根据 A、B 相中任何一光栅输出脉冲数的多少，就可以确定码盘的相对转角；根据输出脉冲的频率可以确定码盘的转速；采用适当的逻辑电路，根据 A、B 相输出脉冲的相序就可以确定码盘的旋转方向。可见，A、B 两相光栅的输出为工作信号，而 C 相光栅的输出为标志信号。码盘每旋转一周，发出一个标志信号脉冲，用来指示机械位置或对积累量清零。

光电编码器的分辨率（分辨角）α 是以编码器轴转动一周所产生的输出信号的基本周期数来表示的，即每转的脉冲数。码盘旋转一周输出的脉冲信号数目取决于透光缝隙数目的多少，码盘上刻的缝隙越多，编码器的分辨率就越高。假设码盘的透光缝隙数目为 n，则分辨率 α 的计算公式为

$$\alpha = \frac{360°}{n} \tag{5-6}$$

在工业应用中,根据不同的应用对象,通常可选择分辨率为 500~6000 脉冲/转的增量式光电编码器,每转最高可以达到几万脉冲。在交流伺服电动机控制系统中,通常选用分辨率为 2500 脉冲/转的编码器。此外,用倍频逻辑电路对光电转换信号进行处理,可以得到两倍频或四倍频的脉冲信号,从而进一步提高分辨率。对于分辨率要求更高的系统,可以采用"细分技术",大大提高分辨率。

增量式光电编码器的优点是:原理和构造简单,易于实现;机械平均寿命长,可达到几万小时以上;分辨率高;抗干扰能力较强,信号传输距离较长,可靠性较高;价格便宜。其缺点是:无法直接读出转动轴的绝对位置信息。增量式光电编码器广泛应用于数控机床、回转台、伺服传动、机器人、雷达、军事目标测定仪器等需要检测角度的装置和设备中。

(2)工业机器人中使用的位置传感器 由于工业机器人机械结构的限制,不可能在末端执行器处安装位置传感器来直接检测手部在空间的位姿,一般都是利用安装在关节轴处的编码器读出关节的旋转角度,然后通过运动学方程求出手部在空间的位姿。而机器人上电或复位后,必须知道机身当前所处的状态,从这个角度说,绝对式光电编码器是必需的。但是由于绝对式光电编码器只能在电动机旋转一圈内进行记忆,而机器人关节电动机又不可能只在一圈内转动,所以绝对式光电编码器又是不合适的。解决这个问题的方法是采用增量式光电编码器并内置电池,通过电池供电来解决增量式光电编码器断电后无法记忆的问题。其代码由电池记忆而成为绝对值,当然并非每个位置都有一一对应的代码表示,因此这种编码器也称为伪绝对式编码器。

例如,MOTOMAN-SV3 机器人本体上有两组电池,每组两节电池负责保存 3 个轴编码器的位置数据。在使用中,当电池电压下降到一定程度时,示教编程器上会显示电压不足的报警信号,遇到这种情况时要及时更换电池。

机器人使用的编码器输出信号采用串行输出方式,以减少机器人本体与控制柜之间的连线。编码器输出信号线与安装在控制柜里的串口测量板(SMB)相连接。串口测量板主要起接收 6 个轴编码器位置信息的作用,并与控制柜中计算机系统通信,实时检测机器人的运行状态。

第三节 速度传感器

速度传感器是机器人中较重要的内部传感器之一。由于在机器人中需要测量的是机器人关节的运行速度,故这里仅介绍角速度传感器。目前广泛使用的角速度传感器有测速发电机和增量式光电编码器两种。测速发电机是应用最广泛,能直接得到代表转速的电压值,且具有良好实时性的一种速度测量传感器。增量式光电编码器既可以用来测量增量角位移,也可以用来测量瞬时角速度。速度传感器的输出有模拟式和数字式两种。

一、测速发电机

测速发电机(tachogenerator)是一种用于检测机械转速的电磁装置,它能把机械转速变换成电压信号,其输出电压与输入的转速成正比。测速发电机按输出信号的形式,可分为交流测速发电机和直流测速发电机两大类。在机器人中,多数情况下用的是直流测速发电机。

直流测速发电机实际上是一种微型直流发电机，它的绕组和磁路经精确设计而成。图 5-10 所示为这种发电机的结构。它的工作原理基于法拉第电磁感应定律。当通过线圈的磁通量恒定时，位于磁场中的线圈旋转，使得线圈两端产生的电压（感应电动势）与线圈（转子）的转速成正比，即

$$U = kn \tag{5-7}$$

式中，U 为测速发电机的输出电压（V）；n 为测速发电机的转速（r/min）；k 为比例系数（$V \cdot r^{-1} \cdot min$）。

改变旋转方向时，输出电动势的极性即相应改变。在被测机构与测速发电机同轴连接时，只要检测出直流测速发电机的输出电动势和极性，就能获得被测机构的转速和旋转方向。

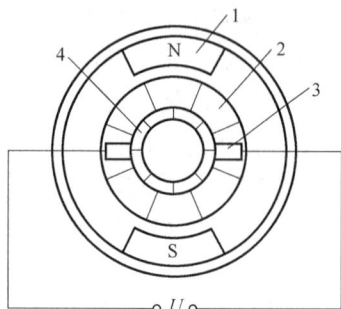

图 5-10　直流测速发电机的结构
1—永久磁铁　2—转子绕组
3—电刷　4—整流子

将测速发电机的转子与机器人伺服电动机轴相连，就能测出机器人运动过程中的关节转动速度。而且测速发电机能作为速度反馈元件用在机器人速度闭环系统中，所以在机器人控制系统中得到广泛的应用。机器人速度伺服控制系统的控制原理如图 5-11 所示。

测速发电机线性度好、灵敏度高、输出信号强，目前检测范围一般为 20～40r/min，精度为 0.2%～0.5%。

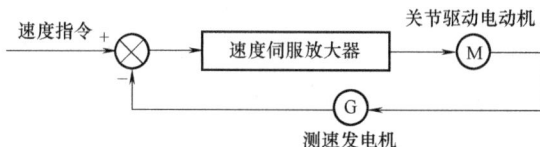

图 5-11　机器人速度伺服控制系统

二、增量式光电编码器

如前所述，增量式光电编码器在机器人中既可以作为位置传感器测量关节相对位置，又可以作为速度传感器测量关节速度。作为速度传感器时，它既可以在模拟方式下使用，又可以在数字方式下使用。

1. 模拟方式

在模拟方式下，必须有一个频率-电压（f/U）转换器，用来把编码器测得的脉冲频率转换成与速度成正比的模拟电压。其原理如图 5-12 所示。f/U 转换器必须有良好的零输入、零输出特性和较小的温度漂移，这样才能满足测试要求。

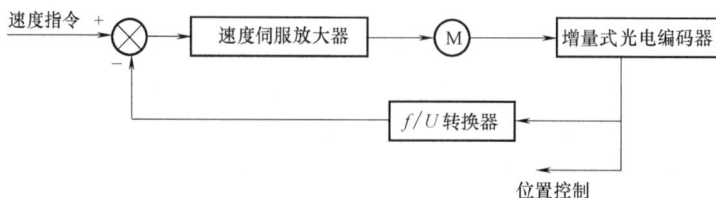

图 5-12　模拟方式下的增量式光电编码器测速原理

2. 数字方式

数字方式测速是指基于数学公式，利用计算机软件计算出速度。由于角速度是转角对时间的一阶导数，如果能测得单位时间 Δt 内编码器所转过的角度 $\Delta \theta$，则编码器在该时间内的

平均转速为

$$\omega = \frac{\Delta\theta}{\Delta t} \tag{5-8}$$

单位时间值取得越小，所求得的转速越接近瞬时转速。然而时间太短，编码器通过的脉冲数太少，又会导致所得到的速度分辨率下降。所以一般采用时间增量测量电路来解决这一问题。

编码器选定后，它的每转输出脉冲数就是确定的。设某一编码器的分辨率为 1000 脉冲/转，则编码器连续输出两个脉冲时转过的角度为

$$\Delta\theta = \frac{2}{1000} \times 2\pi \quad (\text{rad}) \tag{5-9}$$

而转过该角度的时间增量可用图 5-13 所示的测量电路测得。测量时利用一高频脉冲源发出连续不断的脉冲，设该脉冲源的周期为 0.1ms，用一计数器测出在编码器发出两个脉冲的时间内高频脉冲源发出的脉冲数。门电路在编码器发出第一个脉冲时开启，发出第二个脉冲时关闭，这样由计数器得到的计数值就是时间增量内高频脉冲源发出的脉冲数。设该计数值为 100，则时间增量为

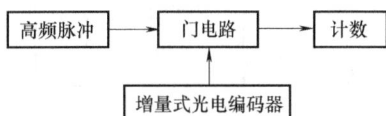

图 5-13　时间增量测量电路

$$\Delta t = 0.1 \times 100\text{ms} = 10\text{ms}$$

所以角速度为

$$\omega = \frac{\Delta\theta}{\Delta t} = \frac{(2/1000) \times 2\pi}{10 \times 10^{-3}}\text{rad/s} = 1.256\text{rad/s}$$

三、微硅陀螺仪

微硅陀螺仪（micro-silicon gyroscope）是一种新型的电子式陀螺仪（角速度传感器），可以检测移动平台绕轴倾斜的角速度，其实物图如图 5-14 所示。微硅陀螺仪是利用科里奥利效应得到的单轴固态速率陀螺仪。它采用硅素振动环状精密设计，可产生一个正比于旋转速度且精确的直流电压。由微硅陀螺仪和电子倾角传感器组合构成的姿态传感器，可用于检测机器人行走过程中的运行姿态，目前在步行机器人、平行双轮电动车等上得到较多的应用。

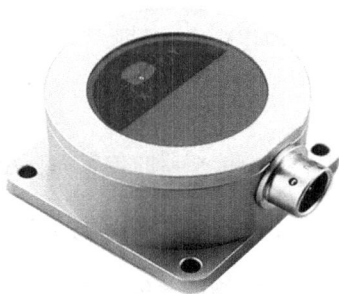

图 5-14　微硅陀螺仪实物图

第四节　接近觉传感器

接近觉传感器通常只有二值输出，用来判断在规定距离范围内是否有物体存在，因此接近觉传感器通常又称为接近开关。接近觉传感器主要用于物体抓取或避障类近距离工作的场合。目前使用最为广泛的接近觉传感器有电感式、电容式、光电式、霍尔式、超声波式和气压式 6 种。

一、电感式与电容式接近觉传感器

电感式接近觉传感器是一种利用涡流感知物体接近的接近开关，它由高频振荡电路、检波电路、放大电路、整形电路及输出电路组成，如图 5-15 所示。感知敏感元件为检测线圈，它是振荡电路的一个组成部分。在检测线圈的工作面上存在一个交变磁场，当金属物体接近检测线圈时，就会产生涡流而吸收振荡能量，使振荡减弱直至停振。振荡与停振这两种状态经检测电路转换成开关信号输出，从而实现对物体的感知。电感式接近觉传感器所能检测的物体只能是金属物体。另外，它的检测距离会因被测对象的尺寸、金属材料，甚至金属材料表面镀层种类和厚度的不同而不同，因此使用时应查阅相关的参考手册。

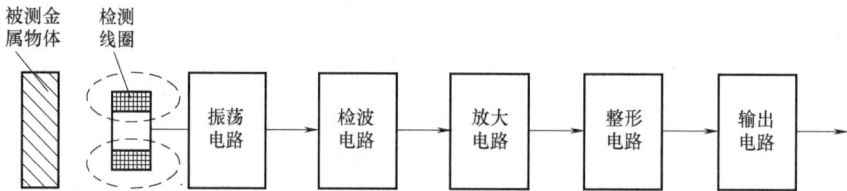

图 5-15 电感式接近觉传感器的工作原理

电容式接近觉传感器的测量头在测量时通常构成电容器的一个极板，而另一个极板是物体本身。当物体移向电容式接近觉传感器时，物体和传感器的介电常数会发生变化，使得和测量头相连的电路状态也随之发生变化，由此便可控制开关的接通和关断。电容式接近觉传感器的检测对象并不限于金属导体，也可以是绝缘的液体或粉状物体。

电感式和电容式接近觉传感器的外观多为圆柱形，在它的正面有一个感应区域，指向轴线方向。动作距离是一个接近觉传感器最重要的特征，其定义为：当用标准测试板轴向接近传感器的感应面，使传感器输出信号发生变化时，传感器所测量到的传感器感应面和测试板之间的距离。根据物理原理，对于电感式和电容式接近觉传感器，可用下列近似公式计算传感器的动作距离 s，即

$$s \leqslant \frac{D}{2} \tag{5-10}$$

式中，D 为传感器的传感面直径。

二、光电式接近觉传感器

光电式接近觉传感器又称为红外线光电接近开关，简称光电开关。它可利用被检测物体对红外光束的遮挡或反射，从而检测物体的有无。其检测对象不限于金属材质的物体，而是所有能遮挡或反射光线的物体。红外线属于电磁射线，其特性等同于无线电和 X 射线。人眼可见的光波波长是 380~780nm，波长为 780nm~1mm 的长射线称为红外线。光电开关一般使用的是波长接近可见光的近红外线。

光电开关一般由发射器、接收器和检测电路三部分构成，如图 5-16 所示。发射器对准目标发射光束。发射的光束一般来自于半导体光源，如发光二极管（LED）、激光二极管及红外发射二极管。工作时发射器不间断地发射光束或者改变脉冲宽度。接收器由光电二极管、光电晶体管、光电池组成。在接收器的前面装有光学元件，如透镜和光圈等。

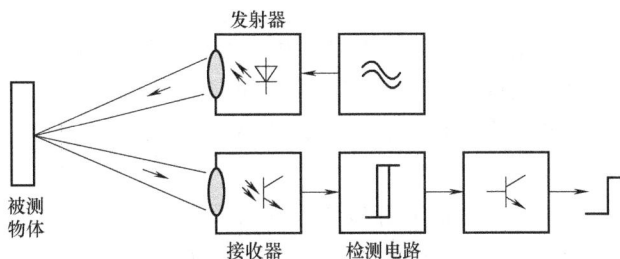

图 5-16　光电开关的构成及工作原理

根据检测方式的不同，光电开关可分为漫反射式、镜反射式、对射式、槽式和光纤式 5 种，如图 5-17 所示。

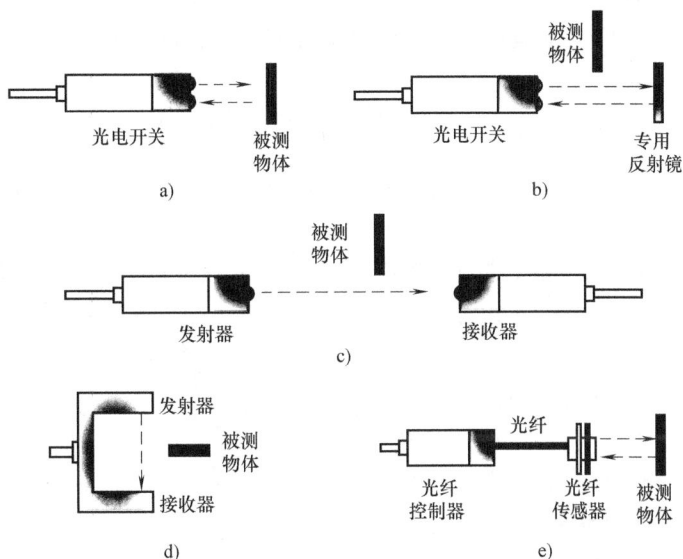

图 5-17　各种检测方式的光电开关
a）漫反射式　b）镜反射式　c）对射式　d）槽式　e）光纤式

1. 漫反射式光电开关

漫反射式光电开关是一种集发射器和接收器于一体的传感器。当有被测物体经过时，光电开关发射器发射的具有足够能量的光线被反射到接收器上，光电开关就会产生开关信号，如图 5-17a 所示。当被测物体的表面光亮或其反射率很高时，漫反射式是首选的检测方式。

2. 镜反射式光电开关

镜反射式光电开关也是集发射器与接收器于一体的传感器。由光电开关发射器发出的光线被反光镜反射回接收器，当被测物体经过且完全阻断光线时，光电开关就会产生检测开关信号，如图 5-17b 所示。

3. 对射式光电开关

对射式光电开关由相互分离且光轴相对放置的发射器和接收器组成，发射器发出的光线直接进入接收器。当被测物体经过发射器和接收器之间且阻断光线时，光电开关就会产生开关信号，如图 5-17c 所示。当被测物体不透明时，采用对射式检测方式最可靠。

4. 槽式光电开关

槽式光电开关通常采用标准的 U 形结构，其发射器和接收器分别位于 U 形槽的两端，并形成一光轴。当被测物体经过 U 形槽且阻断光线时，光电开关就会产生开关信号，如图 5-17d 所示。槽式光电开关安全可靠，适合检测高速变化的透明与半透明物体。

5. 光纤式光电开关

光纤式光电开关采用塑料或玻璃光纤传感器来引导光线，以实现被测物体不在相近区域时的检测，如图 5-17e 所示。光纤式光电开关通常分为对射式和漫反射式两种。

三、霍尔式接近觉传感器

霍尔式接近觉传感器是利用霍尔效应制作的。将一块通有电流的导体或半导体薄片垂直地放入磁场中，薄片两端会产生电位差，这种现象就称为霍尔效应。

薄片导体两端具有的电位差值称为霍尔电动势 U，其表达式为

$$U = \frac{kiB}{d} \tag{5-11}$$

式中，k 为霍尔系数；i 为薄片中通过的电流；B 为外加磁场的磁感应强度；d 为薄片的厚度。

霍尔式接近觉传感器的输入端是以磁感应强度 B 来表征的。当 B 达到一定值时，传感器内部的触发器翻转，输出电平状态也随之翻转。

当霍尔式接近觉传感器单独使用时，只能检测有磁性的物体。当它与永久磁铁以图 5-18 所示的结构形式联合使用时，就可以用来检测所有的铁磁体。在这种情况下，当传感器附近没有铁磁体时（见图 5-18a），霍尔元件会感受到一个强磁场；当有铁磁体靠近传感器时，由于铁磁体将磁力线旁路（见图 5-18b），霍尔元件感受到的磁场强度就会减弱，从而引起输出的霍尔电动势发生变化。

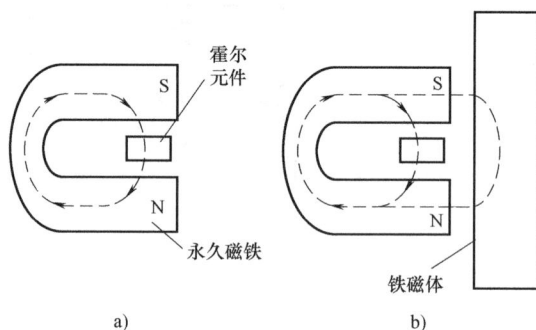

图 5-18　霍尔接近觉传感器与永久磁铁
组合使用的工作原理
a) 传感器附近没有铁磁体　b) 传感器附近有铁磁体

四、超声波式传感器

人们能听到的声音是物体振动时产生的，它的频率在 20 Hz ~ 20kHz 之间。频率超过 20kHz 的波称为超声波，低于 20Hz 的波称为次声波。常用的超声波频率为几十千赫至几十兆赫。

超声波是一种在弹性介质中的机械振荡波。它有两种形式，即横向振荡波（横波）及纵向振荡波（纵波）。在工业中应用的主要是纵向振荡波。

超声波式传感器由超声波发送器、超声波接收器、控制电路及电源部分组成。超声波发送器由发生器和使用直径为 15mm 左右的陶瓷振子的换能器组成。换能器的作用是将陶瓷振

子的电振动能量转换成超声波能量并向空中辐射；超声波接收器由陶瓷振子换能器与放大电路组成。换能器接收超声波并产生机械振动，将振动能量变换成电能量，作为接收器的输出，从而实现对发送的超声波的检测。控制电路部分主要对发送器发出的脉冲频率、占空比及频率调制、计数及探测距离等进行控制。超声波式传感器电源（或称信号源）可用电压为（12±0.2）V 或（24±2.4）V 的直流电源。

超声波式传感器的工作原理基于对渡越时间（time of flight）的测量，即测量从发射器发出的超声波经目标反射后沿原路返回到接收器所需的时间，如图 5-19 所示。渡越时间 T 与超声波在介质中传播速度 v 的乘积的一半，即传感器与被测物体之间的距离 L，其计算式为

$$L = \frac{vT}{2} \tag{5-12}$$

渡越时间的测量方法有脉冲回波法、相位差法和频差法。对于传感器的接收信号，也有各种检测方法，通过对接收信号的检测可提高测距精度。常用的检测方法有固定（可变）测量阈值法、自动增益控制法、高速采样法、波形存储法、鉴相法、鉴频法等。

图 5-20 所示为超声波式传感器的外观。

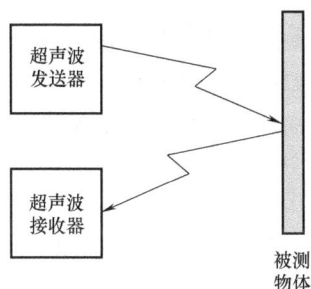

图 5-19　超声波式传感器的工作原理

图 5-20　超声波式传感器的外观

超声波式传感器以其性价比高、硬件实现简单等优点，在移动机器人感知系统中得到广泛应用。但超声波式传感器也存在不少缺陷，如声强随传播距离的增加而按指数规律衰减，空气流的扰动、热对流的存在均会使超声波式传感器在测量中、长距离目标时精度下降，甚至无法工作，工业环境中的噪声也会给可靠的测量带来困难。另外，被测物体表面的倾斜、声波在物体表面的反射，有可能使换能器接收不到反射回来的信号，从而检测不到前方的物体。

五、气压式接近觉传感器

气压式接近觉传感器通过检测气流喷射遇到物体时的压力变化来检测和物体之间的距离，如图 5-21 所示。气源送出具有一定压力 p_1 的压缩空气，并使其从喷嘴中喷出。喷嘴离物体的距离 x 越小，气流喷出时的面积就越小，气流阻力就越大，反馈到检测腔室内的压力 p_2 也就越大。如果事先求得 x 和 p_2 的关系，即可根据压力表的读数 p_2 来测定距离 x。

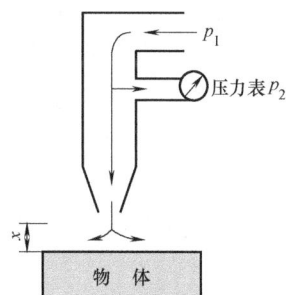

图 5-21　气压式接近觉
传感器的工作原理

第五节　触觉传感器

触觉是人与外界环境直接接触时的重要感觉功能，研制出满足要求的触觉传感器是促进机器人发展的关键。触觉信息的获取是机器人对环境信息直接感知的结果。从广义上来说，它包括接触觉、压觉、力觉、滑觉、冷热觉等与接触有关的感觉；从狭义上来说，它是机械手与作业对象接触面上的力感觉。触觉是接触、冲击、压迫等机械刺激感觉的综合，利用触觉可进一步感知物体的形状及其软硬等物理特征。

一、接触觉传感器

接触觉传感器可检测机器人是否接触目标或环境，用于寻找物体或感知碰撞。传感器可装在机器人的运动部件或末端执行器（如手爪）上，用以判断机器人部件是否和对象物体发生了接触，以确定机器人的运动正确性，实现合理抓握或防止碰撞。接触觉是通过与对象物体彼此接触而产生的，接触觉传感器如果具有柔性，易于变形，便于和物体接触，则具有较好的感知能力。下面介绍几种常用的接触觉传感器。

1. 微动开关

微动开关是一种最简单的接触觉传感器，它主要由弹簧和触头构成。触头接触外界物体后动作，造成信号通路断开或闭合，从而检测到与外界物体的接触。微动开关的触头间距小、动作行程短、按动力小、通断迅速，具有使用方便、结构简单的优点。缺点是易产生机械振荡，触头易氧化，仅有 0 和 1 两个信号。在实际应用中，通常以微动开关和相应的机械装置（如探头、探针等）相结合构成一种触觉传感器。

（1）触须式触觉传感器　机械式触觉传感器与昆虫的触须类似，可以安装在移动机器人的四周，用以发现外界环境中的障碍物。图 5-22a 所示为猫须传感器的结构示意图及应用实例。该传感器的控制杆采用柔软的弹性物质，相当于微动开关的触点，当触及物体时接通输出回路，输出电压信号。

可在机器人脚下安装多个猫须传感器，如图 5-22b 所示，依照接通的传感器个数及方位来判断机器人脚在台阶上的具体位置。

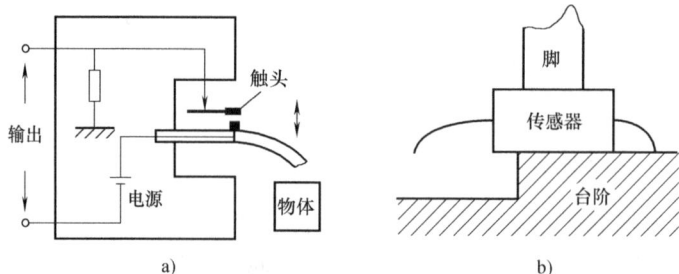

图 5-22　猫须传感器

a）结构示意图　b）应用实例

（2）接触棒触觉传感器　接触棒触觉传感器由一端伸出的接触棒和传感器内部开关组成，如图 5-23 所示。移动过程中传感器碰到障碍物或接触作业对象时，内部开关接通电路，输出信号。将多个传感器安装在机器人的手臂或腕部，机器人就可以感知障碍物和作业对象。

2. 柔性触觉传感器

（1）柔性薄层触觉传感器　柔性薄层触觉传感器具有获取物体表面形状二维信息的潜在能力，它是采用柔性聚氨基甲酸酯泡沫材料的传感器。如图 5-24 所示柔性薄层触觉传感器中的泡沫材料用硅橡胶薄层覆盖。这种传感器结构与物体周围的轮廓相吻合，移去物体时，传感器即恢复到最初形状。导电橡胶应变计连到薄层内表面，拉紧或压缩应变计时，薄层的形变会被记录下来。

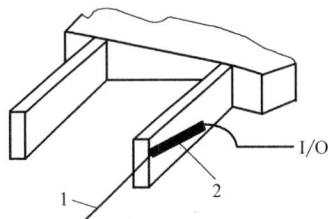

图 5-23　接触棒触觉传感器
1—接触棒　2—内部开关

（2）导电橡胶传感器　导电橡胶传感器以导电橡胶为敏感元件，当触头接触外界物体并受压后，会压迫导电橡胶，使它的电阻发生改变，从而使流经导电橡胶的电流发生变化。如图 5-25 所示，该传感器为三层结构，外边两层分别是传导塑料层 A 和 B，中间夹层为导电橡胶层 S，它相对的两个边缘装有电极。传感器的构成材料柔软而富有弹性，在大块表面积上容易形成各种形状，可以实现触压分布区中心位置的测定。这种传感器的优点是具有柔性，缺点是由于导电橡胶的材料配方存在差异，会出现漂移和滞后特性不一致的情况。

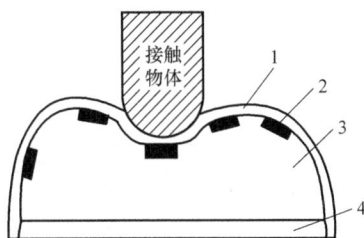

图 5-24　柔性薄层触觉传感器
1—硅橡胶薄层　2—导电橡胶应变计
3—聚氨基甲酸酯泡沫材料　4—刚性支承架

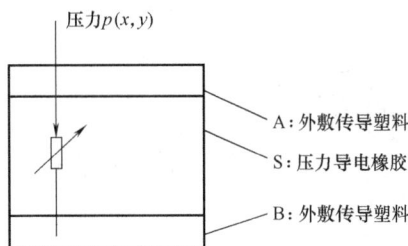

图 5-25　导电橡胶传感器结构

（3）气压式触觉传感器　气压式触觉传感器主要由体积可变化的波纹管式密闭容腔、内藏于容腔底部的微型压力传感器和压力信号放大电路组成，如图 5-26 所示。其工作原理为：当波纹管密闭容腔的上端盖（头部）与外界物体接触受压时，将产生轴向移动，使密闭容腔体积缩小，内部气体将被压缩，引起压力变化；密闭容腔内压力变化值由内藏于底部的压力传感器检出；通过检测容腔内压力的变化，来间接测量波纹管的压缩位移，从而判断传感器与外界物体的接触程度。

气压式触觉传感器具有结构简单可靠、成本低廉、柔软性好和安全性高等优点，但由于波纹管在工作过程中存在微量的横向膨胀，故该类传感器输出信号的线性度将受到一定影响。

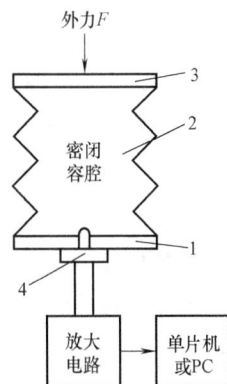

图 5-26　气压式触觉传感器原理图
1—下端盖　2—波纹管　3—上端盖
4—压力传感器

3. 触觉传感器阵列

（1）成像触觉传感器 成像触觉传感器由若干个感知单元组成阵列结构，用于感知目标物体的形状。图 5-27a 所示为美国 LORD 公司研制的 LTS-100 触觉传感器外形。传感器由 64 个感知单元组成 8×8 的阵列，形成接触界面。传感器单元的转换原理如图 5-27b 所示。当弹性材料制作的触头受到法向压力作用时，触杆下伸，挡住发光二极管射向光电二极管的部分光线，于是光电二极管输出随压力大小变化的电信号。阵列中感知单元的输出电流由多路模拟开关选通检测，经过模/数（A/D）转换为不同的触觉数字信号，从而感知目标物体的形状。

（2）TIR 触觉传感器 基于光学全内反射（total internal reflector，TIR）原理的触觉传感器如图 5-28 所示，传感器由白色弹性膜、光学玻璃波导板、微型光源、透镜组、CCD（电荷耦合器件）成像装置和控制电路组成。光源发出的光从波导板侧面垂直入射进波导板。当物体未接触敏感面时，波导板与白色弹性膜之间存在空气间隙，进入波导板的大部分光线在波导板内发生全内反射；当物体接触敏感面时，白色弹性膜被压在波导板上。在两者贴近部位，波导板内的光线从光疏媒介（光学玻璃波导板）射向光密媒介（白色弹性膜），同时波导板表面发生不同程度的变形，有光线从白色弹性膜和波导板贴近部位泄漏出来，在白色弹性膜上产生漫反射。漫反射光经波导板与棱镜片射出来，形成物体触觉图像。触觉图像经自聚焦透镜、传像光缆和显微镜进入 CCD 成像装置。

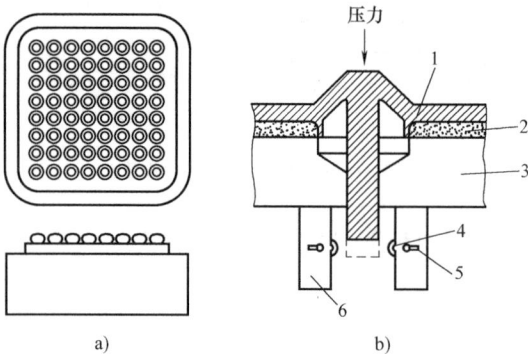

图 5-27 LTS-100 触觉传感器
a）传感器外形 b）传感器单元的转换原理
1—橡胶垫片 2—金属板 3—A1 支持板
4—透镜 5—发光二极管 6—光传感器

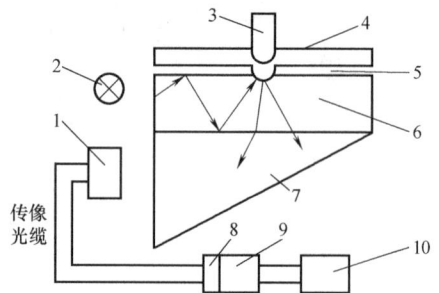

图 5-28 TIR 触觉传感器
1—自聚焦透镜 2—微型光源 3—物体 4—白色弹性膜 5—空气间隙 6—光学玻璃波导板
7—棱镜片 8—显微镜 9—CCD 成像装置 10—图像监视器

4. 仿生皮肤

仿生皮肤是集触觉、压觉、滑觉和温觉传感于一体的多功能复合传感器，具有类似于人体皮肤的多种感觉功能。仿生皮肤采用具有压电效应和热释电效应的聚偏氟乙烯（PVDF）敏感材料，具有温度范围宽、体电阻高、重量轻、柔顺性好、强度高和频率响应宽等特点。采用热成形工艺容易加工成薄膜、细管或微粒。

集触觉、滑觉和温觉于一体的 PVDF 仿生皮肤传感器的结构断面如图 5-29 所示。传感器表层为保护层（橡胶包封表皮）；上层为两面镀银的整块 PVDF，分别从两面引出电极；下层由特种镀膜形成条状电极，引线由导电胶黏接后引出。在上、下两层 PVDF 之间，由电加热层和柔性隔热层（软塑料泡沫）形成两个不同的物理测量空间。上层 PVDF 获取温觉和触觉信号，下层条状 PVDF 获取压觉和滑觉信号。

为了使 PVDF 具有感温功能，电加热层使上层 PVDF 的温度维持在 55℃ 左右。当待测物体接触传感器时，因待测物体与上层 PVDF 存在温差，发生热传递，使 PVDF 的极化面产生相应数量的电荷，从而输出电压信号。

采用阵列 PVDF 形成的多功能复合仿生皮肤，可模拟人类通过触摸识别物体形状的情况。阵列式仿生皮肤传感器的结构断面如图 5-30 所示。其层状结构主要由表层、行 PVDF 条、列 PVDF 条、绝缘层、PVDF 层和硅导电橡胶基底构成。行、列 PVDF 条两面镀银，均为用微细切割方法制成的细条，分别粘贴在表层和绝缘层上，由 33 根导线引出。行、列 PVDF 条各 16 条，并有一根公共导线，形成 256 个触点单元。PVDF 层也两面镀银，引出两根导线。当 PVDF 层受到高频电压激发时，发出超声波，使行、列 PVDF 条共振，输出一定幅值的电压信号。当仿生皮肤传感器接触物体时，表面受到一定压力，相应受压触点单元的振幅会降低。根据这一机理，通过行列采样及数据处理，可以检测出物体的形状、质心和压力的大小，以及物体相对于传感器表面的滑移。

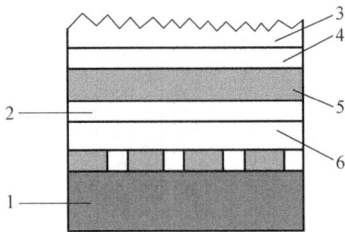

图 5-29　PVDF 仿生皮肤传感器结构断面
1—硅导电橡胶基底及引线　2—柔性隔热层　3—橡胶包封表皮
4—上层 PVDF　5—电加热层　6—下层 PVDF

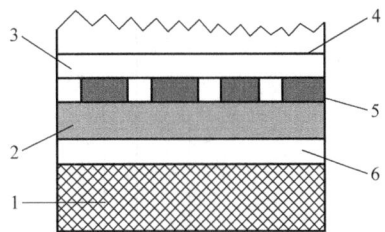

图 5-30　阵列式仿生皮肤传感器结构断面
1—硅导电橡胶基底　2—绝缘层　3—行 PVDF 条
4—表层　5—列 PVDF 条　6—PVDF 层

二、力觉传感器

力觉是指对机器人的指、肢和关节等运动中所受力或力矩的感知。工业机器人在进行装配、搬运、研磨等作业时需要对工作力或力矩进行控制。例如，当轴、孔装配时需完成将轴类零件插入孔内、调准零件的位置、拧紧螺钉等一系列作业步骤。在拧紧螺钉过程中，需要有确定的拧紧力矩。搬运时机器人手爪对工件要有合理的握力，握力太小，不足以搬动工件，握力太大，则会损坏工件。研磨时需要有合适的砂轮进给力，以保证研磨质量。另外，机器人在自我保护时，也需要检测关节和连杆之间的内力，防止机器人手臂因承载过大或与周围障碍物碰撞而引起损坏。所以，力和力矩传感器广泛应用在机器人上。它的种类很多，常用的有电阻应变片式传感器、压电式传感器、电容式传感器、电感式传感器及各种外力传感器。力或力矩传感器的工作方式都是通过弹性敏感元件将被测力或力矩转换成某种位移量或形变量，然后通过各自的敏感介质把位移量或形变量转换成能够输出的电量。

目前使用最广泛的是电阻应变片式六维力和力矩传感器，它能同时获取三维空间的三维力和力矩信息，因而广泛用于力-位置控制、轴孔配合、轮廓跟踪及双机器人协调等机器人控制领域。图 5-31 所示为六维力和力矩传感器的结构简图。其主体材料为铝，呈圆筒状，分为上、下两层、上层由 4 根竖直弹性梁组成，下层由 4 根水平弹性梁组成。在 8 根弹性梁的相应位置上粘贴应变片，作为测量敏感点。每个梁的两侧分别粘贴两个应变片，其阻值分别为 R_1、R_2，用 P_{x+}、P_{x-}、P_{y+}、P_{y-}、Q_{x+}、Q_{x-}、Q_{y+}、Q_{y-} 代表 8 根弹性梁的形变信号输出。

设由 8 根弹性梁测出的应变为

$$W = \begin{bmatrix} W_1 & W_2 & W_3 & W_4 & W_5 & W_6 & W_7 & W_8 \end{bmatrix}^T$$

(5-13)

机器人杆件某点的受力与该传感器测出的 8 个应变的关系为

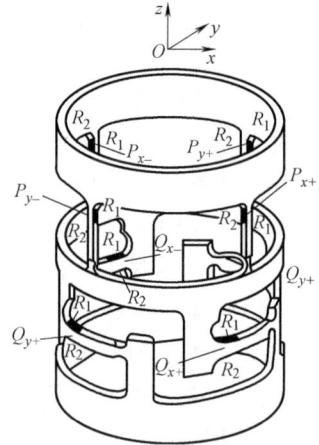

图 5-31　六维力和力矩传感器的结构简图

$$F = \begin{bmatrix} F_x \\ F_y \\ F_z \\ M_x \\ M_y \\ M_z \end{bmatrix} = \begin{bmatrix} 0 & 0 & k_{13} & 0 & 0 & 0 & k_{17} & 0 \\ k_{21} & 0 & 0 & 0 & k_{25} & 0 & 0 & 0 \\ 0 & k_{32} & 0 & k_{34} & 0 & k_{36} & 0 & k_{38} \\ 0 & 0 & 0 & k_{44} & 0 & 0 & 0 & k_{48} \\ 0 & k_{52} & 0 & 0 & 0 & k_{56} & 0 & 0 \\ k_{61} & 0 & k_{63} & 0 & k_{65} & 0 & k_{67} & 0 \end{bmatrix} \begin{bmatrix} W_1 \\ W_2 \\ W_3 \\ W_4 \\ W_5 \\ W_6 \\ W_7 \\ W_8 \end{bmatrix}$$

(5-14)

式中，F 为被测点在直角坐标空间中的受力；k_{ij} 为比例系数（$i=1\sim6$，$j=1\sim8$）。

在应用中，传感器两端通过法兰与机器人腕部连接。当机器人腕部受力时，8 根弹性梁产生不同性质的变形，使敏感点的应变片发生应变，输出电信号。通过一定的数学关系式就可算出 x、y、z 坐标上的分力和分力矩。

三、滑觉传感器

滑觉传感器用于检测机器人手部夹持物体的滑移量。机器人在抓取不知属性的物体时，其自身应能确定最佳握紧力的值。若握紧力不够，则要检测被握物体的滑动速度和方向，利用该检测信号，在不损害物体的前提下，使手部最可靠地握紧物体。

滑觉传感器按有无滑动方向检测功能可分为无方向性传感器、单方向性传感器和全方向性传感器三类。无方向性传感器如探针耳机式传感器，它由蓝宝石探针、金属缓冲器、压电罗谢尔盐晶体和橡胶缓冲器组成。滑动时探针产生振动，由罗谢尔盐晶体转换为相应的电信号。缓冲器的作用是减小噪声。单方向性传感器如滚轮式滑觉传感器，如图 5-32 所示，其原理为：被抓物体的滑移使滚轮转动，同轴装在滚轮上的码盘测出滚轮转角，由此算出物体的滑移量。全方向性传感器的主要部分为表面包有绝缘材料并构成经纬分布的导电与不导电区的金属球，如图 5-33 所示。当传感器接触物体并产生滑动时，金属球发生转动，使球面上的导电与不导电区交替接触电极，从而产生通断的脉冲信号。脉冲信号的频率反映了滑移速度，个数对应滑移距离。这种传感器的制作工艺要求较高。

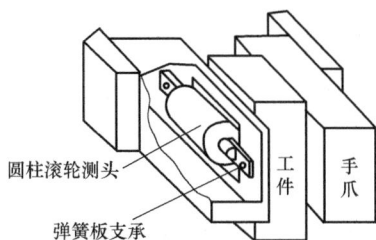

图 5-32　滚轮式滑觉传感器

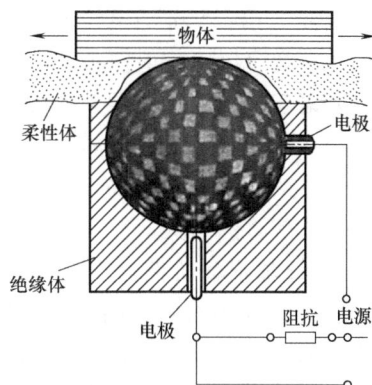

图 5-33　全方向性传感器

第六节　听觉传感器

听觉传感器的基本形态与传声器相同。过去使用较多的是基于各种原理的传声器，而现在常用的是具有小型、廉价、高性能特点的驻极体电容传声器。

1. 语音识别技术

随着计算机技术及语音学的发展，机器人不仅能通过语音处理及辨识技术识别讲话的人，还能正确理解人的一些简单语句。

在听觉系统中，最关键的是语音识别技术和语义识别技术，它与图像识别同属于模式识别领域。语音识别系统由特征提取、模式匹配、参考模式库三个基本单元构成，如图 5-34 所示。

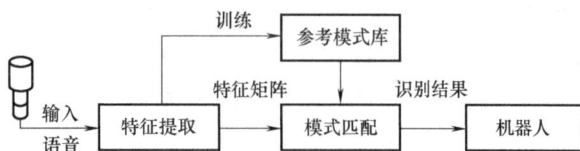

图 5-34　语音识别系统框图

第一步是根据识别系统的类型选择一种识别方法，并确定该识别方法所要求的语音特征参数。这些参数作为标准模式由机器存储起来，形成参考模式库。

第二步是采用所选择的语音识别方法进行模式匹配，包括模型的建立、训练和识别三个部分。

第三步是后处理。后处理就是一个音字转换过程，还有可能包括更高层次的词法、句法和文法处理。

2. 语音识别方式

语音识别系统可分为特定人语音识别方式和非特定人语音识别方式。

（1）特定人语音识别方式　特定人语音识别方式是将事先指定的人声音中每一个字音的特征矩阵存储起来，形成一个标准模板（或叫作模板），然后再进行匹配。它首先要记忆一个或几个语音特征，而且被指定人讲话的内容也必须是事先规定好的有限的几句话。

特定人说话方式的识别率比较高。为了便于存储标准语音波形及选配语音波形，需要对输入的语音波形频带进行适当的分割，将每个采样周期内各频带的语音特征抽取出来。语音识别系统可以识别讲话的人是否是事先指定的那个人，具体讲的是哪一句话。

（2）非特定人语音识别方式 非特定人语音识别方式大致可分为语言识别系统、单词识别系统及数字音（0~9）识别系统。

非特定人语音识别方法需要对一组有代表性的人的语音进行训练，找出同一词音的共性，这种训练往往是开放式的，能对系统进行不断的修正。在系统工作时，将接收到的声音信号用同样的办法求出它们的特征矩阵，再与标准模式相比较，看它与哪个模板相同或相近，从而识别该信号的含义。

3. 语音分析与特征的提取

图 5-35 所示为语音分析与特征提取示意图。

语音波形的选配方式有多种，但由于说话人的语速不可能永远保持一致，因此在与标准语音波形进行选配比较时，需要将输入的语音数据按时间轴做扩展或压缩处理。这种操作可通过计算各波形间的距离（表示相似程度）实现，称为 DP（动态编程）选配，这也是语音识别中的基本选配方法，它从多个与标准语音波形比较的计算结果中，选择波形间距离最小的作为识别结果。

在这一过程中，需要进行大量的数据运算。随着 LSI（大规模集成电路）技术的进步，现在几乎所有的语音识别电路都是由一片或几片专用的 LSI 构成。目前高速数字信号处理的 DSP（数字信号处理器）芯片和先进的选配算法的使用大大提高了连续语音识别的精度。

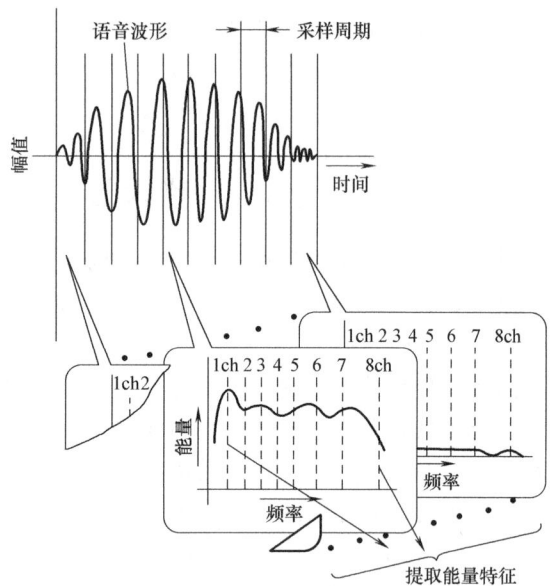

图 5-35 语音分析与特征提取示意图
ch—信道

第七节 工业机器人视觉技术

为了使机器人能够胜任更复杂的工作，机器人不但要有更好的控制系统，还需要更多地感知环境的变化。其中机器人视觉以其可获取的信息量大、信息完整的优势成为机器人最重要的感知功能。

一、机器视觉技术

机器视觉（machine vision）技术是一门涉及人工智能、神经生物学、心理物理学、计算机科学、图像处理、模式识别等诸多领域的交叉学科。机器视觉主要是用计算机来模拟人的视觉功能，当然并不仅仅是人眼的简单延伸，更重要的是具有人脑的一部分功能——从客观事物的图像中提取信息，进行处理并加以理解，最终用于实际检测、测量和控制。

美国制造工程师协会（Society of Manufacturing Engineers，SME）机器视觉分会和美国机器人工业协会（Robotic Industries Association，RIA）自动化视觉分会对机器视觉的定义为：

机器视觉是通过光学的装置和非接触的传感器自动地接收和处理一个真实物体的图像，以获得所需信息或用于控制机器人的运动。

20 世纪 70 年代出现一些实用性的视觉系统，它们应用于集成电路生产、精密电子产品装配、饮料罐装质量的检验等。到 20 世纪 80 年代后期，出现专门的图像处理硬件，人们开始系统地研究机器人视觉控制系统。在 20 世纪 90 年代，随着计算机功能的增强及其价格的下降，以及图像处理硬件和 CCD 摄像机的快速发展，机器人视觉系统的研究吸引了越来越多的科研人员。20 世纪 90 年代后期，视觉伺服控制技术在结构形式、图像处理方法、控制策略等方面都取得长足的进步。

机器视觉技术伴随计算机技术、现场总线技术的发展而日臻成熟，目前已是现代加工制造业中不可或缺的一项技术，它广泛应用于食品、化妆品、制药、建材、化工、金属加工、电子制造、包装、汽车制造等行业。例如，印制电路板的视觉检查、钢板表面的自动探伤、大型工件平行度和垂直度的测量、容器容积或杂质的检测、机械零件的自动识别分类和几何尺寸测量等，都用到机器视觉技术。此外，在许多用其他检测方法难以奏效的场合，利用机器视觉系统都可以有效地完成检测。机器视觉技术的应用，使得机器人的工作越来越多地代替了人的劳动，这无疑在很大程度上提高了生产自动化水平和检测系统的智能水平。

机器视觉系统的特点如下：

（1）精度高　优秀的机器视觉系统能够对 1000 个或更多目标中的一个进行空间测量。因为这种测量不需要接触目标，所以对目标没有损伤和危险，同时由于采用了计算机技术，因此具有极高的精确度。

（2）连续性　机器视觉系统可以使人免受疲劳之苦。因为没有人工操作者，也就没有人为造成的操作失误。

（3）灵活性　机器视觉系统能够进行各种不同信息的获取或测量。当应用需求发生变化以后，只需对软件做相应改变或升级就可适应新的需求。

（4）标准性　机器视觉系统的核心是视觉图像技术，因此不同厂商的机器视觉系统的产品标准是一致的，这为机器视觉的广泛应用提供了极大的方便。

二、机器视觉系统的组成

机器视觉系统是通过机器视觉传感器抓取图像，然后将该图像传送至处理单元，通过数字化处理，根据像素分布和亮度、颜色等信息，进行尺寸、形状、颜色等的判别，进而根据判别的结果来控制现场设备动作的系统。

图 5-36 所示为汽车整车尺寸机器视觉测量系统，其工作过程为：车辆驶入检测位置停

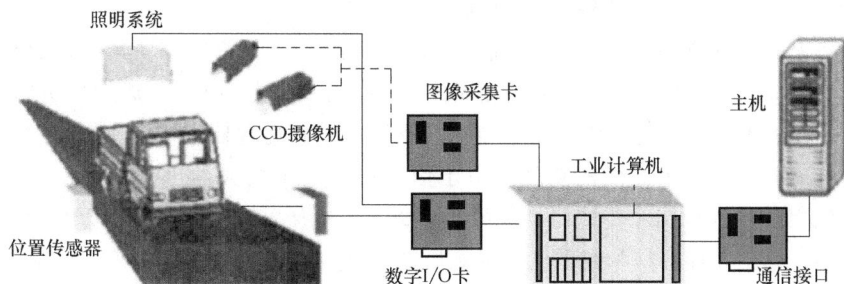

图 5-36　汽车整车尺寸机器视觉测量系统

车，位置传感器感知该信息，并给出一个触发信号，使计算机启动机器视觉系统，控制灯光系统，通过 CCD/CMOS 图像传感器与图像采集卡采集被测车辆的图像，然后由软件系统执行程序、处理采集到的图像数据，并将处理结果发送给数据库服务器或进行打印。

由此可见，机器视觉系统一般由照明系统、视觉传感器、图像采集卡、图像处理软件、显示器、计算机、通信（输入/输出）单元等组成，各部分之间的关系如图 5-37 所示。

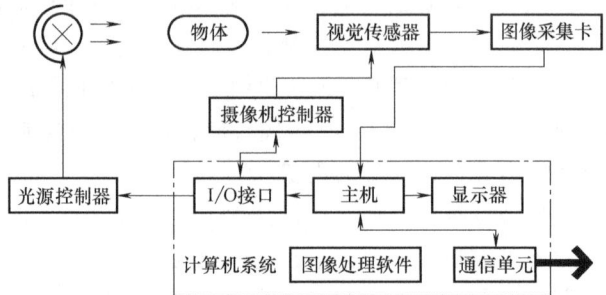

图 5-37　机器视觉系统的组成

1. 视觉传感器

视觉传感器是将景物的光信号转换成电信号的器件。大多数机器视觉都不必通过胶卷等媒介物，而是直接摄入景物，即将视觉传感器所接收到的光学图像转化为计算机所能处理的电信号。通过对视觉传感器所获得的图像信号进行处理，即得出被测对象的特征量（如面积、长度、位置等）。

视觉传感器具有从一整幅图像中捕获数以千计的像素（pixel）的功能。图像的清晰和细腻程度通常用分辨率来衡量，以像素数量表示。在捕获图像之后，视觉传感器将其与内存中存储的基准图像进行比较，以做出分析与判断。

目前，典型的光电转换器件主要有 CCD 图像传感器和 CMOS 图像传感器等固体视觉传感器。固体视觉传感器又可分为一维线性传感器和二维线性传感器。目前二维线性传感器所捕获图像的分辨率已达 4000 像素以上。固体视觉传感器具有体积小、重量轻等优点，因此其应用日趋广泛。

（1）CCD 图像传感器　CCD 图像传感器是目前机器视觉系统最为常用的图像传感器。它集光电转换及电荷存储、电荷转移、信号读取功能于一体，是典型的固体成像器件。它存储由光或电激励产生的信号电荷，当对它施加特定时序的脉冲时，其存储的信号电荷便能在 CCD 图像传感器内定向传输。图 5-38 所示为 CCD 图像传感器的原理图。

CCD 图像传感器内部 P 型硅衬底上有一层 SiO_2 绝缘层，其上排列着多个金属电极。在金属电极上加正电压，电极下面产生势阱，势阱的深度随电压变化。如果依次改变电极上的电压，则势阱随着电压的变化而移

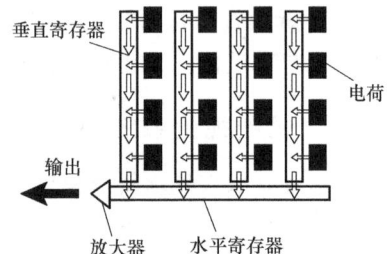

图 5-38　CCD 图像传感器原理图

动，于是注入势阱中的电荷发生转移。通过电荷的依次转移，将多个像素的信息分时、顺序地取出来。在 CCD 图像传感器中，电荷全部被转移到输出端，由一个放大器进行电压转变，形成电信号，然后被读取。传输电荷时，电荷从不同的垂直寄存器中传到水平寄存器中，会有不同电压的电荷，这会产生更大的功耗。由于信号通过一个放大器进行放大，产生的噪声较小。同摄像管相比，CCD 图像传感器具有尺寸小，工作电压低（直流电 7~9V），使用寿命长，坚固、耐冲击，信息处理容易和在弱光下灵敏度高等特点，故广泛用于工业检测和机器人视觉系统。CCD 图像传感器主要有线型 CCD 图像传感器和面型 CCD 图像传感器两种类型。

典型的 CCD 摄像机由光学镜头、时序及同步信号发生器、垂直驱动器、A/D 信号处理电路组成，其工作原理如图 5-39 所示。被摄物体反射光线，传播到镜头，经镜头聚焦到 CCD 芯片上。CCD 芯片根据光的强弱聚集相应的电荷，经周期放电，产生表示一幅幅画面的电信号，再经过滤波、放大处理，通过摄像头的输出端输出一个标准的复合视频信号。

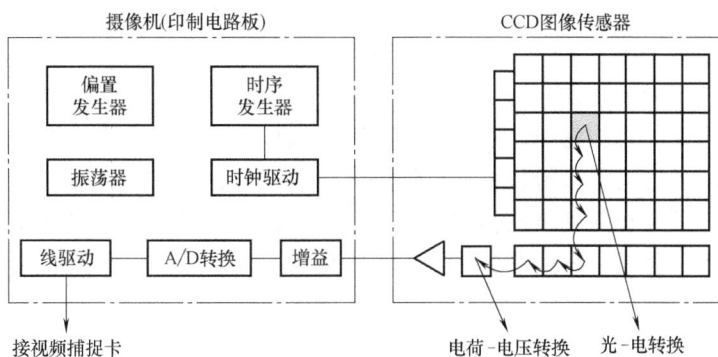

图 5-39　CCD 摄像机工作原理

（2）CMOS 图像传感器

CMOS 是互补性氧化金属半导体。CMOS 图像传感器由集成在一块芯片上的光敏元阵列、图像信号放大器、信号读取电路、A/D 转换电路、图像信号处理器及控制器构成，它具有局部像素的编程随机访问功能。目前，CMOS 图像传感器以良好的集成性、低功耗、宽动态范围和输出图像几乎无拖影等特点而得到广泛应用。CMOS 的每个像素点都有一个放大器，而且信号直接在最原始时转换，读取更加方便。其传输的是已经经过转换的电压，所以所需的电压和功耗更低。但是由于每个信号都有一个放大器，所以产生的噪声较大。

2. 图像采集卡

图像采集卡是机器视觉系统的重要组成部分，其主要功能是对摄像机输出的视频数据进行实时采集，并提供与 PC 的高速接口。图像采集卡主要完成对模拟视频信号的数字化过程。视频信号首先经低通滤波器滤波，转换为在时间上连续的模拟信号；按照应用系统对图像分辨率的要求，使用采样/保持电路对视频信号在时间上进行间隔采样，把视频信号转换为离散的模拟信号；然后再由 A/D 转换器转变为可输出的数字信号。图像采集卡在具有 A/D 转换功能的同时，还具有对视频图像进行分析、处理的功能，它可以提供控制摄像头参数（如触发、曝光时间、快门速度等）的信号。图像采集卡的形式很多，以支持不同类型的摄像头和不同的计算机总线。

图像采集卡包括视频输入模块、A/D 转换模块、时序及采集控制模块、图像处理模块、总线接口及控制模块、输出及控制模块。基本技术参数包括输入接口（数字和模拟）、灰度等级、分辨率、带宽、传输速率。

3. 光源

光源是影响机器视觉系统输入的重要因素，因为它直接影响输入数据的质量和应用效果。由于没有通用的机器视觉照明设备，所以针对每个特定的应用实例，要选择相应的照明装置，以达到最佳效果。许多工业用的机器视觉系统用可见光作为光源，这主要是因为可见光容易获得，价格低并且便于操作。常用的几种可见光源是白炽灯、荧光灯、汞灯和钠光灯。但是，这些光源的最大缺点是光能不能保持稳定。以荧光灯为例，在使用的第一个 100h 内，光能将下降 15%，随着使用时间的增加，光能将不断下降。因此，如何使光能在一个规定时间内保持稳定，是在机器视觉系统实用化过程中亟待解决的问题。

另外，环境光会改变这些光源照射到物体上的总光能，使输出的图像数据存在噪声。一般采用加防护屏的方法来减少环境光的影响。由于存在上述问题，在现今的工业应用中，对于某些要求高的检测任务，常采用 X 射线、超声波等不可见光作为光源。

由光源构成的照明系统的照射方法可分为背向照明、前向照明、结构光照明和频闪光照明等。其中，背向照明是指将被测物体放在光源和摄像机之间，它的优点是能获得高对比度的图像；前向照明是指光源和摄像机位于被测物体的同侧，这种方式便于安装；结构光照明是指将光栅或线光源等投射到被测物体上，根据它们产生的畸变，解调出被测物体的三维信息；频闪光照明是指将高频率的光脉冲照射到物体上，要求摄像机的扫描速度与光源的频闪速度同步。

4. 计算机

计算机是机器视觉系统的关键组成部分，由视觉传感器得到的图像信息要由计算机存储和处理，根据各种目的输出处理后的结果。20 世纪 80 年代以前，由于微型计算机的内存小、内存条的价格高，因此往往需要另加一个图像存储器来存储图像数据。现在，除了某些大规模视觉系统外，一般使用微型计算机或小型机，不需另加图像存储器。计算机的运算速度越快，视觉系统处理图像的时间就越短。由于在制造现场经常有振动、灰尘、热辐射等影响，所以一般需要抗干扰能力强的工业级计算机。另外，除了通过显示器显示图形外，还可用打印机或绘图仪输出图像。

三、图像处理技术

图像处理技术（image processing technology）又称为计算机图像处理技术，是指将图像信号转换成数字信号并利用计算机对其进行处理的技术。常用的图像处理方法包括图像增强、图像平滑、边缘锐化、图像分割、图像识别、图像编码与压缩等。在图像处理中，输入的是质量低的图像，输出的是改善质量后的图像。对图像进行处理，既可改善图像的视觉效果，又便于计算机对图像进行分析、处理和识别。

1. 图像增强

图像增强（image enhancement）用于调整图像的对比度，突出图像中的重要细节，改善视觉质量。通常采用灰度直方图修改技术进行图像增强。图像的灰度直方图是表示一幅图像灰度分布情况的统计特性图表，与对比度联系紧密。如果获得一幅图像的直方图效果不理想，可以通过直方图均衡化处理技术做适当修改，即对一幅已知灰度概率分布图像中的像素灰度做某种映射变换，使它变成一幅具有均匀灰度概率分布的新图像，就达到了使图像清晰的目的。

2. 图像平滑

图像平滑（image smoothing）处理技术即图像的去噪声处理技术，噪声会恶化图像质量，使图像变得模糊、特征不清晰。实际获得的图像在形成、传输、接收和处理的过程中，不可避免地存在着外部干扰和内部干扰，如光电转换过程中敏感元件灵敏度的不均匀性、数字化过程的量化噪声、传输过程中的误差及人为因素等，均会使图像失真。去除噪声，主要是为了去除实际成像过程中，因成像设备和环境所造成的图像失真，提取有用信息，恢复原始图像，这是图像处理中的一个重要内容，可通过邻域平均法、中值滤波法、空间域低通滤波等算法实现。

3. 边缘锐化

边缘锐化（image sharpening）处理主要是加强图像的轮廓边缘和细节，形成完整的物体边界，达到将物体从图像中分离出来或将表示同一物体表面的区域检测出来的目的。锐化的作用是使灰度反差增强，因为边缘和轮廓都位于灰度突变的地方。锐化算法的实现基于微分作用。边缘锐化是早期视觉理论和算法中的基本问题。

4. 图像分割

图像分割（image division）是将图像分成若干部分，每一部分对应于某一物体表面，在进行分割时，每一部分的灰度或纹理符合某一种均匀测度的度量标准。其本质是将像素进行分类，把人们对图像中感兴趣的部分或目标从图像中提取出来，以进行进一步的分析和应用。图像分割通常有以下两种方法。

（1）阈值处理法　以区域为对象进行分割。根据图像的灰度、色彩和图像的灰度值或色彩变化得到的特征的相似性来划分图像空间，通过把同一灰度级或相同组织结构的像素聚集起来而形成区域，这一方法依赖于相似性准则的选取。

（2）边缘检测法　以物体边界为对象进行分割。首先通过检测图像中的局部不连续性得到图像的边缘（通常将画面上灰度突变部分当作边缘），把边界分解成一系列的局部边缘，再按照一些策略把这些边缘确定为一定的分割区域。

5. 图像识别

图像识别（image recognition）过程实际上可以看成是一个标记过程，即利用识别算法来辨别景物中已分割好的各个物体，并给这些物体赋予特定的标记，它是机器视觉系统必须完成的任务。按照图像识别的难易程度，图像识别问题可分为以下 3 类。

1）图像中的像素表达了某一物体的某种特定信息，如遥感图像中的某一像素代表地面某一位置地物的一定光谱波段的反射特性，通过它即可判别该地物的种类。

2）待识别物是有形的整体，通过二维图像信息已经足够识别该物体，如文字识别、某些具有稳定可视表面的三维体识别等。但这类问题不像第一类问题那样容易表示成特征矢量。在识别过程中，应先将待识别物体正确地从图像的背景中分割出来，再设法建立图像中物体的属性图与假定模型库的属性图之间的匹配。

3）由输入的二维图、要素图等，得出被测物体的三维表示。如何将隐含的三维信息提取出来是当今研究的热点问题。

6. 图像编码与压缩

图像编码与压缩（image coding and compression）是图像数据存储与传输中的一项重要技术。数字图像要占用大量内存，一幅 512×512 像素的数字图像的数据量为 256KB。若假设每秒传输 25 帧图像，则传输的信道速率为 52.4MB/s。高信道速率意味着高投资。因此，在传输过程中，对图像数据进行压缩显得非常重要。数据压缩主要通过对图像数据的编码和变换压缩来实现。常用的编码方法有轮廓编码和扫描编码。轮廓编码是在图像灰度变化较小的情况下，用轮廓线来描述图像的特征。扫描编码是将一张图像按一定的间距进行扫描，在每条扫描线上找出浓度相同区域的起点和长度，将编号的扫描线段的起点、长度连同号码按先后顺序存储起来。扫描线没有碰到图像时，不记录数据，如图 5-40 所示。

四、机器人视觉伺服系统

机器人视觉伺服系统（visual servo system）是机器视觉和机器人控制的有机结合，是一个非线性、强耦合的复杂系统，其内容涉及图像处

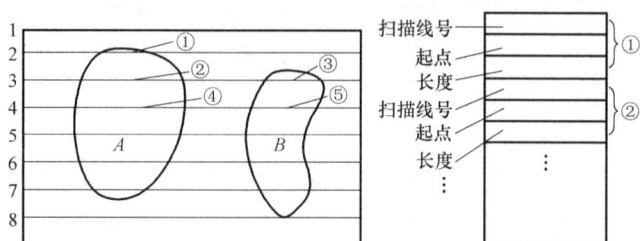

图 5-40　扫描编码方式和数据存储

理、机器人运动学和动力学、控制理论等研究领域。随着摄像设备性价比和计算机信息处理速度的提高，以及有关理论的日益完善，机器人视觉伺服系统已具备实际应用的技术条件，相关的技术问题也成为当前研究的热点。

机器人视觉伺服系统是指利用视觉传感器得到的图像作为反馈信息，构造的机器人位置闭环反馈系统。视觉伺服和一般意义上的机器视觉有所不同。机器视觉强调的是自动地获取分析图像，以得到描述一个景物或控制某种动作的数据；视觉伺服则是以实现对机器人的控制为目的而进行图像的自动获取与分析，它是根据机器视觉的原理，利用直接得到的图像反馈信息快速进行图像处理，并在尽量短的时间内给出反馈信息，以便于控制决策的产生，从而构成机器人的位置闭环反馈系统。

目前，机器人视觉伺服系统有以下几种分类方式。

1）按摄像机的数目，可以分为单目视觉伺服系统、双目视觉伺服系统以及多目视觉伺服系统。单目视觉伺服系统只能得到二维平面图像，无法直接得到目标的深度信息；多目视觉伺服系统可以获取目标多方向的图像，得到更丰富的信息，但图像信息的处理量大，且因摄像机较多，难以保证系统的稳定性。目前主要采用双目视觉伺服系统。

2）按摄像机放置的位置，可以分为手眼系统（eye in hand）和固定摄像机系统（eye to hand）。在理论上手眼系统能够实现精确控制，但对系统的标定误差和机器人运动误差敏感；固定摄像机系统对机器人的运动误差不敏感，但同等情况下得到的目标位姿信息的精度不如手眼系统，所以控制精度相对较低。

3）按机器人的空间位置或图像特征，可以分为基于位置的视觉伺服系统和基于图像的视觉伺服系统。

图 5-41 所示为基于位置控制的动态观察-移动（look and move）视觉伺服系统，它可通

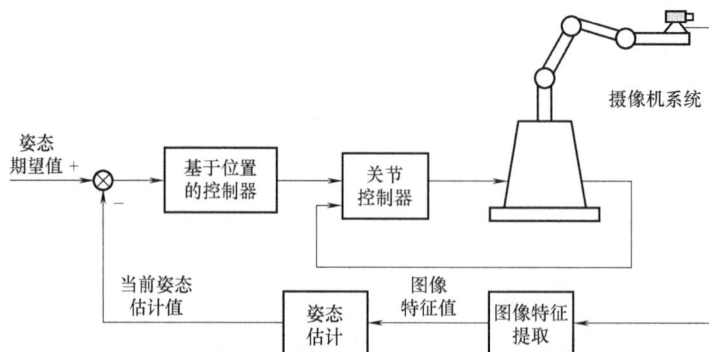

图 5-41　基于位置控制的动态观察-移动视觉伺服系统

过从图像中得到的目标物体的特征信息，基于物体的几何模型与摄像机模型，估计出目标物体相对于摄像机的位姿，然后利用与期望位姿的偏差进行反馈控制。

这种控制系统的优点是可以直接在机器人的工作空间进行控制，并可以运用已经成熟的相关控制方法；缺点是摄像机的校准精度及目标物体三维模型的精度，都会影响对目标物体相对摄像机的期望位姿以及当前目标物体相对摄像机位姿的估计。另外，由于其对图像没有任何控制，目标可能越过视野范围，导致跟踪控制的失败。

基于图像控制的直接视觉伺服系统如图 5-42 所示，控制误差信息直接取自平面图像的特征值，系统利用期望特征与实时观测到的相应特征的差值进行控制。对于这种控制系统，需要解决的关键问题是如何得到反映图像特征与机器人末端执行器位姿和速度之间关系的图像雅可比矩阵。

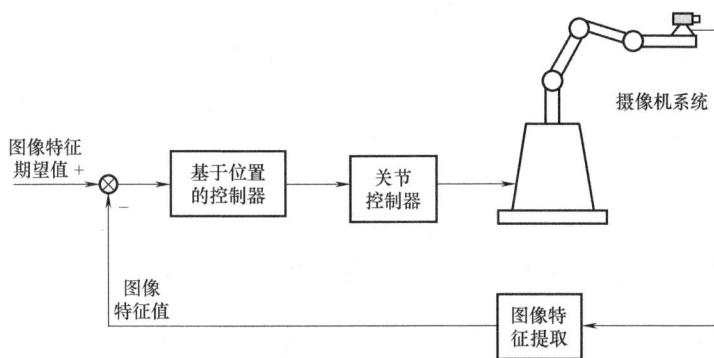

图 5-42　基于图像控制的直接视觉伺服系统

雅可比矩阵的计算方法有公式推导法、标定法、估计法及学习法等。雅可比矩阵推导和标定分别可以根据模型推导或标定进行，采用估计法时可以在线估计，而学习法主要为神经网络法。这种控制系统的优点是，如果可消除图像差，那么相应地摄像机也将达到期望的位姿，对摄像机的标定精度有鲁棒性。同时，它的实时计算量相对于基于位置的视觉伺服系统要小得多。但是，它有一个极大的缺点，那就是雅可比矩阵奇异点的存在，会使逆雅可比矩阵控制率存在不稳定点，而这种情况在基于位置控制的视觉伺服系统中是不会发生的。另外一个问题是，计算图像雅可比矩阵需要估计目标深度（三维信息），而深度估计一直是计算机视觉技术的难点。

五、机器人视觉技术的应用

1. 轴承滚动体及铆钉缺失检测

轴承滚动体及铆钉缺失检测仪通过光源均匀照射轴承，在摄像机中捕捉清晰的图像，再将图像传送至计算机内的图像采集卡，并将数据传输给计算机，最后由计算机对数据进行快速处理，获得轴承滚动体及铆钉数量的相关信息，再据此信息判断轴承是否缺少轴承滚动体或铆钉。计算机将处理结果传送至控制系统，由控制系统做出相应动作。如果轴承滚动体或铆钉缺失，可以发出声、光报警，控制轴承装配线停止运行，或控制电磁滑阀、气缸等执行部件，将缺少滚动体或铆钉的轴承推入废品筐内。该检测系统的构成原理如图 5-43 所示。

该检测系统具有以下特点：

1）图像数据处理速度快，能够满足在线检测的要求，检测效率高于生产节拍 2~3 件/s；

2）柔性化设计，能对多种型号的轴承进行检测；

3）能代替人工检查，有效地保证轴承装配质量。

2. 视觉弧焊机器人

在工业生产中应用的工业机器人一般采用示教或离线编程的方式进行路径规划和运动编程，机器人在作业过程中只是简单地重复预先设定的动作。但在作业对象的状态发生变化时，作业质量就无法满足要求。另外，示教和离线编程都需占用大量时间，在用于小批量、多品种的作业时，该问题尤其突出。而小批量、多

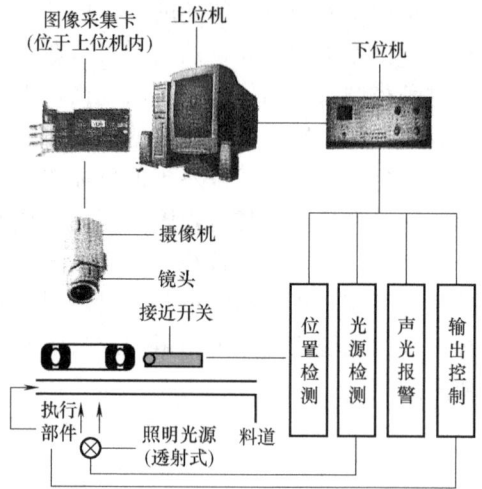

图 5-43 轴承滚动体及铆钉缺失检测系统构成原理

品种的作业是未来加工制造业的发展趋势。若利用机器人视觉控制技术，则不需要预先对工业机器人的运动轨迹进行示教或离线编程，这样可节约大量的编程时间，并提高生产率和作业质量。

（1）视觉弧焊机器人系统的硬件构成　按照功能不同来划分，可将视觉弧焊机器人的硬件系统分为机器人系统、视觉系统、焊接系统。机器人系统由上位机、开放式机器人本地控制器和安川机器人本体构成；视觉系统由上位机、摄像机和激光器组成；焊接系统由电焊机、送丝机、焊枪、CO_2 气瓶构成。在机器人系统中，上位机与开放式机器人本地控制器构成基于局域网的机器人控制器。在视觉系统中，摄像机和激光器构成结构光视觉传感装置，视频信号通过图像采集卡输入到上位机。在焊接系统中，控制焊机工作的启动、停止等信号通过 I/O 卡输入到上位机。综上所述，视觉弧焊机器人控制系统由上位机集成机器人系统、视觉系统、焊接系统等子系统形成。

（2）基于位置控制的弧焊机器人视觉伺服控制系统　图 5-44 所示为基于位置控制的弧焊机器人视觉控制框图。视觉位置控制部分由机器人位姿获取、图像采集、特征提取、三维坐标求取、关节位置给定值确定等单元构成。读取机器人的位姿后，利用两台摄像机同步进行图像采集。对采集的两幅图像进行特征提取，根据机器人的位姿、摄像机的内参数和相对于机器人末端的外参数计算，获得特征点在基坐标系下的三维坐标，经过在线路径规划，获得机器人下一运动周期的位姿，通过逆运动学，求解得到 6 个关节的关节位置给定值。各个

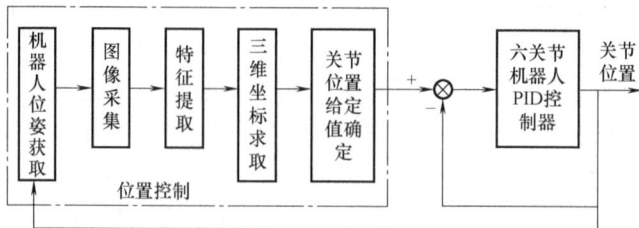

图 5-44 基于位置控制的弧焊机器人视觉控制框图

关节均采用位置闭环和速度闭环控制。内环为速度环，外环为位置环。

该视觉伺服控制系统采用的是观察-移动工作方式，对实时性要求较低。在此系统中，视觉测量周期为 100ms。

（3）焊枪的位姿调整原理　视觉控制利用视觉信息控制机器人的运动，调整激光束和焊枪的位姿。下面以 Oxy 平面内的 V 形焊缝为例，讨论激光束和焊枪的位姿调整原理。图 5-45 所示为一般情况下 V 形焊缝的跟踪与焊接示意图，激光束中心点与焊枪尖之间有较大的距离，为保证在机器人的运动过程中焊枪尖处在焊缝的合适位置，同时使激光束照射到焊缝上，需要对激光束和焊枪的位姿进行调整。图 5-45a 所示为起始段的位姿调整示意图，图 5-45b 所示为中间段和结束段的位姿调整示意图。图中实心圆点表示焊枪尖的位置，空心圆点表示激光束中心点的位置。

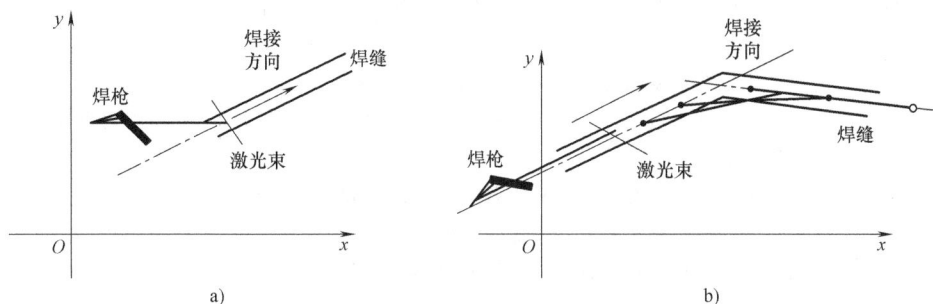

图 5-45　一般情况下 V 形焊缝的跟踪与焊接示意图
a）起始段　b）中间段和结束段

在起始段的段首，以激光束照射到焊缝的中心点（激光束中心点）上，并以此为基准，绕 z 轴旋转，使焊枪尖处在焊缝的延长线上。然后，使枪尖保持在焊缝的延长线上，激光束沿焊缝移动。在起始段，机器人末端以激光束为基准调整。激光束中点在基坐标系上的三维坐标可由视觉测量获得，由该三维坐标可以获得该点在机器人末端坐标系中的位置。

在中间段，每当焊枪尖沿焊缝移动一次，焊枪就以焊枪尖的目标位置为基准，绕 z 轴旋转一次，并使激光束中心点维持在焊缝上。因此在中间段，机器人末端以焊枪尖为基准调整。根据焊接工艺要求，可以由焊枪尖此时的位姿获得焊枪尖目标的位姿。以焊枪尖的位置为圆心、以激光束中心点与焊枪尖之间的距离为半径画圆，该圆与激光束中心点所在的焊缝直线的交点中，离激光束中点较近的点为其目标位置。

在结束段，因激光束已不需要跟踪焊缝，所以直接利用焊枪尖目标的位姿，经平移变换获得机器人末端的位姿即可。

习　　题

5-1　工业机器人传感器分为哪几类？它们分别有什么作用？

5-2　选择工业机器人传感器时主要考虑哪些因素？

5-3　如何评价机器人传感器的特性？常用的技术参数有哪些？

5-4　什么是旋转编码器？试说明光学式旋转编码器的工作原理。

5-5 什么是绝对式光电编码器和增量式光电编码器？两者的区别是什么？各适用于什么场合？

5-6 什么是机器人的速度传感器？有哪几种类型？

5-7 编码器可以作速度传感器吗？

5-8 利用增量式光电编码器以数字方式测量机器人关节转速，若已知编码器输出为1500脉冲/转，高速脉冲源周期为0.2ms，对应编码器的两个脉冲计数值为120，求关节转动角速度的值。

5-9 常用的机器人位置传感器有哪些？

5-10 简述典型的电位器式位移传感器的原理。

5-11 试举例说明工业机器人的位置及位移传感器有哪些？并说明各自的特点。

5-12 机器人的接近觉传感器有哪些类型？其工作原理是什么？

5-13 工业机器人的接触觉传感器能感知哪些环境信息？有哪些类型和功能？其工作原理是什么？

5-14 机器人的压觉传感器有哪些种类？有什么作用？其工作原理是什么？

5-15 机器人的滑觉传感器有哪些种类？有什么作用？其工作原理是什么？

5-16 机器人的力觉传感器有哪些种类？有什么作用？其工作原理是什么？

5-17 机器人的距离传感器有哪些种类？有什么作用？其工作原理是什么？

5-18 机器视觉系统包括哪些组成部分？简要叙述机器视觉系统的工作原理，并说明机器人视觉伺服系统与机器视觉系统的区别。

5-19 机器人视觉传感器有哪些种类？CCD图像传感器的原理是什么？

5-20 机器人图像信号处理有哪些环节？图像的预处理有哪些步骤？

5-21 机器人图像信号的编码有哪些方法？图像的编码处理有哪些过程？

第六章　工业机器人控制

　　学习工业机器人控制的软件和硬件，有助于设计与选择适用的机器人控制器，使机器人按规定的轨迹运动，以满足控制要求。机器人的控制方法可分为轨迹控制和力控制两类。力控制可进一步分为阻抗控制和混合控制。本章将首先介绍单关节机器人的控制方法，其次讲解基于直角坐标和作业坐标的位置及轨迹控制，然后讲述力控制的原理及方法，最后介绍控制系统的硬件设计和工业机器人集成控制。

第一节　机器人控制系统与控制方式

一、机器人控制系统的特点

　　机器人控制技术是在传统机械系统控制技术的基础上发展起来的，这两种技术之间并无根本性的差别，但由于机器人的结构是由杆件通过关节串联而成的空间开链机构，各个关节的运动是独立的，为了实现末端点的运动轨迹，需要多关节的协调运动。因此，机器人的控制虽然与机构运动学和动力学密切相关，但是比普通自动化设备的控制系统要复杂得多。

　　描述机器人动力学特性的动力学运动方程式为

$$\boldsymbol{\tau} = \boldsymbol{M}(\boldsymbol{q})\ddot{\boldsymbol{q}} + \boldsymbol{H}(\boldsymbol{q}、\dot{\boldsymbol{q}}) + \boldsymbol{B}\dot{\boldsymbol{q}} + \boldsymbol{G}(\boldsymbol{q})$$

式中，$\boldsymbol{M}(\boldsymbol{q})$ 为惯性矩阵；$\boldsymbol{H}(\boldsymbol{q}, \dot{\boldsymbol{q}})$ 为离心力和科里奥利力矢量；$\boldsymbol{B}$ 为黏性摩擦因数矩阵；$\boldsymbol{G}(\boldsymbol{q})$ 为重力矢量；$\boldsymbol{\tau} = [\tau_1 \quad \tau_2 \quad \cdots \tau_n]^\mathrm{T}$ 为关节驱动力矢量。

　　由于各关节臂之间存在相互干涉问题，这里的惯性矩阵 $\boldsymbol{M}(\boldsymbol{q})$ 对角线以外的元素不为零，而且各元素与关节角度成非线性关系，并随着机器人的位姿而变化。该运动方程式中的其他各项也都是如此。因此，机器人的运动方程式是非常复杂的非线性方程式。从动力学的角度出发，可知机器人控制系统具有以下特点：

　　1）机器人控制系统本质上是一个非线性系统。引起机器人非线性的因素很多，如机器人的结构、传动件和驱动元件等。

　　2）机器人控制系统是由多关节组成的一个多变量控制系统，且各关节间具有耦合作用，具体表现为：某一个关节的运动，会对其他关节产生动力效应，每一个关节都要受到其他关节运动所产生的扰动影响。

　　3）机器人控制系统是一个时变系统，其动力学参数随着关节运动位置的变化而变化。

　　总之，机器人控制系统是一个时变、耦合、非线性的多变量控制系统。由于它的特殊性, 经典控制理论和现代控制理论都不能照搬使用。到目前为止, 机器人控制理论还不完整、不系统, 但发展速度很快, 正在逐步走向成熟。

二、机器人控制方式

根据不同的分类方法, 机器人控制方式可以分为不同类别。从总体上看, 机器人控制方式可分为动作控制和示教控制。此外, 机器人控制方式还有以下分类方法: 如按运动坐标控制的方式, 可分为关节空间运动控制、直角坐标空间运动控制; 如按轨迹控制的方式, 可分为点位控制和连续轨迹控制; 如按控制系统对工作环境变化的适用程度, 可分为程序控制、适应性控制、人工智能控制; 如按运动控制的方式, 可分为位置控制、速度控制、力 (力矩) 控制 (包含位置/力混合控制) 等。下面对几种常用的工业机器人控制方式进行具体分析。

1. 点位控制与连续轨迹控制

机器人的位置控制可分为点位 (point to point, PTP) 控制和连续轨迹 (continuous path, CP) 控制两种方式, 如图 6-1 所示。

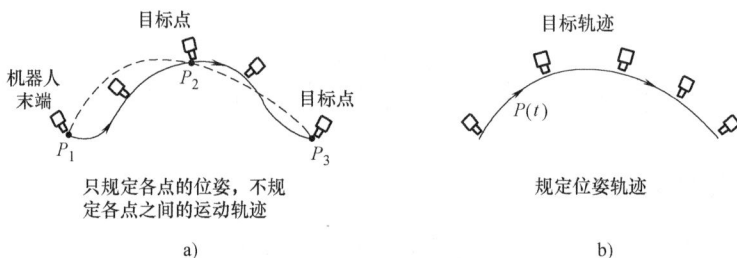

图 6-1 PTP 控制与 CP 控制

a) PTP 控制 b) CP 控制

PTP 控制要求机器人末端以一定的姿态尽快且无超调地实现相邻点之间的运动, 但对相邻点之间的运动轨迹不做具体要求。PTP 控制的主要技术指标是定位精度和运动速度, 如在印制电路板上安插元件、点焊、搬运及上/下料等作业的工业机器人采用的都是 PTP 控制方式。

CP 控制要求机器人末端作业点沿预定的轨迹运动, 即在运动轨迹上任意特定数量的点处停留。将运动轨迹分解成插补点序列, 在这些点之间依次进行位置控制, 点与点之间的轨迹通常采用直线、圆弧或其他曲线进行插补。因为要在各个插补点上进行连续的位置控制, 就可能会发生运动中的抖动。实际上, 由于控制器的控制周期在几毫秒到 30ms 之间, 时间很短, 故可以近似地认为运动轨迹是平滑连续的。在机器人的实际控制中, 通常利用插补点之间的增量和雅可比逆矩阵 J^{-1} 求出各关节的分增量, 各电动机按照分增量进行位置控制。CP 控制的主要技术指标是轨迹精度和运动的平稳性, 如弧焊、喷漆、切割等作业的工业机器人采用的都是 CP 控制方式。

2. 力 (力矩) 控制方式

在喷漆、点焊、搬运时所使用的工业机器人, 一般只要求其末端执行器 (如喷枪、焊枪、手爪等) 沿某一预定轨迹运动, 运动过程中末端执行器始终不与外界任何物体接触, 这时只需对机器人进行位置控制即可完成作业任务。而对另一类机器人来说, 除要准确定位之外，还要求控制手部的作用力或力矩，如用于装配、加工、抛光等作业的机器人，工作过程中要求机器人手爪与作业对象接触，并保持一定的压力。此时，如果只对其实施位置控制，就有可能由于机器人的位姿误差及作业对象放置不准，或者手爪与作业对象脱离接触，或者两者相碰撞而引起过大的接触力。其结果会使机器人手爪在空中晃动，或者造成机器人和作业对象的损伤。对于进行这类作业的机器人，一种比较好的控制方案是控制手爪与作业对象之间的接触力。这样，即使作业对象位置不准确，也能保持手爪与作业对象的正确接触。在力控制伺服系统中，反馈量是力信号，所以系统中必须装有力传感器。

3. 智能控制方式

实现智能控制的机器人可通过传感器获得周围环境的信息，并根据自身内部的知识库做出相应的决策。采用智能控制技术，可使机器人具有较强的环境适应性及自学习能力。智能控制技术的发展有赖于近年来神经网络、基因算法、遗传算法、专家系统等人工智能技术的迅速发展。

4. 示教-再现控制

示教-再现（teaching-playback）控制是目前工业机器人的一种主流控制方式。为了让机器人完成某种作业，首先由操作者对机器人进行示教，即教给机器人如何去做。在示教过程中，机器人将作业顺序、位置、速度等信息存储起来。在执行任务时，机器人可以根据这些存储的信息再现示教的动作。

示教有直接示教和间接示教两种方法。直接示教是操作者使用安装在机器人手臂末端的操作杆（joystick），按期望的运动顺序和轨迹进行示教，机器人自动把运动顺序、位置和时间等数据记录在存储器中，再现时依次读出存储的信息，重复示教的动作过程。采用这种方法通常只能对位置和作业指令进行示教，而运动速度需要通过其他方法输入。间接示教是使用示教盒进行示教。操作者通过示教盒上的按键操纵完成空间作业轨迹点及有关速度等信息的示教，然后通过操作盘用机器人语言进行用户工作程序的编辑，并存储在示教数据区。再现时，控制系统自动逐条取出示教命令与位置数据，进行解读、运算并做出判断，将各种控制信号送到相应的驱动系统或端口，使机器人忠实地再现示教过的动作。

采用示教-再现控制方式时不需要进行矩阵的逆变换，也不存在绝对位置控制精度问题。该方式是一种适用性很强的控制方式，但是需由操作者进行手工示教，要花费大量的精力和时间。特别是在产品变更导致机器人作业内容变化较大时，示教工作繁重且停线时间较长。所以现在常采用离线示教法（off-line teaching），不对实际作业的机器人直接进行示教，而是脱离实际作业环境生成示教数据，间接地对机器人进行示教。

第二节　单关节机器人模型和控制

由于机器人是耦合的非线性动力学系统，严格来说，各关节的控制必须考虑各关节之间的耦合作用，但对于工业机器人，通常还是按照独立关节来考虑的。这是因为工业机器人运动速度不高（通常小于 1.5m/s），由速度项引起的非线性作用可以忽略。另外，工业机器人常用直流伺服电动机作为关节驱动器，由于直流伺服电动机转矩不大，在驱动负载时通常需要减速器，其减速比往往接近 100，而负载的变化（如由于机器人关节角度的变化，转动惯量发生变化）折算到电动机轴上时要除以减速比的二次方，因此电动机轴上负载变化就很小，可以看作定常系统。各关节之间的耦合作用，也会因减速器的存在而受到极大的削弱，于是工业机器人系统就变成了一个由多关节（多轴）组成的各自独立的线性系统。下面来分析以直流伺服电动机为驱动器的单关节控制问题。

一、单关节系统的数学模型

直流伺服电动机驱动机器人关节的简化模型如图 6-2 所示。图中符号含义如下：u 为电枢电压（V）；v 为励磁电压（V）；R 为电枢电阻（Ω）；L 为电枢电感（H）；i 为电枢绕组电流（A）；τ_1 为电动机输出转矩（N·m）；τ_2 为通过减速器向负载轴传递的转矩（N·m）；J_1 为电动机轴的转动惯量（kg·m²）；B_1 为电动机轴的阻尼系数（N·m·rad⁻¹·s）；θ_1 为电动机轴转角（rad）；θ_2 为负载轴转角（rad）；z_1 为电动机

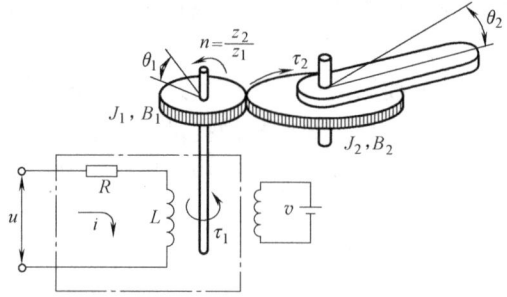

图 6-2　直流伺服电动机驱动机器人关节的简化模型

齿轮齿数；z_2 为负载齿轮齿数；J_2 为负载轴的转动惯量（kg·m²）；B_2 为负载轴的阻尼系数（N·m·rad⁻¹·s）。

由图 6-2 可知，直流伺服电动机经传动比为 $n = z_2/z_1$ 的齿轮箱驱动负载，这时负载轴的输出转矩将放大为原来的 n 倍，而转速则减至原来的 $1/n$，即 $\tau_2 = n\tau_1$，$\omega_1 = n\omega_2$ 或 $\theta_1 = n\theta_2$。

另外，在高速工业机器人中往往不通过减速器而采用电动机直接驱动负载的方式。近年来低速大力矩电气伺服电动机技术不断进步，已经可以通过将电动机与机械部件（滚珠丝杠）直接连接，使得开环传递函数的增益增大，从而实现高速、高精度的位置控制。这种驱动方式称为直接驱动（direct drive）。

下面来推导负载轴转角 $\theta_2(t)$ 与电动机的电枢电压 $u(t)$ 之间的传递函数。该单关节控制系统的数学模型由三部分组成：机械部分模型由电动机轴和负载轴上的转矩平衡方程描述；电气部分模型由电枢绕组的电压平衡方程描述；机械与电气相互耦合部分模型由电枢电动机输出转矩与绕组电流的关系方程描述。

电动机轴的转矩平衡方程为

$$\tau_1(t) = J_1 \frac{\mathrm{d}^2\theta_1(t)}{\mathrm{d}t^2} + B_1 \frac{\mathrm{d}\theta_1(t)}{\mathrm{d}t} + \tau_2(t) \tag{6-1}$$

负载轴的转矩平衡方程为

$$n\tau_2(t) = J_2 \frac{\mathrm{d}^2\theta_2(t)}{\mathrm{d}t^2} + B_2 \frac{\mathrm{d}\theta_2(t)}{\mathrm{d}t} \tag{6-2}$$

注意，由于减速器的存在，力矩将增大为原来的 n 倍。

电枢绕组电压平衡方程为

$$L \frac{\mathrm{d}i(t)}{\mathrm{d}t} + Ri(t) + k_b \frac{\mathrm{d}\theta_1(t)}{\mathrm{d}t} = u(t) \tag{6-3}$$

式中，k_b 为电动机的反电动势常数（V·rad⁻¹·s⁻¹）。

机械与电气相互耦合部分的平衡方程为

$$\tau_1(t) = k_t i(t) \tag{6-4}$$

式中，k_t 为电动机的转矩常数（N·m/A）。

再考虑到转角 θ_1 与 θ_2 的关系为

$$\theta_1(t) = n\theta_2(t) \tag{6-5}$$

通常，与其他参数相比，L 小到可以忽略不计，因此可令 $L=0$，则由式（6-1）~式（6-5）整理后得

$$J\frac{\mathrm{d}^2\theta(t)}{\mathrm{d}t^2} + B\frac{\mathrm{d}\theta(t)}{\mathrm{d}t} = k_m u(t) \tag{6-6}$$

式中，$\theta(t) = \theta_2(t)$；$J = (n^2 J_1 + J_2)$；$B = (n^2 B_1 + B_2) + n^2 k_t k_b / R$；$k_m = n k_t / R$。

需要注意，电动机轴的转动惯量 J_1 和阻尼系数 B_1 折算到负载侧时与传动比的二次方成正比，因此负载侧的转动惯量和阻尼系数向电动机轴侧折算时要分别除以 n^2。若采用传动比 $n>1$ 的减速机构，则负载的转动惯量值和阻尼系数减小到原来的 $1/n^2$。

式（6-6）表示整个控制对象的运动方程，反映了控制对象的输入电压与关节角位移之间的关系。对式（6-6）的两边在初始值为零时进行拉普拉斯变换，整理后可得到控制对象的传递函数为

$$\frac{\Theta(s)}{U(s)} = \frac{k_m}{Js^2 + Bs} \tag{6-7}$$

这一方程代表了单关节控制系统所加电压与关节角位移之间的传递函数。对于液压或气压传动系统，也可推出与式（6-7）类似的关系式，因此该方程具有一定的普遍意义。

二、阻抗匹配

在电气系统中，如果电源的内部阻抗与负载阻抗相同，那么负载消耗的电能最大、效率最高。在机械系统和流体传动系统中也有相似的性质。要从某一能源以最高效率获得能量，一般都要使负载阻抗与能源内部阻抗一致，这就称为阻抗匹配。下面就电动机等驱动装置与机械传动系统的阻抗匹配问题加以说明。

在图 6-2 所示的齿轮减速机构中，由式（6-6）可知，若从负载侧计算，系统总的转动惯量为

$$J = n^2 J_1 + J_2$$

为了使分析问题更加简单，忽略阻尼系数的影响，则由式（6-1）和式（6-2）简化得到

$$n\tau_1 = J\frac{\mathrm{d}^2\theta_2(t)}{\mathrm{d}t^2} \tag{6-8}$$

当图 6-2 中的机械手臂在短时间内运动到指定的角度位置时，其角加速度为

$$\frac{\mathrm{d}^2\theta_2(t)}{\mathrm{d}t^2} = \frac{n\tau_1}{J} = \frac{n\tau_1}{n^2 J_1 + J_2} \tag{6-9}$$

要使角加速度达到最大，应适当地选择传动比。由式（6-9）对传动比求导，可得最佳传动比为

$$n_0 = \sqrt{\frac{J_2}{J_1}} \tag{6-10}$$

这时，若从负载侧来计算电动机的惯性矩（惯性阻抗），则有

$$n_0^2 J_1 = J_2$$

即电动机的惯性矩与负载的惯性矩相等。也就是说，如果适当选择减速器的传动比，使执行装置的惯性矩与负载的惯性矩一致，就会使执行装置达到最大的驱动能力。对于其他传动机构，采用不同的惯性矩变换系数也能得到同样的效果。

机械传动系统的阻抗包括惯性阻抗（惯性质量的惯性矩，相当于电气系统中的线圈感抗）、摩擦阻抗（直线运动和旋转运动中产生的摩擦，相当于电气系统中的电阻）和弹性阻抗（弹簧和轴的扭转弹性变形，相当于电气系统中的电容器）。

三、单关节位置与速度控制

1. PID 控制

PID 控制是自动化中广泛使用的一种反馈控制，其控制器由比例单元（P）、积分单元（I）和微分单元（D）组成，利用信号的偏差值、偏差的积分值、偏差的微分值的组合来构成操作量。操作量中包含偏差信号的现在、过去、未来三方面的信息，是一种经典的控制方式。如果用 $e = \theta_d(t) - \theta(t)$ 表示偏差，则 PID 操作量为

$$u(t) = K_P e + K_I \int_0^t e(\tau) \mathrm{d}\tau + K_D \dot{e} \tag{6-11}$$

或

$$u(t) = K_P \left[e + \frac{1}{T_I} \int_0^t e(\tau) \mathrm{d}\tau + T_D \dot{e} \right] \tag{6-12}$$

其中，K_P 为比例增益，K_I 为积分增益，K_D 为微分增益。它们统称为反馈增益。反馈增益值的大小影响控制系统的性能。$T_I = K_P/K_I$ 称为积分时间，$T_D = K_P/K_D$ 称为微分时间，两者均具有时间量纲。

PID 控制系统框图如图 6-3、图 6-4 所示。

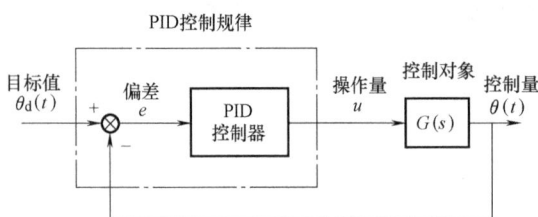

图 6-3　PID 控制基本形式

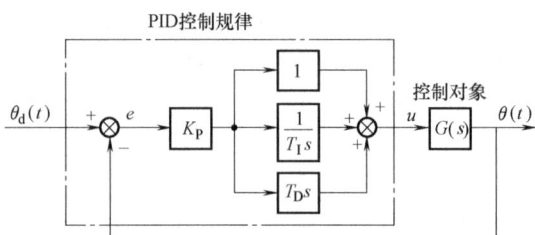

图 6-4　PID 控制基本形式的详细框图

控制器各单元的调节作用分别如下：

（1）比例单元　比例单元按比例反映系统的偏差，系统一旦出现偏差，比例单元将立即产生调节作用，从而减少偏差。比例系数大，则调节快、误差小。但是过大的比例系数会使系统的稳定性下降，甚至造成系统的不稳定。

（2）积分单元　积分单元可使系统消除稳态误差，提高无差度。只要有误差，积分单元就进行调节，直至无误差，此时积分调节停止，积分调节输出一常值。积分作用的强弱取决于积分时间常数 T_I。T_I 越小，积分作用就越强；反之，T_I 越大，则积分作用越弱。加入积分调节单元可使系统稳定性下降，动态响应变慢。

（3）微分单元　微分单元反映系统偏差信号的变化率，能够预见偏差变化的趋势，从而产生超前的控制作用，使偏差在还没有形成之前，已被微分调节作用消除。因此，微分调节可以改善系统的动态性能。在微分时间选择合适的情况下，可以减少超调和调节时间。微分作用对噪声干扰有放大作用，因此过强的微分调节对系统抗干扰不利。此外，微分反应的是变化率，当输入没有变化时，微分作用输出为零。微分单元不能单独使用，需要与比例单元和积分单元相结合，组成 PD 或 PID 控制器。

2. 机器人单关节的 PID 控制

利用直流伺服电动机自带的光电编码器，可以间接测量关节的回转角度，或者直接在关节处安装角位移传感器测量出关节的回转角度，通过 PID 控制器构成负反馈控制系统。其控制系统框图如图 6-5 所示。

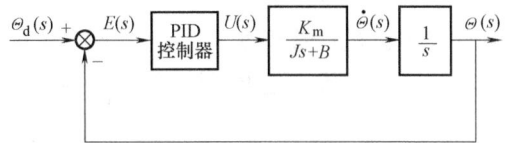

图 6-5　机器人单关节 PID 控制系统框图

控制规律为

$$u(t) = K_P \big[\theta_d(t) - \theta(t) \big] + K_I \int_0^t \big[\theta_d(\tau) - \theta(\tau) \big] d\tau + K_D \left[\frac{d\theta_d(t)}{dt} - \frac{d\theta(t)}{dt} \right] \quad (6\text{-}13)$$

3. 实用 PID 控制——PD 控制

在实际应用中，特别是在机械系统中，当控制对象的库仑摩擦力较小时，即使不用积分调节也可得到非常好的控制性能。这种控制方法称为 PD 控制，其控制规律可表示为

$$u(t) = K_P \big[\theta_d(t) - \theta(t) \big] + K_D \left[\frac{d\theta_d(t)}{dt} - \frac{d\theta(t)}{dt} \right] \quad (6\text{-}14)$$

为了简化问题，考虑目标值 θ_d 为定值的场合，式（6-14）可转化为

$$u(t) = K_P \big[\theta_d(t) - \theta(t) \big] - K_D \frac{d\theta(t)}{dt} \quad (6\text{-}15)$$

此时的比例增益 K_P 又称为位置反馈增益；微分增益 K_D 又称为速度反馈增益，通常用 K_v 表示。则式（6-15）可表示为

$$u(t) = K_P \big[\theta_d(t) - \theta(t) \big] - K_v \frac{d\theta(t)}{dt} \quad (6\text{-}16)$$

此负反馈控制系统实际上就是带速度反馈的位置闭环控制系统。速度负反馈的引入可增加系统的阻尼比，改善系统的动态品质，使机器人得到更理想的位置控制性能。关节角速度常用测速电动机测出，也可用两次采样周期内的位移数据近似表示。带速度反馈的位置控制系统框图如图 6-6 所示。

图 6-6　带速度反馈的位置控制系统框图

系统的传递函数为

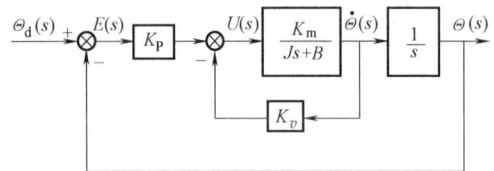

$$\frac{\Theta(s)}{\Theta_d(s)} = \frac{K_P K_m}{Js^2 + (B + K_v K_m)s + K_P K_m} = \frac{\dfrac{K_P K_m}{J}}{s^2 + \dfrac{B + K_v K_m}{J}s + \dfrac{K_P K_m}{J}} \quad (6\text{-}17)$$

与二阶系统的标准形式对比，系统的无阻尼自然频率 ω_n 和阻尼比 ζ 分别为

$$\omega_n = \sqrt{\frac{K_P K_m}{J}} \tag{6-18}$$

$$\zeta = \frac{B + K_v K_m}{2\sqrt{K_P K_m J}}$$

显然，引入速度反馈后，增加了系统的阻尼比。

4. 位置、速度反馈增益的确定

二阶系统的特性取决于它的无阻尼自然频率 ω_n 和阻尼比 ζ。为了防止机器人与周围环境物体发生碰撞，希望系统具有临界阻尼或过阻尼，即要求系统的阻尼比 $\zeta \geqslant 1$。于是，由式（6-18）可推导出速度反馈增益 K_v 应满足

$$K_v \geqslant \frac{2\sqrt{K_P K_m J} - B}{K_m} \tag{6-19}$$

另外，在确定位置反馈增益 K_P 时，必须考虑机器人关节部件的刚度和共振频率 ω_s。它与机器人关节的结构、刚度、质量分布和制造装配质量等因素有关，并随机器人的形位、持重不同而变化。在前面建立单关节的控制系统模型时，忽略了齿轮轴、轴承和连杆等零件的变形，认为这些零件和传动系统都具有无限大的刚度，而实际上并非如此，各关节的传动系统和有关零件及其配合衔接部分的刚度都是有限的。但是，如果在建立控制系统模型时，将这些变形和刚度的影响都考虑进去，则得到的模型是高次的，会使问题复杂化。因此，前面建立的二阶线性模型只适用于机械传动系统的刚度很高、共振频率很高的场合。

假设已知机器人在空载时惯性矩为 J_0，测出的结构共振频率为 ω_0，则施加负载后，其惯性矩增至 J，此时相应的结构共振频率为

$$\omega_s = \omega_0 \sqrt{\frac{J_0}{J}} \tag{6-20}$$

为了保证机器人能稳定工作、防止系统振荡，R. P. Paul 于 1981 年建议，将闭环系统无阻尼自然频率 ω_n 限制在关节结构共振频率的一半之内，即

$$\omega_n \leqslant 0.5\omega_s \tag{6-21}$$

根据这一要求来调整位置反馈增益 K_P。由于 $K_P > 0$（表示负反馈），由式（6-18）、式（6-20）和式（6-21）可得

$$0 < K_P \leqslant \frac{J_0}{4K_m}\omega_0^2 \tag{6-22}$$

故有

$$K_{P\max} = \frac{J_0}{4K_m}\omega_0^2 \tag{6-23}$$

即位置反馈增益 K_P 的最大值可以由式（6-23）确定。

K_P 的最小值则取决于对系统伺服刚度 H 的要求。可以证明，在具有位置和速度反馈的伺服系统中，伺服刚度 H 为

$$H = K_P K_m$$

故有

$$K_P = \frac{H}{K_m} \qquad (6\text{-}24)$$

在确定了对伺服刚度的最低要求后，$K_{P\max}$ 可由式（6-24）确定。

第三节　基于关节坐标的控制

由描述机器人动力特性的动力学方程式可知，各关节之间存在着惯性项和速度项的动态耦合，每个关节都不是单输入、单输出系统。为了减少外部干扰，在保持稳定性的前提下，通常把增益 K_P 和 K_v 尽量设置得大一些。特别是当减速比较大时，惯性矩阵和黏性因数矩阵（包含 K_v）的对角线上各项数值相对增大，起支配作用，非对角线上各项的干扰影响相对减小。这时惯性矩阵 $M(q)$ 可以表示为

$$M(q) = \begin{bmatrix} n_1^2 I_{r1} & & \\ & \ddots & \\ & & n_n^2 I_{rn} \end{bmatrix} \qquad (6\text{-}25)$$

式中，n_i 为第 i 轴的减速比；I_{ri} 为第 i 轴电动机转子的惯性矩。

忽略各关节臂惯性耦合的影响，电动机转子的惯性起决定作用，因此惯性矩阵可以近似地转化为对角矩阵。同样，黏性摩擦因数矩阵 B 也可以近似地转化为对角矩阵，而且可以认为速度及重力的影响相对较小，即 $H(q, \dot{q})$ 和 $G(q)$ 可以忽略不计。这样机器人动力学方程式可以简化为

$$\begin{bmatrix} \tau_1 \\ \vdots \\ \tau_n \end{bmatrix} = \begin{bmatrix} n_1^2 I_{r1} & & \\ & \ddots & \\ & & n_n^2 I_{rn} \end{bmatrix} \begin{bmatrix} \ddot{\theta}_1 \\ \vdots \\ \ddot{\theta}_n \end{bmatrix} + \begin{bmatrix} n_1^2 B_{r1} & & \\ & \ddots & \\ & & n_n^2 B_{rn} \end{bmatrix} \begin{bmatrix} \dot{\theta}_1 \\ \vdots \\ \dot{\theta}_n \end{bmatrix} \qquad (6\text{-}26)$$

式中，B_{ri} 为第 i 轴电动机转子的黏性摩擦因数。

式（6-26）为采用减速器的一般工业机器人的动力学运动方程式，表示各轴之间无干涉、机器人参数与机器人位姿无关的情况，其中各关节臂的惯性耦合是作为外部干扰处理的。因此，在控制器中各轴相互独立地构成 PID 控制系统，系统中由于模型简化而产生的误差均看作外部干扰，可以通过反馈控制来解决。

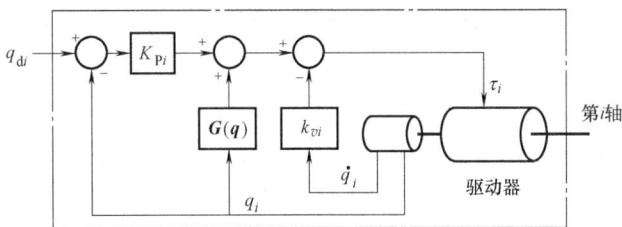

基于关节坐标的控制以关节位置或关节轨迹为目标值。令 q_d 为关节角目标值，对具有 n 个关节的机器人，有

$$q_d = \begin{bmatrix} q_{d1} & q_{d2} & \cdots & q_{dn} \end{bmatrix}^T$$

其伺服控制系统原理框图如图 6-7 所示。在该系统中，目标值以关节角度值给出，各关节可以构成独立的伺服

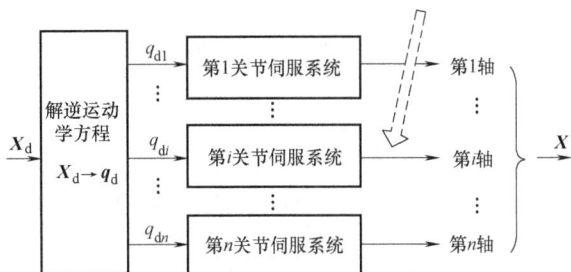

图 6-7　基于关节坐标的伺服控制系统原理框图

系统。关节目标值 q_d 可以根据机器人末端目标值 X_d 由逆运动学方程求出，即

$$q_d = f^{-1}(X_d) \tag{6-27}$$

为简单起见，忽略驱动器的动态性能，机器人全部关节的驱动力可以直接给出，作为一种简单的线性 PD 控制规律可表示为

$$\tau = K_P[q_d - q(t)] - K_v \dot{q}(t) + G(q) \tag{6-28}$$

式中，q 为关节角控制变量矩阵，$q(t) = [\,q_1 \quad q_2 \quad \cdots q_n\,]^T$；$\tau$ 为关节驱动力矩阵，$\tau = [\,\tau_1$ $\tau_2 \quad \cdots \quad \tau_n\,]^T$；$K_P$ 为位置反增益矩阵，$K_P = \mathrm{diag}(k_{Pi})$，其中 k_{Pi} 为第 i 轴的位置反馈增益；K_v 为速度反馈增益矩阵，$K_v = \mathrm{diag}(k_{vi})$，其中 k_{vi} 为第 i 轴的速度反馈增益；$G(q)$ 为重力项补偿。

基于关节坐标的伺服控制系统，把每个关节作为单纯的单输入、单输出系统来处理，所以结构简单。现在的工业机器人大部分都是由这种关节伺服系统控制的，这种控制方式称为局部线性 PD 反馈控制。对于非线性多变量的机器人动态性而言，该控制方法有效，其闭环系统的平衡点 q_d 可达到渐进稳定，即当 $t \to \infty$ 时，$q(t) \to q_d$，也即经过无限长的时间，保证关节角度收敛于各自的目标值，机器人末端也收敛于位置目标。对工业机器人而言，多数情况下用这种控制方法是足够的。

基于关节坐标的伺服控制是目前工业机器人的主流控制方式。由图 6-7 可知，这种伺服控制系统实际上是一个半闭环控制系统，即对关节坐标采用闭环控制方式，由光电码盘提供各关节角位移实际值的反馈信号 q_i。对直角坐标采用开环控制方式，由直角坐标期望值 X_d 求解逆运动方程，获得各关节位移的期望值 q_{di}，作为各关节控制器的参考输入。系统将它与光电码盘检测的关节角位移 q_i 比较后获得关节角位移的偏差，由偏差控制机器人各关节伺服系统（通常采用 PD 控制方式），使机器人末端执行器实现预定的位姿。

对直角坐标位置采用开环控制的主要原因是，目前尚无有效、准确获取（检测）机器人末端执行器位姿的手段。但由于目前采用计算机求解逆运动方程的方法比较成熟，所以控制精度还是很高的，如 MOTOMAN 系列机器人重复定位精度为 ±0.03mm。

应该指出的是，目前工业机器人的位置控制是基于运动学而非动力学的控制，只适用于运动速度和加速度较小的应用场合。对于快速运动、负载变化大和要求力控制的机器人，还必须考虑其动力学行为。

以上所讨论的关节角目标值是一个定值，属于 PTP 控制问题。下面来考虑关节角目标值随时间变化的情况，即 CP 控制的情况。这时机器人末端的目标位置是随时间变化的位置目标轨迹 $X_d(t)$，相应地关节角目标值也成为随时间变化的角度目标轨迹 $q_d(t)$，此时描述机器人全部关节的伺服控制系统的控制规律可表示为

$$\tau(t) = K_P[q_d(t) - q(t)] + K_v[\dot{q}_d(t) - \dot{q}(t)] + G(q) \tag{6-29}$$

式（6-29）称为轨迹追踪控制（trajectory tracking control）的力矩方程式。

第四节　基于作业空间的伺服控制

关节伺服控制中各个关节是独立进行控制的，虽然结构简单，但由于各关节实际响应的结果未知，所得到的末端位姿的响应就难以预测，而且为得到适当的末端响应，对

各关节伺服系统的增益进行调节也很困难。在自由空间内对手臂进行控制时，在很多场合下都希望直接给定手臂末端的位姿，即取表示末端位姿矢量 X 的目标值 X_d 作为末端运动的目标值。

当末端目标值 X_d 确定后，利用逆运动学方程式即可求出 q_d，也可以使用关节伺服控制方式。但是，末端目标值 X_d 不但要在事前求得，而且在运动中常常需要进行修正，这就必须实时进行逆运动学计算。由此增加了计算工作量，使实时控制性变差。

由于在很多情况下，末端位姿矢量 X_d 是用固定于空间内的某一个作业坐标系来描述的，所以把以 X_d 为目标值的伺服系统统称为作业坐标伺服系统。不将 X_d 逆变换为 q_d，而把 X_d 本身作为目标值构成伺服系统的伺服控制思路是：先将末端位姿误差矢量乘以相应的增益，得到手臂末端手爪的操作力矢量，该力作用在末端手爪上，以减小末端位姿误差；再将末端手爪的操作力矢量由雅可比转置矩阵映射为等价的关节力矩矢量，从而控制机器人手臂末端位姿，减少运动误差。图 6-8 所示为一个三自由度机器人基于作业空间的伺服系统控制原理。

利用 PD 控制实现上述控制过程时，其中的力与力矩可用公式表示为

$$F = K_P(X_d - X) - K_v \dot{X} \tag{6-30}$$

$$\tau = J^T(q)F \tag{6-31}$$

$$\tau = J^T(q)\left[K_P(X_d - X) - K_v \dot{X}\right] + G(q) \tag{6-32}$$

这里 F 为末端手爪的假想操作力，由式（6-30）来计算大小，用来使手臂末端手爪向目标值方向动作。再由式（6-31）的静力学关系式把它分解为关节力矩 τ。通常先通过编码器检测出关节变量 q，再利用正运动学原理计算手臂末端的位置 X 和速度 $\dot{X}$，从而避免用其他昂贵的传感器来直接检测出 X 和 $\dot{X}$。式（6-32）所涉及的控制方法，即把末端拉向目标值的方法，不仅直观、容易理解，而且不含逆运动学计算，可提高控制运算速度，这是该方法最大的优点。基于作业空间的伺服控制系统框图如图 6-9 所示。

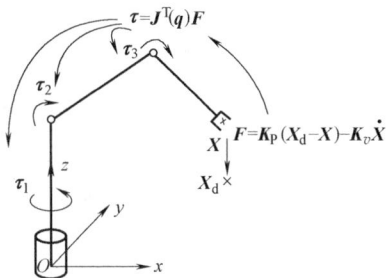

图 6-8 基于作业空间的伺服
系统控制原理

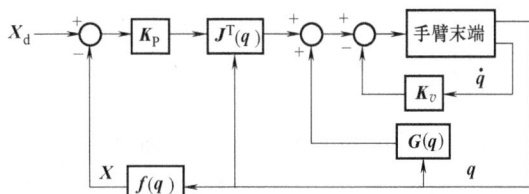

图 6-9 基于作业空间的伺服控制系统框图

可以证明，和基于关节的伺服控制系统一样，采用基于作业空间的伺服控制系统，其闭环系统的平衡点 X_d 可达到渐进稳定，即当 $t \to \infty$ 时，$X(t) \to X_d$，也即经过无限长的时间，保证手臂末端收敛于位姿目标值。

同理，采用位置目标轨迹控制方式的伺服控制系统，其控制规律可以表示为

$$\tau(t) = J^T(q)\left\{K_P\left[X_d(t) - X(t)\right] + K_v\left[\dot{X}_d(t) - \dot{X}(t)\right]\right\} + G(q) \tag{6-33}$$

第五节　机器人末端执行器的力/力矩控制

对于焊接、喷漆等作业，机器人末端执行器在运动过程中不与外界物体接触，只需实现位置控制。而对于切削、磨光、装配等作业，仅靠位置控制难以完成工作任务，还必须控制机器人与操作对象间的作用力，以顺应接触约束。采用力控制，可以使机器人在具有不确定性的约束环境下实现与该环境相顺应的运动，从而胜任更加复杂的操作任务。

比较常用的机器人力控制方法有阻抗控制（impedance control）、位置与力混合控制（hybrid position and force control）、柔顺控制（compliance control）和刚度控制（stiffness control）4种。这些力控制方法的内容有很多相似部分，但在各种控制方法中关于运动控制的概念不一样。下面就两种主要的力控制方法进行讨论。

一、阻抗控制

自1985年N. Hogan系统地介绍机器人阻抗控制方法以来，阻抗控制方法的研究得到很大的发展。这种方法主要是通过考虑物理系统之间的相互作用而发展起来的。机器人在操作过程中存在大量机械功的转换，在某些情况下机器人末端执行器与环境之间的作用力可以忽略。此时为了控制，可以将机器人末端执行器看成一个孤立的系统，把它的运动作为控制变量，这就是位置控制。但在一般情况下，机器人末端执行器与环境物体之间的动态相互作用力，既不为零，也不能被忽略，生产过程中大量的操作都属于这一类型。此时机器人末端执行器不能再被看作一个孤立的系统，控制器除了要实现位置控制和速度控制外，还要调节和控制机器人末端执行器的动态行为。

如图6-10所示，用质量-阻尼-弹簧模型来表示末端执行器与环境之间的作用，对该系统实施力控制的方法称为阻抗控制。阻抗控制模型是用目标阻抗代替实际机器人的动力学模型，当机器人末端位置 X 和理想轨迹 X_d 存在偏差 E 即 $E=X-X_d$ 时，机器人在其末端产生相应的阻抗力 F。目标阻抗由式（6-34）确定。

$$F=M\ddot{X}+D(\dot{X}-\dot{X}_d)+K(X-X_d) \tag{6-34}$$

式中，M、D 和 K 分别为阻抗控制的惯量、阻尼和弹性系数矩阵。

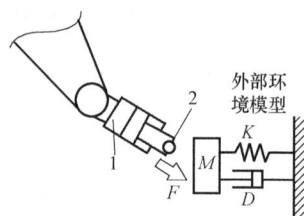

图 6-10　阻抗控制原理
1—力传感器　2—手臂末端

一旦 M、D 和 K 确定下来，即可得到直角坐标的期望动态响应。利用式（6-34）计算关节力矩，不需要求运动学逆解，而只需计算正运动学方程和雅可比逆矩阵。

机器人在关节坐标系下的运动方程为

$$\tau=M(q)\ddot{q}+H(q,\dot{q})+G(q) \tag{6-35}$$

式（6-35）中的 H 项包含了离心力、科里奥利力和黏性摩擦力的影响。机器人末端执行器施加的环境外力 F 与关节抵抗力矩 τ_F 之间的关系为

$$\tau_F=J^{\mathrm{T}}(q)F \tag{6-36}$$

机器人在受到环境外力 F 作用后的运动方程式为

$$M(q)\ddot{q}+H(q,\dot{q})+G(q)=\tau+J^{\mathrm{T}}(q)F \tag{6-37}$$

再根据机器人作业空间速度与关节空间速度的关系

$$\dot{X}=J(q)\dot{q}$$

可得

$$\ddot{X}=\dot{J}(q)\dot{q}+J(q)\ddot{q} \tag{6-38}$$

将式（6-34）和式（6-38）代入式（6-37），得机器人驱动力矩的控制规律为

$$\tau=H(q,\dot{q})+G(q)-M(q)J^{-1}(q)\dot{J}(q)\dot{q}-M(q)J^{-1}(q)M^{-1}\big[D(\dot{X}-\dot{X}_{\mathrm{d}})+K(X-X_{\mathrm{d}})\big]+$$
$$\big[M(q)J^{-1}(q)M^{-1}-J^{\mathrm{T}}(q)\big]F \tag{6-39}$$

若手臂动作速度缓慢，可以认为 $\dot{X}-\dot{X}_{\mathrm{d}}=0$，$\dot{J}(q)\dot{q}=0$，$H(q,\dot{q})=0$，不考虑重力的影响。同时假设 $\Delta X=X-X_{\mathrm{d}}$ 较小，则 $\Delta X=J(q)(q-q_{\mathrm{d}})$ 近似成立。式（6-39）就简化为

$$\tau=-J^{\mathrm{T}}(q)KJ(q)(q-q_{\mathrm{d}}) \tag{6-40}$$

式（6-40）表示的控制规律称为刚度控制规律，K 称为刚度矩阵。刚度控制是阻抗控制的一个特例，它是对机器人手臂静态力和位置的双重控制。控制的目的是调整机器人手臂与外部环境接触时的伺服刚度，以使机器人具有顺应外部环境的能力。K 的逆矩阵称为柔顺矩阵，所以式（6-40）表示的控制规律也称为柔顺控制规律。

二、位置与力的混合控制

位置与力的混合控制是指机器人末端某个方向因环境关系受到约束时，同时进行不受约束方向的位置控制和受约束方向的力控制的控制方法。例如，机器人在从事擦掉黑板上的文字、工件的打磨等作业时，垂直于黑板或工件的方向为约束方向，在该方向上要实施力的控制，而在平行于黑板或工件的方向为不受约束方向，在该方向上要实施位置的控制。这种既要控制力又要控制位置的要求可通过混合控制方法来实现。以工件表面打磨作业为例，机器人末端在对工件表面施加一定的力的同时，沿工件表面指定的轨迹运动。设与壁面平行的轴为 y 轴，与壁面垂直的轴为 x 轴，图 6-11 所示的二自由度极坐标机器人，关节 1 具有回转自由度，关节 2 具有移动自由度。控制目标为对两个自由度实施控制，生成壁面作用力的同时，机器人末端沿预定轨迹运动。假设期望的施加于壁面的垂直力为 f，两个关节的位移分别为 q_1、q_2，则由图 6-11 可以得到

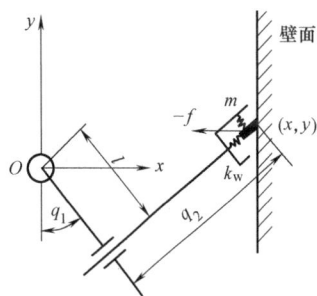

图 6-11　二自由度极坐标机器人壁面打磨作业举例

$$\begin{cases} x=q_2\cos q_1+l\sin q_1 \\ y=q_2\sin q_1-l\cos q_1 \end{cases} \tag{6-41}$$

且

$$\begin{cases} \tau_1=f(q_2\sin q_1-l\cos q_1) \\ \tau_2=-f\cos q_1 \end{cases} \tag{6-42}$$

其中，f 为壁面反力，是关节 1 产生的力矩 τ_1 和关节 2 产生的力矩 τ_2 导致的。关节 1 和 2 在追踪目标轨迹（$x_{\mathrm{d}}(t)$，$y_{\mathrm{d}}(t)$）的同时，所产生的力矩必须满足力矩关系式（6-42）。驱动力矩可由下述方法来确定。

将关节变量 q_1、q_2 统一用关节矢量 $\boldsymbol{q}$ 表示，作业位置坐标 (x, y) 用 $\boldsymbol{X}$ 表示。期望的轨迹为 $\boldsymbol{X}_d(t)$，目标力矩为 $\boldsymbol{f}_d(t)$。对于图 6-11，$\boldsymbol{f}_d(t) = [-f \quad 0]^T$。机器人末端的实际位移 $\boldsymbol{X}(t)$ 是可以测量的，或者说，可通过测量 $\boldsymbol{q}(t)$ 的值，由式（6-41）经运动学正变换 $\boldsymbol{X}(t) = \boldsymbol{h}[\boldsymbol{q}(t)]$ 简单地计算出位移。另一方面，机器人末端关节 2 轴线方向和其垂直方向的力通过质量为 m、弹簧刚度系数为 k_w 的力传感器来测量。基于以上假设，并考虑以下的偏差方程，有

$$\Delta \boldsymbol{X} = \boldsymbol{X}_d(t) - \boldsymbol{X}(t) \tag{6-43}$$

$$\Delta \dot{\boldsymbol{X}}(t) = \dot{\boldsymbol{X}}_d(t) - \dot{\boldsymbol{X}}(t) = \dot{\boldsymbol{X}}_d(t) - \boldsymbol{J}(\boldsymbol{q})\dot{\boldsymbol{q}}(t) \tag{6-44}$$

$$\Delta \boldsymbol{f}(t) = \boldsymbol{f}_d(t) - \boldsymbol{P}\boldsymbol{F}(t) \tag{6-45}$$

式中，$\boldsymbol{F}(t)$ 为由图 6-11 中力传感器测量的分力 $\boldsymbol{F}_x$、$\boldsymbol{F}_y$ 构成的力矢量；$\boldsymbol{P}$ 为图 6-11 中从关节 2 处建立的坐标系到固定在基座上的作业坐标系之间的变换矩阵，定义为

$$\boldsymbol{P} = \begin{bmatrix} \sin q_1 & \cos q_1 \\ -\cos q_1 & \sin q_1 \end{bmatrix} \tag{6-46}$$

下面来构造位置与混合控制系统。沿 y 轴方向的位置和速度相关偏差构成位置控制，与力相关的 x 轴方向位置和速度相关偏差作为输入力构成力控制。这里，把 $\boldsymbol{S}$ 定义为模式选择矩阵，得

$$\boldsymbol{S} = \begin{bmatrix} 0 & 0 \\ 0 & 1 \end{bmatrix} \tag{6-47}$$

一般来说，$\boldsymbol{S}$ 是对角线元素为 0 和 1 的对角行列式，位置控制时对角线元素为 1，力控制时对角线元素为 0。这样由式（6-43）可以得到

$$\begin{cases} \Delta \boldsymbol{X}_e(t) = \boldsymbol{S}\Delta \boldsymbol{X}(t) \\ \Delta \dot{\boldsymbol{X}}_e(t) = \boldsymbol{S}\Delta \dot{\boldsymbol{X}}(t) \\ \Delta \boldsymbol{f}_e(t) = (\boldsymbol{I} - \boldsymbol{S})\Delta \boldsymbol{f}(t) \end{cases} \tag{6-48}$$

式中，$\boldsymbol{X}_e(t)$ 为目标值；$\boldsymbol{X}(t)$ 为实际值。

从作业坐标系变换到关节坐标系，可以得到

$$\Delta \boldsymbol{q}_e(t) = \boldsymbol{J}^{-1}\Delta \boldsymbol{X}_e(t) \tag{6-49}$$

$$\Delta \dot{\boldsymbol{q}}_e(t) = \boldsymbol{J}^{-1}\Delta \dot{\boldsymbol{X}}_e(t) \tag{6-50}$$

$$\Delta \boldsymbol{\tau}_e(t) = \boldsymbol{J}^{T}\Delta \boldsymbol{f}_e(t)$$

当偏差较小时，式（6-49）和式（6-50）是成立的。为了使机器人末端位置偏差 $\Delta \boldsymbol{X}(t)$ 和末端力偏差 $\Delta \boldsymbol{f}(t)$ 分别收敛到 0，可采用下面的控制规律。

（1）位置控制规律

$$\boldsymbol{\tau}_P = \boldsymbol{K}_{PP}\Delta \boldsymbol{q}_e(t) + \boldsymbol{K}_{PI}\int \Delta \boldsymbol{q}_e(t)\,\mathrm{d}t + \boldsymbol{K}_{PD}\Delta \dot{\boldsymbol{q}}_e(t) \tag{6-51}$$

式中，$\boldsymbol{\tau}_P$ 为位置控制中的力矩；$\boldsymbol{K}_{PP}$、$\boldsymbol{K}_{PI}$、$\boldsymbol{K}_{PD}$ 均为基于位置偏差的 PID 控制的系数增益矩阵。

（2）力控制规律

$$\boldsymbol{\tau}_f = \boldsymbol{K}_f\Delta \boldsymbol{\tau}_e(t) \tag{6-52}$$

式中，$\boldsymbol{\tau}_f$ 为力控制规律中的力矩。

应该注意的是，Δq 和 $\dot{q}$ 可由运动学方程算出，$\Delta \tau$ 可由静力学关系式算出。最终混合控制时，要把式（6-51）中的 τ_P 和式（6-52）中的 τ_f 合在一起构成的驱动力 τ 施加到关节上，即

$$\tau = \tau_P + \tau_f$$

$$= K_{PP} J^{-1} S (X_d - X) + K_{PI} J^{-1} S \int (X_d - X) \, dt +$$

$$K_{PD} J^{-1} S (\dot{X}_d - \dot{X}) + K_f J^T (I - S)(f_d - PF)$$

$$(6-53)$$

式中，K_f 为基于力偏差的负反馈控制的增益矩阵。位置与力混合控制原理如图 6-12 所示。依据该控制原理，可以实现机器人手臂末端一边在约束方向上用目标力 F_d 推压，一边把无约束方向的位置收敛到目标位置 X_d 的操作。

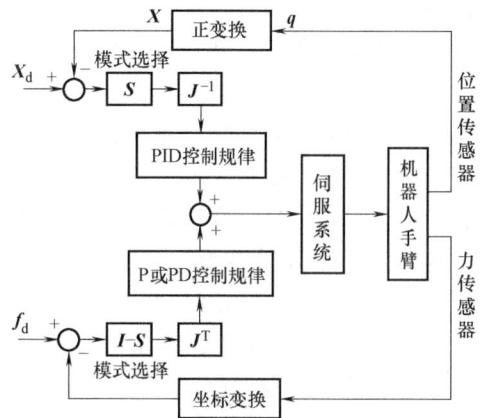

图 6-12 位置与力混合控制原理

第六节 工业机器人控制与集成系统控制

一、单关节伺服控制系统

工业机器人的末端要安装各种类型的工具来完成作业任务，所以难以在末端安装位移传感器来直接检测手部在空中的位姿。采取的办法是利用各个关节电动机自带的编码器所检测的角度信息，依据正运动学间接地计算出手部在空中的位姿，所以工业机器人每个关节电动机的控制系统是一个典型的半闭环伺服控制系统，如图 6-13 所示。

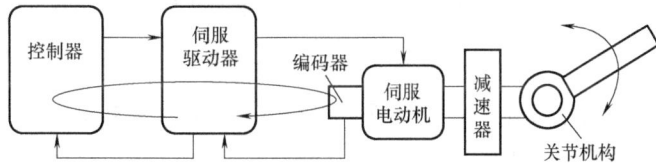

图 6-13 机器人单关节伺服控制系统原理

半闭环伺服控制系统具有结构简单、价格低廉的优点，但不能检测减速器、关节机构等传动链的制造误差，所以系统控制精度有限。为了提高机器人系统的控制精度，对减速器、关节机构等传动链的加工精度、稳定性和系统控制性能等提出了较高要求。

二、工业机器人控制系统的类型

机器人控制系统种类很多，是现代运动控制系统应用的一个分支。目前从结构上来分，常用的运动控制系统主要有 3 种，即以单片机为核心的机器人控制系统、以可编程序控制器（PLC）为核心的机器人控制系统、基于工业控制计算机（IPC）+运动控制卡的工业机器人控制系统。

以单片机为核心的机器人控制系统将单片机（MCU）嵌入运动控制器中，能够独立运行并且带有通用接口，便于与其他设备进行通信。这种控制系统具有电路原理简洁、运行性

能良好、系统成本低的优点,但系统运算速度、数据处理能力有限,且抗干扰能力较差,难以满足高性能机器人控制系统的要求。

以 PLC 为核心的机器人控制系统技术成熟、编程方便,在可靠性、扩展性、对环境的适应性等方面有明显优势,并且有体积小、便于安装维护、互换性强等优点,但是和以单片机为核心的机器人控制系统一样,不支持先进、复杂的算法,不能进行复杂的数据处理,不能满足机器人系统多轴联动等复杂运动轨迹的要求。

基于 IPC+运动控制卡的开放式工业机器人控制系统的硬件构成如图 6-14 所示。它采用上、下位机的二级主从控制结构,IPC 为主机,主要实现人机交互管理、显示系统运行状态、发送运动指令、监控反馈信号等功能。运动控制卡以 IPC 为基础,专门完成机器人系统的各种运动控制(包括位置方式、速度方式和力矩方式),主要是数字交流伺服系统及相关的信号输入、输出。IPC 将指令通过 PC 总线传送到运动控制器,运动控制器根据来自 IPC 的应用程序命令,按照设定的运动模式,向伺服驱动器发出指令,完成相应的实时控制。

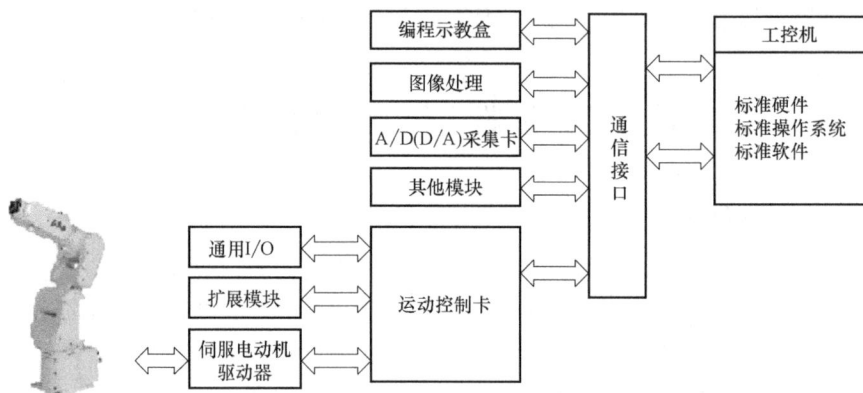

图 6-14　基于 IPC+运动控制卡的开放式工业机器人控制系统硬件构成

该控制系统的 IPC 和运动控制卡分工明确,系统运行稳定,实时性强,能满足复杂运动的算法要求,并且抗干扰能力强,开放性强。基于 IPC+运动控制卡的机器人控制系统将是未来工业机器人控制系统的主流。

下面从工业机器人的应用角度,分析开放式伺服控制系统的常用控制方法。采用运动控制卡控制伺服电动机,通常使用以下两种指令方式。

(1)数字脉冲指令方式　这种方式与步进电动机的控制方式类似,运动控制卡向伺服驱动器发送"脉冲/方向"或"CW/CCW"类型的脉冲指令信号。脉冲数量控制电动机转动的角度,脉冲频率控制电动机转动的速度。伺服驱动器工作在位置控制模式,位置闭环由伺服驱动器完成。采用此种指令方式的伺服系统是一个典型的硬件伺服系统,系统控制精度取决于伺服驱动器的性能。该控制系统具有系统调试简单、不易产生干扰等优点,但伺服系统响应稍慢、控制精度较低。

(2)模拟信号指令方式　在这种方式下,运动控制卡向伺服驱动器发送±10V 的模拟电压指令,同时接收来自电动机编码器的位置反馈信号。伺服驱动器工作在速度控制模式,位置闭环控制由运动控制卡实现,如图 6-15 所示。在伺服驱动器内部,位置控制环节必须先通过 D/A 转换,最终用模拟量实现。速度控制环节减少了 D/A 转换步骤,所以驱动器对控制信号的响应速度快。该控制系统具有伺服响应快、可以实现软件伺服、控制精度高等优点，缺点是对现场干扰较敏感，调试稍复杂。

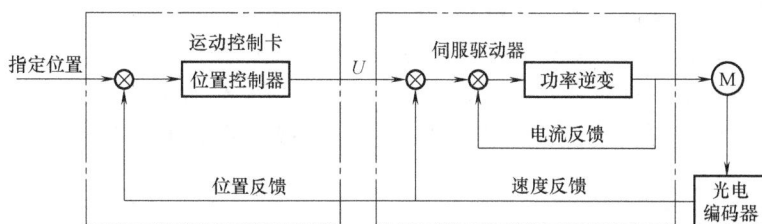

图 6-15 伺服控制系统软件控制框图

在图 6-15 中，把位置环从伺服驱动器移到运动控制卡上，在运动控制卡中实现电动机的位置环控制，伺服驱动器实现电动机的电流环控制和速度环控制，这样可以在运动控制卡中实现一些复杂的控制算法，提高系统的控制性能。

图 6-16 所示为叠加多种补偿值的前馈 PID 控制原理图。高性能的运动控制卡都提供这种控制算法。图中的动力学补偿是对其他轴连接时所产生的离心力、科里奥利力等进行的补偿，重力补偿是对重力所产生的干扰力进行的补偿。在软件设计时，每隔一个控制周期求出机器人各关节的目标位置、目标速度、目标加速度和力矩补偿值，在这些数值之间再按一定间隔进行一次插补运算，然后将运算结果搭配起来，对各个关节进行控制，从而达到提高系统的控制精度和鲁棒性的目的。

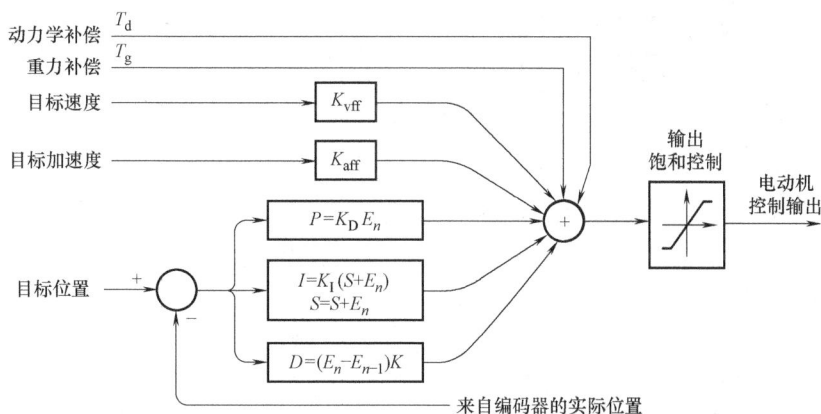

图 6-16 叠加多种补偿值的前馈 PID 控制原理图

三、工业机器人控制系统的基本构成

1. 机器人控制系统的基本功能

机器人控制系统是机器人的重要组成部分，用于对机器人的控制，以完成特定的作业任务，其基本功能如下：

1）记忆功能：存储作业顺序、运动路径、运动方式、运动速度和与生产工艺有关的信息。

2）示教功能：离线编程、在线示教、间接示教。在线示教包括示教盒和导引示教两种。

3）与外围设备联系功能：I/O 接口、通信接口、网络接口、同步接口。

4）坐标设置功能：有关节、绝对、工具、用户自定义 4 种坐标系。

5）人机接口：示教盒、操作面板、显示屏。

6）传感器接口：位置、视觉、触觉、力觉等检测。

7）位置伺服功能：机器人多轴联动、运动控制、速度和加速度控制、动态补偿等。

8）故障诊断安全保护功能：运行时系统状态监视、故障状态下的安全保护和故障自诊断。

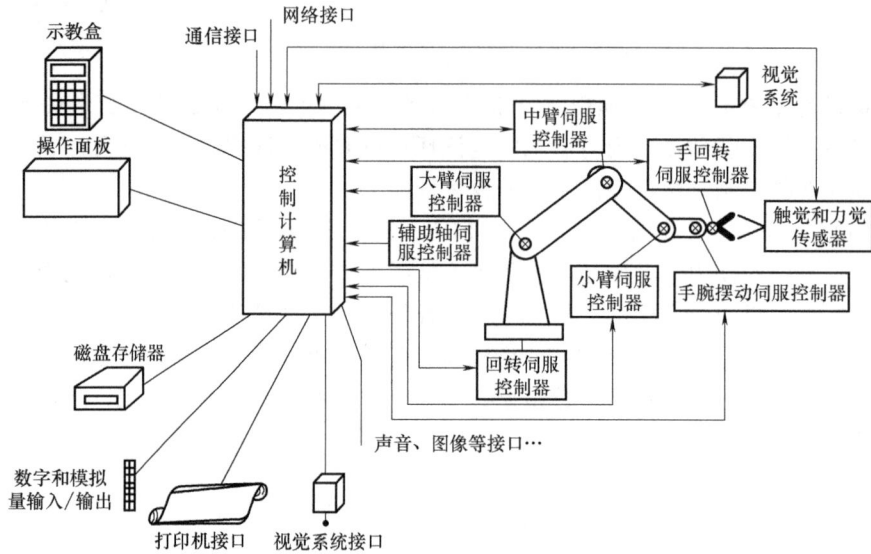

图 6-17 工业机器人控制系统的构成

2. 工业机器人控制系统的基本构成

图 6-17 所示为工业机器人控制系统构成示意图。

1）控制计算机：控制系统的调度指挥中心，一般为微型机、微处理器，有 32 位、64 位等。如奔腾系列 CPU 以及其他类型的 CPU。

2）示教盒：示教机器人的工作轨迹和设定参数，以及所有人机交互操作，拥有自己独立的 CPU 及存储单元，与主计算机之间以串行通信方式实现信息交互。

3）操作面板：由各种操作按键、状态指示灯构成，以完成基本功能的操作。

4）磁盘存储器：是机器人工作程序的外围存储器。

5）数字和模拟量输入/输出：实现各种状态和控制命令的输入或输出。

6）打印机接口：记录需要输出的各种信息。

7）传感器接口：用于信息的自动检测，实现机器人柔顺控制，一般为力觉、触觉和视觉传感器。

8）轴控制器：完成机器人各关节位置、速度和加速度控制。

9）辅助设备控制：用于和机器人配合的辅助设备控制，如手爪、变位机等。

10）通信接口：实现机器人和其他设备的信息交换，一般有串行接口、并行接口等。

11）网络接口：包括 Ethernet 接口和 Fieldbus 接口。

Ethernet 接口：可通过以太网实现数台或单台机器人的直接 PC 通信，数据传输速率高达 10Mbit/s，可直接在 PC 上用 Windows95 或 Windows NT 库函数进行应用程序编程，支持 TCP/IP 通信协议，通过 Ethernet 接口将数据及程序装入各个机器人控制器中。

Fieldbus 接口：支持多种流行的现场总线规格，如 Device Net、AB Remote I/O、Inter-bus-s、PROFIBUS-DP、M-NET 等。

四、工业机器人集成系统的控制

1. 工业机器人的控制与系统控制

在没有安装末端执行器之前，外购的标准工业机器人是一台什么都不会做的通用设备。在实际应用中，要按照生产作业要求，制定出最佳的系统集成方案，再配以适用的末端执行器，将工业机器人与其他外围设备、装置建立联系，通过程序的处理与协调，实现工业机器人集成系统的有序运转。因此，工业机器人除具有基本的示教再现功能外，与外界的联系就成为集成应用中的关键问题。工业机器人控制系统与外界的联系有以下 4 类：

（1）与生产系统的联系 在集成系统中，工业机器人是下位设备，由上位控制装置对其发出各种指令，工业机器人则向上位控制装置反馈各种信息。上位控制装置多为 PLC、计算机或工程师工作站，经通信网络与工业机器人建立联系。

（2）与作业用途的联系 当工业机器人用于不同的生产作业时，其作业设备也不同。例如焊接作业要使用焊机，涂胶作业要用到打胶机。机器人必须与不同用途的作业设备或产品建立联系，发出开关量或模拟量的指令，收取反馈信息，以保证实施有效的作业任务。

（3）与外围设备的联系 对于集成系统中的工装卡具、变位机、移送装置等特定外围设备，也必须进行信息交换，用以互锁协调、确保加工作业的正常顺序，使工业机器人与各设备安全运转。

（4）与传感器或其他装置的联系 某些传感器的信息是直接送至工业机器人控制系统的。例如用于修正轨迹的传感器或装置，只有建立直接联系，才能取得良好的效果。

工业机器人控制系统与外界联系的端口，有的是基本配置，有的是选择项。在制定集成系统的总体方案时，不仅要考虑各设备的配置布局，而且也要考虑与各设备的相互联系方式，这样才能提出对各设备（包括工业机器人）的选定要求。

2. 直接控制

对于简单的工业机器人工作站，在现场所需要的输入和输出信号接口数量少于机器人控制柜所携带的接口数量时，往往采用直接控制方式，也就是使用机器人自身的控制柜实现工作站的全部运行控制，不再外加控制系统。

在这种模式下，机器人控制柜的输入（I）和输出（O）接口与工作站中的各种开关、信号灯及电磁线圈等直接连接，驱动工作站中的气缸、电动机等执行元件，收集工作站中运动件的位置、状态等反馈信息。这对于外围设备简单的工作站是非常方便的。

如图 6-18 所示的工作站，一台机器人

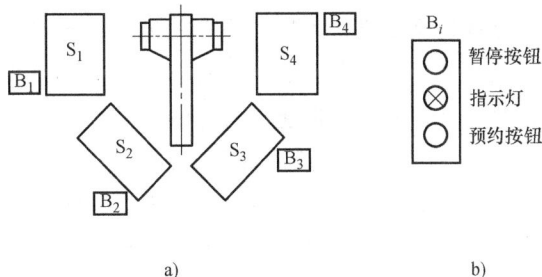

图 6-18 工作站配置图例

a）工作站平面配置 b）操作盒

$S_1 \sim S_4$—工装台 $B_1 \sim B_4$—操作盒

在 $S_1 \sim S_4$ 的 4 个工装台之间交替作业，每个工装台旁有相应的操作盒 $B_1 \sim B_4$，其预约按钮、指示灯和暂停按钮与机器人控制柜的连线关系如图 6-19 所示。预约按钮 $B_{1-2} \sim B_{4-2}$ 分别与机器人控制柜的输入端口 3、8、1、4 连接，指示灯 $B_{1-3} \sim B_{4-3}$ 分别与机器人控制柜的输出端口 7、2、5、4 连接，4 个暂停按钮 $B_{1-1} \sim B_{4-1}$ 串联起来与 EXHOLE 端口连接，如此简单的直接控制便可实现工作站的预约启动作业功能。

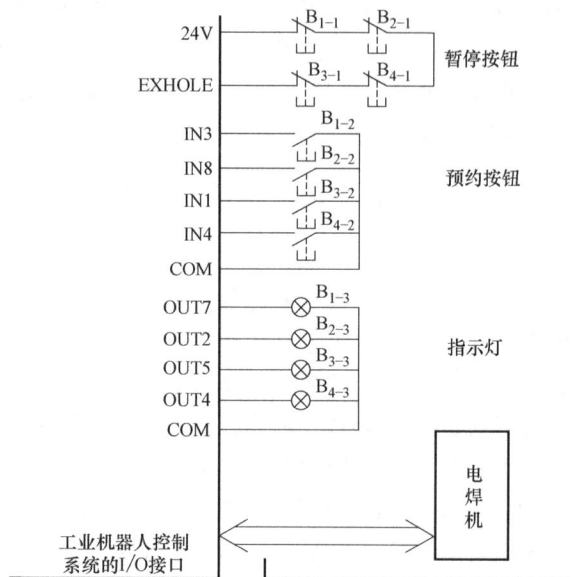

图 6-19　直接外设控制图例

预约启动作业按以下条件进行：

1）装好工件，按下预约按钮，此工装的作业被预约，当其他工装作业结束后即执行预约的作业程序。

2）同时有多个预约时，按设定的顺序号单方向循环依次预约。例如，在执行 3 号作业时 2 号和 4 号作业有预约，那么在 3 号作业结束后即执行 4 号作业。

3）预约后作业尚未执行时，再按一次该预约按钮，即可取消本次预约。

4）在执行某工装作业程序的过程中，不接受该工装对应的再次预约要求。

5）按下任意一个操作盒上的暂停按钮，执行中的程序中止。再一次按下该工装对应的预约按钮，该程序便从中止位置继续执行。这期间仍保留其他预约。

6）预约后指示灯闪烁，执行程序时对应的指示灯亮；程序结束、没有预约或取消预约时指示灯不亮。

预约启动功能很适合小型工作站。这种方式不需要管理程序，而是直接执行作业程序。当某一工装要变更作业程序时，只要改变对应的预约程序，就能加工另一种工件。

3. 并行控制

对于大多数工业机器人集成系统，系统中的元件种类多、数量大，其数量远远大于机器人控制柜所配置的接口数量。这种情况下就不能采用直接控制方式，一般采用并行控制方式。也就是除了机器人自身的控制柜外，再增加一个集成系统控制柜，或使用 PLC，或使用计算机，主要用于集成系统中所有设备、开关、指示灯、传感器、电磁阀等元件的管理与控制，并与机器人控制柜建立信号联系。

图 6-20 所示为并行控制方式的示例。图 6-21 所示为信号关系举例。

在设计机器人集成系统时，要理清工业机器人控制系统和上位控制装置的联系内容和各自的管理范畴。工业机器人和上位控制装置须分别编程，但要明确其信号的相互关系和协调方法。

并行控制方法广泛用于大中型工作站。而在生产线中，除并行控制外，还可选用串行控制方法。

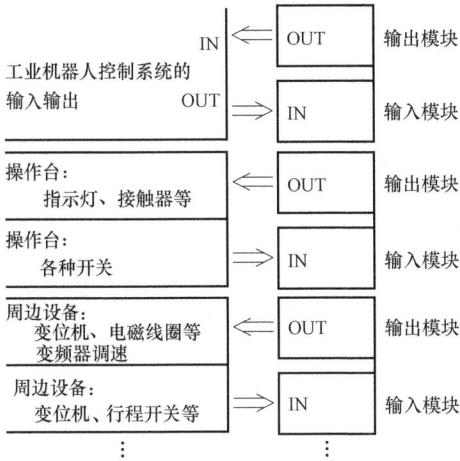

图 6-20 并行控制方式的示例

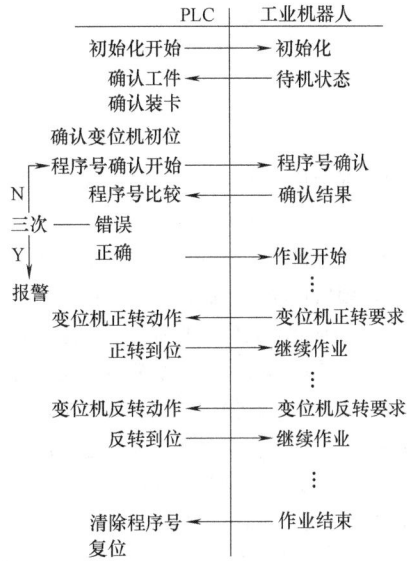

图 6-21 信号关系举例

4. 串行控制

串行控制的实质就是将工业机器人控制系统的并行开关输入、输出接口换成串行接口，用双绞线连至 PLC 的串行接口模块。工业机器人厂家一般提供所需的串行接口。一台 PLC 可以配置多个串行接口模块，每个串行接口模块可以连接多台工业机器人。

其联络关系与并行控制基本一致。要注意串行接口特有的传送速率、传送方式及地址选通等问题。图 6-22 所示为一个 MOTOMAN 工业机器人在点焊生产线中的串行控制示例。

工业机器人控制系统的串行 I/O 接口基于 RS-485 的通信标准，能与 PLC 的相应模块单元连接。这种串行控制方法只限于进行开关量信号的传输。在大型生产线中，为传输更多的信息数据，也可以选择联网控制。

5. 联网控制

此处所谓的联网控制，就是将通信系统运用于工业机器人集成系统之中。工业用通信系统按信息量、速度、距离、联络方式等可分为多种类型。PLC 的系列产品

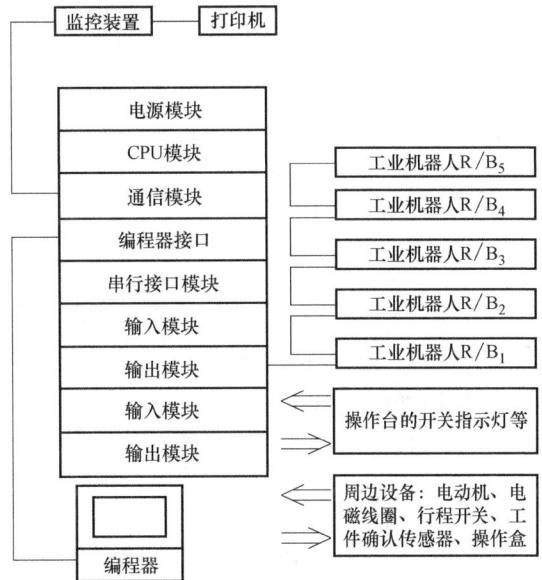

图 6-22 串行控制示例

有各种对应某一通信系统的模块。在生产系统中，可同时使用多种通信系统，以适应不同用途的需要。用双绞线、同轴电缆或光缆将分散于各处的 PLC 与上位计算机联系在一起，形成网络，以实现分散控制和集中管理。在前述的并行或串行控制的示例中，PLC 也可以增加通信模块，实现联网通信与控制。

习　　题

6-1　列举你所知道的工业机器人的控制方式，并简要说明其应用场合。

6-2　请简单叙述机器人控制系统有哪些特点。

6-3　说说机器人控制系统的基本结构，它们有什么区别与联系？

6-4　画出机器人控制系统的硬件组成，各部分有什么功能？

6-5　工业机器人的控制系统与普通控制系统相比有哪些特点？

6-6　工业机器人控制系统的主要功能有哪些？

6-7　在机器人控制中，试分析半闭环系统比全闭环系统应用更为广泛的原因。

6-8　什么是点位控制和连续轨迹控制？举例说明它们在工业上的典型应用。

6-9　简述 PID 控制的基本原理。

6-10　什么是开环控制系统？什么是闭环控制系统？两者有什么区别？

6-11　什么是比例控制？比例控制的特点是什么？

6-12　什么是积分控制？积分控制的特点是什么？

6-13　什么是微分控制？微分控制的特点是什么？

6-14　图 6-23 所示为工业机器人双手指的控制原理，机器人两手指由直流电动机驱动，经传动齿轮带动手指转动。每个手指的转动惯量为 J，阻尼系数为 b。已知直流电动机的传递函数（输入电枢电压为 U_a，输出电动机的转矩为 T_m）为

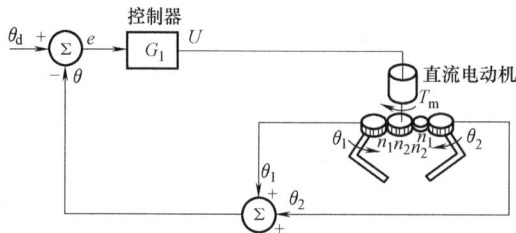

图 6-23　题 6-14 图

$$\frac{T_m(s)}{U_a(s)} = \frac{1}{Ls+R}$$

式中，L、R 为电动机电枢的电感和电阻。

1）证明手指的传递函数为

$$\frac{\Theta_1(s)}{T_m(s)} = \frac{k_1}{s(J_s+b)}, \quad \frac{\Theta_2(s)}{T_m(s)} = \frac{k_2}{s(J_s+b)}$$

并用系统参数表示 k_1 和 k_2。

2）绘出以 θ_d 为输入、θ 为输出的闭环系统框图。

3）如果采用比例控制器（$G_c = k$），可求出闭环系统的特征方程。k 是否存在极大值，为什么？

6-15　机器人在什么场合要实施位置与力的混合控制？说明位置与力混合控制模型（见图 6-12）中矩阵 S 的作用。

6-16　简述 IPC+运动控制卡的开放式工业机器人控制系统的特点以及采用运动控制卡控制伺服电动机时的两种指令方式。

第七章 工业机器人的生产线与工作站

　　工业机器人的发展虽然离人类的梦想还相差甚远，但它在社会各个领域中的应用，已经表现出越来越强的生命力，甚至对于人类社会生活的许多方面以致整个人类文明，都产生了意想不到的积极效应。目前，工业机器人在工业发达国家，已经成为企业必不可少的设备之一。本章将介绍机器人工作站和机器人生产线的构成及设计原则。

第一节 在生产中引入机器人系统的方法

　　引入机器人系统的工程，可按以下 4 个阶段有步骤地进行。

一、可行性分析

　　对于任一工程项目，通常都要进行可行性分析。机器人系统的引入也是如此，必须了解引入的目的以及主要技术要求，对此至少应在 3 个方面进行可行性分析。

　　1. 技术上的可能性和先进性

　　这是可行性分析首先要解决的问题，它包括用户现场调查、相似作业实例调查分析等。

　　在获得充分的调查资料后，就要规划初步的技术方案，为此要进行作业量及难度分析、编制作业流程卡片、绘制时序表、确定作业范围并初选机器人型号、确定相应的外围设备、确定工程难点并进行试验取证、确定人工干预程度等。然后提出几个规划方案并绘制相应的机器人工作站或生产线的平面配置图，编制说明文件。再对各方案进行先进性评估，包括机器人系统、外围设备以及控制、通信系统等的先进性。最后预测各工作站、生产线的应用时限以及多个规划方案在竞争中的地位。

　　2. 投资上的可能性和合理性

　　根据提出的技术方案，按机器人系统、外围设备、控制系统以及安全保护设施等逐项进行估价，并考虑到工程进行中可以预见和不可预见的附加开支，将已得出的估价按百分比适当扩大，即可得到初步的工程造价。如果造价在工程投资范围之内，就具有可能性。

　　在可能性分析的基础上还要深入地进行合理性分析。一般来说，关键设备应是投资的主要部分，只有分析到位才算是合理的。

　　3. 工程实施过程中的可能性和可变更性

　　满足前两项之后的引入方案，还要对它进行施工过程中的可能性和可变更性分析。这是因为在很多设备和原件等的制造、选购、运输和安装过程中，还可能出现很多问题，必须找到发生问题时的替代方案，只有这样，才能使机器人的引入工程得以应用。

在进行上述分析之后，就可对机器人引入工程的初步方案进行可行性排序，得出可行性结论，并确定一个最佳方案，再进行机器人工作站、生产线的工程设计。

二、机器人工作站和生产线的详细设计

根据可行性分析中所选定的初步技术方案，进行详细的设计、开发、关键技术和设备的局部实验或试制、绘制施工图和编制说明书。

1. 规划及系统设计

规划及系统设计包括设计单位内部的任务划分、机器人考查及询价、编制规划单、运行系统设计、外围设备（辅助设备、配套设备以及安全装置等）能力的详细计划和关键问题对策等内容。

2. 布局设计

布局设计包括机器人选用（可选一到两种机型），人-机系统配置，作业对象的物流路线，电、液、气系统走线，操作箱、电器柜的位置以及维护修理和安全设施配置等内容。

3. 扩大机器人应用范围辅助设备的选用和设计

这项任务包括机器人用以完成作业的末端执行器（工具），固定和改变作业对象位姿的夹具和变位机，改变机器人动作方向和范围的架座等的选用和设计。一般来说，这一部分的设计工作量最大。

4. 配套和安全装置的选用和设计

这项任务包括为完成作业要求的配套设备（如弧焊的焊丝切断和焊枪清理设备等）的选用和设计，安全装置（如围栏、安全门等）的选用和设计以及现有设备的改造和追加等内容。

5. 控制系统设计

这项设计包括选定系统的标准控制类型与追加性能，确定系统工作顺序与方法，联锁与安全设计，液压气动、电气、电子设备及备用设备的试验，电气控制电路设计，机器人线路及整个系统线路的设计等内容。

6. 支持系统设计

支持系统设计包括故障排除与修复方法、停机时的对策与准备、备用机器的筹备以及意外情况下救急措施等内容。

7. 工程施工设计

这项设计包括编写工作系统说明书、机器人详细性能和规格的说明书、接收检查文本、标准件说明书，绘制工程图样，编写图样清单等内容。

8. 编制采购资料

这项任务包括编写机器人估价委托书、机器人性能及自检结果，编制标准件采购清单，培训操作人员计划，编写维护说明及各项预算方案等内容。

三、制造与试运行

制造与试运行是根据详细设计阶段确定的施工图样、说明书，完成总体布置、工艺分

析、制作和采购等，然后进行安装、测试和调整，使之达到预期的技术要求，同时对管理人员、操作人员进行培训。

1. 制作准备

制作准备包括制作估价，拟定事后服务及保证事项，签订制造合同，选定培训人员及实施培训等内容。

2. 制作与采购

制作与采购包括制定加工零件的制造工艺、零件加工、采购标准件、检查机器人性能、采购件的验收检查以及故障处理等内容。

3. 安装与试运转

安装与试运转包括安装总体设备，试运转检查与调整，连续运转，实施机器人系统的工作循环、生产试车、维护维修培训等内容。

4. 连续运转

连续运转包括按规划中的要求进行系统的连续运转和记录，发现和解决异常问题，实地改造，接受用户检查，写出验收总结报告等内容。

四、交付使用

交付使用后为达到和保持预期的性能和目标，对系统进行维护和改进，并进行综合评价。

1. 运转率检查

运转率检查包括正常运转概率测定，周期循环时间和产量的测定，停车现象分析和故障原因分析等内容。

2. 改进

改进包括正常生产必须改造事项的选定及实施和今后改进事项的研讨及规划等内容。

3. 评估

评估包括技术评估、经济评估、对现实效果和将来效果的研讨，再研究课题的确定以及写出总结报告等内容。

由此看出，在工业生产中引入机器人是一项相当细致而复杂的系统工程，它涉及机、电、液、气、计算机等许多技术领域，不仅要在技术上，而且要在经济效益、社会效益、企业发展多方面进行可行性研究，只有立题正确、投资准、选型好、设备经久耐用，才能做到最大限度地发挥机器人的优越性，提高生产率。

第二节　工业机器人工作站的构成及设计原则

机器人工作站是指使用一台或多台机器人，配以相应的外围设备，用于完成某一特定工序作业的独立生产系统。它主要由机器人及其控制系统、辅助设备以及其他设备所构成。在这种构成中，机器人及其控制系统应尽量选用标准装置，对于个别特殊的场合（如冶金行业热钢坯的搬运机器人）需设计专用机器人。而末端执行器等辅助设备以及其他外围设备则随应用场合和工件特点的不同存在着较大差异，因此这里只阐述一般工作站的构成和设计原则，并结合实例加以简要说明。

一、机器人工作站实例及其构成

某摩托车车架主管预焊机器人工作站及其组成设备如图 7-1 所示，其工作顺序是：

1）在夹具体上，人工安置散件，并用气动夹具夹紧（图中未画夹具）。

2）机器人手持焊枪，完成夹具体 A 上面焊缝的预焊。

3）变位机将夹具体 A 绕水平轴旋转 180°后定位。

4）机器人手持焊枪，完成夹具体 A 下面焊缝的预焊。

5）变位机使夹具体 A 转回到原初始位置。

6）转台绕垂直轴旋转 180°，交换工件（夹具体 B 换到机器人作业位置）。

7）人工取出夹具体 A 上的已焊工件，进入下一焊接循环。

这个工作站的特点在于人工装卸工件的时间小于机器人焊接工作时间，可

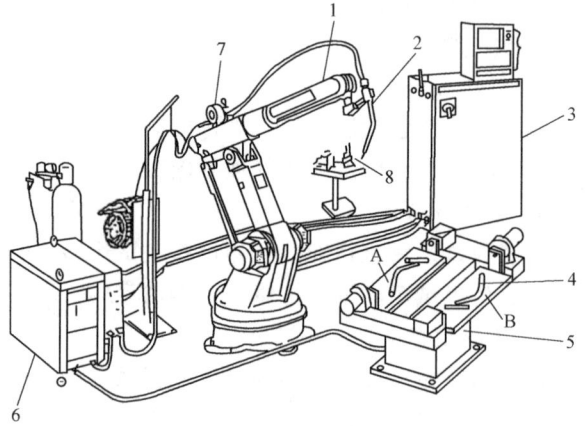

图 7-1　某摩托车车架主管预焊机器人
工作站及其组成设备

1—机器人　2—末端执行器　3—机器人控制柜　4—工件
5—三轴变位机　6—焊机　7—送丝机　8—焊枪清理装置

以充分地利用机器人，生产率高；操作者远离机器人工作空间，安全性好。采用转台交换工件，整个工作站占用面积相对较小，整体布局也利于工件的物流。

结合图 7-1 的应用实例，可以看出机器人工作站一般应由以下几部分构成。

1. 机器人

机器人是机器人工作站的组成核心，应尽可能选用标准的工业机器人。本例选用了日本安川公司的 MOTOMAN-SK6 机器人（六自由度垂直关节式）。

机器人控制系统一般随机器人型号的确定而定。对于某些特殊要求，除机器人控制外，希望再增加几套外部轴控制、视觉系统、相关传感器等，可以单独提出，由机器人生产厂家提供配套装置。

2. 机器人末端执行器

机器人末端执行器是机器人的重要装置，也是工作站中的重要组成部分。同一台机器人，由于安装了不同的末端执行器，就会完成不同的作业，用于不同的生产场合。多数情况下需专门设计，它与机器人的机型、总体布局、工作顺序都有直接关系。本例是弧焊工作站，末端执行器是带有安全防碰撞装置的标准机器人用焊枪，如图 7-2 所示。

3. 夹具和变位机

夹具和变位机是固定作业对象并改变其相对于机器人的位置和姿态的设备，它可在机器人规定的工作空间和灵活度条件下获得高质量的作业。本例的夹具和变位机由转台、两套旋转机及夹具体组成，如图 7-3 所示。转台和旋转机均由交流伺服电动机通过减速器驱动，既可使夹具体在任意位置停留实现间断定位，又可与机器人协调运动，完成复杂焊缝的高质量焊接。夹具体是由手-气动夹具组成的。

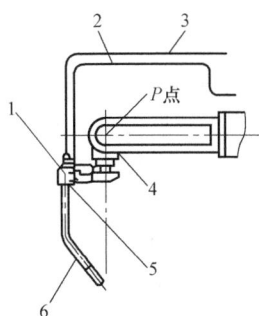

图 7-2 标准机器人用焊枪

1—安全防碰撞装置 2—安全防碰撞装置导线
3—焊枪导线 4—*B* 轴 5—绝缘套 6—焊枪

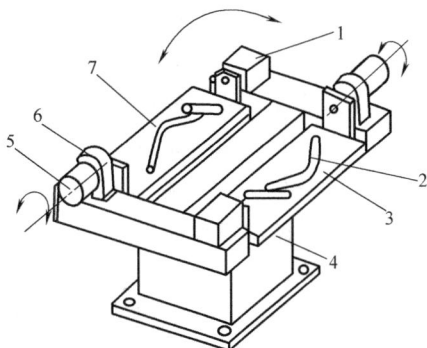

图 7-3 变位机

1—支座 2—工件 3—B 位置夹具板 4—底座
5—交流伺服电动机 6—减速器 7—A 位置夹具板

4. 机器人架座

机器人必须牢固地安装在架座上，架座必须具有足够的刚性。对不同的作业对象，架座可以是标准正立架座，也可以是加高架座、侧架座或倒挂架座。不同架座可以改变机器人的运动方位，便于完成不同位置的作业。有时为了加大机器人的工作空间，架座可设计成移动式，如图 7-4 所示。架座有单向、双向或三向移动形式。本例是正立架座。

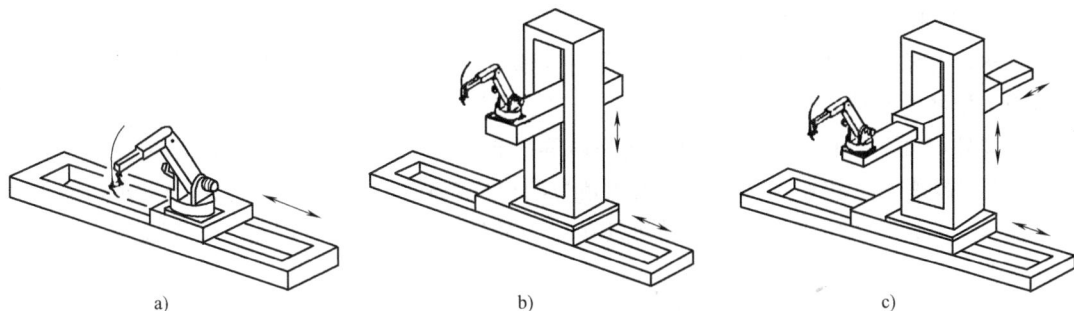

图 7-4 机器人移动架座

a）单向移动架座 b）双向移动架座 c）三向移动架座

5. 配套及安全装置

配套及安全装置是机器人及其辅助设备的外围设备及配件。它们各自相对独立，又比较分散，但每一部分都是不可缺少的，包括配套设备、电气控制柜、操作箱、安全保护装置和走线走管保护装置等。

各种类型的机器人工作站，其配套及安全装置有所不同。一般来说，安全栅、电气控制柜和操作箱是共同需要的。

6. 动力源

机器人的外围设备多采用气、液作为动力，因此常需配置气、液压站以及相应的管线、阀门等装置。对电源有一些特殊要求的设备或仪表，也应配置专用的电源系统。

7. 作业对象的储运设备

作业对象常需在工作站中暂存、供料、移动或翻转，所以工作站也常配置暂置台、供料器、移动小车或翻转台架等设备。

8. 检查、监视和控制系统

这种系统对于某些工作站来说是非常必要的,特别是用于生产线的工作站。比如工作对象是否到位,有无质量事故,各种设备是否正常运转,都需要配置检查和监视系统。

一般来说,机器人工作站是一个自动化程度相当高的工作单元,它备有自己的控制系统,如目前使用最多的是 PLC 系统。该系统既能管理工作站,使其有序、正常工作,又能和上位机相连,向它提供各种信息,如产品计数等。

以上总结的 8 个部分,并不是任何一个工作站都必备的,对于一些特殊的工作站,还可再配备其他的必要设备,所以工作站的最终构成要因作业内容及投资程度而定。

二、机器人工作站的一般设计原则

由于工作站的设计是一项较为灵活多变、关联因素甚多的技术工作,所以在这里只能将其共性因素抽象出来,得出 10 项设计原则:①设计前充分分析作业对象,拟定最合理的作业工艺;②满足作业的功能要求和环境条件;③满足生产节拍要求;④整体及各组成部分必须全部满足安全规范及标准;⑤各设备及控制系统应具有故障显示及报警装置;⑥便于维护修理;⑦操作系统简单明了,便于操作和人工干预;⑧操作系统便于联网控制;⑨工作站便于组线;⑩经济实惠,能快速投产。这些设计原则共同体现着工作站用户多方面的需求,设计人员要千方百计地予以满足。在此只对更具特殊性的前 4 项原则展开讨论。

1. 作业对象和工艺要求

对作业对象(工件)及其技术要求进行认真细致的分析是整个设计的关键环节,它直接影响工作站的总体布局、机器人型号的选定、末端执行器和变位机等的结构以及其他外围设备的型号等方面。在设计工作中,这一内容所投入的精力和时间占总设计时间的 15% ~ 50%。工件越复杂,作业难度越大,投入精力的比例就越大;分析得越透彻,工作站的设计依据就越充分,将来工作站的性能就可能越好,调试时间和修改变动量就可能越少。一般来说,工件的分析包含以下几个方面:

1)工件的形状决定了机器人末端执行器和夹具体的结构及其工件的定位基准。在成批生产中,对工件形状的一致性应有严格要求。在那些定位困难的情况下,还需与用户商讨,有无适当改变工件形状的可能性,使更改后的工件既能满足产品要求,又能为定位提供方便。在本例中,立管两端的加工孔,以及弯管的外圆面都是主要的定位基准,它们的形状及误差要求具有规定的一致性,否则将会直接影响焊缝的精度与质量。

2)工件的尺寸及精度对机器人工作站的作业性能有很大影响。特别是精度,它决定了工件形状的一致性。设计人员应对与本工作站相关的关键尺寸和精度提出明确的要求。一般情况下,与人工作业相比,工作站对工件尺寸及精度的要求更为苛刻,尺寸及精度的具体数值要根据机器人工作精度、辅助设备的综合精度以及本站产品的最终精度来确定。需要特别注意的是,如果在前期工序中对工件尺寸控制不准、精度偏低,就会造成工件在机器人工作站中的定位困难,甚至造成引入机器人工作站决策的彻底失败。因此,引入机器人工作站的前提,必须对工件的全部加工工序予以研究,必要时需改变部分原始工序,重新排列工序内容,增加专用设备,使工件具有稳定的精度。另外需要注意的是,工件的尺寸还直接影响外围设备的外形尺寸以及工作站的总体布局形式。

3)当工件安装在夹具体上,或是放在某个搁置台上时,工件的质量和夹紧时的受力状况就成为夹具体、传动系统以及支架等零部件的强度和刚度设计计算的主要根据，也是选择电动机或气液系统压力的主要因素之一。当工件需要机器人抓取和搬运时，工件质量又成为选定机器人型号最直接的技术参数。如果工件质量过大，已经无法从现行产品中选择标准机器人，那就需要设计并制造专用机器人。这种情形在冶金、建筑等行业中尤为普遍。

4）工件的材料和强度对工作站中夹具体的结构设计、选择动力形式、末端执行器的结构以及其他辅助设备的选择都有直接影响。设计时要以工件的受力和变形、产品质量是否符合最终要求为原则来确定其他因素，必要时还应进行关键内容的试验，通过试验数据确定关键参数，这种手段多用于新领域的机器人工作站的开发。在焊接工作站中，当焊接不同材料的工件时，例如钢、铜或铝质工件，其焊机型式、引弧方式、焊丝材料都会有所不同。

5）工作环境也是机器人工作站设计中需要引起注意的一个方面。对于焊接工作站，要注意焊渣飞溅的防护，特别是机械传动零件和电子元件及导线的防护。在某些场合，还要设置焊枪清理装置，保证起弧质量；对于喷涂或粉尘较大的工作站，要注意有毒物质的防护，包括对操作者健康的损害和对设备的化学腐蚀等；对于高温作业的工作站，要注意温度对计算机控制系统、导线、机械零部件和元器件的影响；在一些特殊场合，如强电磁干扰的工作环境或电网波动会成为工作站设计中一个需要重点研究的问题。

6）用户作业要求是用户对设计人员提出的技术期望，它是可行性研究和系统设计的主要依据。具体内容有年产量、工作制度、生产方式、工作站占用空间、操作方式和自动化程度等。其中，年产量、工作制度和生产方式是规划工作站的主要因素。当一个工作站不能满足产量要求时，则应考虑设置两个甚至更多个相同的工作站，或设置一个人工处理站，与机器人工作站协调作业。而操作方式和自动化程度又与一个工作站中机器人的数量、夹具的自动化水平、投入成本、操作者的劳动强度以及其他辅助设备有直接关系。如在本例中，车架散件的就位和成品的拆卸均由人工操作，机器人只完成各焊缝的焊接作业。整个工作站仅需一台持重 6kg 的机器人，但工人劳动强度较大。假设改变系统设计，将安装与取出工件的作业由另一台机器人完成，那就必须再增加一台持重为 15kg 以上的机器人，而且需要设计出较为复杂的末端执行器（既能抓取形状各异的散件，又能整体取出工件），这样就大大降低了工人的劳动强度，提高了工作站的自动化水平，当然也大大增加了投入成本。由此可见，要充分研究用户作业要求，使工作站既符合工厂现状，又能生产出高质量的产品，即处理好投资与效益的关系。需要说明的是，对于那些形状复杂、作业难度较大的工件，如果一味地追求更高的自动化程度，就势必会大大地增加设计难度、投入资金以及工作站的复杂程度。有时，增加必要的人工处理，会使工作站的使用性能更加稳定，更加实用。本例中，夹具体上工件的定位和夹紧都是由气缸和定位块实现的，这就要求每个散件放入夹具体后，具有基本正确的位置，当工件夹紧后，其散件的相关位置符合工件的形位要求。

如果把气动夹紧系统改成人工机械夹紧，就会大大简化夹具体的结构和设计难度，从使用情况来看也更为可靠，但这又增加了工人的劳动强度，降低了夹具体的自动化水平。因此，要充分分析工厂的实际情况，反复商讨对于作业的要求，最终形成行之有效的系统方案。

2. 功能要求和环境条件

机器人工作站的生产作业是由机器人连同其末端执行器、夹具和变位机以及其他外围设备等完成的，其中起主导作用的是机器人，所以选择的机器人要满足作业的功能要求。这可从 3 方面加以保证：有足够的持重能力、有足够大的工作空间和有足够多的自由度。环境条件的要求可查阅机器人产品样本。下面分别加以讨论。

（1）确定机器人的持重能力 机器人手腕所能抓取的质量是机器人的一个重要性能指标，习惯上称为机器人的可搬质量。这一可搬质量的作用线垂直于地面（机器人基准面）并通过机器人手腕基点 P。一般来说，同一系列的机器人，其可搬质量越大，它的外形尺寸、手腕基点（P）的工作空间、自身质量以及所消耗的功率也就越大。图 7-5 所示为 MOTOMAN 的 K 和 SK 系列机器人结构。表 7-1 中列出 K 和 SK 系列机器人参数，其可搬质量为 3~150kg，分为 11 档。

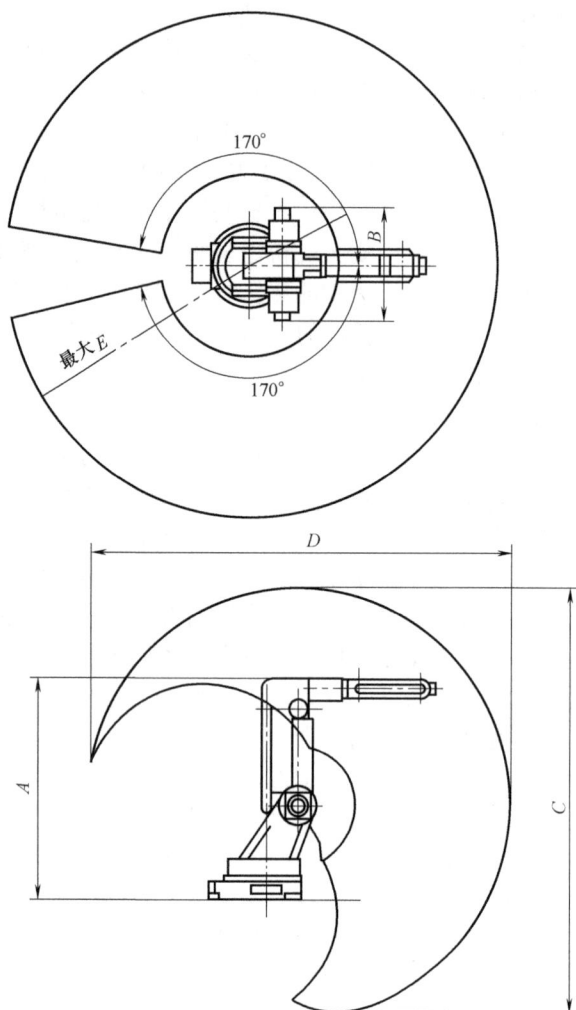

图 7-5 K 和 SK 系列机器人结构

表 7-1 K 和 SK 系列机器人参数

型号	持重 /kg	自重 /kg	功率 /kV·A	尺寸 A /mm	尺寸 B /mm	尺寸 C /mm	尺寸 D /mm	尺寸 E /mm
K3S	3	52	4	789	483	1391	1403	859
K5G	5	350	9	1675	860	3449	3440	1041
SK6	6	145	3.5	1159	562	2309	1740	1325
K10SH	10	300	8	1375	680	2653	2679	1555
SK16	16	280	7	1375	710	2653	2679	1555
K30SH	30	600	15	1660	928	3068	3101	1787
SK45	45	590	13	1758	854	3111	3134	1787
K60SH	60	980	24	1775	1078	2116	1574	2003

（续）

型号	持重 /kg	自重 /kg	功率 /kV·A	尺寸 A /mm	尺寸 B /mm	尺寸 C /mm	尺寸 D /mm	尺寸 E /mm
K100SH	100	1600	24	2105	1154	2604	1885	2387
SK120	120	1500	22	2340	950	2998	2471	2573
K150SH	150	1600	24	2105	1154	2604	1885	2387

注：SK 系列是原 K 系列的改进型产品。

在设计中，需要初步设计机器人末端执行器，比较精确地估算它的质量，按照式（7-1）初步确定机器人的可搬质量 R_G。

$$R_G = (M_G + G_G + Q_G)K_1 \tag{7-1}$$

式中，M_G 为末端执行器主体结构的质量；G_G 为最大工件的质量；Q_G 为末端执行器附件的质量；K_1 为安全系数，$K_1 = 1.0 \sim 1.1$。

在某些场合，末端执行器比较复杂，结构庞大，例如一些装配工作站和搬运工作站中的末端执行器。因此，对于它的设计方案和结构形式，应当反复研究，确定合理可行的结构，尽可能减小其质量。如果末端执行器还要抓取或搬运工件，就要按最大工件的质量 G_G 计算。Q_G 是除末端执行器的主体结构外，其他附件质量的总和，比如气动管接头、气管、气动阀、电气元器件、导线和线夹等。当 M_G、G_G 和 Q_G 三项之和与机器人可搬质量的标准值小很多时，可以不考虑安全系数 K_1，此时，K_1 可取 1。当上述三项之和与某一标准值非常接近时，取 $K_1 > 1$。通常情况下，末端执行器的质量越大，机器人手腕基点 P 的工作空间就越大；机器人的运行速度越高，K_1 的取值就越大，反之，K_1 的取值越小。

另外，末端执行器重心位置对机器人的可搬质量是有影响的。同一质量的末端执行器，其重心位置偏离 P 点越远，对该中心形成的弯矩也就越大，所选择的机器人可搬质量就要更大一些。在机器人的技术资料中，可以查阅各种规格机器人的安装尺寸界限图。例如，MOTOMAN-K30SH 型机器人的末端执行器安装尺寸界限图如图 7-6 所示。以 P 点为基准，在大约 500mm×（±250）mm 的区域内，该机器人可搬起 30kg 的重物。末端执行器的重心位置越向外移，它所能搬起的质量就越小，在 x 方向超出

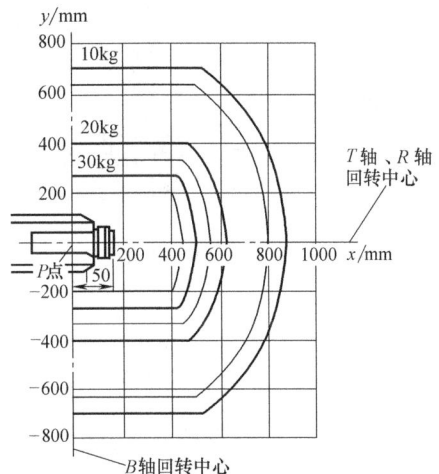

图 7-6 MOTOMAN-K30SH 型机器人
末端执行器安装尺寸界限图

500mm，或在 y 方向超出 250mm 后，它只能搬起 20kg 的重物；当重心位置距 P 点约 750mm 时，这台 30kg 的机器人只能按可搬质量为 10kg 的机器人使用。

可搬质量参数是选择机器人最基本的参数，决不允许机器人超载运行。例如使用可搬质量为 60kg 的机器人携带总重为 65kg 的末端执行器及负载长时间运转，必定会大大降低机器人的重复定位精度，影响工作质量，甚至损坏机械零件，或因过载而损坏机器人。

（2）确定机器人的工作空间 机器人 P 点的动作范围就是机器人的名义工作空间，它是机器人的另一项重要性能指标。在产品说明书上一般用两个视图表示，图 7-7 所示为三种型号

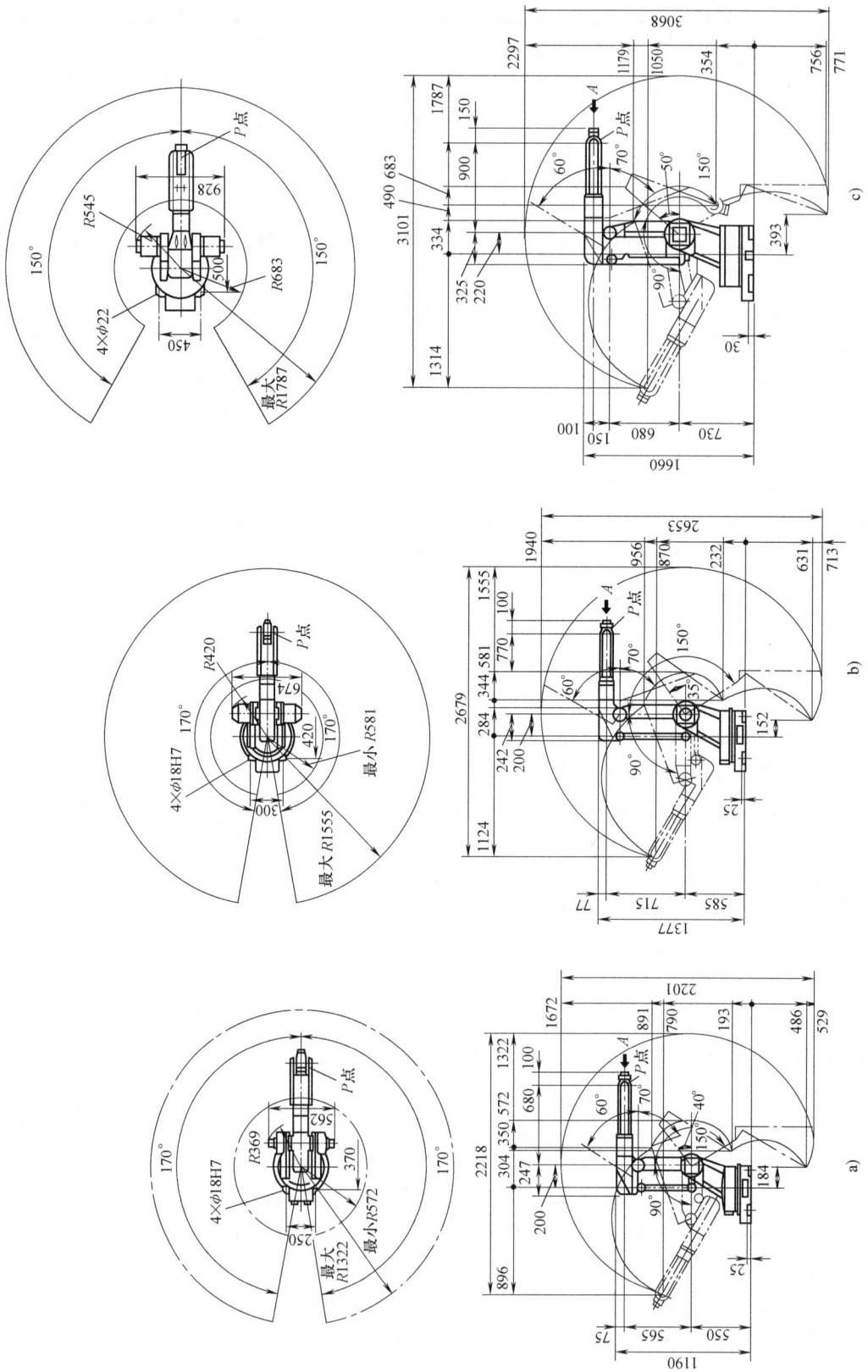

图 7-7 K6SH、K10SH、K30SH 机器人的工作空间

a）K6SH 机器人的工作空间 b）K10SH 机器人的工作空间 c）K30SH 机器人的工作空间

机器人的 P 点工作空间。在设计中，首先根据质量大小和作业要求，初步设计或选用末端执行器，然后通过作图找出作业范围。只有作业范围完全落在所选机器人的 P 点工作空间之内，该机器人才能满足作业范围的要求。否则就要更换机器人型号，直到满足作业范围要求为止。

需要指出的是，由于末端执行器装在手腕上后（见图7-8a），作业的实际工作点是 A 而

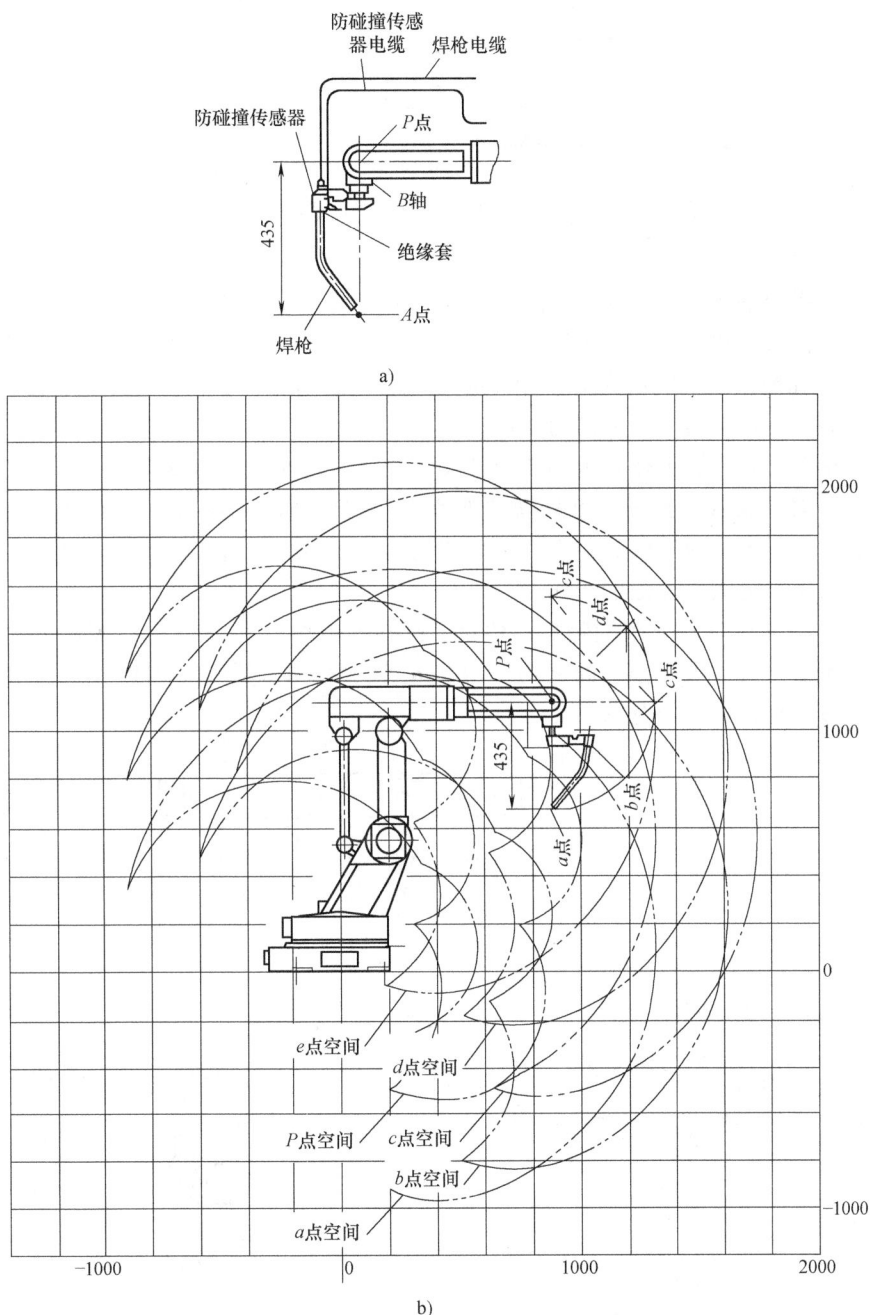

图7-8　机器人手腕基点 P 与工作点 A 的关系

a) P 点、A 点相对关系　b) P 点与 A 点的工作空间关系

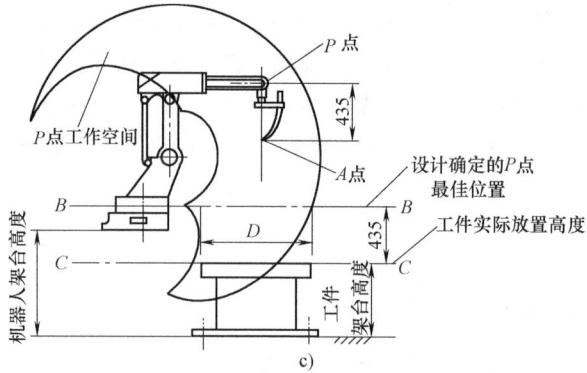

图 7-8 机器人手腕基点 P 与工作点 A 的关系（续）

c）工件位置设置

不是机器人的手腕基点 P，所以实际的机器人作业范围是由 A 点（距 P 点 435mm）所形成的动作范围。比如，要想焊接水平面 $C—C$（见图 7-8c）上的工件焊缝，就要尽可能地将机器人的 P 点放在断面 $B—B$（距 $C—C$ 435mm）上，因为机器人在这个断面上具有更大的 y 向活动距离 D，更容易满足对工件的作业。

有时持重要求较小，但作业范围要求却相对较大，这时就将持重小且工作空间也小的机器人固定在单向、双向甚至三向可移动的架座上，利用移动机器人来增加机器人的作业范围，使之满足工件大作业范围的要求，也可使机器人固定，通过移动工件，从而用小工作空间的机器人来实现更大作业范围的作业。

图 7-9a 表示工件的作业范围狭长，超出了机器人工作空间。图 7-9b 表示移动工件，使实际作业区域落在机器人工作空间之内。图 7-9c 表示移动机器人变相加长了机器人的工作空间，使之覆盖狭长的作业范围。

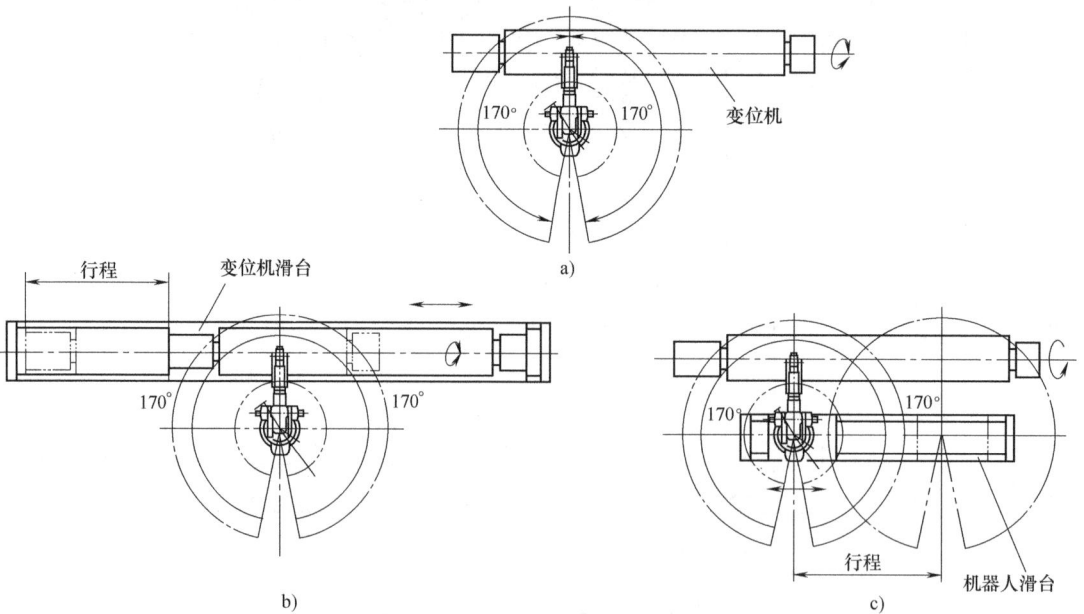

图 7-9 加大机器人作业范围示意图

a）作业范围大　b）工件移动　c）机器人移动

（3）确定机器人的自由度　机器人在持重和工作空间上满足工作站或生产线的功能要求后，还要分析它是否可以在作业范围内满足作业的姿态要求。如图 7-10a 所示的简单堆垛作业，作为末端执行器的夹爪，只需 1 个垂直旋转的自由度，再加上 3 个圆柱坐标自由度，也就是 4 个自由度的圆柱坐标机器人即可满足要求。若用垂直关节型机器人，由于上臂的倾斜需要手腕的摆动来保持手爪的空间平移，故需 5 个自由度的垂直关节型机器人。图 7-10b 表示电子插件作业，常采用 4 个自由度的 SCARA 型机器人。对于复杂工件的焊接，一般需要 6 个自由度，如图 7-10c 所示。如果焊件简单，又使用了变位机，则多数情况下 5 个自由度的机器人即可满足要求。图 7-10d 所示的机器人常用于专用设备上加工工件的上、下料作业。

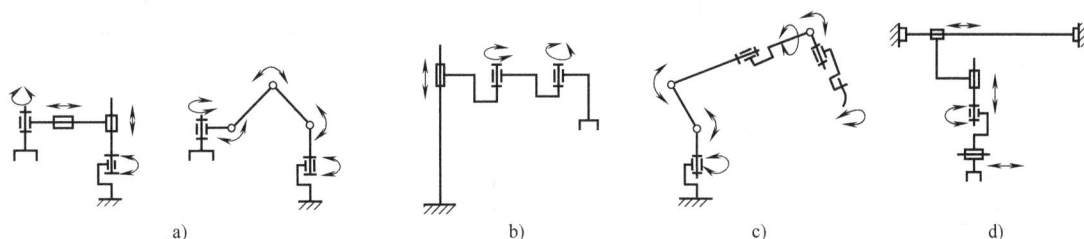

图 7-10　自由度与作业的关系

a）堆垛　b）电子插件　c）焊接　d）上、下料

自由度越多，机器人的机械结构与控制就越复杂，所以在通常情况下，如果用较少自由度能完成的作业，就不要盲目选用更多自由度的机器人。

总之，在选择机器人时，为了满足功能要求，必须从持重、工作空间、自由度等方面来分析，只有它们同时被满足或者增加辅助装置后可以满足，所选用的机器人才是可用的。

机器人的选用也常受到机器人供货市场和价格的影响，应当优先选用可用且价格低廉、性能可靠、有较好售后服务的机器人产品。

机器人在许多生产领域得到了广泛应用，各种应用领域必然会有各自不同的环境条件。为此，机器人制造厂家应根据不同的应用环境和作业特点，不断地研发和生产各种类型的机器人供用户选用。他们不但要考虑功能要求，还要考虑其他应用中的问题，如强度、刚度、轨迹精度、粉尘及温、湿度等特殊要求。在选用机器人时，应注意参考生产厂家所提供的产品说明书。

表 7-2 所示为部分 MOTOMAN 型机器人的适用场合。从表中可以看出，对于弧焊作业，由于焊枪质量小，不需要过大的机器人，可搬质量 6kg 或 10kg 的机器人是较为适合的。这几种型号的机器人还适合于切割作业和涂胶作业，因为切割枪和涂胶枪与弧焊枪的质量相当。3kg 的机器人主要用于小型零件的搬运或装配；5kg 的机器人常常是为喷漆作业而设计的。对于点焊作业，由于点焊枪的质量差别较大，所以至少需要 30kg 以上具有 6 个自由度的机器人才能胜任。表中的各种机器人配以特定的末端执行器，几乎都可以用于搬运作业，而其中的 K205SB、K204SB、L1004S 和 S 系列的机器人是专为各种搬运作业设计的，可以优先选择。至于去毛刺和研磨作业，由于砂轮机大小各异、质量不等，而且作业的动作范围变化较大，因此会选用不同持重的机器人。

表 7-2　部分 MOTOMAN 型机器人的适用场合

型号	适用场合							
	弧焊	点焊	搬运	装配	切割	去毛刺研磨	涂胶	喷漆
K3S	○		○	○				
K5G								○
K5NG								○
K5WG								○
K6SH	○		○	○	○			
K6MSH	○		○	○	○			
K10SH	○		○	○	○	○	○	
K10MSH	○		○	○		○	○	
K10ASB					○			
K205SB			○					
K204SB			○					
K30SH		○	○	○		○		
K30WSH		○	○	○		○		
K30COS		○	○	○		○		
K60SH		○	○	○		○		
K60CSH		○	○	○		○		
K60RSH			○	○				
K604SB			○					
K100SH		○	○	○		○		
K100CSH		○	○	○				
K100RSH		○	○					
K120SH		○	○	○		○		
K150SH		○	○	○		○		
B30SH		○	○	○		○		
L1004S			○					
H100S		○	○					
S_{60}^{30}4SC			○					
S_{60}^{30}4WSC			○					
S50S		○	○			○		

注：○为适用场合。

同一可搬质量下，机器人可能有几种型号，一般来说有一种是基本型，其他是扩展型。如图 7-11 和表 7-3 中可搬质量都是 10kg 的机器人，K10SH 是基本型，K10MSH 的基本结构原理与 K10SH 完全相同，只是适当改变了各轴（关节）的回转角度范围，加长了某些杆件的长度，这样就扩大了机器人的工作空间。K10ASB 型与 K10SH 型相比，省略了手腕转动（T 轴）的自由度，改变了机器人手腕结构，而机器人工作空间相同，这种机器人特别适用于切断作业。因此，选型时要根据实际要求而定。

表 7-3　3 种相同可搬质量机器人各轴旋转角度的比较

机器人轴	旋 转 角 度		
	K10SH/(°)	K10MSH/(°)	K10ASB/(°)
S 轴	340	300	340
L 轴	240	240	240
U 轴	275	260	275
R 轴	360	450	360
B 轴	270	270	205
T 轴	400	700	无

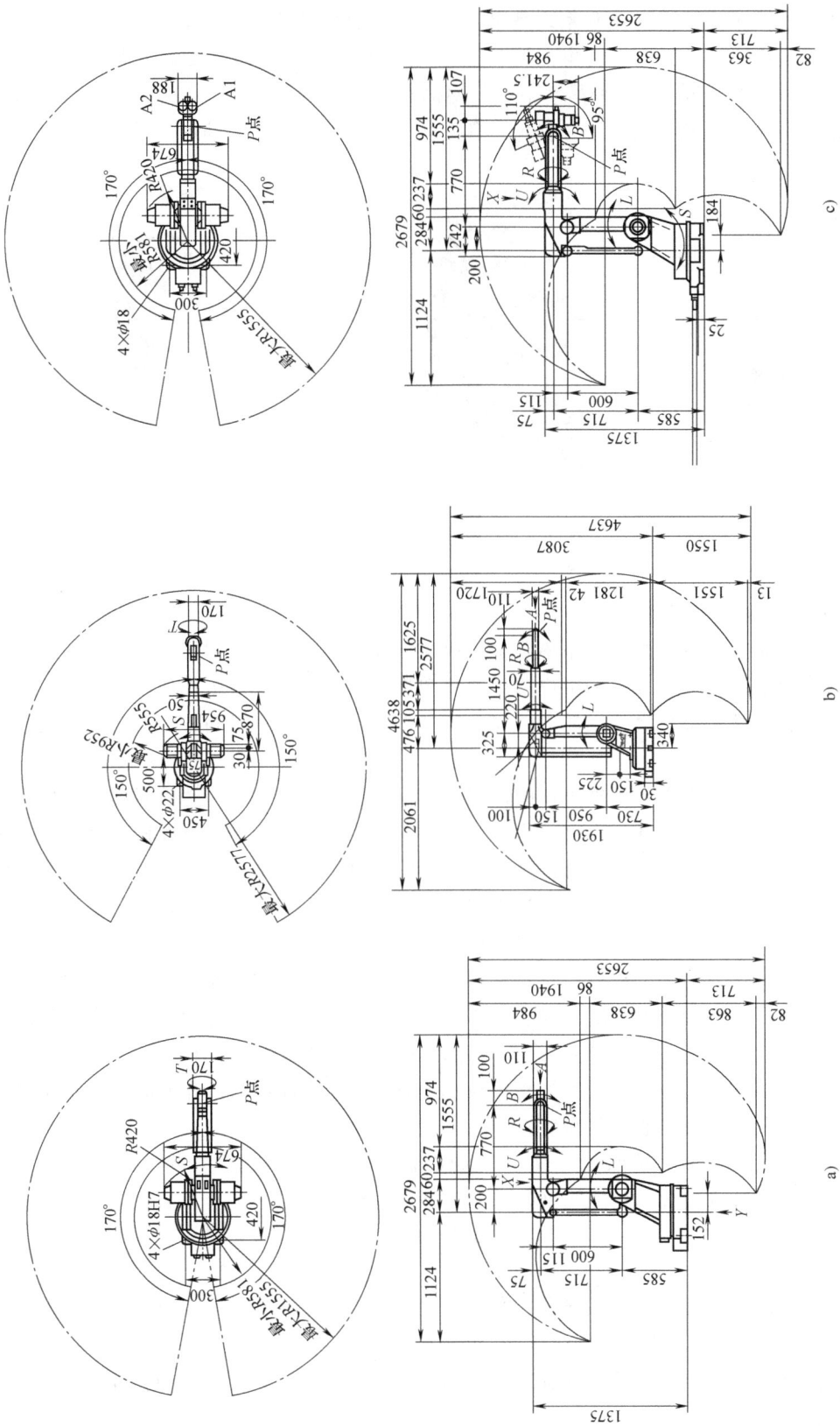

图 7-11 三种型号的机器人比较

a) K10SH b) K10MSH c) K10ASB

在上述机器人中，K 系列和 B 系列是垂直多关节 6 自由度机器人。K 系列采用平行连杆机构，B 系列采用双平行四边形机构，其 U 轴的旋转角度较 K 系列的要大一些，因此它们的工作空间有较大的不同。S 系列是水平关节型机器人，它具有 4 个自由度，最适合于搬运作业；H 系列是直交形机器人，它也有 4 个自由度。各系列机器人的外形如图 7-12 所示。

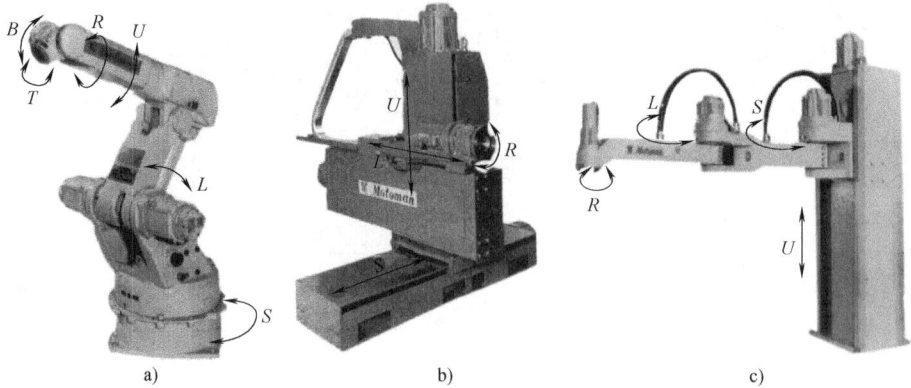

图 7-12　各系列机器人外形
a）K30SH　b）H100S　c）S304SC

3. 对生产节拍的要求

生产节拍是指在批量生产中，相继两次完成某工件同一工序作业内容的间隔时间，即多长时间完成一个工序作业，也就是用户期望的年产量对机器人工作站工作效率的要求。生产周期是机器人工作站相继两次完成某工件同一工序作业内容的间隔时间，也就是工作站多长时间完成一个工序作业。

在总体设计阶段，首先要根据用户的计划年产量计算出生产节拍，然后对具体工件进行分析，计算各个动作时间，确定出完成这个工序作业的生产周期。将生产周期与生产节拍进行比较，当生产周期小于生产节拍时，说明这个工作站可以完成预定的生产任务；当生产周期大于生产节拍时，说明一个工作站不具备完成预定生产任务的能力。这时就需要重新研究这个工作站的总体构思，或增加辅助装置，最大限度地发挥机器人的效率，使某些辅助工作时间与机器人的工作时间尽可能重合，缩短总的生产周期；或增加机器人数量，使多台机器人同时工作，缩短零件的处理周期；或改革作业的工艺过程，修改工艺参数。如果这些措施仍不能满足生产周期小于生产节拍的要求，就要增设相同的机器人工作站，以满足生产节拍。由于机器人工作站类型很多，不可能找到一种通用的生产周期的计算方法，下面介绍生产节拍的计算和几种常用作业的时间计算方法。

（1）生产节拍的计算　按照用户技术要求中提出的工件年产量、全年工作日、每日班数和每班工作小时数等内容，根据式（7-2）计算出生产节拍 T。

$$T = \frac{60DCH}{I} \tag{7-2}$$

式中，I 为工件年产量（件）；D 为全年工作日，即全年实际工作天数；C 为每日班数，$C = 1 \sim 3$；H 为每天实际工作小时数（h）。

（2）弧焊的作业时间　弧焊的作业时间包括保护气断开时间和熔焊时间，即

$$T = A + B \tag{7-3}$$

$$A = (0.3+K)M \tag{7-4}$$

$$B = \frac{60L}{v} + MT_0 \tag{7-5}$$

式中，T 为弧焊作业时间（s）；A 为保护气断开时间，即非熔焊时间（s）；B 为熔焊时间（s）；M 为焊缝条数；K 为焊缝之间机器人的移动时间（s）；L 为各焊缝长度之和，即焊缝总长（mm）；v 为机器人焊枪熔焊时的移动速度（mm/s）；T_0 为起弧收弧时间（s）。

计算时 K 的取值参考表 7-4。式（7-4）中的系数 0.3 是稳定起弧时间。起弧收弧时间 T_0 通常取 0.5s。机器人熔焊时的移动速度 v 与被焊材料、焊丝直径、焊缝厚度、焊缝层数及坡口形状等因素有关，一般情况下，它的取值范围是 10～20mm/s，如果工作站系统内配置了焊缝监视跟踪装置，那么焊接速度最高可达 $v=40$mm/s。总体设计时，可以根据经验或类比同类型工作站初选一个值，也可以进行必要的模拟实验，确定出合适的焊接速度。最终的取值应当在试运行阶段，根据焊缝质量、工件定位偏差和机器人示教等因素确定。

表 7-4　焊缝之间机器人移动时间 K 的取值

取值	条　　件
$K=1.1$s	工件夹紧缸数量较少,焊枪姿势变化较小
$K=1.2$s	一般情况
$K=1.3$s	定位挡块及夹紧缸数量多,焊枪姿势变化较大

（3）机器人持枪点焊作业时间　点焊作业中，一种类型是机器人手持工件，将其送至点焊机处进行点焊；另一种类型是机器人手持点焊枪，接近被装夹好的工件进行点焊。这里讨论后一种作业的时间计算。

$$T = (t+K)P + S + 2.0 \tag{7-6}$$

式中，T 为点焊作业时间（s）；t 为一个点的点焊时间（s），$t=1.5$s，如点焊枪质量差异较大时，可通过实验进行修正；K 为焊点之间机器人的移动时间（s）；P 为工件的总焊点数；S 为点焊枪姿态变化时间（s）。

K 的取值要根据焊点距离和运动干涉状况决定。如果焊点的点距在 100mm 以下，而且点焊枪与夹具等在点焊枪运动方向没有干涉，点焊枪可以进行连续作业，那么 $K=0.8$s；如果焊点的点距大于 100mm，或者点焊枪与夹具等在焊枪运动方向有干涉，需要点焊枪变换其姿态绕开干涉物，则 $K=1.0～1.2$s。点焊枪姿态变化时间 S 与姿态变换方式和变化幅度大小有关，其具体数据参见表 7-5。

表 7-5　点焊枪姿态变化时间 S 的取值

点焊枪姿势 变换方式				
变化幅度	90°	180°	45°	90°
S 值	1.8s	2.5s	2.0s	3.0s

在机器人工作站中，有很多辅助装置，它们可以用来实现工件的定位、夹紧、搬运和转位等动作要求。这些装置的运动速度往往会影响整个工作站的周期作业时间。速度太慢，必然增加周期作业时间，降低生产效率；而速度过快，又会造成已定位工件的跑位、撞击以及剧烈的振动等问题。这里推荐几种常用运动机构的速度值，以供参考。各种机构示意图和动作时间见表 7-6。

表 7-6　各种机构示意图和动作时间

机构名称	机构示意图	动作时间	
夹紧气缸		夹紧	1.5s/1 个动作
		松开	1.5s/1 个动作
定位气缸		销入	1.0s/1 个动作
		销出	1.0s/1 个动作
送料装置(气压驱动)		走行速度 12m/min	
		700mm 行程	4.0s
		1000mm 行程	5.0s
		1500mm 行程	8.0s
轴式变位机		伺服电机定位	3s
		机械凹口定位	5s
转盘式变位机		机械凹口定位 5s	

（续）

机构名称	机构示意图	动作时间	
搬运机(气压驱动)	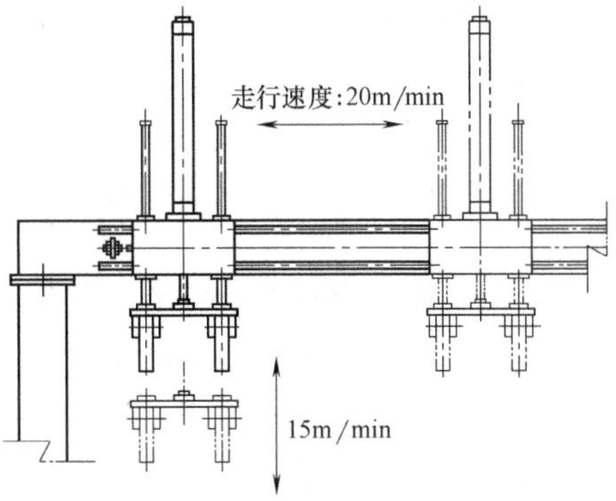 走行速度:20m/min 15m/min	水平走行	20m/min
		垂直升降	15m/min
		工件抓取	1.5s
		工件释放	1.5s
搬运机 (伺服电动机驱动)	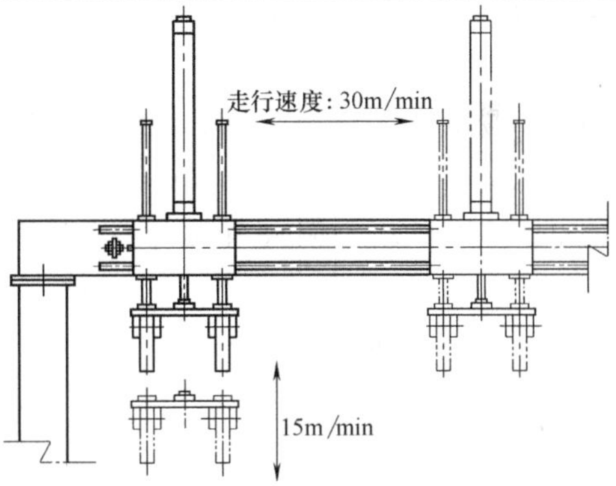 走行速度:30m/min 15m/min	水平走行	30m/min
		垂直升降	15m/min
		工件抓取	1.5s
		工件释放	1.5s
辊道传送	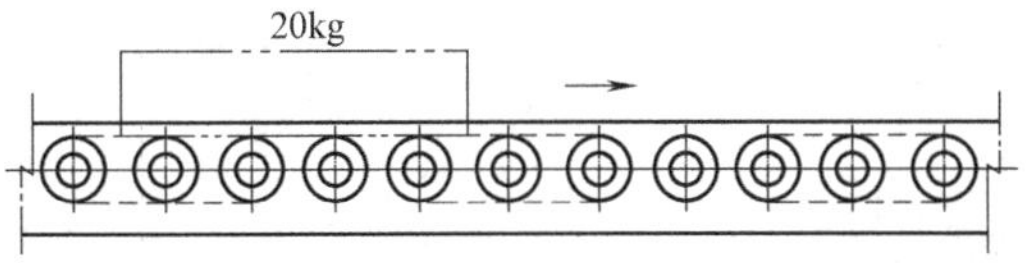 20kg	10m/min	

其他的作业时间计算要根据具体作业状况，一步一步地估算，最后相加得出周期作业时间。

4. 安全规范及标准

由于机器人在工作时常以高速运动的形式掠过比其机座大很多的空间，其手臂各杆的运动形式和起动惯性难以预料，有时会随作业类型和环境条件而改变；同时，在关节驱动电动机通电的情况下，维修及编程人员有时需要进入限定空间进行作业；又由于机器人的工作空间常与其外围设备的位置重合，从而极易产生碰撞、夹挤或由手爪松脱而使工件飞出等危险，特别是在工作站内多机器人协同工作的情况下产生危险的可能性更高。所以在工作站设计过程中，必须充分分析、估计可能的危险状况和事故风险。

根据工业机器人作业中安全性的要求，在做安全防护设计时，应遵循以下两条原则：

1）自动操作期间安全防护空间内没有人员。

2）当安全防护空间内有人进行示教、程序验证等工作时，应消除危险或至少降低危险。

为了保证上述原则的实现，在工作站设计时，通常应该做到：设计足够大的安全防护空间，如图 7-13 所示，该空间周围要设置可靠的安全围栏，在机器人工作时，所有人员不能进入。围栏应设有安全联锁门，当该门开起时，工作站中的所有设备不得起动。

工作站必须设置各种传感器，包括光幕、电磁场、压敏装置、超声和红外装置以及摄像装置等，当人员无故进入防护区时，系统应立即使工作站中的各种运动设备停止工作。

对机器人进行点动示教时，在按下点动键之前要考虑并预估机器人的运动趋势，必须采用较低的速度倍率以增加对机器人的操控机会，要预先考虑好避让机器人的运动轨迹，并确认该线路不受干涉。

在运行机器人前，须知晓机器人根据所编程序将要执行的全部任务；永远不要认为机器人没有移动，其作业程序就已经全部结束，因为机器人很有可能是在等待让它继续移动的某个输入信号。

在进行机器人维修时，必须确保机器人运动程序和电源处于关闭状态；在任何新程序开始运行之前，必须先以最慢的速度确认一次机器人的运行，确定运行轨迹正确之后，再以生产速度进行测试。

当人员必须在设备运行情况下进入防护区工作时，机器人及其外围设备必须在降速条件下起动运转。工作者附近应设急停开关，围栏外应有监护人员，并随时可操纵急停开关。

对用于有害介质或有害光环境下的工作站，应设置遮光板、罩或其他专用安全防护装置。

图 7-14 所示为一个机器人焊接工作站安全措施设计实例。

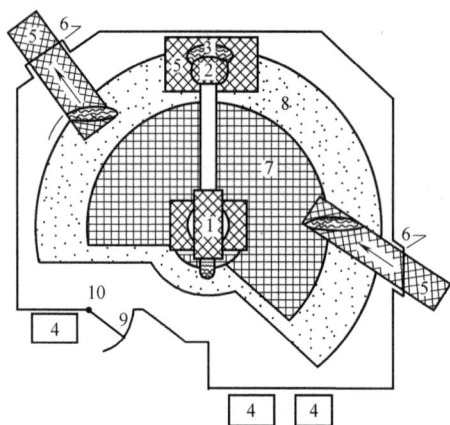

图 7-13　限定空间和安全防护空间
1—机器人　2—末端执行器　3—工件　4—控制或动力设备　5—相关设备　6—安全防护装置　7—限定空间　8—最大工作空间　9—联锁门　10—联锁装置

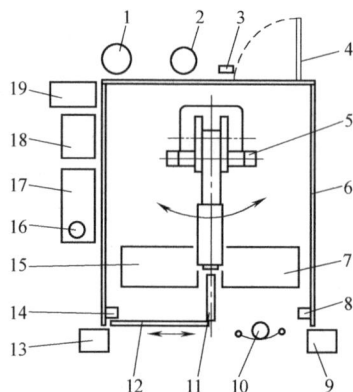

图 7-14　一个机器人焊接工作站安全措施设计实例
1—气瓶　2—焊丝　3—安全开关　4—门　5—机器人本体　6—安全围栏　7—夹具台 B　8、14—行程开关　9、13—操作盒　10—操作者　11—遮光板　12—拉门　15—夹具台 A　16—塔形指示灯　17—工作站控制柜　18—机器人控制柜　19—焊机

1）用铝合金型材作围栏和门的框架。装上半透明塑料板，用以遮挡弧光，两夹具台之间也装有遮光板。围栏内只有机器人和工作台。作为进出口的拉门，装有插拔式电门锁并与机器人连锁，机器人只能在关门的前提下工作。

2）操作者与夹具台之间有一活动拉门，可拉向 A 侧或 B 侧的夹具台。每侧都有行程开关检测拉门的位置，且与作业起动有对应的连锁互锁关系。例如拉门在 A 侧时，不能启动 B 侧的作业程序，操作者可在 B 侧安全地装卸工件，连锁关系只允许启动 A 侧作业程序，反之亦然。

3）由于使用气动夹具，操作盒上除了有急停、起动按钮之外，还有多个夹具操作的按钮开关，便于系统调试时每个气缸的单个操作。为防止作业程序的误起动，预约起动操作为双按钮起动。两个按钮开关的安装距离大于 400mm，同时按下才有效。此外要对按钮接通时间进行监视，若两按钮接通时间相隔数秒以上则停机报警，这说明可能是按钮有故障或配线短路，易引发误起动。

4）工业机器人示教以外的运行操作是在工作站控制柜的操作显示盘上进行的。其中的主电源开关和示教-运转选择开关必须插入钥匙才能转动。为防止因指示灯损坏而误显示，在操作盒上设置了一个专用按钮，按下时指示灯全亮则为正常，用此方法可检验指示灯是否正常。工作站控制柜的顶板上安装有 3 层塔形指示灯，最上层为红色，点亮时表示停机（故障停机时伴有反光镜旋转和声响）；中层为黄色，表示系统处于手动或示教状态；最下层为绿色，表示正在自动运行。

5）使用带碰撞传感器的焊枪把持器，设定作业原点、软极限等。

对于生产运行的安全措施，人机结合部的对策最为重要。上例中采用的活动拉门、行程开关用互锁连锁关系和双按钮起动的方法是最常用的安全对策。在工业机器人应用工程中，应结合实际情况，考虑实施两种以上的方法作为人机结合部的安全对策。

图 7-15 所示为另一种工作站配置。其人机结合部使用了红外线光电开关和导电橡胶脚踏开关。这两种开关可以检测装卸工件的站立位置是否有人。在有人的情况下，旋转平台和靠人一侧的夹具板决不能旋转。另外，起动操作盒与夹具操作盒应分开设置，以便于调试和生产。

导电橡胶脚踏开关的外形是矩形平垫，厚度约为 20mm，有多种尺寸。若现场允许，应尽可能选用大尺寸的导电橡胶脚踏开关铺在地板上。当有重物压在其上时，上下两电极板接通并产生信号。

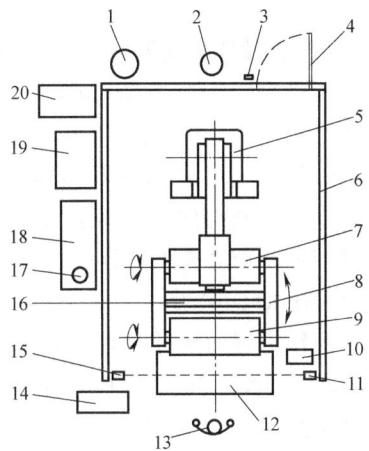

图 7-15　人机结合部的安全措施

1—气瓶　2—焊丝　3—安全开关　4—门
5—机器人本体　6—安全围栏　7—夹具台 A
8—旋转台　9—夹具台 B　10—夹具操
作盒　11—受光单元组　12—导电橡胶脚
踏开关　13—操作者　14—起动操作盒
15—发光单元组　16—遮光板　17—塔形
指示灯　18—工作站控制柜　19—机器
人控制柜　20—焊机

三、机器人选型示例

机器人选型是工作站设计的关键，应根据工作站的设计原则进行。通常先按持重对机器人进行初选，然后根据工作空间和自由度等进行校验，再考虑其他因素（特别是价格因素），最终确定其具体型号。下例简要地表明了具体选型的方法和步骤。

1. 按持重初选机器人

一种饮料包装纸箱，质量为 15kg，尺寸为 360mm（长）×270mm（宽）×350mm（高），使用机器人工作站方式完成纸箱的码垛作业。垛板尺寸及纸箱的排列如图 7-16 所示，相邻层的纸箱需交错排列，要求机器人每次抓取 3 箱码放，共码放 4 层，码放一次的节拍为 8s，试按持重初选机器人型号。

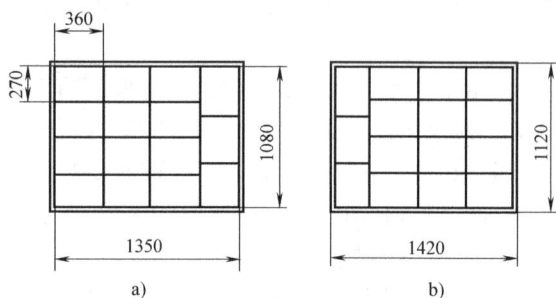

根据题目要求和设计原则，首先初步设计出末端执行器，确定其质量，然后按一次抓取 3 箱计算工件质量，再计算出其他附件的质量，最后初选机器人型号。

图 7-16　垛板尺寸及纸箱排列
a）奇数层　b）偶数层

1）初步设计末端执行器。抓取纸箱选用常见的真空吸盘方式，每箱使用两个 $\phi50\text{mm}$ 的吸盘，当真空度为 550mmHg（$1\text{mmHg}=133.322\text{Pa}$）时，每个吸盘可以垂直提升 14.7kg 的重物，总的提升质量是 $14.7×2\text{kg}=29.4\text{kg}$，满足提升 1 箱 15kg 纸箱的要求，由此确定的吸盘型号是 ZPT50HHJ25B01-A18，它的缓冲行程 $s=25\text{mm}$，单重 137g。

真空发生器组件包括真空发生器、消声器、抽吸过滤器和真空压力开关。每个纸箱的两个吸盘配置一套真空发生器，这样共需 3 套，将它们用汇流板装成一体。真空发生器的型号是 2M133H-K5GB-E15，质量为 340g。

末端执行器的架体是用刚性较好、质量小的 40mm×30mm×3mm 矩形钢管焊接成形的，整体质量为 5.6kg，如图 7-17 所示。

末端执行器主体结构的质量应当是 6 个吸盘、真空发生器组件以及架体三部分质量之和，即

$$M_G = (0.137×6+0.34+5.6)\text{kg} = 6.76\text{kg}$$

2）末端执行器每次同时抓取 3 箱，工件质量为

$$G_C = 15×3\text{kg} = 45\text{kg}$$

它所使用的附件列在表 7-7 中，其质量总和为

图 7-17　末端执行器结构示意图
1—架体　2—真空发生器　3—真空吸盘

$$Q_G = 0.83\text{kg}$$

表 7-7　末端执行器的所有附件

名　称	特　征	型　号	数量/个	单重/g	总重/g
吸盘管接头	直角形，$G\frac{1}{8}$ 螺纹，$\phi6$ 管径	KQL 06-01	6	20	120
三通管接头	$\phi6$ 管径，用于分流	KQT 06-00	3	20	60
真空发生器接头	直通型，$G\frac{1}{8}$ 螺纹，$\phi6$ 管径	KQH 06-01	3	20	60

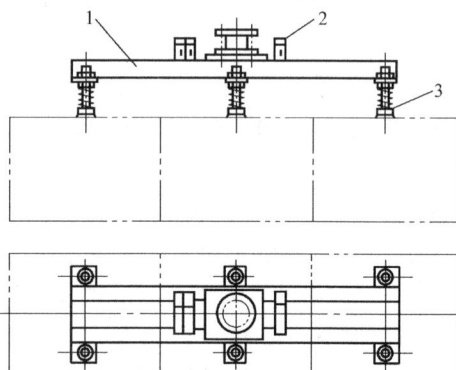

（续）

名　　称	特　　征	型　号	数量/个	单重/g	总重/g
真空发生器进气接头	直通型，$G\frac{1}{4}$ 螺纹，$\phi 8$ 管径	KQH 08-02	1	40	40
$\phi 6$ 气管	尼龙软管		3m		150
$\phi 8$ 气管	尼龙软管		2.5m		200
管夹	固定气管及导线用		10	10	100
螺钉总重	固定附件用				100
小计					830

3）按持重初选机器人。本例要求机器人完成一次工作循环的时间不能大于 8s，按照抓取—抽真空—搬运—码放—回位的循环过程，动作时间分配见表 7-8。可以看出，机器人要在 3.4s 的时间内行走约 2m 的距离（由总体图确定），速度较快，因此安全系数取 $K_1 = 1.1$。据式（7-1）计算，得

$$R_G = (M_G + G_G + Q_6)K_1$$
$$= (6.76 + 45 + 0.83) \times 1.1 \text{kg}$$
$$= 57.9 \text{kg}$$

表 7-8　机器人动作时间分配

作业名称	抓取	抽真空	搬运	码放	回位	总计
时间/s	1.0	1.5	3.4	0.9	1.1	7.9

显然，初步选择可搬质量为 60kg 的机器人最为合适，如 MOTOMAN-K60SH 型或 S604SC 和 S604WSC 型。

2. 按工作空间和灵活度复核校验

图 7-18 所示为前例纸箱码垛辊道的总体布局。纸箱从 A 辊道送入，在辊道末端，由整理定位装置将 3 个纸箱推移、压紧，并与后续纸箱隔开，机器人在该处抓取纸箱，码放在 B 辊道的垛板上（S_2 位）。B 辊道上共有 4 个垛板停留工位，即 S_1、S_2、S_3、S_4。其中，S_1 是空垛板库，S_2 是纸箱码放工位，S_3 是缓冲工位，S_4 是叉车将垛板取出工位。

已知纸箱的外形尺寸为 360mm×270mm×305mm，要求码放 4 层，所以高度方向工件的最大尺寸为 305×4mm＝1220mm。在图 7-18 中，B 辊道宽为 1360mm，辊道中心至 3 个被抓纸箱的中心距为 1420mm。下面按总体布局图中工作空间和自由度的要求，校验初选的 3 种机器人。

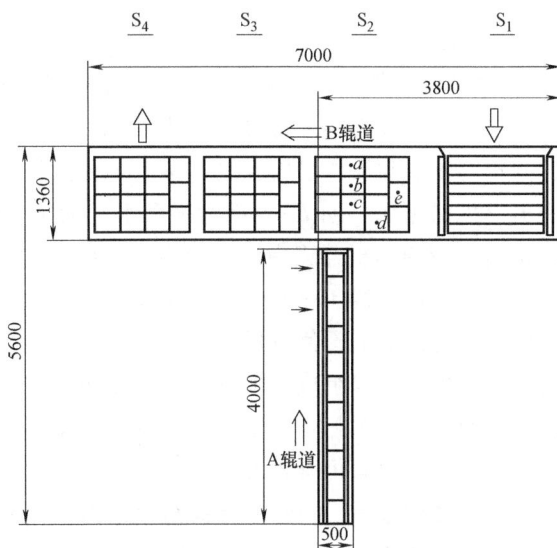

图 7-18　纸箱码垛辊道总体布局

（1）K60SH 型机器人　首先按照辊道总体布局图的绘制比例，将产品样本中机器人工作空间的主视图和俯视图画出来，然后分别进行主视图和俯视图的工作空间校验。

1）俯视图工作空间的校验。将机器人工作空间的俯视图叠放在同比例的辊道总体布局图上，移动机器人的中心，使输入辊道和垛板上的 a、b、c、d、e 五个工作点都落入机器人的环形工作空间之内。在机器人与各辊道不发生运动干涉的前提下，尽量使各工作点向机器人中心靠近。但要注意，机器人抓取纸箱后，纸箱边缘与机器人臂杆等构件不得发生干涉。选到最佳位置后，确定机器人的中心位置。从图 7-19 中可以看出，在俯视方向 K60SH 型机器人满足要求。

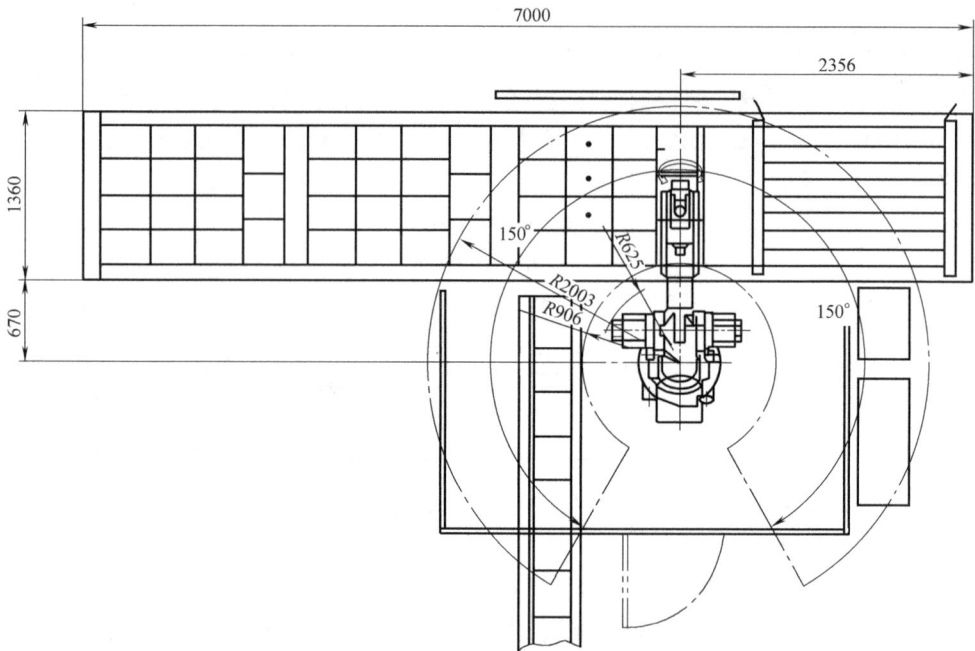

图 7-19　K60SH 型机器人工作空间的俯视图校验

2）主视图工作空间的校验。首先在辊道的总体布局图上，根据已设计出的 B 辊道的外形，画出辊道及垛板的外形图（垛板高度为 140mm）。在垛板上画出码放 4 层纸箱的轮廓图，并按第 1 层和第 4 层码放时，考虑末端执行器纸箱吸着面至机器人手腕基点 P 的距离，标识出 P 的最低水平面 L—L 面和最高水平面 H—H 面。同时，在该图上，根据俯视图检查中确定的 B 辊道与机器人中心的距离，画出一条机器人中心的位置线 R—R，画出垛板上最远工作点 a 的位置线 M—M 和最近工作点 b 的位置线 N—N。然后把机器人工作空间的主视图叠放在上述图面上，使机器人中心与该图上的 R—R 位置线重合，上、下移动机器人工作空间图，使各位置线组成的矩形作业范围均落在机器人的工作空间之内。需要注意的是，在最高水平面 H—H 之上应当至少留有 100mm 的余量，以便于机器人能够垂直码放纸箱。如果机器人的工作空间仍有较大余量，应当把余量留在上方，这样可以为码放更多纸箱留出余地。选出最佳位置后，在总体布局图上标出机器人安装面的位置，也就确定了机器人底座的高度尺寸。从图 7-20 可以看出，K60SH 型机器人在主视方向也是符合使用要求的。

（2）S604SC 型和 S604WSC 型机器人　前面选出的 S604SC 和 S604WSC 型机器人也属于

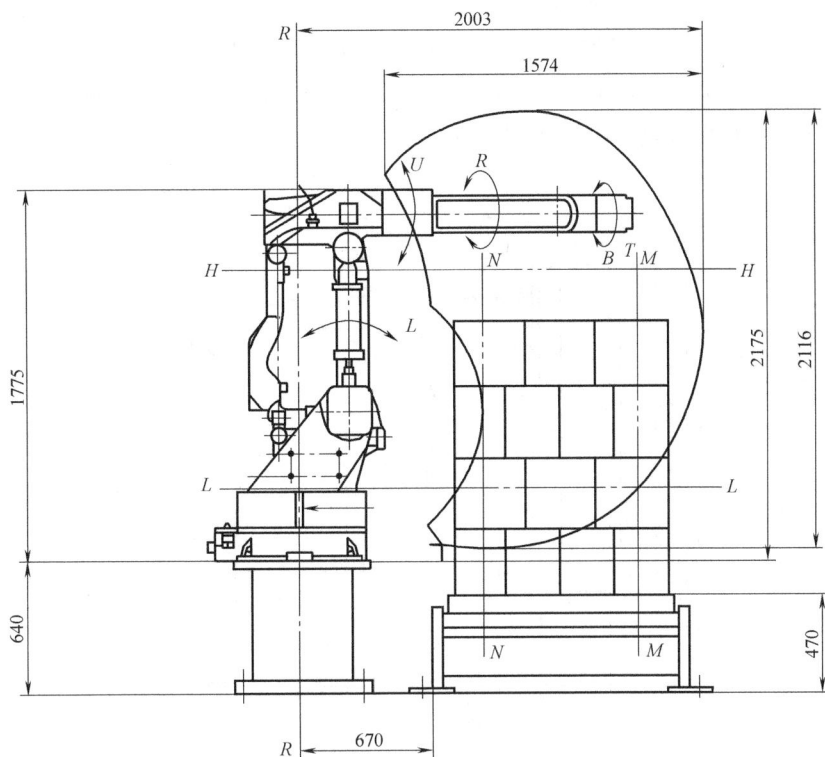

图 7-20　K60SH 型机器人工作空间的主视图校验

可搬质量为 60kg 的机器人，这里探讨其工作空间的校验问题。这两种型号的机器人，从俯视图上看，它们的工作空间是完全相同的；从主视图上看，S604WSC 型较 S604SC 型的垂直行程大，$t = (1850-1300)\,\mathrm{mm} = 550\mathrm{mm}$。

首先按照上述方法，检查俯视方向的工作空间，是能够满足使用要求的，如图 7-21 所示；然后检查主视方向的工作空间，如图 7-22 所示。可以看出，S604SC 型机器人在高度方

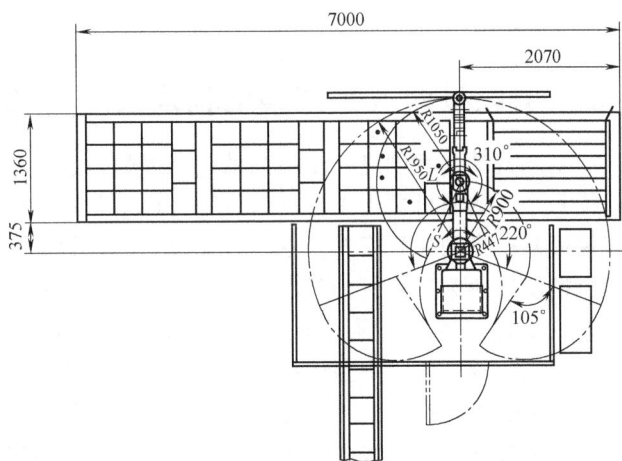

图 7-21　S604SC 型和 S604WSC 型机器人俯视方向的工作空间

向上的行程为 ST = 1300mm，4 层纸箱叠放后的高度 $h = 1220$mm，基点 P 在该方向的移动范围是 $305 \times 3 = 915$mm，因此行程余量为 $S_1 = (1300-915)$mm $= 385$mm。而 S604WSC 型机器人的行程余量达 $S_2 = (1850-915)$mm $= 935$mm，显然余量过大。因此选择 S604SC 型的机器人更为合适，而且它还有再码放一层纸箱的余地。

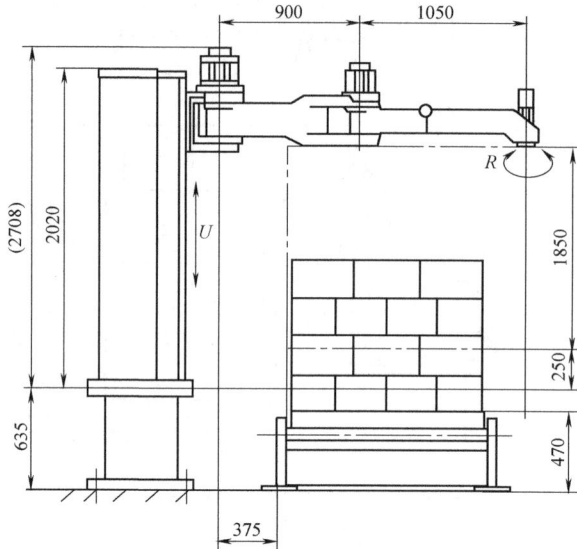

图 7-22 S604SC 型和 S604WSC 型机器人主视方向的工作空间

（3）机器人自由度校验（姿态校验） 由于纸箱只需空间移位和绕竖轴转动就能完成该码垛作业，所以 MOTOMAN-K 系列机器人（具有 6 个自由度）和 MOTOMAN-S 系列机器人（具有 3 个空间移位自由度和 1 个手爪绕竖轴旋转自由度）都能满足作业要求。根据自由度要少的设计原则，以及表 7-2 列出的机器人应用环境，选用 S604SC 型机器人更为合理。

必须指出，机器人型号的最后确定，还要综合考虑用户的使用习惯、总体布局、机器人的再利用性以及市场价格等各方面的因素。

第三节　工业机器人生产线的构成及设计原则

机器人生产线是工厂生产自动化程度进一步提高的必然产物，它是由两个或两个以上的机器人工作站、物流系统和必要的非机器人工作站组成，完成一系列以机器人作业为主的连续生产自动化系统。其规模根据自动化程度的要求、作业量、工厂的生产批量和生产线的多少有着较大的差异。以机械制造业为例，有的是对某个零件若干个工序的作业而言，属于小型生产线；有的是针对某个部件，从各个零件的加工作业到完成部件的组装，作业工序较多，有时还要由几个子生产线构成，属于中型生产线；更有以整机装配为主的生产线，派生出若干条部件装配、零件加工的子生产线，体积庞大，甚至实现产品生产的无人操作，属于大型生产线。机器人生产线是自动化生产线的一种，其特点就在于该生产线的大多数作业由工业机器人完成。第二节介绍了有关工作站的一些知识和设计原则，这里将从生产线的角度阐述它的构成和设计原则。

一、机器人生产线实例及其构成

在介绍机器人生产线的构成之前，先引用两个机器人生产线的实例。

实例 1：密封胶涂刷机器人生产线。

某汽车的前（或后）风挡玻璃密封胶涂刷作业生产线总体布置图（也可算作汽车总装线的子生产线）如图 7-23 所示。人工将玻璃存储车送入线中，再由专用的搬运装置送到第 2 站，然后通过一次涂刷（第 3 站）、干燥（第 4 站）、密封胶涂刷（第 5 站）等工作站完成规定的作业内容，最后由玻璃翻转、搬出工作站（第 6 站）中的机器人将成品搬出本线，并将风窗玻璃安装在汽车总装生产线的汽车上。第 6 站的机器人是总装生产线与子生产线的联结点，它是子生产线的末端，也是总装生产线的部件搬入装置。这条子生产线共由 6 个工作站组成，其中第 3、5 和 6 站使用了机器人，其他工作站配备了专用装置。第 2~6 站之间玻璃的搬运使用了同步移动机构。生产线还配置了涂料、密封胶送料泵及定量送料装置等辅助设备。

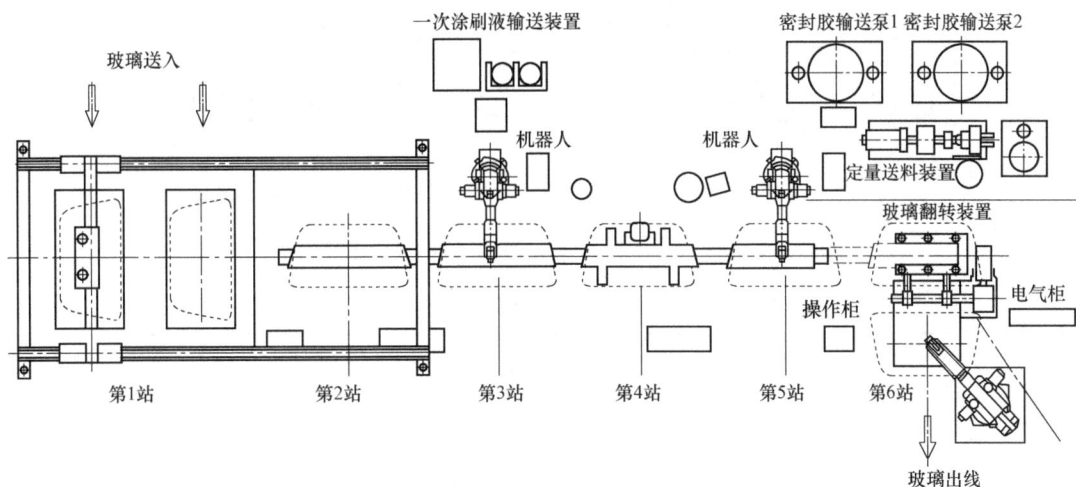

图 7-23　风窗玻璃密封胶涂刷作业生产线的总体布置图

实例 2：汽车座椅骨架焊接生产线。

图 7-24 所示为汽车座椅骨架焊接生产线的总体布置图。工件参数见表 7-9，图 7-24 中的符号说明见表 7-10。汽车座椅骨架有 8 种型号，每种又分为左右座椅骨架，在生产线上进行"混流"生产（同一产品的多规格生产），每个工件由 17 个散件焊接或组装成型，生产节拍为 22s。这条生产线由 30 个工作站组成，分别完成座椅骨架散件的拼合、点焊、弧焊和安装靠背弹簧等一系列作业。由另外一条数控弯管加工生产线完成的主骨架散件从图 7-24 左端的第 7 站入线；第 1 站由人工操作，预置拼合某些散件；第 7 站中的机器人从数控弯管线的末端取出主骨架，在 D-2 点焊机上点焊螺母，然后将主骨架装在本线的随行夹具上；第 10 站中的机器人从 D-3-1 和 D-3-2 中取出弹簧挂钩（待焊散件），将它们逐一装在主骨架上，由第 12 站中的机器人进行点焊；第 14、15、16 和 18 站是骨架弧焊工作站，完成各规定焊缝的焊接；第 28 站的机器人从线上取出已焊工件，把它放在焊接成品定位暂置台 D-11 上，

然后从 D-8 和 D-9 弹簧库中分别取出 3 根靠背弹簧，装在骨架焊成品上，最后由 D-11 中的搬出机构将成品送出本线。以上是生产线中使用了机器人的工作站。另外，第 6 站是横管散件自动供给工作站，专用装置从横管库中取出横管，放置在随行夹具板上；第 9 站是工件夹紧工作站，将随行夹具板上预置的散件夹紧定位，以便后来的机器人焊接；第 17 和 20 站是随行夹具板翻转工作站，使第 18 站的机器人能够焊接随行夹具板背面的焊缝；第 26 站是工件松夹工作站，松开已焊工件，便于第 28 站的机器人取出。除此之外，其他站属于辅助性工作站，有的是识别工件种类；有的是变换夹具板流动方向，有的是清扫、处理夹具板；有的只是满足总体排布规律而设置的"空站"。主要工作站的装置列于表 7-10 中。

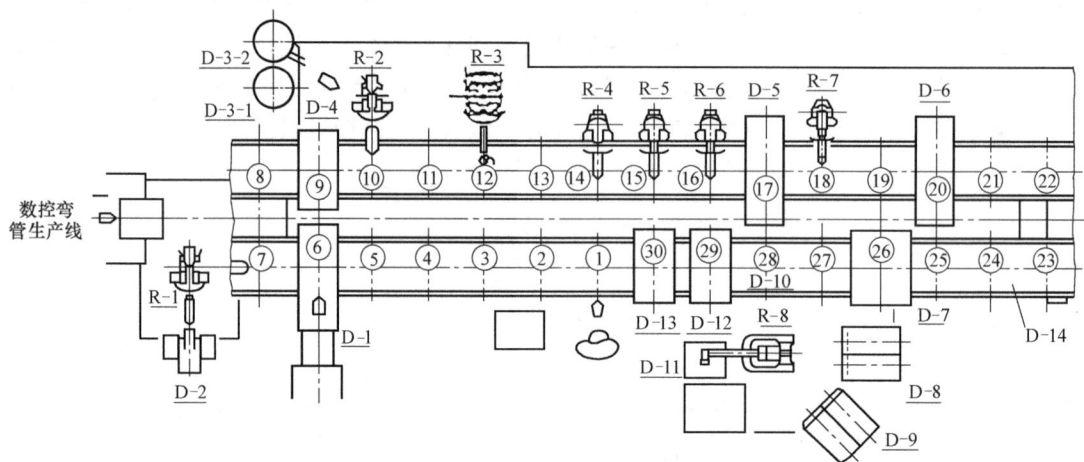

图 7-24 汽车座椅骨架焊接生产线的总体布置图

表 7-9 工件参数

工件名称	汽车座椅骨架
成品质量/kg	约 1.5
外形尺寸	750mm×450mm×100mm
工件种类	8 种×2(左/右)
散件数量/个	17
生产节拍/s	22
工件形状	

表 7-10　主要的工作站装置

站号	作业名称	装置编号	装置名称及其他
1	拼合散件	人工	立管和上管架
6	供给散件	D-1	横管自动供给装置
7	供给主骨架	R-1	K30S 型搬运机器人
	点焊螺母	D-2	螺母供给装置及点焊机
9	夹紧工件	D-3	夹具夹紧装置
10	供给散件	R-2	K30S 型搬运机器人
		D-3-1	弹簧挂钩供给装置
		D-3-2	弹簧挂钩供给装置
12	点焊	R-3	L60S 点焊机器人
14	弧焊	R-4	K10S 弧焊机器人
15	弧焊	R-5	K10S 弧焊机器人
16	弧焊	R-6	K10S 弧焊机器人
17	翻转夹具板	D-5	随行夹具板翻转装置(0°~180°)
18	弧焊	R-7	K10S 弧焊机器人
20	翻转夹具板	D-6	随行夹具板翻转装置(0°~180°)
26	松开工件	D-7	工件夹紧机构的松开装置
28	取出工件	D-10	顶起工件装置
		R-8	L60S 搬运工件及装配弹簧机器人
	装配弹簧	D-8,D-9	弹簧库
		D-11	焊成品暂置台装置
29	清扫夹具板	D-12	空气清扫装置
30	防黏液喷涂	D-13	焊渣防黏液喷涂装置
	物流系统	D-14	随行夹具板传送线

由实例可以看出，机器人生产线一般应由以下几部分构成。

1. 机器人工作站

在机器人生产线中，机器人工作站是相对独立、又与外界有着密切联系的。在作业内容、周边装置、动力系统方面往往是独立的，但在控制系统、生产管理和物流等方面又与其他工作站以及上位机系统成为一体。例如密封胶涂刷机器人工作站，如果将工件固定的定位夹紧装置改变成一个双工位的人工上、下料转台，再配备上密封胶送料泵、定量送料装置、气压系统等装置，便成为一个独立的机器人工作站，如图 7-25 所示。由此可见，它与生产线的联系就在于采用了各站工件同步移动的传送装置，使工件运动起来，不断地自动输入送出工件。另外，工作站中机器人及运动部件的工作状态必须经控制系统与上位管理系统建立联系，从而使各站的工作协调起来。

2. 非机器人工作站

在机器人生产线中，除了含有机器人的工作站之外，其他工作站统称为非机器人工作站，它也是机器人生产线的一个重要组成部分。非机器人工作站可以分成 3 类：专用装置工

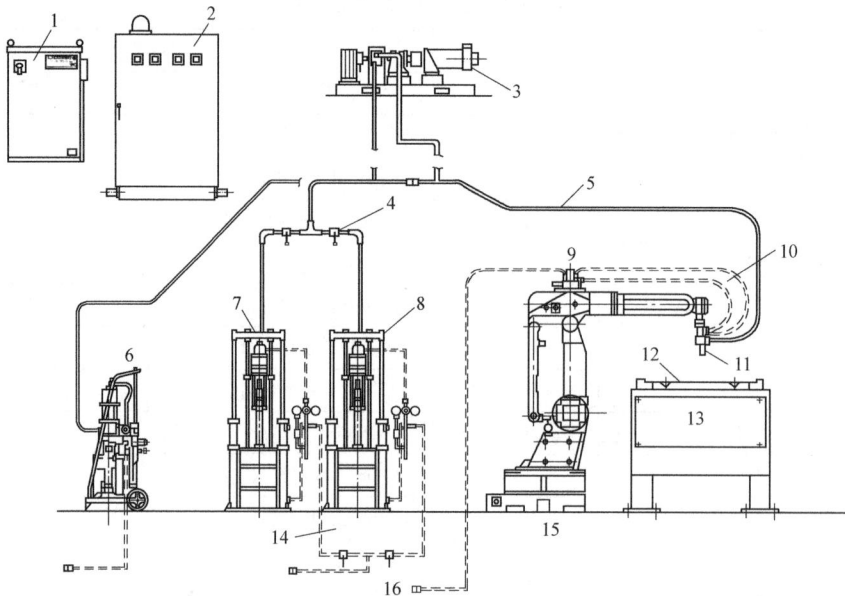

图 7-25　密封胶涂刷机器人工作站配置图

1—机器人控制柜　2—泵控制柜　3—定量送料装置　4—阀门　5—送料管道　6~8—送料泵　9—送料

开关阀　10—压缩空气管　11—喷涂枪　12—工件　13—夹具台　14—料罐　15—机器人　16—压缩空气

作站、人工处理工作站和空设站。

（1）专用装置工作站　在某些工件的作业工序中，有些作业不需要使用机器人，而只要一个简单的装置就可以完成；有些特殊作业需要针对其特殊性，设计专门的装置；还有些作业要使用成套的专用设备。对于上述各种情况，就出现了专用装置工作站的生产线构成单元。这种工作站在生产线中所占的比例是比较大的，对于不同要求的机器人生产线，它的结构、功能和配置都有较大差异，往往会成为设计过程的难点。第一个实例中的玻璃搬运工作站，第二个实例中的第 6 站横管自动供给，第 9、26 站骨架夹紧和松夹拨动装置，第 17、18 站的随行夹具板翻转机均属于专用装置工作站。

（2）人工处理工作站　在机器人生产线中，有些作业工序一时难于使用机器人，或使用机器人会花费较大的投资，而效果并非十分有效，这就产生了必不可少的人工处理工作站，利用人的智慧、技巧和灵活性取代特别繁杂的机械电子装置，降低设计难度，减少设备维修量和生产线造价。第二个实例中的第 1 站是人工安装散件作业，如果使用机器人，必然提高设计难度，而且散件的储存、定位、拿取都需要特殊的机构或装置。另外，还需作业者监视生产线的运行状况、处理紧急故障。综合比较各种因素，在这里设立人工处理工作站更为适用。在多数机器人生产线上或多或少都设有这种工作站，尤其在汽车总装生产线上，人工处理工作站的数量还很多。

（3）空设站　在机器人生产线中，一些工作站上并没有具体的作业，工件只是经过此站，它只起一种承上启下的桥梁作用，把各工作站连接成一条"流动"的生产线，这种工作站称为空设站。生产线中各工作站的配置及占地空间均不尽相同。为了能够将各站连接成具有一定节距、相同生产节拍，并使工件不间断地顺序流过各个工作站，这就必然要按照一定的距离设立工作站，有些工作站只能设置为空站，才能满足总体布局的要求。在第二个实例中，第 28 站是机器人从线中取出工件和安装弹簧的工作站，由于它配有两个弹簧库 D-8 和 D-9、工件定位台 D-11，而且机器人外形尺寸大、活动范围广，因此该工作站的占地面积较大。如果在这里仅设立一个工作站，那么该站与前后站的距离比其他站就要大许多，为此在第 28 站之前，增加了一个空设站，即第 27 站，以保证站距相等。

在某些情况下，空设站也有其实际意义，在焊接生产线和热压模生产线中常作为自然冷却的环节，在密封胶涂刷生产线中常作为干燥环节（第一个实例中的干燥工作站），有时也为了便于操作者观察，掌握生产线的运行状况，处理临时故障。另外，对于产品变更和生产线的改造，空设站就可以作为预留空间，变换或增加作业工序，增设新的装置。

3. 机器人子生产线

对于大规模生产厂的大型生产线（如轿车的总装线），往往包含着若干条小生产线，这里把它们称作机器人子生产线。从设计、制造、调试和运行等方面，应该把每条子生产线作为一个相对独立的系统。因此，一条大规模生产线可以看成是由一条主线和若干条子线组成的，这些子线与主线在其输出端和输入端用某种方式建立起联系，形成树权状结构形式。目前大多数汽车总装生产线就属于这种形式，如图 7-26 所示。

生产自动化水平是随着科技进步而发展的，原来各自独立的机器人生产线，随着技术革命的不断深入，生产规模和工厂管理方式的变化，也会逐渐地组合

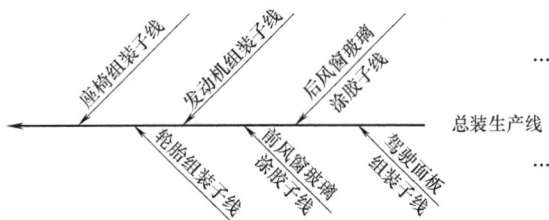

图 7-26　汽车总装生产线流程示意图

起来，形成更大的机器人生产线。此时，原来的各条线就成为新线的子生产线。如本节第一个实例的密封胶涂刷生产线，既可以作为独立的一条生产线，涂刷后的玻璃由人工运到总装线上，也可以直接与总装线连接，成为主线的一条子生产线，由 K100 型机器人将玻璃从子线上取出，然后装在主线的车身上。

4. 中转仓库（暂存或缓冲仓库）

根据生产线的要求，某些生产线需要存储各种零件、部件或成品。有的是外线转来的零件或部件，由操作者或无人搬运车存在库内，作为生产线和子生产线的源头，或作为工作站的散件库；有的是生产线在作业过程中，用于暂放、中转；有的是生产线的成品分类入库，然后分批搬运出线。这些贮存装置统称为中转仓库。它的规模可大可小，工作站中的散件库一般规模较小，装置简单。例如第二个实例中的弹簧库 D-8 和 D-9，操作者定期向库中批量储料，当弹簧即将用完时，传感器发出信号，提示操作者进料，取料则由第 28 站中的机器人来实现。生产线的成品库或较大工件的中转库规模较大。例如日本 MOTOMAN 中心的机器人装配生产线，它的零件库和底座库都是比较大的，需要专门的取送料装置完成存取工作，其控制系统也比较复杂，并且要与生产线管理系统建立密切的联系。随着工厂自动化水平的不断提高，生产线中设立各种中转库的需求也会越来越多。

5. 物流系统

物流系统是机器人生产线中的一个重要组成部分，它担负着各工作站之间工件的转运、定位、夹紧，工件的出库入线或出线入库、各站的散件入线等工作。正是物流系统将各个独立的工作站单元连接起来，成为一条流动的生产线系统。生产线越大，自动化程度越高，物

流系统也就越复杂。它常用的传送形式有链式运输、带式运输、专用搬运机、物流机器人和同步移动机构等，设计时应根据生产线类型、工件特点和总体设计思想等因素确定传送方式。第一个实例的物流系统采用的是同步移动装置，如图7-27所示。各工作站中工件是用固定于本站的真空吸盘定位的，2~5站还有供工件移动用的真空吸盘，它们安装在同一个框架上。框架在气缸和齿轮装置的驱动下，整体向前移动一个站距，完成工件的传送。工件入线由人工搬入，第1站向第2站的传送使用了专用搬送装置，工件出线则用机器人完成。第二个实例的物流系统是循环式链条传送装置，如图7-28所示。它由8组独立的链传动组成，工件装夹在一块随行夹具板上。30块夹具板（每站各1块）放在由链驱动的支承轮上，周而复始地按图示箭头方向循环，形成封闭的物流系统。各站均有随行夹具板的阻挡、定位机构，使各板能准确地停留在各站的固定位置上。这种物流形式要求各块随行夹具板间有较高的精度一致性。

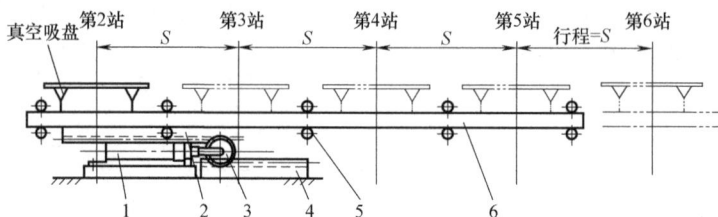

图 7-27 密封胶涂刷机器人生产线的物流系统

1—气缸 2—上齿条 3—齿轮 4—下齿条 5—导向支承轮 6—整体移动框架

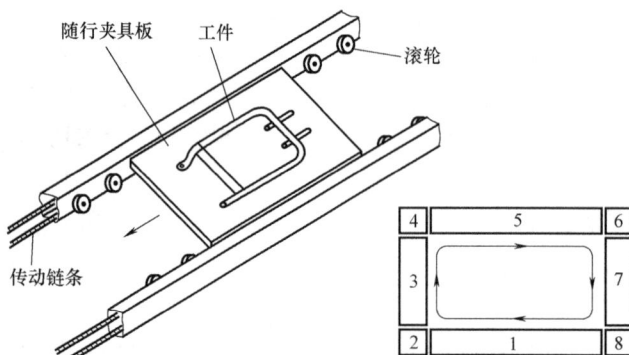

图 7-28 汽车座椅骨架机器人生产线的物流系统

6. 动力系统

动力系统是机器人生产线中必不可少的组成部分，它驱动各种装置和机构运动，实现预定的动作。常用的动力系统可以分3种类型，即电动、液动和气动。它们在一条生产线中既可以单独使用，也可以混合使用。一般来说，各个工作站的动力系统是相对独立的，物流系统的动力也应该是相对独立的，这种配置方式便于各站的单独调试和维护。如果使用液动或气动，每个工作站应当单独设立液压站或气源系统，构成自身的动力体系。液动多用于工件较重或需要大驱动力的场合；气动常用于中小型工件或需要驱动力较小的场合；电动则用于要求连续运动、速度变化频繁、停留位置多且要求准确或行程较大、使用液压缸或气缸较为困难的场合。

7. 控制系统

控制系统是机器人生产线的神经中枢，它接收外部信息，经过处理后发出指令，指导各职能部门按照规定的要求协调作业，生产出合格的产品。控制系统的规模应符合生产线自动化程度的要求。一般生产线的控制系统可以分为 3 层，即生产线、子生产线、工作站，并构成相互关联的信息网络，如图 7-29 所示。各种传感器监测工作站及有关单元设备的运行状况，其信号作为输入信息送到工作站控制单元，顺序动作的驱动信号作为该控制单元的输出信号，控制设备运行；各站与生产线相关的生产运行和故障信号作为子线与工作站或生产线与子线的通信信号，将上下层控制系统联系起来，构成树状信息通信结构。对于大型和高自动化程度的生产线，控制系统的层次更加复杂，它涉及生产计划管理、上位管理、质量管理、物流管理、工作站管理及设备管理、应急管理等。尤其是在汽车行业，目前已将生产与市场信息联网，由订货清单指挥生产，构成了更为庞大的控制系统（简称 CIMS）。图 7-30 所示为汽车车体部件生产的控制系统示意图。

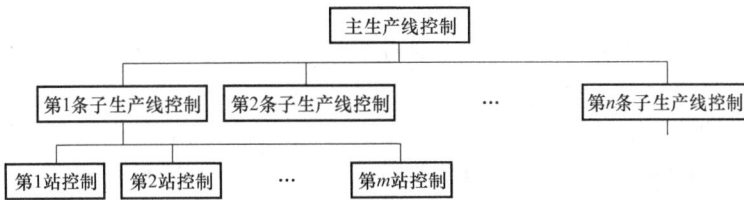

图 7-29 生产线控制系统构成关系

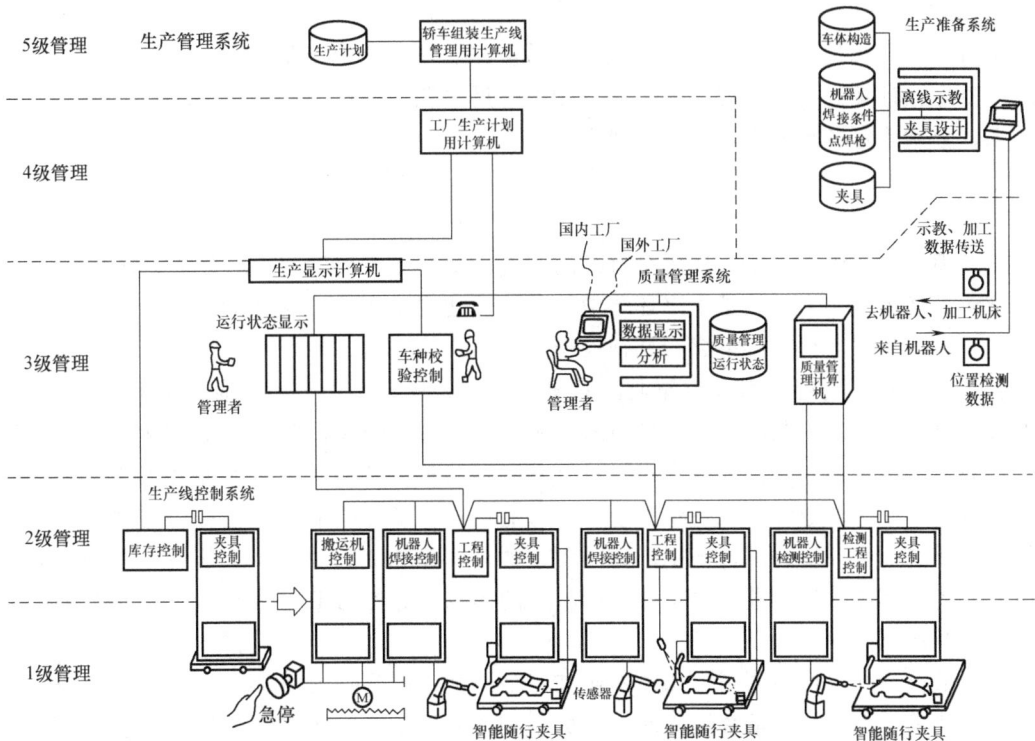

图 7-30 汽车车体部件生产的控制系统示意图

8. 辅助设备及安全装置

机器人生产线还有其他一些辅助的构成部分也是必不可少的，甚至是至关重要的。

有些作业内容需要成套的外购设备作为工作站中独立的一部分，一条线上会有若干个不同用途的这种设备。例如加工机床、焊机、喷涂装置、测量装置等，它们的合理选型及性能将直接影响机器人生产线的运行质量。

安全装置是机器人生产线中最为重要的组成部分，它直接关系到人身和设备的安全以及生产线的正常工作。虽然它在生产线中的排列比较分散，但应该作为一个整体加以对待。对每个与运动关联的区域都应给予分析，确定是否加设安全装置。常见的区域有：操作人员有可能出入或工件进出口的区域，不允许机器人到达的区域，快速运动设备或机构的外围栅栏，操作者与作业区的分隔和有害物质的防护等。报警系统应监视上述区域和有关设备的正常运行。

二、机器人生产线的设计原则

对于机器人生产线的设计来说，除了满足第二节机器人工作站的设计原则外，还应遵循以下 10 项原则：①各工作站必须具有相同或相近的生产周期；②工作站间应有缓冲存储区；③物流系统必须顺畅，避免交叉或回流；④生产线要具有混流生产的能力；⑤生产线要留有再改造的余地；⑥夹具体要有一致的精度要求；⑦各工作站的控制系统必须兼容；⑧生产线布局合理，占地面积力求最小；⑨安全监控系统合理可靠；⑩对于最关键的工作站或生产设备应有必要的替代储备。这里对前 5 项更具特殊性的原则进行讨论。

1. 各工作站的生产周期

机器人生产线是一个完整的产品生产体系。在总体设计中，要根据工厂的年产量及预期的投资目标，计算出一条生产线的生产节拍，然后参照各工作站的初步设计、工作内容和运动关系，分别确定各自的生产周期，使得

$$T_1 \approx T_2 \approx T_3 \approx \cdots \approx T_n \leqslant T$$

式中，$T_1 \sim T_n$ 为各工作站的生产周期（s/件）；T 为生产线的生产节拍（s/件）。

只有满足上式要求，生产线才是有效的。对于那些生产周期与生产节拍非常接近的工作站要给予足够重视，它往往是生产环节中的咽喉，也是故障多发之处，对此要有一些措施，使生产线保持正常运行。这里介绍几种处理原则。

（1）分散作业内容原则　对作业内容多、耗时长的环节，要尽可能合理地把它分割成几部分，改变原来的工艺顺序，分别由若干个工作站分担作业，但要保证分割后的工序能够达到产品的原技术要求。例如在大多数机器人焊接生产线中，焊接过程是主要的作业内容，耗时约占整个工件作业时间的一半以上，不可能在一个工作站中全部完成。这就要认真地分析焊缝，把它们合理地分成合乎生产周期要求的若干个组，设立若干个机器人焊接工作站。分组时要研究焊缝的先后顺序对焊件变形状态的影响、焊枪与工件的干涉以及预焊与满焊的处理，选择最佳方案。

（2）重叠设立工作站原则　如果作业工序是一个不可分割的环节，而且耗时多，远不能满足生产节拍，那么就要重叠设立两个或更多相同的工作站，即重叠工作站，每个工作站仅承担一半或更少的生产任务，工件交替进入不同的重叠站，出站后再次合流进入下一个作业工序。例如冰箱压缩机生产线，它的生产节拍为 11s/件，而压缩机组装后封罐焊接的生产

周期是 30s/件，又不可能把一条焊缝分散作业，因此在生产线中布置了三台同样的自动焊机，如图 7-31 所示。这样使封罐焊接的作业节拍转换为（30÷3）s＝10s＜11s，满足了生产线生产节拍的要求。图中用点画线表示的站 4 是预设的备用站。

（3）拼合工序原则　生产线中也会存在作业内容少、生产周期短的环节。在这种情况下，需要反复分析产品的全部作业工序内容，尽可能地将某些工序合并起来，充实一个工作站的作业内容，减少设备投入和生产线的占地面积，相对地提高生产线的效率。第二个实例中的第 7 站原本是为安装座椅主骨架而设置的，这项作业时间短，生产周期余量大。改进后，把主骨架上两个螺母的点焊也纳入本站，全部作业仍满足生产节拍，既减少了工件转送、工作站数量和占地面积，又提高了第 7 站的工作效率。

（4）应急储备原则　对于特别重要的生产线或生产线中作业难度大、易出现故障、影响生产的工作站，要有应急处理措施，或配置应急处理装置，或是留出应急处理空间。当问题出现后，由备用设备或人工操作加以取代，并做到设备的抢修和试运转与人工处理作业不发生干涉。这种要求常见于具有严格生产管理的大规模汽车总装生产线，各重点设备均有应急备件、应急部件或应急设备。对于图 7-31 所示的冰箱压缩机生产线，有些生产负荷大的工厂也设置了一台备用自动焊机（如图中点画线所示）作为应急设备，以保证生产线的连续生产。

2. **工作站间缓冲存储区（库）**

在人工转运的物流状态下，虽然尽量使各工作站的生产周期接近或相等，但是总会存在站与站的生产周期相差较大的情形，这就必然造成各站的工作负荷不平衡和工件的堆积现象。因此，要在生产周期差距较大的工作站（或作业内容复杂的关键工作站）间设立缓冲存储区，把生产速度较快的工作站所完成的工件暂存起来，通过定期地停止该站生产或增加较慢工作站生产班时的方式，处理堆积现象。例如第二节所提到的摩托车车架焊接生产，它是由 4 个工作站组成的一条人工搬运生产线，如图 7-32 所示。第 1 站至第 4 站的生产周期分别为 81s、95s、108s 和 115s，各站生产周期相差较大，因此在每两个站之间设计了工件暂存库 A、B、C。这种处理方式常用于非自动化物流系统的生产线。

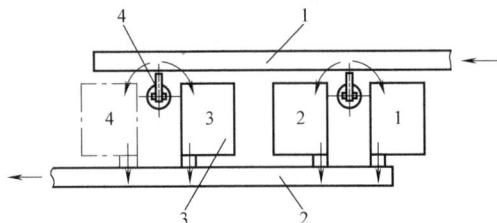

图 7-31　冰箱压缩机生产线自动
封罐焊接工作站的布局
1—工件输入传送带　2—工件输出传送带
3—封罐自动焊机　4—搬运机器人

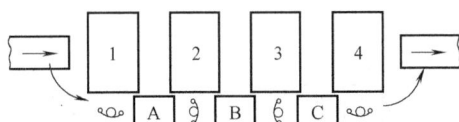

图 7-32　摩托车车架机器人焊接生产线布局

在含有机器人的柔性加工生产线中，被加工工件需要几次装夹，多次加工成形。机械加工机床分担着不同的加工工序，同一台机床也可能承担几道工序。分批量完成一道工序后，更换工序或转入下台机床就必须设立缓冲存储区，以便交替存取工件。这种缓冲存储区可以是一个庞大的立体仓库，也可以是十几个或更少的存储单元。图 7-33 所示为一条柔性加工生产线，它由两台数控加工中心作为主要工作站，设有 12 个工件缓冲存储库，并有入线和出线置台。机器人搬运工件，并承担工件的翻转与再定位作业，搬运小车是机床与缓冲存储库之间工件的交换装置。由此可见，在生产线中，存储仓库往往占有相当大的面积和设备比例。

3. 物流系统

物流系统是机器人生产线的大动脉，它的传输性、合理性和可靠性是维持生产线运行的基本条件。对于机械传动的刚性物流线，各工作站的工件必须同步移动，而且要求站距相等，这种物流系统在调试结束后，一般不易造成交叉和回流。但是对于人工装卸工件，或人工干预较多的非刚性物流线来说，人的搬运在物流系统中占有较大的比重，它不要求工件必须同步移动和工作站站距必须相等，但在各工作站排布时，要把物流线作为一个重要内容加以研究。工作站的排布要以物流系统顺畅为原则，否

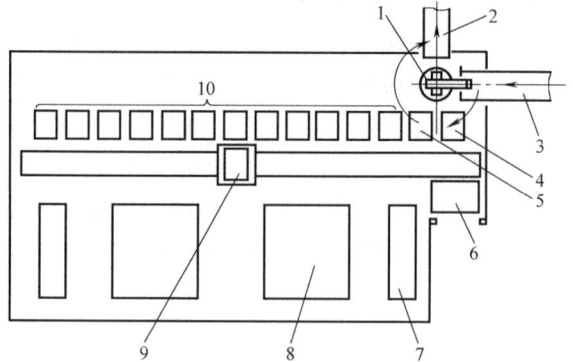

图 7-33 柔性加工生产线布局示意图

1—机器人 2—工件输出 3—工件输入 4—入线置台 5—出线置台 6—夹具调整台 7—电器控制柜 8—数控加工中心 9—工件上、下料机器人 10—工件缓冲存储库

则将会给操作和生产带来永久的麻烦。图 7-34 所示为 4 个工作站的不同排列，工件按箭头方向流入、流出，生产按工作站的序号顺序作业，A 和 B 是工件传输线，a、b、c、d 是工件暂存库。显然图 7-34a 和 b 的布局不利于物流顺畅。图 7-34a 中第 1 站取工件及第 4 站送工件的行走距离较大，b 与 c 间需另设一人转运；图 7-34b 中 b 向 c 的转运与 d 向 B 的转运产生了交叉现象，后者还出现了回流；而图 7-34c 的物流传输较为合理。再如图 7-35 所示的冰箱压缩机生产线的布局，各站从 A 传送线上取出工件，焊接之后再送回原传送线，这就使成品与待焊件形成典型的交叉与回流，显然这种布局是不合理的。而图 7-31 所示的布局可使物流通畅。因此，要协调总体占地面积与物流顺畅间的矛盾，使生产线操作便利，省时省力，传送安全。

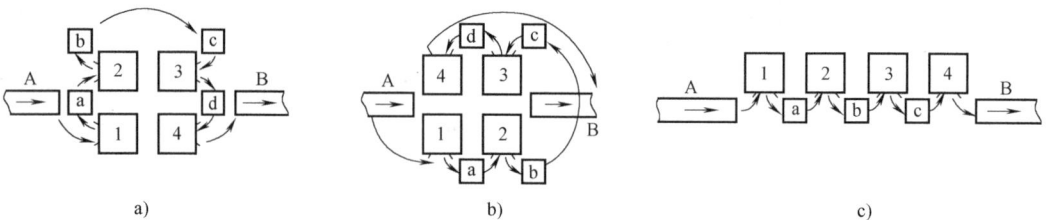

图 7-34 4 个工作站的不同排列

a）矩形顺时针排列 b）矩形逆时针排列 c）线性排列

在大规模生产中，物流系统往往还与厂区、车间及楼层的建筑设计有直接关系，从地下、地面到空中，形成多层立体空间，使整个车间或厂区，甚至包括产品出厂装运都连接起来。因此物流系统的建立往往是一项繁杂的系统工程，自动化程度高的汽车制造厂就常采用

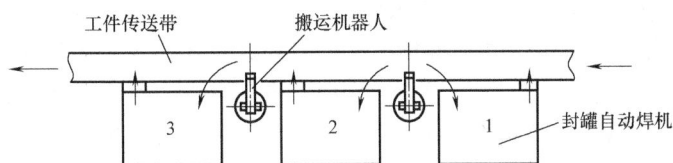

图 7-35　冰箱压缩机生产线的布局

这种庞大的物流系统。

4. 生产线

机器人生产线是一项投资大、使用周期长、效益长久的实际工程。决策时要根据自身的发展计划和产品的前景预测做认真的研究，要使投入的生产线最大限度地满足品种和产品改型的要求。这就必然提出一个要求，即生产线应具有混流生产的能力。所谓混流生产就是在同一条生产线上，能够完成同类工件多型号多品种的生产作业，或只需做简单的设备备件变换和调整，就能迅速适应新型号工件的生产。这是机器人生产线设计的一项重要原则，其难度较大、技术水平要求较高。它是衡量机器人生产线水平的一项重要指标，混流能力越强，则生产线的价值、使用效率及寿命就越高。

混流生产的基本要求是工件夹具共用或可更换、末端执行器通用或可更换、工件品种识别准确无误、机器人控制程序分门别类和物流系统满足最大工件传送等。

（1）工件夹具共用或可更换　不同品种的工件，形状及具体尺寸不尽相同，设计时需要通过作图找出其共同点和特殊性。在同一套夹具上，或使夹持点落在工件的共同点处，或利用某些工件的特殊性分别夹紧，总之要尽量使一个夹具适用于更多的工件品种。本节第二个实例的座椅骨架生产线，共有 8 个品种，每一种再分成左右位，共有 16 种工件。通过作图分析实现了在同一随行夹具板上共同定位的要求，其中两处在更换品种后，需要使夹具移动一个距离，以适应品种的外形要求，如图 7-36 所示。A 工件与 B 工件在夹持点位置上相差 Δ，夹持点分别设计在 a 和 b 处，夹具体下方安装了滑轨及限位挡块。当 A 工件入线时，夹具体退至后位，夹住 a 点；当更换 B 工件后，夹具体向前移动 Δ 距离，夹住 b 点。

当一个夹具体不能满足所有的工件品种时，就要将工件分组，将能够共用夹具板的分成一组，这时就要通过更换夹具板部件实现换型。如第二节中的摩托车车架焊接生产线，不同品种的车架外形差别较大，不易在同一块夹具

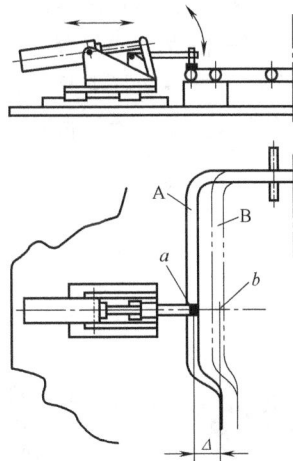

图 7-36　夹具体移动
变换工件品种

板上实现共用定位，那么就要设计外形尺寸和安装尺寸相同、具体结构不同的夹具板，通过更换夹具板实现混流。这种方式显然效率低，更换时间长，操作量大，不适用于频繁更换工件品种的场合。它还要求电气配线和气源通路的换接简便可靠。

（2）末端执行器通用或可更换　末端执行器同样也需要适应品种的变化，通用或可更换。在座椅骨架生产线中，第 28 站的机器人从线中取出工件，它的抓取夹钳即设计在 16 个品种外形的共同可抓点处；在装配弹簧时，16 个品种的弹簧挂钩位置不同，因此采用了类

似图 7-36 的结构形式，实现了共用末端执行器的目的。

在设计时，优先选择通用，其次考虑可换。目前，由于出现了末端执行器自动快速更换装置，而大大简化了设计难度。图 7-37 所示为 CT40 末端执行器自动更换装置，它分为上、下两部分。称为换接器的上半部与机器人手腕固连，称为配合器的若干个下半部则与若干个适应不同工件的末端执行器连接，并存放在一个库中。它的可搬质量为 40kg，并配有 15 芯电气接线柱、6 路气压通道、2 根定位销，其位置再现精度为 ±0.015mm，自重 1.27kg。这种连接系统，可以使机器人迅速更换末端执行器，从而扩大了机器人的用途。它可以接通电源、气源、真空源，有碰撞自动保护装置及超载保护装置和断电保护系统。这种电源和气源的连通方式也常用于随行夹具板上。

（3）工件品种的识别 在混流生产中，首先要解决的是工件品种的识别，准确判断现行生产产品的型号，通过控制系统完成各工作站的夹具、末端执行器以及程序的变换，使整条生产线符合新品种的要求。否则将会出现设备或人身安全的重大事故，这项工作往往也是生产线调试的重点和难点。

品种识别有人工识别和自动识别两大类。人工识别较为简便，它的设置由人工操作，识别可由目测或传感器完成。上述座椅骨架生产线的品种识别，是在每块随行夹具板上安装一组（4 个）可调试触头，如图 7-38 所示，每个触头有伸出和缩回两个位置，每个工作站都在随行夹具板定位的相应位置处安装 4 个接近传感器。按照每个触头的位置和每个传感器有无信号的状态，共有 2×2×2×2 = 16 种排列，以此区分 16 个工件品种。在更换品种时，操作者在第 1 站进行 4 个触头位置的设置，后续的各个工作站则依照传感器的信号，完成夹具体、末端执行器和软件等内容的更换。另外，为防止操作者失误，夹具板上还装有相应的传感器，用来检查工件是否与设置相同，如出现矛盾则停车报警。这是一种简单的品种识别装置，多用于带有随行夹具的自动化生产线。如果在第 1 站安装 4 个驱动气缸，根据指令推拉触头，就转换成下述的自动识别系统。

图 7-37 CT40 末端执行器自动更换装置

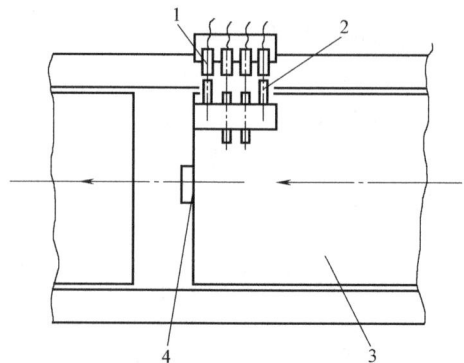

图 7-38 人工识别
1—接近传感器 2—伸缩触头
3—夹具板 4—气缸驱动定位挡块

自动识别多用于大型和自动化程度高的生产线上，它要求设计者对生产的各个品种进行详细分析，找出差异点，制订识别方案，并保证生产线在运行时，识别结果与上位管理机下达的指令一致，做到准确无误。

图 7-39 所示为汽车总装生产线的一个工作站。它的任务是从轮胎传送带上抓取对应的汽车备用轮胎，并按照不同的车型，启动对应的机器人示教程序，将轮胎装在汽车行李箱中。这条生产线以 123mm/s 的速度连续运转，共生产 5 种不同外形（指车尾和行李舱）的汽车，备用轮胎的外形也各不相同。因此，必须在汽车进入本站之前进行车种的判断和轮胎的识别，在与上位机指令比较确认后，调用适合于这个车型的机器人示教程序，并完成预定的作业。这里主要说明车种的识别，通过对比研究可得出这样的结论：5 种车型的车体高、行李舱高、后盖开启高度以及后轮至车尾的距离是有差异的，由这 4 个参数的组合可以区分出 5 种车型。为此，在该工作站前的两组立柱上安装若干组感光式传感器（即 *a-a* 立柱与 *c-c* 立柱），用以测量上述 4 个参数。为了准确无误地定时采集信号，在相应位置还设有 *b-b* 传感器。当后车轮通过时，*b-b* 得到信号，并通知控制系统采集此时 *a-a* 和 *c-c* 的各种信号，从而准确地判断车型。

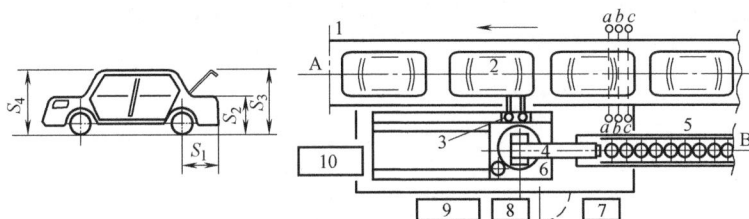

图 7-39　汽车总装生产线的一个工作站

1—总装传送带　2—汽车　3—随动跟踪装置　4—机器人　5—备用胎传送线　6—机器人移动架台
7—操作箱　8—机器人控制柜　9—电控柜　10—错胎输出线

5. 生产线的再改造

工厂生产的产品应随着市场需求的变化而变化，高新技术的进步和市场竞争也会促使企业引入新技术、改造旧工艺。而生产线又是投资相对较大的工程，因此要用发展的眼光对待生产线的总体设计和具体部件设计，为生产线留出再改造的余地。主要从以下几方面考虑：预留工作站，整体更换某个部件；预测增设新装置和设备的空间；预留控制线点数和气路通道数；控制软件留出子程序接口等。前面提到的汽车备用轮胎投放作业，原来由人工操作，但当生产线投产一段时间后，发现劳动强度太大，故后来改用机器人投放。改造的具体做法是：适当改变原来的作业顺序，将轮胎投放作业向生产线流动的前方移动 3 个工作站。另外增设轮胎传输线 B（见图 7-39），由于生产线是连续运转的，所以采用了随动跟踪技术，使机器人与生产线同步运动。这种改造利用原来预留的人工作业工作站的空间，适当改变工艺顺序，增加相应的设备和装置，建立起新的工作站。在整个改造、安装和调试中，生产线没有停车，保证了工厂的正常生产。

摩托车车架焊接生产线适用于车架生产，当工件变化较大时，可以整体更换每个工作站的夹具体。这就要求夹具体能够与变位机实现快捷方便的定位与连接，并且在最初设计时，控制导线和气路通道的连接采用可分离型插拔式元件。

上面讲述了机器人生产线和工作站的一般设计原则。在工程实际中，要根据具体情况灵活掌握和综合运用这些原则。

习　题

7-1　工业机器人与人相比有哪些优势和劣势？

7-2　在工业生产中引入工业机器人有哪些步骤？基本要求是什么？

7-3　简述焊接机器人系统的组成及其工作机理。

7-4　选择工业机器人和外围设备时应注意哪些问题？

7-5　简述你所了解的机器人应用领域有哪些？

7-6　如何看待使用机器人的成本问题？

7-7　末端执行器的重心相对于机器人 P 点的偏移量对选择机器人持重有何影响？

7-8　试述生产节拍与计划年产量的关系，可举例说明。

7-9　自选一种产品和作业形式，试选择合用的机器人型号（重点是持重能力与工作范围）。

第八章　工业机器人应用工程实例分析

这一章将系统地介绍几种工作站和生产线，剖析其设计思想和构成，有的还要介绍其设计过程，供读者参考。

第一节　弧焊工作站（摩托车车架焊接工作站例）

弧焊作业是机器人应用最多的领域之一，由于弧焊的作业环境恶劣，污染严重，产品的焊接质量难以保证等因素，比起手工作业，机器人恰恰在这些方面显示出无可比拟的优越性。

一般来说，弧焊工作站具有如下一些特点：末端执行器的形式简单，且差别很小；多选用可搬质量为 10kg 以下的机器人；需要专门设计适用于不同工件的夹具体或装置；多数工作站需要工件位置变换机，以使焊枪能够具备最佳的作业位姿；机器人的示教水平直接影响焊接质量，故难度较大；需要适用的焊接电源及送丝机配套装置，一般为定型产品；焊接工艺参数对焊接质量影响甚大，设计人员及操作者应具有一定的焊接知识基础。

使用机器人进行弧焊的主要类型有：采用溶化电极的惰性气体保护焊、钨极惰性气体保护焊、二氧化碳气体保护焊、气焊、等离子弧焊和激光焊等。各种类型弧焊具有不同的特点，要根据工件类型、材料、成本、焊接质量和用户意见选定。

用于弧焊的机器人至少应当具有如下基本功能：直线插补和圆弧插补的轨迹精度高，插补中速度不变；能实现连续轨迹控制，焊接过程中无机器人本体的振动现象；与焊接电源可以通信，设定焊接条件，起弧、熄弧、通气、断气及焊丝用尽的检测，配有焊接条件设定板；能方便地安装焊丝检测传感器和接触传感器，有焊缝跟踪功能等。

机器人焊接工作站要求工件具有一定的定位精度。一般来说，对于薄板工件，焊缝偏离误差要小于焊丝直径的一半；对于厚板工件，最大焊缝偏离误差不得超过 1mm。

焊丝直径的选择应根据板材厚度、焊缝厚度和焊接电流值确定；焊丝材料则根据板材材料、焊缝质量要求等确定。

焊接电流和电压、焊嘴距工件的距离、起弧收弧电流和电压、送丝速度、送气流量、起弧送丝速度和提前滞后送气时间等因素都对焊缝质量、焊缝形状和焊缝搭接段质量有显著的影响，具体选择及调整需参考有关焊接资料和焊接电源的用户说明书。

这一节将通过一个摩托车车架机器人焊接生产线的实例，介绍弧焊工作站的设计思想、构成和设计过程。

　　摩托车车架机器人焊接生产线是由 4 个机器人焊接工作站组成的，在第七章中已经介绍了部分内容。这一节试图从总体方案和一个工作站的设计，较为详细地介绍机器人焊接工作站的设计步骤及内容。

一、技术要求及工件分析

　　用户要求年产量为 10 万件。全年工作 254 天，每天两班制，每班 8 小时工作制。选用直径为 1.0mm 的焊丝，采用 CO_2 +Ar 混合气体保护焊，焊成品总质量为 6.5kg。工厂的空气压力不小于 0.5MPa。摩托车车架是由一些散件焊接而成的，有些散件在前期的工序中已点焊成某种形状，在最后的车架总成焊接中作为一个零件对待。摩托车车架构成如图 8-1 所示。

　　1. 焊缝分析及作业划分

　　根据摩托车车架设计要求，将所有需在总成焊接中完成的焊缝挑选出来，并在图上标注出焊缝长度、焊缝编号和有几处同样的焊缝。标识后的图样如图 8-2 所示。图中○内的数字表示第几号焊缝，横线上的数字表示焊缝长度，尾部的数字表示有几处相同焊缝。

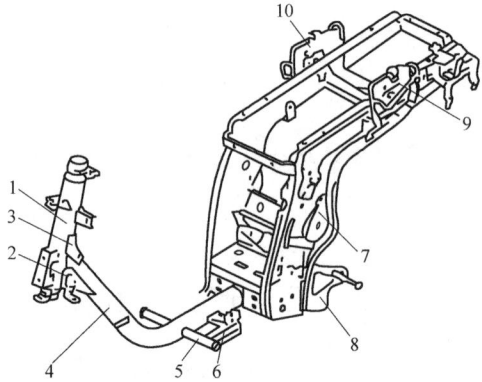

图 8-1　摩托车车架构成示意图

1—转向立管组合　2—下加强板　3—主弯管连接板
4—主弯管　5—脚踏板支架组合　6—边站架连接板组合
7—框架组焊件　8—中间站架支承板焊接组件　9—座
垫支承左板组合　10—座垫支承右板组合

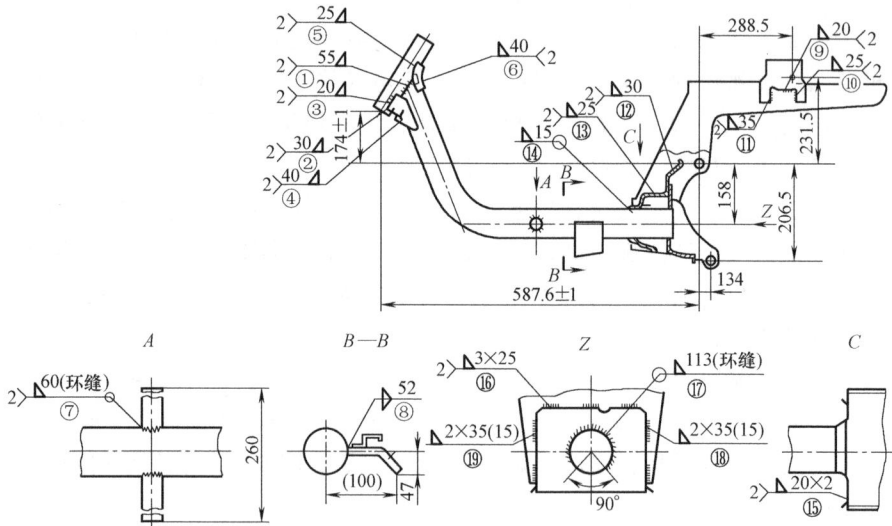

图 8-2　车架焊缝标识图

　　这些散件必须在夹具上能够逐一定位并夹紧，而且夹具与夹具之间不能发生干涉，要便于焊枪作业。由此可知，车架用一次定位夹紧完成全部焊接是不可能的，应当将其分散作业。

图 8-3 所示为车架分解方案，显然从主弯管与油箱架的结合部进行分解是一种较好的方案。也就是先把 1~6 号散件焊成一体，将它作为一个零件，再与 7~10 号散件进行焊接。

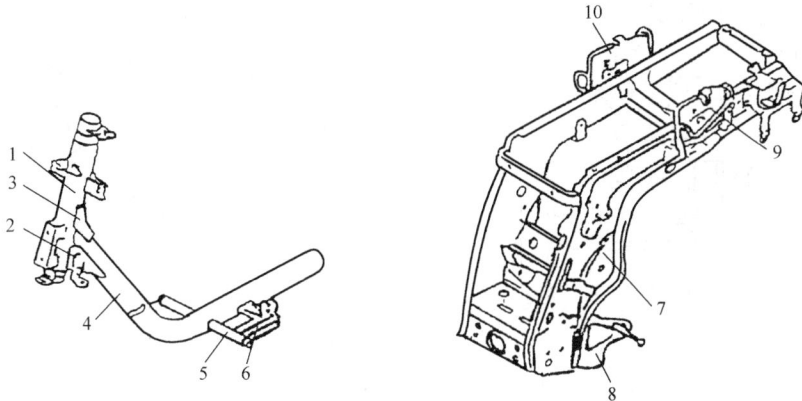

图 8-3　车架分解方案

1—转向立管组合　2—下加强板　3—主弯管连接板　4—主弯管　5—脚踏板支架组合　6—边站架连接板组合
7—框架组焊件　8—中间站架支承板焊接组件　9—座垫支承左板组合　10—座垫支承右板组合

工件分解后，还应考虑是否需要预点焊的问题。首先，焊接是局部发热剧烈的生产作业，如果散件的夹紧力不足或工件精度要求较高，则往往由于局部发热变形而达不到要求；其次，机器人的焊接速度是有限的，每条焊缝均有引弧、收弧和机器人在焊缝之间的移动时间，变位机的工件变换也要占用时间，因此必须初步估算分解后工件作业所需的时间，看是否能满足用户的年产量要求；最后，还要分析分解后夹具与夹具、夹具与焊枪的干涉问题。综合以上因素，最后将作业分为主管预点焊、主管完成焊、车架预点焊、车架完成焊 4 个工序，相应地设立 4 个机器人焊接工作站。

2. 总体方案的初步构想

总体方案的构想主要包括：

（1）夹具体大小的估算　按照四个工作站工件外形及初步设想各散件的定位夹紧方案，并留有一定的余地，估算出夹具体的外形及大小，必要时要用作图法估算。本例第 1、2 站夹具体约为 1000mm×650mm，第 3、4 站夹具体约为 1350mm×780mm。

（2）变位机基本形式的确定　工件夹具体应能变换位置，使工件各处焊缝能适应机器人可能的焊枪姿态，使机器人能够找到每条焊缝最佳的焊枪焊位。另外，为充分发挥机器人的工作能力，要把工件的装卸时间尽可能地与机器人的工作时间重合起来，这就要求两套夹具体相对机器人实行交换，或者机器人在两套夹具体间变换位置分别作业，如图 8-4 所示。

（3）机器人规格的初步确定　根据夹具体的尺寸和变位机的基本形式，按照第七章所述的方法，由持重、机器人的工作空间和自由度初选机器人，型号为 M-SK6。

3. 各工作站作业时间的计算及协调

用户要求年产量为 10 万件，由此先算出一件的生产节拍为

$$T = \frac{60DCH}{I} = \frac{60 \times 254 \times 2 \times 8}{100000} (\text{min}/\text{件}) \approx 2.44(\text{min}/\text{件}) \approx 146(\text{s}/\text{件})$$

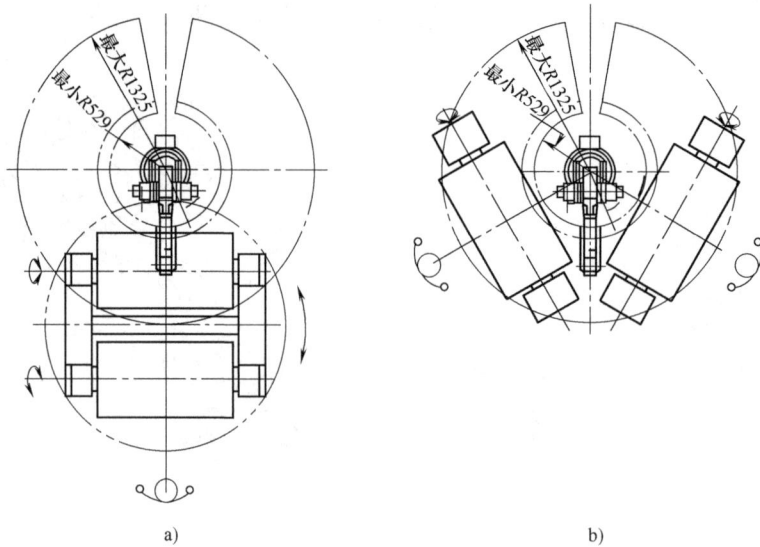

图 8-4　变位机方案图

a）夹具变换位置　b）机器人变换位置

然后设计出在每个工作站上需要装夹哪些散件、点焊或焊成哪些焊缝、每条焊缝的作业长度、各工作站上焊缝长度之和、起收弧次数、装夹时间和变位机各旋转部件的转动时间等，这样就算出了每个工作站的生产周期。最后进行各站生产周期的协调平衡，通过调整各站的焊缝和焊接长度来调整生产周期，尽量减小各站生产周期的差值，满足各站中最大生产周期小于生产节拍的要求。

现以本例的第 1 站，即主管点焊工作站为例加以说明。其他工作站的计算数据列入表 8-1 中。

表 8-1　各工作站生产周期的计算

工作站号	1	2	3	4
装夹零件号	1+2+4+5+6 = 组件 1	组件 1+3 = 主管组件	主管组件+7～10 = 车架组件	车架组件
装夹零件数量/个	5	2	5	1
点焊焊缝号	⑦5×4 ⑧10×3		⑭10×3 ⑰10×3 z 向 10×3	
完成焊焊缝号	A10×4 ④40×2 ③20×2 （A）40×2	①55×2 ②30×2 ⑤25×2 ⑥40×2 ⑦60×2 ⑧52×2	⑨20×2 ⑩25×2 ⑪35×2 ⑫30×2 ⑬25×2 ⑮20×2	⑭151 ⑮20×2 ⑯25×3 ⑰113 ⑱35×2 ⑲35×2
焊缝数量/条	17	12	21	17
焊缝长度/mm	290	524	400	519

（续）

时间估算					
	人工装夹/s	10×2+5×3＝35	10×1+5×1＝15	10×2+5×3＝35	10×1＝10
	取出	5	5	5	5
	焊接	29	53	40	52
	起收弧/s	17×2＝34	12×2＝24	21×2.3＝49	17×2.3＝39
	夹具体旋转	5×2＝10	5×2＝10	3×2+5＝11	3×2+5×2＝16
	转台旋转	8	8	8	8
	总计/s	81	95	108	115

注：1. 焊接速度：10mm/s
2. 装夹速度：10s/大件；5s/小件
3. 起收弧时间：2s/缝
4. 夹具体旋转：5s/180°
5. 转台旋转：8s/180°

第 1 站将 1、2、4~6 散件定位装夹，并点焊在一起。为了增加焊接强度，在立管和弯管的上结合点 A 处，补充一条焊缝，这样只能把 3 号散件放在第 2 站进行装夹焊接。A 点处和③、④号焊缝设计成完成焊，⑦和⑧号焊缝为点焊，共有 17 条焊缝，需起收弧 17×2＝34 次，选择机器人的焊接速度为 10mm/s，估算人工装夹时间为 35s，夹具体旋转 5s/180°，转台旋转 8s/180°，计算出第 1 站的生产周期为 81s。在 4 个工作站中第 4 站的生产周期最长，为 115s，小于生产节拍（146s），说明 4 个工作站的划分是符合用户要求的。

二、夹具体设计

机器人焊接工作站的各个散件要能够准确定位，并保证一定的夹紧力，而且各个焊缝的位置要有利于焊枪的作业。由此可见，夹具体在工作站中的作用是相当重要的，它直接影响着工作站的性能和作业质量，必须进行深入研究。

本例第 1 站有 1、2、4~6 号散件，它有各自的定位夹紧方案，经过对这些方案反复对比、修改，最后确定出图 8-5 所示的夹具体方案。该方案既便于预置每个散件，又便于整体取出工件。

首先将 1、4 号散件一起放在相应的 V 型和槽型定位块上。1 号散件由一个 V 型块和一个平面定位，并利用 1 号散件的翼板被弹簧顶紧，确定其周向位置；4 号散件放在一个槽型和一个 V 型定位块内，基本确定了它的位置。第二步放入 2 号散件，手动气缸尾部的操纵杆，将零件推到位。第三步将 6 号散件放在它的位置上，在手动操纵杆的配合下，确定其最终位置。气缸前端的夹具上内藏了两块永久性磁铁，紧紧地吸住工件。最后把 5 号散件插入 4 号散件的圆孔内，下端由夹具平板（板厚为 15mm）背面的挡铁定位，至此完成了散件的人工预置。

根据工件的定位方式，设计出气动夹紧的先后顺序为：

1）1 号散件下端定位缸动作。

2）1 号散件上端导杆定位缸动作。

3）4 号散件尾部定位缸动作。

4）4 号散件的两个旋转压紧缸动作。

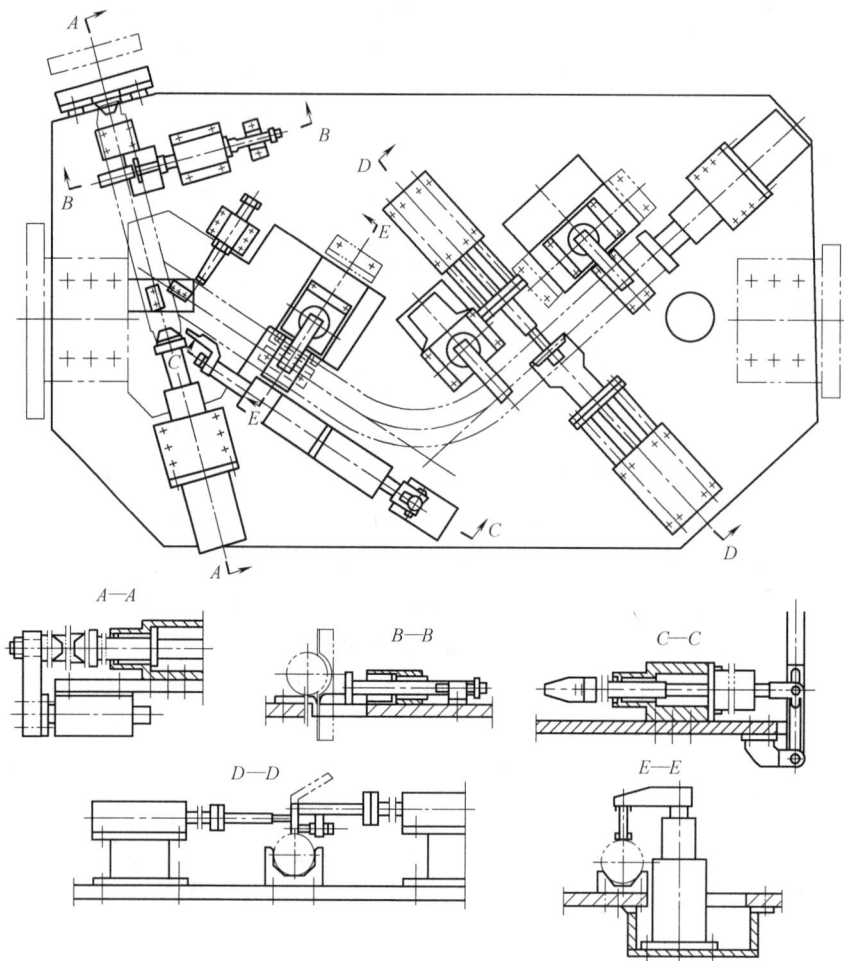

图 8-5 第 1 站的夹具体方案

5）其余各气缸动作。

操作时按下起动按钮，气缸在程序的控制下按上述顺序动作，将工件夹紧。第 1 站夹具体的气动系统原理如图 8-6 所示。

三、确定总体方案

对于某种工件的具体作业内容，随着机器人的使用数量、工厂的投资、自动化程度、操作方式、车间设备布局、物流方式以及设计人员的技术水平等多种因素的变化，可以形成多套总体设计方案。在此基础上，经过认真分析、研究及反复对比，最终优选出一套切合实际的可行方案。

对于摩托车车架焊接作业，可以设计出多套总体方案，这里举出其中的 5 套总体方案加以说明，如图 8-7~图 8-11 所示。最后经过比较确定最终方案。

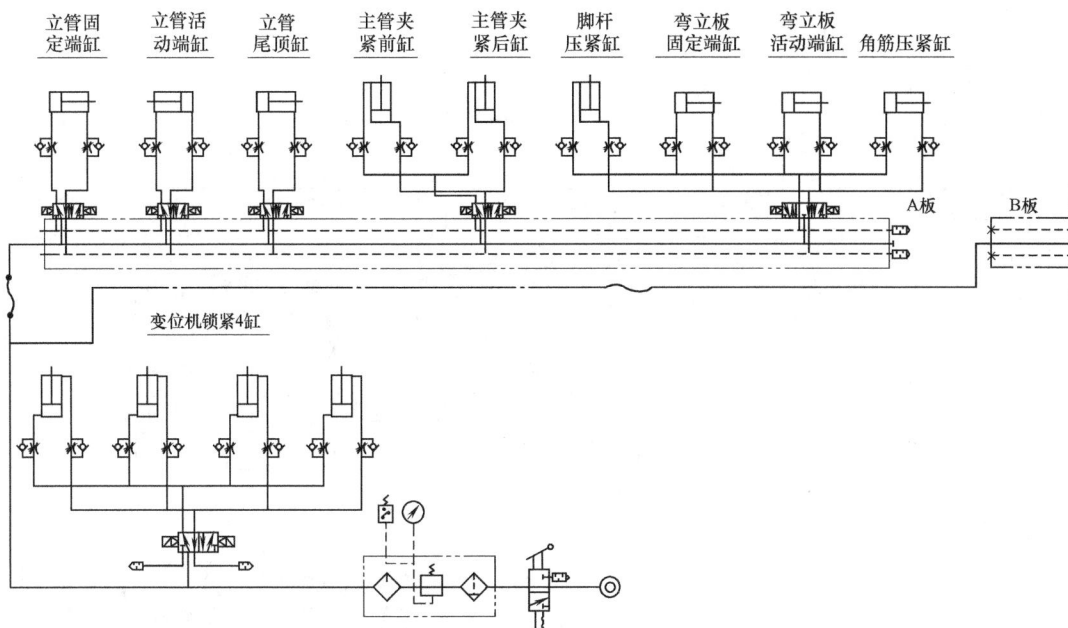

图 8-6　第 1 站夹具体的气动系统原理图

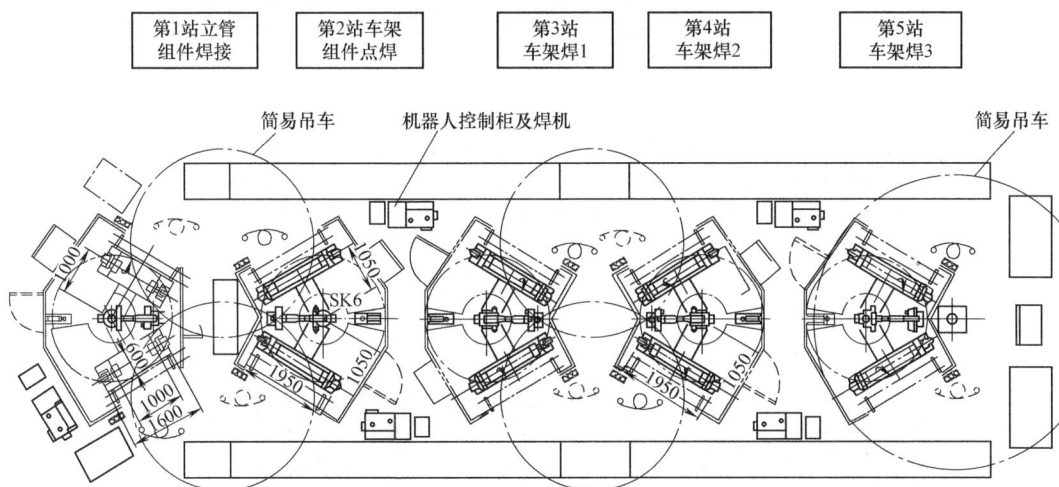

图 8-7　摩托车车架机器人焊接生产线总体方案 I

1. 总体方案 I

总体方案 I 共设 5 个工作站，第 1 站是立管组件的焊接，第 2 站是车架组件的点焊；第 3、4、5 站是车架总成的完成焊。每个工作站均采用变位机八字形布置，共使用 5 台机器人，至少需要 5 人操作。该方案物流方向顺畅，人工操作较为方便。

2. 总体方案 II

总体方案 II 共设 6 个工作站，第 1 站是立管组件的点焊；第 2 站是车架组件的点焊；第 3～6 站是车架的总成焊接。第 1 站采用转台型三轴变位机；第 2 站采用 2 台单轴变位机，而第 3～6 站采用较为复杂的循环式随行夹具传输线。4 套升降式机械手承担站与站之间随行夹具的搬运，共使用 6 台机器人，至少需要 5 人操作。该方案人工操作简便，但成本和占地面积较大。

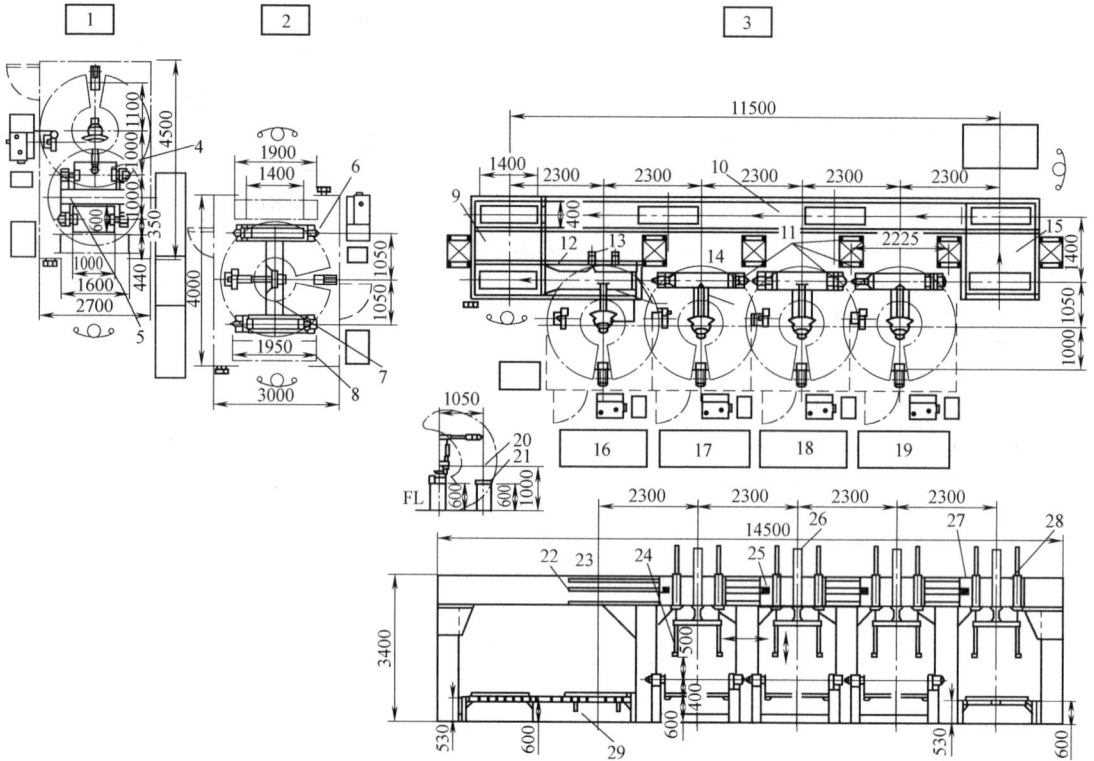

图 8-8 摩托车车架机器人焊接生产线总体方案 Ⅱ

1—第 1 站立管组件点焊 2—第 2 站车架组件点焊 3—车架焊接 4—3 轴变位机 5—遮弧板 6—单轴变位机 7—基座
8—安全传感器 9、15—循环线 10—空随行夹具传输线 11—单轴变位机 12—导板 13—气缸 14、21—夹具
16—第 3 站车架焊 1 17—第 4 站车架焊 2 18—第 5 站车架焊 3 19—第 6 站车架焊 4 20—翻转中心
22—齿条 23—导轨 24—末端执行器 25—行走电动机 26、29—升降气缸 27—行走架 28—升降导轨

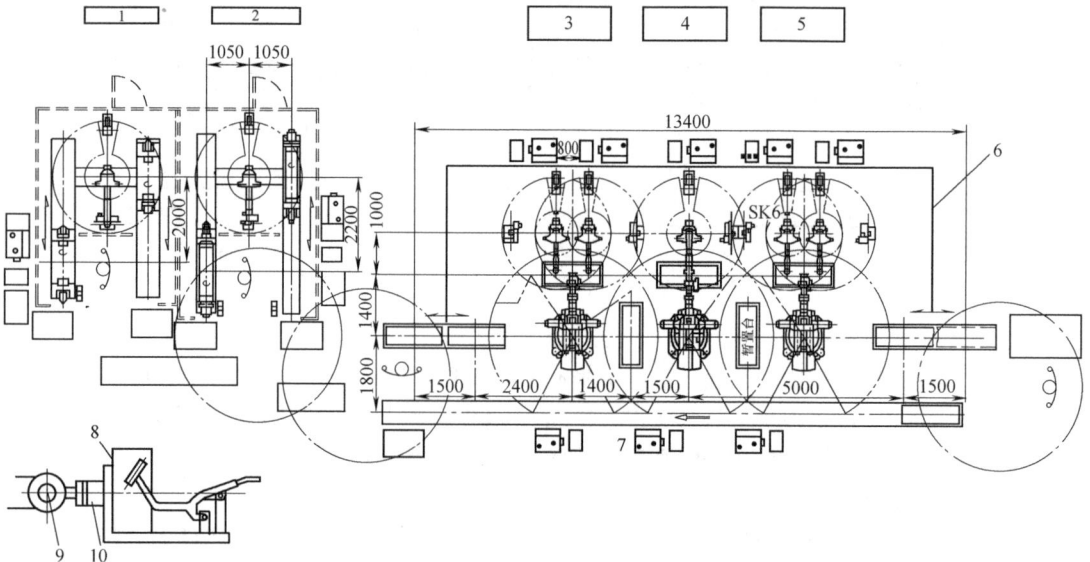

图 8-9 摩托车车架机器人焊接生产线总体方案 Ⅲ

1—第 1 站立管组件点焊 2—第 2 站车架组件点焊 3—第 3 站车架焊 1 4—第 4 站车架焊 2 5—第 5 站车架焊 3
6—安全栅 7—机器人控制柜及焊机 8—夹具体 9—机器人中点 10—末端执行器快换装置

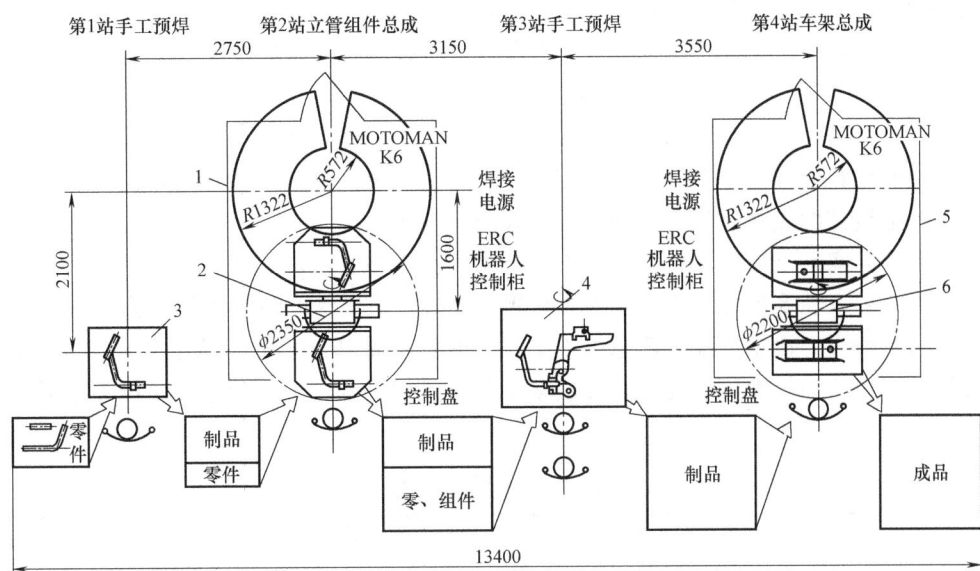

图 8-10 摩托车车架机器人焊接生产线总体方案 Ⅳ

1、5—护栏 2、6—二自由度变位机 3—夹具体 4—夹具体（可翻转）

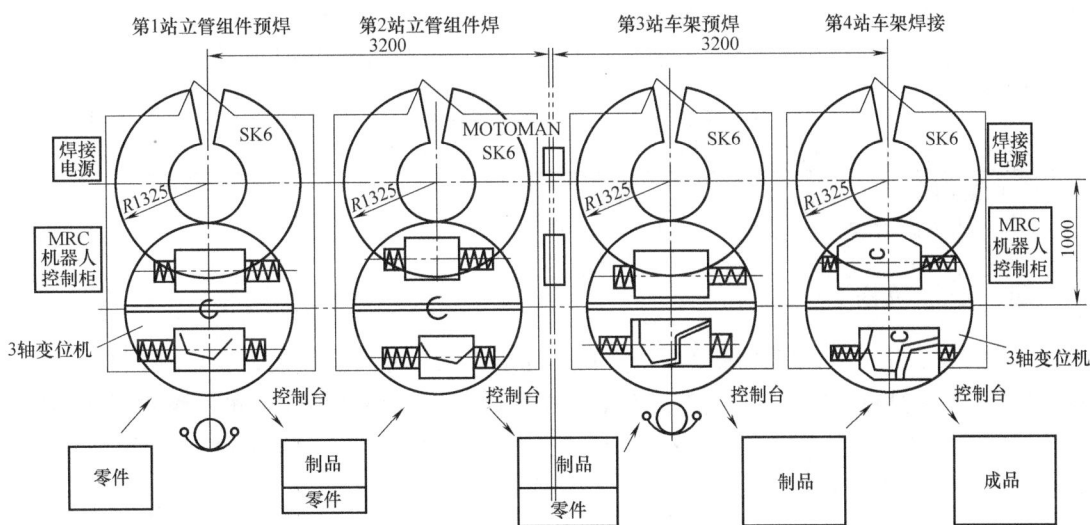

图 8-11 摩托车车架机器人焊接生产线总体方案 Ⅴ

3. 总体方案 Ⅲ

总体方案 Ⅲ 共设 5 个工作站，第 1 站是立管组件的焊接，第 2 站是车架组件的点焊，第 3~5 站是车架的总成焊接。第 1、2 站均采用 2 套移动式二轴变位机。第 3~5 站均采用机器人协调作业方式，可搬质量为 170kg 的机器人手持车架总成的夹具体，实现工件的变位。1 台或 2 台 6kg 的机器人进行焊接作业，共使用 10 台机器人，需 4 人操作。该方案自动化程度高，但造价昂贵。

4. 总体方案 Ⅳ

总体方案 Ⅳ 共设 4 个工作站，第 1、3 站为手工预焊，有一个单自由度的变位机；第 2、

4 站为立管组件和车架总成的完成焊，各有 1 套转台式三轴变位机，共使用 2 台机器人，需 4 人操作。该方案设备简单，成本低，但工人的劳动强度大，焊接质量不够稳定。

5. 总体方案Ⅴ

总体方案Ⅴ与总体方案Ⅳ的布局形式基本相同，只是将第 1、3 站换成机器人工作站。4 个工作站均使用转台式三轴变位机，仍需 4 人操作。该方案相对降低了劳动强度，提高了立管组件和车架组件的点焊质量，自动化程度及成本居中。

上述 5 套方案都可以完成摩托车车架的焊接作业，但其组成有较大的差别，抽取几项有代表性的内容列入表 8-2 内，显然总体方案Ⅱ、Ⅲ的自动化程度和成本都相当可观，不失为一种先进的机器人焊接生产线。而总体方案Ⅳ、Ⅴ相对简单，同样可以完成预定的作业。因此，根据工厂现状和技术可行性等多种因素，特别是用户意见，最后选定总体方案Ⅴ为实施方案。

表 8-2　总体方案比较

方案	工作站数	机器人数	操作人数	转台及夹具套数	传送线	人工点焊站	自动化程度	成本	生产率	占地面积
总体方案Ⅰ	5	5	5	0+10	一般	无	中	中	中	中
总体方案Ⅱ	6	6	5	2+12	复杂	无	最高	次高	高	次大
总体方案Ⅲ	5	10	4	2+10	一般	无	次高	最高	高	最大
总体方案Ⅳ	4	2	4	2+6	无	2	最低	最低	低	最小
总体方案Ⅴ	4	4	4	4+8	无	无	次低	次低	较高	次小

注：1. 夹具套数包括人工点焊和空随行夹具套数
　　2. 操作人数指在线人数，不包括物流和替换作业所需人数

四、变位机构

总体方案选定后，就可以依照各站夹具体的形状及尺寸，具体设计变位机。本例第 1、2 站均为板式夹具体，第 3、4 站均为框架式夹具体，如图 8-12 所示。虽然结构形式不同，但通过接手可以安装在同一结构形式的变位机上。本例的变位机选用了第四章图 4-13 所示的 H 型三轴变位机。

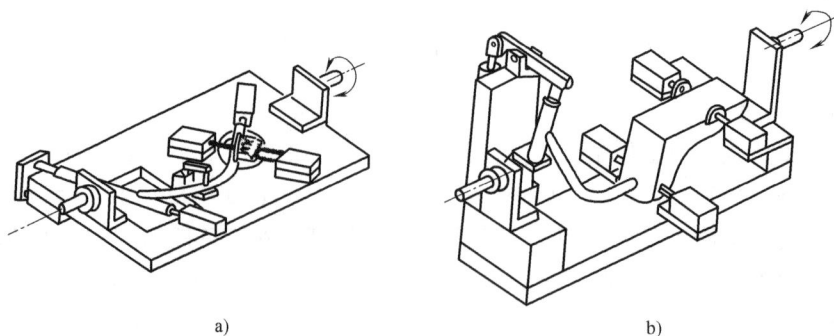

a)　　　　　　　　　　　　　　　　b)

图 8-12　各工作站夹具体形状

a）板式夹具体　b）框架式夹具体

　　这一节较为详细地介绍了摩托车车架机器人焊接生产线的设计步骤与思路。各部分设计之间存在着密切的联系，需相互融合，反复协调，以确定最终结果。另外，对于各个领域内的不同工件，其设计思路、具体要求以及最终的总体方案和结构形式都会有较大的差异，因此必须针对具体问题进行具体分析，才能求得答案。

第二节　搬运码垛工作站

　　搬运码垛机器人工作站一般具有以下一些特点：①有物品的传送装置，其形式要根据物品的特点选用或设计；②可使物品准确地定位，以便于机器人抓取；③多数情况下设有码垛的托板，或机动或自动地交换托板；④有些物品在传送过程中还要经过整形装置整形，以此保证码垛的质量；⑤要根据被搬物品设计专用的末端执行器；⑥应选用适合于码垛作业的机器人；⑦有时还需设置空托板库。

　　在码垛作业中，最常见的作业对象是袋装物品和箱装物品。一般来说，箱装物品的外形整齐、变形小，抓取它的末端执行器多用真空吸盘；而袋装物品外形柔软，易发生变形，因此在定位和抓取之前，应经过2、3次整形处理。末端执行器也要根据物品的特点专门设计，多用叉板式和夹钳式结构。另外，磁吸式末端执行器也是常见的一种形式。

　　这一节将以米袋码垛的作业为例，介绍码垛工作站的有关知识。

一、工件分析

　　工件是盛装精米的袋物，质量为5kg和10kg的两个种类，其外形尺寸见表8-3。米袋由机器人码放在托板上，托板的尺寸及外形如图8-13所示。为使米袋在托板上码放稳固，相邻两层米袋应错位排列。排列规律如图8-14所示，图中的数字表示该层米袋的码放顺序。每块托板上码放10层，生产率为720袋/h。

表8-3　工件外形尺寸

袋重量	L/mm	W/mm	T/mm	
5kg	390	270	60	
10kg	440	300	80	

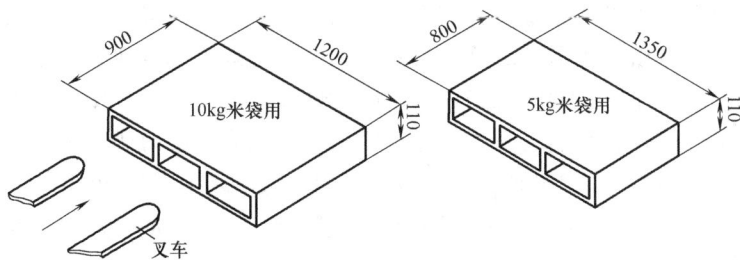

图 8-13　托板尺寸及外形

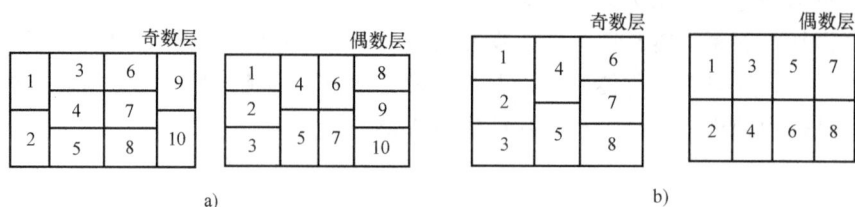

图 8-14 米袋码放的排列规律
a) 5kg 米袋 b) 10kg 米袋

二、机器人工作站的总体布局

制米工厂分装搬运流程如图 8-15 所示。经脱粒筛选后的精米送入储米罐，由提升机将米输入自动计量包装机，分装成 5kg 或 10kg 的米袋。传送带把米袋送入机器人码垛工作站，成垛的托板用叉车送入自动立体仓库内。需出厂的产品再用叉车搬进装车车间运出。

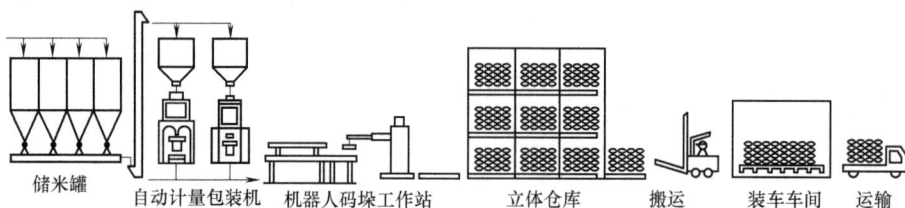

储米罐 自动计量包装机 机器人码垛工作站 立体仓库 搬运 装车车间 运输

图 8-15 制米工厂分装搬运流程

机器人工作站的任务是将传送带运出的米袋按预定的要求堆码成垛，该工作站的总体布局如图 8-16 所示。空托板的送入及成垛托板的移出用叉车完成。设有 A 和 B 两个码垛位，当机器人在一个位置上码垛时，叉车在另一个位置上作业，只有当安全门关闭后，机器人才能在关闭后的位置上码垛，以此保证设备及人身的安全。另外还有两个传送带，一个是米袋整形传送带，在气缸的驱动下，两套整形装置将米袋压平；另一个是定位传送带，配合机器人的动作，将米袋定位后抓取。

三、部件及组成设备

1. 高速码垛机器人

这种作业的机器人可以选用垂直关节型六自由度机器人，但最常使用的还是为码垛专门开发的水平关节型四自由度机器人。这种机器人的特点是运行速度快，如不考虑末端执行器的动作时间，它具有每小时 1100 袋的码垛能力。本例实测结果为每小时码放 800～850 袋。对于码放高度较低的箱体，采用真空吸盘抓取方式，它具有每小时码放 900 箱的工作能力。

本例选用了可搬质量为 30kg 的水平关节型四自由度机器人 M-S304S，外形尺寸及工作空间如图 8-17 所示。米袋的最大质量是 10kg，末端执行器的总质量小于 10kg，而在托板上码放 10 层的总高度为 800mm，机器人在高度方向的行程是 1300mm。从机器人的可搬质量及工作空间上看均满足使用要求。

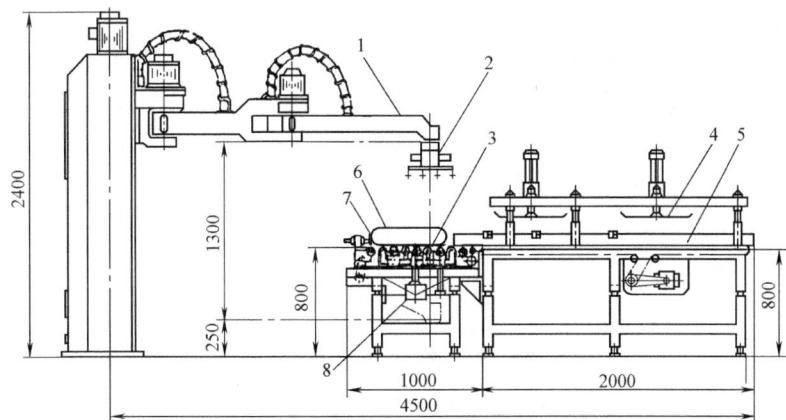

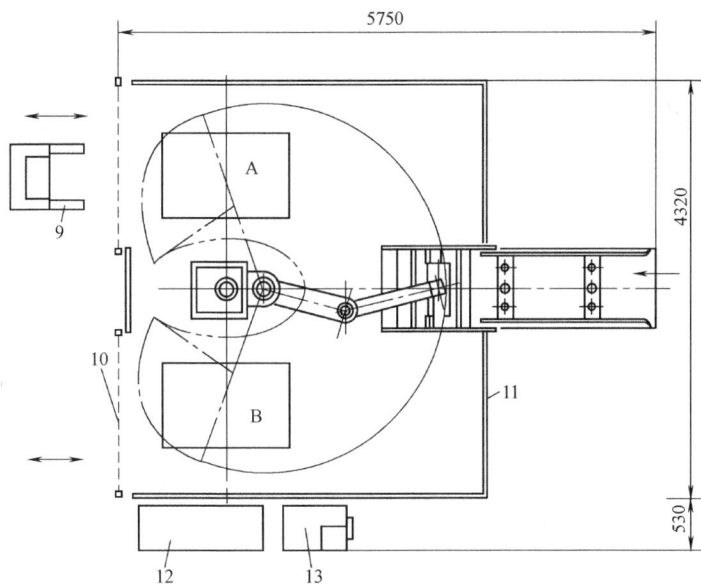

图 8-16 米袋机器人工作站总体布局

1—搬运机器人 2—末端执行器 3—定位传送带 4—整压装置 5—整形传送带 6—米袋 7—挡块

8—升降机构 9—叉车 10—安全门 11—安全栅 12—电控柜 13—机器人控制柜

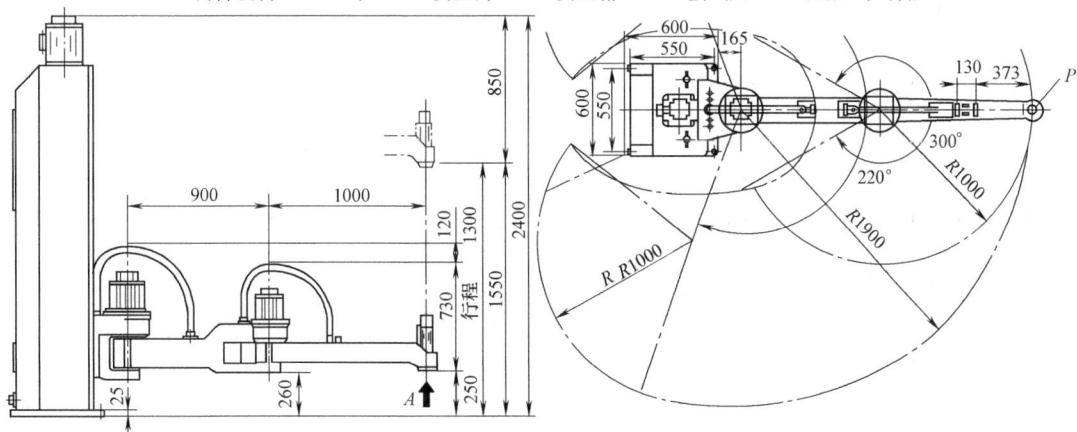

图 8-17 M-S304S 外形尺寸和工作空间

2. 机器人末端执行器

米袋是软包装产品，在作业过程中容易撕裂、破损和变形，搬运时还易产生米袋位置的变化。这种工件不宜采用真空吸盘，为此需专门研制机构型末端执行器，如图 8-18a 所示。这种末端执行器由两部分组成，即滚轮叉形爪和定位爪。滚轮叉形爪由无活塞杆气缸 1 驱动，定位爪由导杆气缸 2 驱动，其动作过程如图 8-18b 所示。

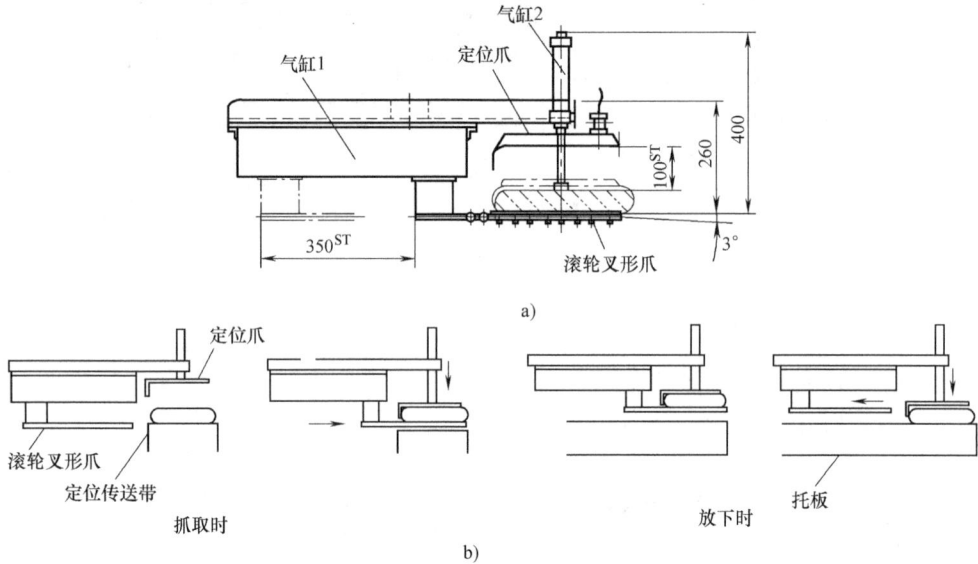

图 8-18 末端执行器及动作顺序

a）机器人末端执行器　b）动作顺序

1）抓取米袋时，滚轮叉形爪在气缸 1 的驱动下，从定位传送带预留的空隙中插入米袋底部，同时定位爪在气缸 2 的驱动下，下移并把米袋压紧。使用滚轮的目的是减小米袋与叉板之间的摩擦。叉板的前端制成 3°的楔形，便于米袋的抓取和落放。

2）定位爪由气缸 2 压下后，最终把米袋整压成形，同时避免了机器人在搬运过程中米袋的滑移错位。

3）在托板上码放米袋时，滚轮叉形爪退出，此时定位爪上的弯曲挡板起到了米袋的阻挡和定位作用。米袋在重力的作用下，准确地下落，使码放效果稳固而整齐。

3. 整形传送带

整形传送带示意图如图 8-19 所示，封闭型传送带经张紧装置施力，与摩擦轮、张紧轮和托轮间产生较大的摩擦力，电动机经减速器和链传动驱动传送带运动。米袋在传送带上停留的位置由传感器检测。两套整压装置进行一次和二次整压。该传送带每小时可输送 900 个米袋。整形后的米袋送入定位传送带。

4. 定位传送带

定位传送带实际上有三种功能。第

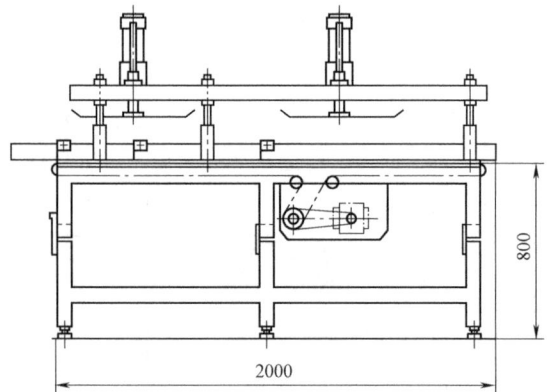

图 8-19 整形传送带示意图

一，有一套独立驱动的传送辊接收由整形传送带送来的米袋，如图 8-20 所示。电动机经减速器和链传动带动本传送带的固定于机架上的辊子旋转，直到将米袋送到最终位置。第二，用于定位的挡板在整形传送带侧挡板的配合下，使米袋能相对准确地定位，这是使得机器人能按要求抓取米袋，提高码垛质量的最基本的条件之一。第三，升降装置将米袋托起，使米袋下表面与传送带水平面间形成若干个凹形空隙，以便滚轮叉形爪能顺利插入；当夹牢米袋后，升降装置回位。

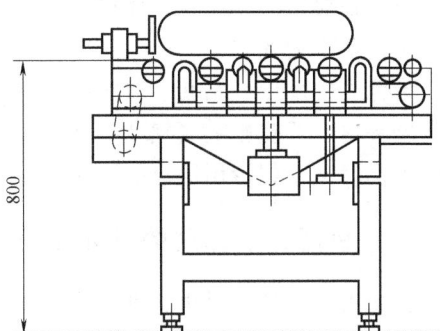

图 8-20　定位传送带示意图

综上所述，码垛工作站的重点应当是末端执行器的设计、传送带的类型及准确定位等问题。

第三节　井用潜水泵导流壳钻攻压机器人工作站

井用潜水泵是深井提水的重要设备，主要用于将地下水提取到地表面。导流壳是潜水泵的重要组成部件，负责液体的引流以及将液体的压力能转换为动能。这里介绍的工作站首次将机器人用在导流壳的生产中。

一、工件分析及生产流程

导流壳的结构如图 8-21 所示，图中标注尺寸的表面是主要的机械加工表面。导流壳材质为 HT200，使用消失模铸造。在完成内、外圆及两个端面的加工后，在两工位钻孔机床上经过调头，完成大端面螺纹底孔和小端面通孔的加工，接着用攻丝机完成大端面攻螺纹，再将两个外径为 $\phi90$ 的轴承环压入壳体。最后将加工完的导流壳码垛，送入装配车间。

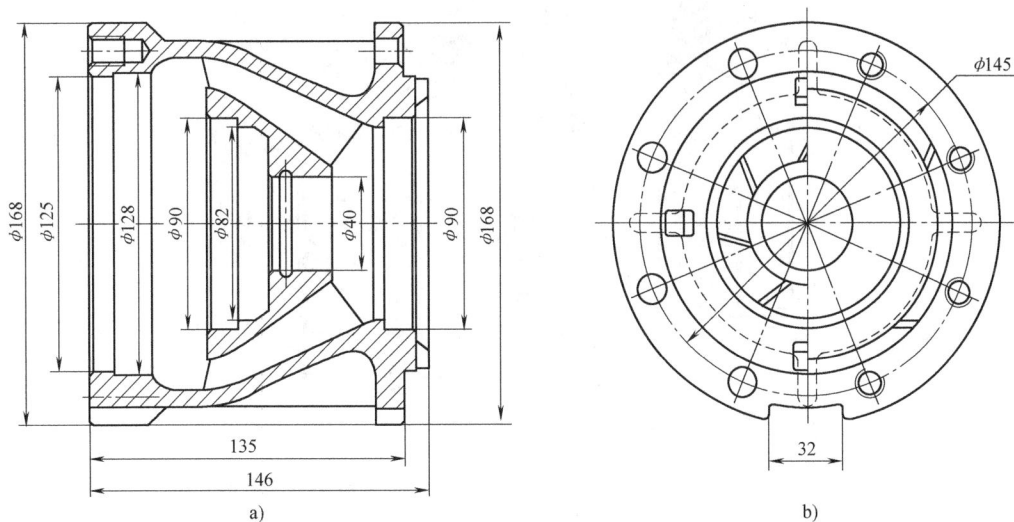

a)

b)

图 8-21　导流壳结构

a）主视图　b）左视图

有 3 种规格的导流壳需要混流生产，型号为 T20、T32 和 T50，最大质量为 10kg。工作站的生产节拍为 85s。

导流壳生产中，钻孔、攻螺纹、压环作业的劳动强度大，工作环境差，生产效率低，用工问题突出，严重影响了潜水泵的生产效率和产品质量，亟待引入机器人，实现自动化生产，但同时又希望沿用原有的两工位钻孔机、攻丝机和手动压环机，以节约投资成本。

二、机器人工作站的总体布局

机器人工作站主要由工业机器人、工件传输定位链及定位装置、两工位钻孔机、攻丝机、压环机、压环传输分拣定位链、成品码垛盘、机器人末端执行器、系统控制柜以及机器人控制柜等组成。

本工作站用到的两种导流壳质量均为 10kg，机器人末端执行器的质量约为 8kg，所以确定选用日本安川公司的 MOTOMAN HP20D 垂直关节型六自由度机器人。其可搬质量为 20kg，重复定位精度为 ±0.06mm。两工位钻孔机、攻丝机和压环机采用原厂设备，但是需要进行必要的机械与电控方面的改造。

机器人工作站总体布局如图 8-22 所示。工件传输定位链为工作站的始端，机器人抓取由工件传输定位链定位完成的工件并放入钻孔机 1 工位，进行小端面钻孔；然后经工件中转台将工件进行 180° 翻转，机器人将工件再放入钻孔机 2 工位进行大端面钻孔；钻孔完成后，机器人从钻孔机 2 工位取出工件并放入攻丝机，对大端面孔攻螺纹；在钻孔与攻螺纹的同时，机器人使用两个小手爪分别从上环传输分拣定位链和下环传输分拣定位链上取出上、下

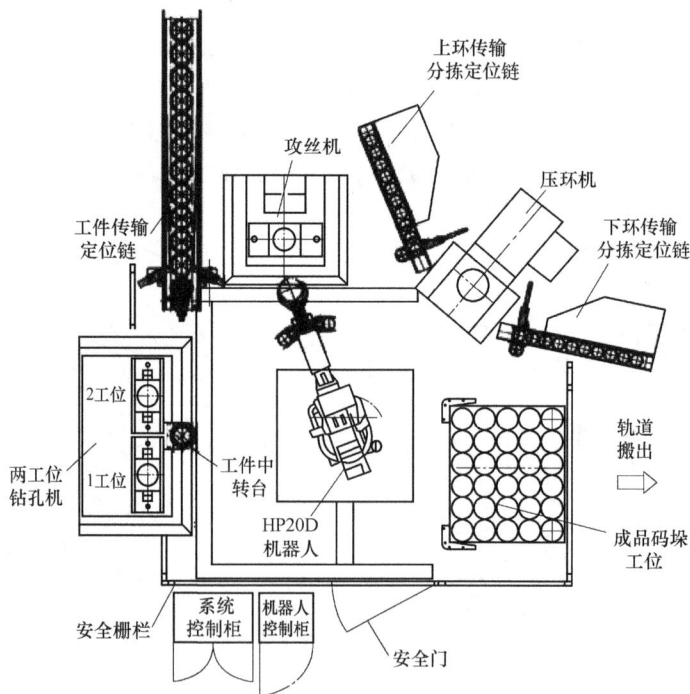

图 8-22　机器人工作站总体布局

压环，套在压环机上；随后机器人取出完成攻螺纹的工件并放入压环机中实施自动压环；最后机器人从压环机中取出工件并在垛盘上码垛。工作站在运行过程中同时有 3、4 个工件在不同的工位进行相应的加工作业，机器人则根据每一个工位的加工及间隙时间穿插作业。

三、主要机械装置及部件

1. 机器人末端执行器

如图 8-23 所示，机器人末端执行器装有 3 个手爪，大手爪用来抓取导流壳，并具备夹持工件、旋转工件、在各工位及垛盘中放置工件等多种功能。夹紧气缸选用 SMC 的圆柱式平行开闭型手爪气缸，型号是 MHS2-63D-Y59AL，夹持力在 50kg 内可调。另外两个小手爪分别用来抓取上压环和下压环，选用 SMC 的方形平行开闭型手爪气缸，型号是 MHZ2-32D-F9PV。两个小手爪的夹角为 140°，小手爪与大手爪的夹角为 110°。

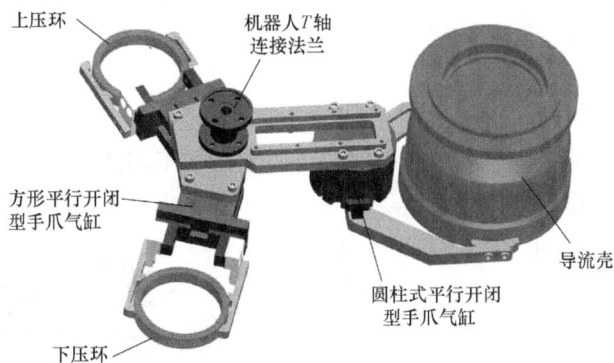

图 8-23　机器人末端执行器

2. 工件传输定位链及定位装置

如图 8-24 所示，工件传输定位链及定位装置完成导流壳体的传输与定位，包括工件传送链、工件阻挡机构、工件升降与旋转机构以及方口定位机构。传送链采用金属链板进行传动，能够保证 15 个导流壳同时平稳传动。

工件传输定位链及定位装置的工作原理是：经车削完成的导流壳工件由人工放在工件传送链上，电动机经减速器带动链板上的工件向前移动，当传感器检测到最前端的工件到位时，传送链停止；工件阻挡机构的两阻挡气缸伸出，挡住最前端工件之后的所有工件；再次起动传送链电动机，将最前端的工件传输到定位位置后传送链停止；然后工件升降与旋转机构的旋转平台在气缸驱动下顶起，如图 8-25 所示，环形定位块插到壳体大端面的止口内，此时方口定位机

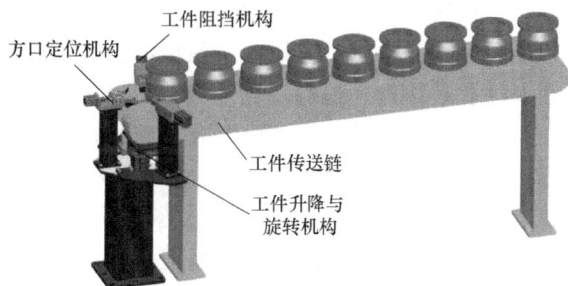

图 8-24　工件传输定位链及定位装置

构的定位块伸出，与工件外圆接触，如图 8-26 所示；起动旋转电动机，工件在摩擦力的作用下随环形定位块及托板慢速旋转，当方形定位块插入工件定位缺口后电动机停转，实现了导流壳的周向定位。

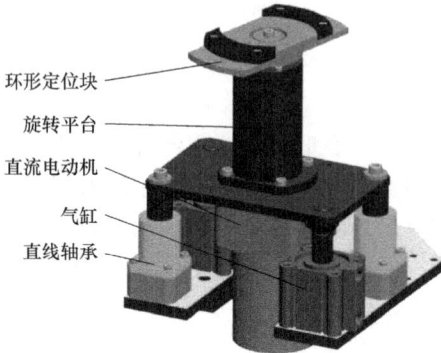

图 8-25　工件升降与旋转机构

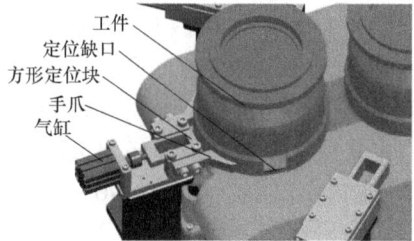

图 8-26　方口定位机构

3. 压环传输分拣定位链

压环传输分拣定位链完成压环的传送、分拣与定位。压环分为上环和下环，所以有上环传输分拣定位链和下环传输分拣定位链，两种定位链的机械结构完全相同，如图 8-27 所示。压环传输分拣定位链包括压环传送链、环阻挡机构和环分拣定位机构。压环传送链采用金属链板传动，保证在链板上能够同时放置 100 个粉末冶金压环，并能平稳传动。

压环传输分拣定位链的工作原理是：由人工将成箱的压环开箱并成摞地推至传送链上，传送链再将一摞一摞的压环向前送进；当传感器检测到第一摞压环接近终点时，传送链停

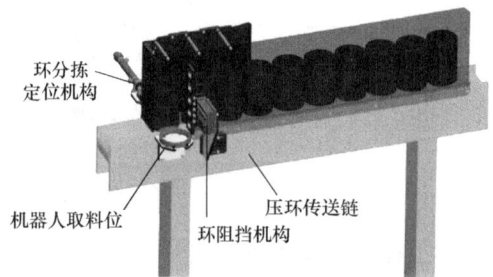

图 8-27　压环传输分拣定位链

止；环阻挡机构的挡板在气缸的驱动下伸出，将第一摞后面的环挡住；再次起动传送链，将第一摞压环送到工件传送链最前端的推出位置；推出气缸，把第一摞环最下端的一个压环推至机器人的取料位置，实现环的定位；当机器人取料位的传感器检测到压环已经推出到位后，推出气缸延时缩回；等待机器人末端执行器的小手爪抓取。当一摞压环取完后，重复上述过程，将下一摞压环送到推环位置。

4. 原厂设备改造

需要继续使用的原厂设备包括两工位钻孔机、攻丝机和手动压环机，这些设备均为人工操作的机床，要实现自动化生产，就必须对它们的机械和电控系统进行改造。具体内容有：两工位钻孔机增加工件翻转 180° 的中转定位台和自动吹屑装置；攻丝机增加定次给油和自动吹屑装置；压环机在起动操作杆处增加气缸驱动式的自动起动装置。在电控方面，改造原有控制系统，增加 PLC 的 I/O 点数，用于控制 3 台设备的起动、急停以及监测 3 台设备的工作状态等。

四、机器人码垛

将机械人抓取压完上下环的工件放入码垛工位，每层 5×5 个工件，层数由触摸屏选择为 3~5 层。工件的码垛通过机器人的示教和系统运算程序实现，只需通过机器人示教指定第一个工件的码垛位置，其他工件的位置由平行移动的运算得到。平移指令中用到了用户自定义坐标系，首先需要设定用户坐标系原点，将第一个工件码垛位置设为用户坐标原点，位置变量 P011、P012、P013 分别存储工件的 x、y、z 单位偏移量，整型变量 D001、D002、D003 分别记录工件的 x、y、z 偏移个数，用单位偏移量乘以偏移个数就可以求得任意码垛位置相对于用户坐标原点的 x、y、z 偏移量 P000，如此就完成了 125 个工件的码垛位置示教。

五、工作站控制系统

机器人工作站的控制系统由机器人控制柜、系统控制柜、钻孔机控制柜、攻丝机控制柜、压环机控制柜以及外围设备组成。

系统控制柜中的 PLC 是整个控制系统的核心，选用西门子 S7-200 系列产品，通过 PLC 用户程序实现整个工作站的逻辑与运动控制。系统运行流程如图 8-28 所示，首先在 PLC 的第一个工作扫描周期完成系统的初始化，如初始参数赋值等；然后进行系统复位，使各气缸驱动的机构或构件处于设定的原始位置。在系统的调试和维护过程中使用手动操作功能。系统有自动运行、自动停机和自动暂停 3 种状态。

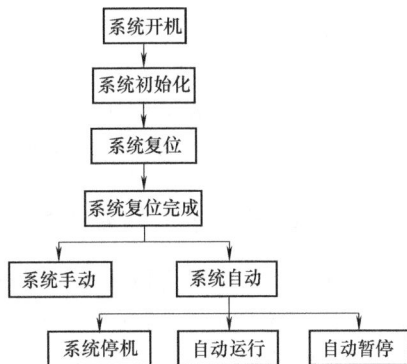

图 8-28　系统运行流程图

工作站的工作状态分为系统开机、系统停机、系统复位、系统急停、系统手动、系统自动和系统复位完成 7 种，各状态之间可以相互转化。急停状态优先级最高，可以随时停止其他的工件状态，避免发生人身和设备事故。按黄色复位按钮可完成系统的复位，系统复位可以在手动和自动运行时进行。

系统程序是按照模块化思想设计的，便于设计、调试和维护。主程序调用各个子程序功能模块，各个子程序之间相对独立。

由此看出，利用企业现有的可用设备，对其进行必要的改造，引入工业机器人构成自动化程度很高的生产工作站，这是目前国内许多企业的迫切需求。在潜水泵行业中，引入导流壳钻攻压机器人工作站，大大提高了企业的生产效率与产品质量，解决了企业用工难的问题。本工作站也是国内将工业机器人技术应用于潜水泵行业的首例。

第四节　钕铁硼磁性材料成型机器人工作站

钕铁硼磁性材料成型机器人工作站解决了钕铁硼磁性材料生产一直存在的自动化程度低、劳动强度大、生产环境恶劣和生产周期长等问题，提高了产品的生产效率和质量。

一、工艺过程分析与要求

1. 钕铁硼磁性材料生产工艺过程

钕铁硼磁性材料的生产流程为：配料—熔炼—氢碎—气流磨搅拌—成型—等静压—剥油—烧结—机械加工及表面处理—检测。

2. 成型工艺分析

人工作业时，磁性方块的压铸成型工艺流程为：称粉—装料—布料—送入压力机—上缸下压停顿—取向—压制—保压—退磁—上缸升起—下缸顶起—取料—清理—包内膜—装袋—抽真空—装箱。

分析人工磁体成型工艺，可知对机器人工作站的要求是：

1）自动称粉和下料功能。

2）自动成型功能，具体可以拆分为送料、布料、取块功能。

3）清理功能，包括喷洒脱模剂，清理压力机、模具和方块表面作业。

3. 总体技术和工艺要求

磁性方块产品的规格在 35mm×50mm×50mm～55mm×100mm×100mm 范围内，质量为 300～1000g；生产过程必须在密封的氮气环境下进行，布料要均匀，喷洒专用脱模剂并有效清理模具内腔。机器人工作站的生产节拍为 50s。机器人应具备抓取压铸方块、刮平磁粉、辅助清理内腔和工位转换的作业功能。

二、成型机器人工作站的组成

磁性材料压铸成型机器人工作站的总体布局如图 8-29 所示，它主要由机器人、末端执行器、送料装置、储料装置、清料装置、自动称量系统、压力机、机器人控制柜、气动及电气控制系统等构成。

各部分的具体功能是：机械手抓取压铸好的方块工件，并实现其在不同工位间的转换；送料装置将规定量的料粉送至模具，喷洒脱模剂后进行均匀布料；储料装置储存一定量的料粉，按节拍给自动称量系统供料；清料装置清理成型方块的表面残粉，并将方块转换至装袋作业工位；自动称量系统按照设定的质量自动称料、下料；压力机压铸料粉成型；电气控制系统分别与机器人控制柜、自动称量系统、压力机通信，实现工作站各个系统间的相互配合和协调作业。

经比较分析，选用日本安川公司的 MOTOMAN-MH6 型机器人。机器人最大工作半径为 1422mm，最大可搬质量为 6kg。

1. 机器人末端执行器

末端执行器用来抓取压铸好的方块，并能够刮平布料之后的料粉表面，保证布料表面平整无塌陷。具体有法兰接手、气缸型机械手爪、刮板一和刮板二，如图 8-30 所示。

机器人末端执行器通过接手安装在机器人的法兰上。气缸安装板一端固定手爪气缸，气缸驱动手爪的开闭，抓取和释放方块；另一端固定刮板安装板，刮板一和刮板二固定在刮板安装板上，用于刮平模具内的料粉，保证布料均匀平整，提高成型后方块表面及质量分布精度。

手爪包括爪片、橡胶块安装板、橡胶块和限位螺钉。爪片固定在气缸的手指上，橡胶块

储料装置

自动称量系统

送料装置

末端执行器 机器人

a)

系统控制柜 机器人控制柜 液压工作站

压力机 清料装置

b)

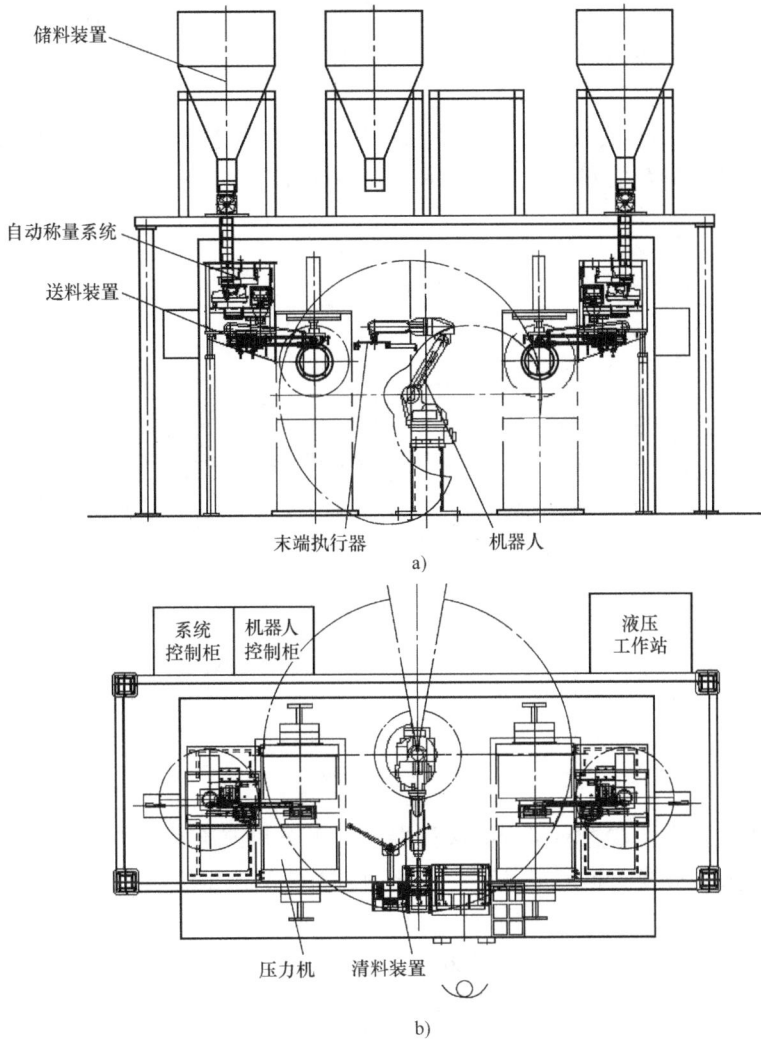

图 8-29 机器人工作站总体布局图

a）主视图 b）俯视图

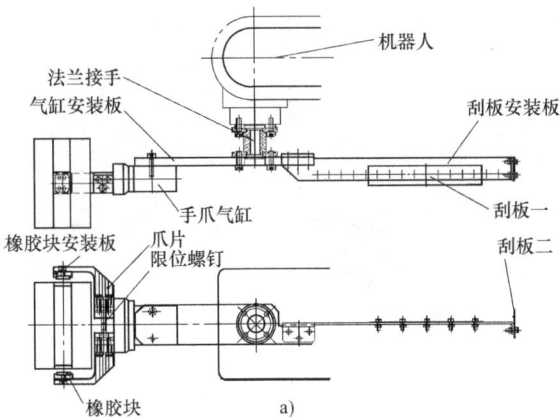

机器人

法兰接手
气缸安装板

刮板安装板

手爪气缸

刮板一

橡胶块安装板

爪片
限位螺钉

刮板二

橡胶块 a)

b)

图 8-30 机器人末端执行器

a）结构图 b）实物照片

通过安装板与爪片固定，直接与产品接触的是橡胶块，以保护产品表面不被划伤。限位螺钉用来调节两个爪片的夹紧距离，从而调节夹紧力的大小，以免用力过大而损坏方块工件。

2. 送料装置

如图 8-31 所示，送料装置将物料从称量位置送到模具上方，并且根据不同型号、不同尺寸的方块，实施不同的布料动作，其组成包括支承架、工位转换机构、布料装置和脱模剂喷洒装置等。

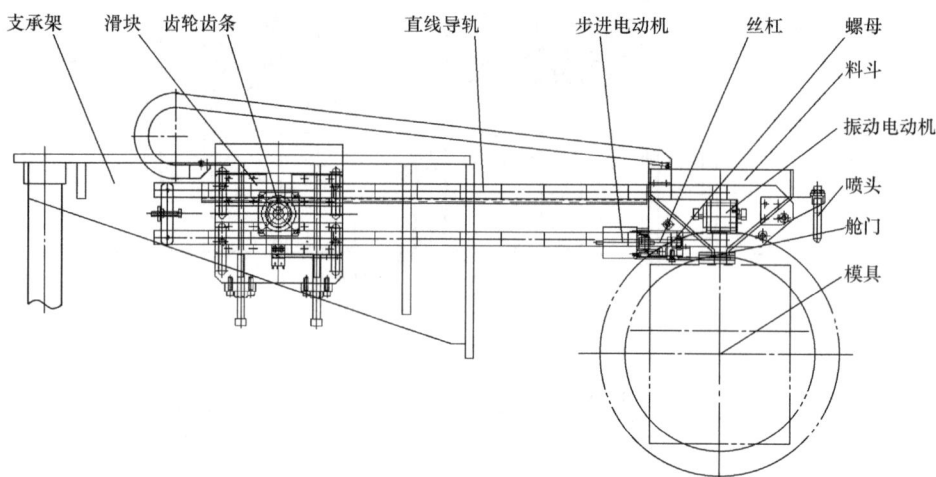

图 8-31 送料装置

脱模剂喷洒装置安装在送料机构的最前端，用于布料前给模腔内喷洒一定量的脱模剂，使成型后的方块容易脱模，提高成品率。而喷洒量对成品质量影响很大，过量或欠量都会给成型和模具带来问题。

工位转换机构由安装板、步进电动机（含减速器）、齿轮齿条、直线导轨和滑块等构成。工位转换机构安装在支承架上；滑块固定在工位转换机构的安装板上；齿轮齿条与直线导轨均安装在布料装置安装板（动板）上，由步进电动机（含减速器）通过齿轮驱动，实现往复运动，完成放料和布料的工位转换以及配合布料装置均匀布料。图 8-32 所示为工位转换机构的实物图。

布料装置由布料装置安装板、电动机板、步进电动机、丝杠、螺母、料斗、舱门和振动电动机等构成。布料装置安装板（动板）固定在直线导轨上；步进电动机和减速器安装于电动机板上，步进电动机通过丝杠驱动，螺母带动舱门实现往复运动，从而控制舱门开口的大小，用来间接地控制料粉的下料速度；振动电动机弹性地固定在料斗的一侧，通过改变振动频率，产生不同的振动力，也能够调节下料速度和下料的均匀度。

图 8-32 工位转换机构实物图

喷头的设计依据是模具内腔的尺寸范围，如图 8-33 所示，在磁场取向方向上尺寸为

35~50mm，选择喷嘴开口为 30° 的喷头产品。设计喷头中心线与水平面安装夹角为 60°，此时脱模剂喷洒初始角度 $\alpha = 45° \sim 75°$，脱模剂能够全部覆盖各种规格的方块模具内腔表面，而且不会喷到模具底面，造成积液。

3. 储料装置

储料装置用于储存料粉和控制下料，由上料斗、下料阀体、叶片、旋转缸和下料口组成，如图 8-34 所示。上料斗储存磁性粉料；旋转缸驱动叶片转动而间歇拨料，下料口用于引导料粉落至自动称量系统中。

4. 清料装置

清料装置如图 8-35 所示，由清料支架、清料机构、料粉回收袋和清料工位转换机构等组成。气缸驱动动板在导向槽内往复滑动，实现工位的转换；料粉回收袋用于收集清理出来的磁性粉料。机器人抓取方块在清料机构内动作，由毛刷清理方块表面。

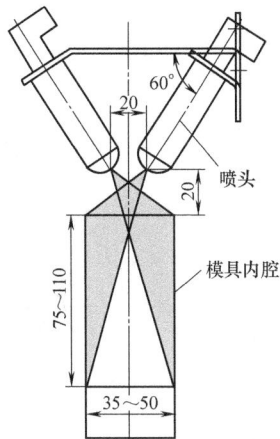

图 8-33　喷头脱模剂喷洒尺寸图

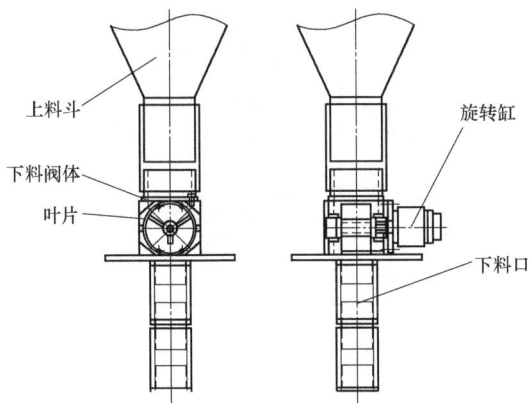

图 8-34　储料装置

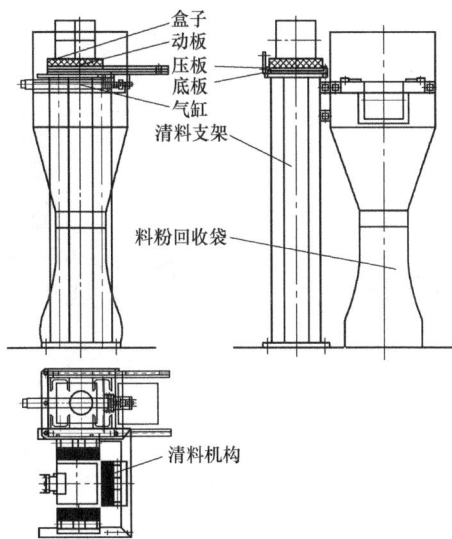

图 8-35　清料装置

三、SCARA 型机器人工作站方案

前述的磁性材料成型机器人工作站，使用的是一台标准的垂直关节型六自由度工业机器人，配以两台国产的压力机。机器人在两台压力机间交替作业，使用效率高。根据这种工作站的特点和用户的不同需求，也可以采用一台经济型的 SCARA 型机器人，形成如图 8-36 所示的总体布局。

这种布局的特点在于一台机器人对应一台压力机作业，将称料、送进和布料等机构布置在一个可移动的密封箱体内，当需要更换模具时，在轨道上整体拉出该箱体，让出操作空间，便于人工作业。

SCARA 型机器人采用天花板式安装形式，安装在压力机的上箱体表面，大大节省了密

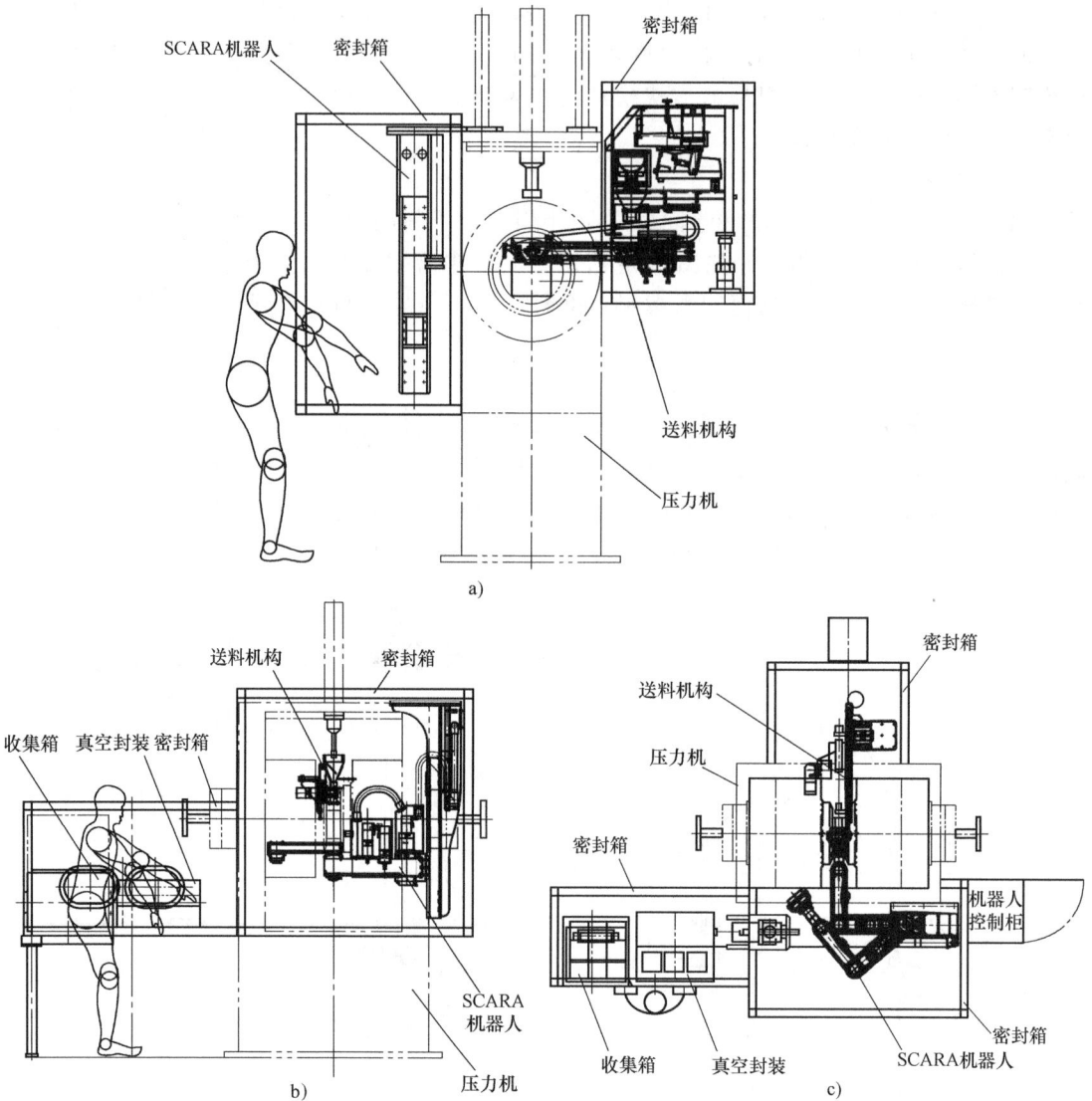

图 8-36　SCARA 型机器人的磁性材料成型机器人工作站总体布局

a）主视图　b）右视图　c）俯视图

封空间，整体密封空间是六自由度机器人双压力机布局方案的 1/6 左右。

第五节　太阳能电池板组装工作站

在太阳能电池板的生产中，电池板组装是个劳动量大、搬运和作业费时费力的作业工序。其中电池板框架的密封有两种形式，一种是在框架的插槽内涂覆密封胶之后，将四边的铝合金框架组装并紧固，放置在恒温恒湿（温度 38℃，90％RH）的固化室内凝固 8h，最后按检测的参数分组分类包装；第二种是在电池板的四边，粘贴两面胶形的密封胶带，然后将铝合金框架压入并紧固。显然后一种工艺省去了固化时间，是一种更为先进的生产模式。本节将介绍为后一种生产形式所设计的机器人工作站。

一、工件分析

太阳能电池板的规格：长度最大为 2000mm，最小为 1500mm；宽度最大为 1000mm，最小为 800mm；厚度最大为 50mm，最小为 35mm。生产节拍小于 60s/件。质量最大为 20kg，最小为 12kg。两面胶带宽度为 20mm，厚度为 2mm，呈卷状。材质为泡棉型丁基胶带，以丁基橡胶和聚异丁烯为主要原料。

在生产中将底带剥离主带后，粘贴在电池板上，粘贴形状如图 8-37 所示。要求四角有良好的接缝，不得露缝。最后将四边的铝合金框架与电池板压装在一起，在四个拐角处用紧固螺钉将边框固接起来。

图 8-37　胶带粘贴形状

二、工作站总体设计

工作站的总体布局如图 8-38 所示，主要设备有机器人、入口定位台、粘贴机、压框机和紧固台。作业流程是：待安装的电池板由传送带送进入口定位台，将电池板在纵横两个方向实现定位，并测出长宽尺寸；机器人使用真空吸盘式末端执行器，从入口定位台上抓起电池板；在粘贴机上完成四边胶带的粘贴；机器人将粘贴后的电池板放入压框机内，在液压缸和电动机的驱动下将四个边框压入；将电池板送入紧固台，人工用扭矩扳手紧固框架四角的螺钉，完成该工作站的作业内容。

这个工作站的任务对机器人的可搬质量要求不高，但是由于电池板的尺寸和外围设备的占地面积较大，所以对机器人的工作空间要求半径达到 2600mm 以上，故选择日本安川公司的可搬质量为 165kg 的 YR-ES165D-A00 型机器人，并附加了一个粘贴机抽拉底带的外部轴。

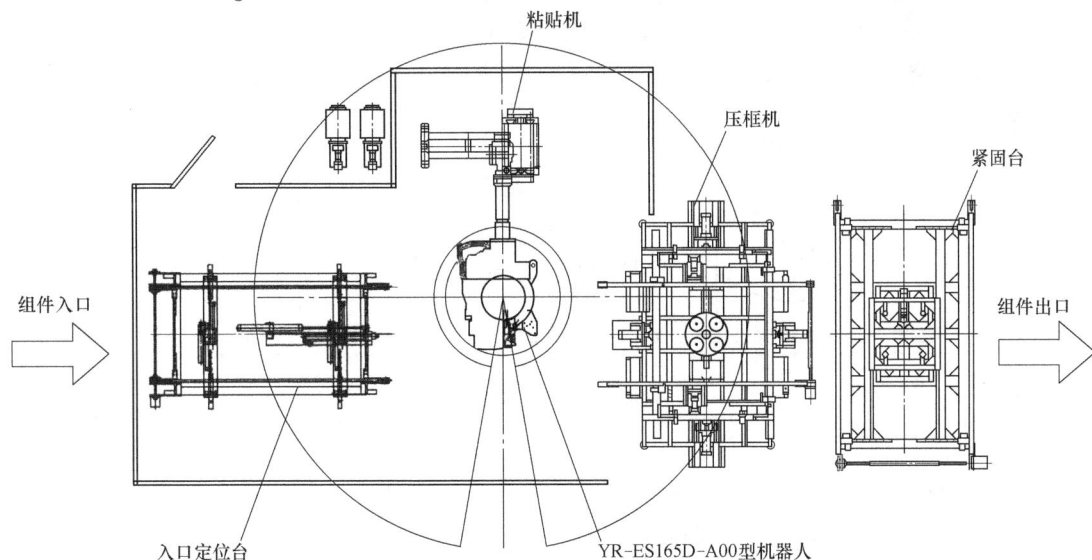

图 8-38　工作站的总体布局

三、主要设备及装置

1. 粘贴机

粘贴机是该工作站最重要的外围设备，承担着最核心的粘贴作业任务。如图 8-39 所示，粘贴机的主要部件有胶带卷轴、张力调节、切断刀、底压轮、收底带、板导向、头压紧、渐收口轮系、侧压紧、清理等装置。

粘贴作业时，机器人抓取电池板，将电池板的一角放置于气缸，使其保持在一定托力的滚轮上，并下压一定距离，将起始的胶带段与电池板粘住，头压紧气缸顶起，将胶带最头部的一段与电池板压实后下降，这时起动收底带伺服电动机，开始抽拉收底带，并控制机器人抓取的电子板的行走速度与收带速度相匹配，以免发生扯断或堆积胶带。电池板在行进中，经过 4 组渐变角度的槽形渐收口轮系，逐渐将胶带收成 U 形，并靠近电池板的两侧面。最后在侧压轮的挤压下，将电池板两侧的胶带压实。在粘贴过程中，由于收底带不断收紧，致使从胶带卷抽出的胶带的张紧力发生改变，从而间断地起动放带电动机，保证源源不断地送出胶带，并尽可能实现其与粘贴作业的同步。当电池板的一个边长即将粘贴结束前，系统计算出提前量，使用"热刀"切断胶带而不伤及底带。在热刀装置中装有发热管，始终保持刀刃的温度为 150℃。

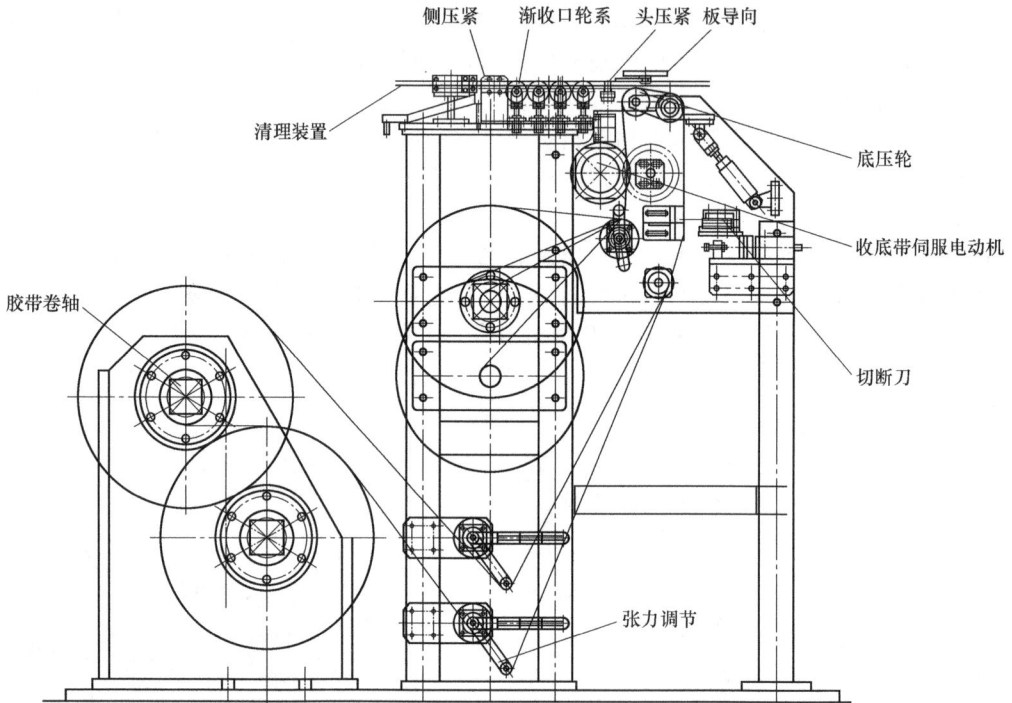

图 8-39 粘贴机

2. 入口定位台

入口定位台是电池板的定位装置，如图 8-40 所示，电池板由传送带送入工作站中的入口定位台上，当电池板与升起的挡块接触后，两组宽度方向的对中滚轮在气缸和齿轮齿条机构的作用下，相向将电池板对中压紧，而长度方向的滚轮在气缸驱动下，将电池板向阻挡的挡块压紧，实现了长度和宽度两个方向的对中定位，等待机器人抓取。当机器人末端执行器的吸盘吸住电池板后，所有的滚轮回位，完成一次定位的工作循环。

3. 压框机与紧固台

电池板在粘贴胶带后，由机器人将电池板放入压框机内，4 个边框的夹持与驱动机构将边框从四周压向电池板。在初定位后，起动液压缸，用较大压力将铝合金框架与电池板压

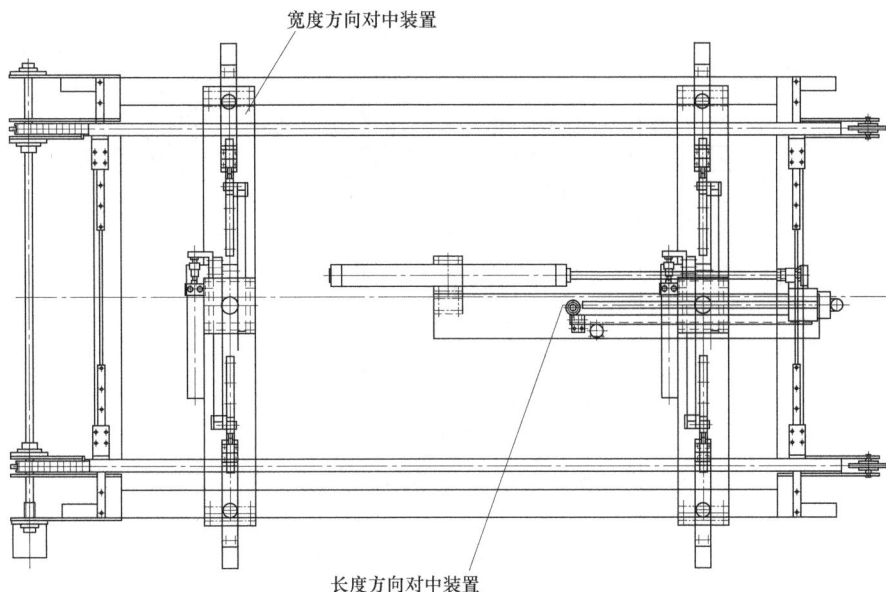

图 8-40　入口定位台

实，传送带将电池板托出压框机，由传送带送到紧固台，再由人工完成边框的螺钉紧固（也可实现自动紧固）。

4. 末端执行器

机器人末端执行器的结构较为简单，结构框架上装有直径为 125mm 的 4 个真空吸盘，用来抓取电池板。需要注意的两个问题：第一，电池板在前期的制作过程中一定会产生变形，而且变形规律无章可循，所以 4 个吸盘的排布必须兼顾多种尺寸电池板的需求，并通过实验确定垫块的数量和位置。用这种方法能够较好地矫正电池板的变形，再加上粘贴机电池板入口处导向轮的辅助作用，就可以保证粘贴精度。第二，该末端执行器需要满足多个品种的作业，不同规格的电池板在定位台上定位后的中心点是不同的，示教时需要保证末端执行器的最终抓取精度，这对保证粘贴质量是极其重要的。

通过这个案例可以看出，在不同行业中推广机器人的应用，其中很重要的一点是能否开发出适合于该作业的关键设备或者装置，就像本例中的粘贴机，它的开发难度和成败决定着电池板生产工艺的技术革新与进步。

第六节　多种作业组成的生产线

一种产品的生产常常由不同的作业组成，涉及下料、成型、焊接、机械加工、装配、检验和喷涂等许多环节。为了高效率高质量地完成各个作业内容，这些不同的作业部分或整体地引入了由机器人起主导作用的自动化生产线。由于生产线中包含不同作业的工作站，各站具有相近的生产周期和人工应急干预就显得特别重要。

这里通过配电高压开关的生产实例，介绍由多种作业组成的生产线。

配电高压开关是电力系统输变电线路中的一种主要设备，其构造如图 8-41 所示。这种产品比较特殊，制造工艺复杂，要求有较高的加工技术和极高的绝缘性。生产中最为重视的

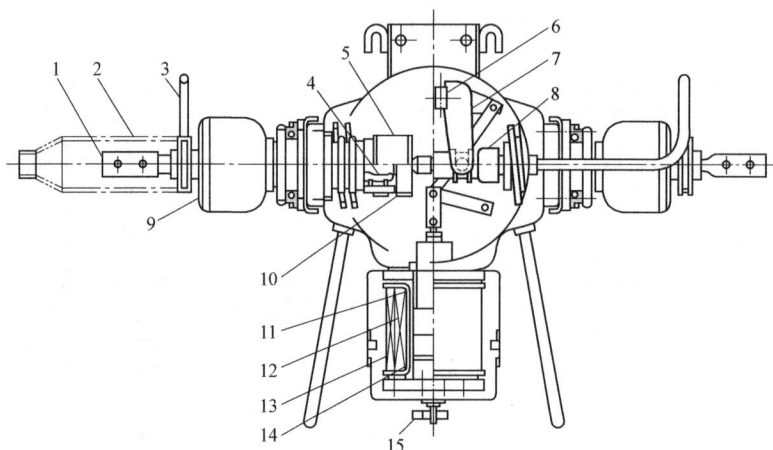

图 8-41　配电高压开关构造

1—端子　2—绝缘保护罩　3—把手　4—接触子　5—弧驱动线圈　6—操纵轴　7—绝缘杆　8—可动电极
9—轴套　10—消弧筒　11—柱塞　12—输入线圈　13—保持线圈　14—铁心　15—指针

是容器的泄漏问题，因此容器焊缝的焊接是最关键的作业内容。在整个生产中，若干次的零部件表面处理和检漏试验大大延长了生产周期。为了保证产品质量，提高生产率，经过人们的不懈努力，当今已建成了配电高压开关的自动化生产线。

一、配电高压开关机器人生产线的构成

配电高压开关机器人生产线的总体布局如图 8-42 所示，生产线分布在两层建筑物内，

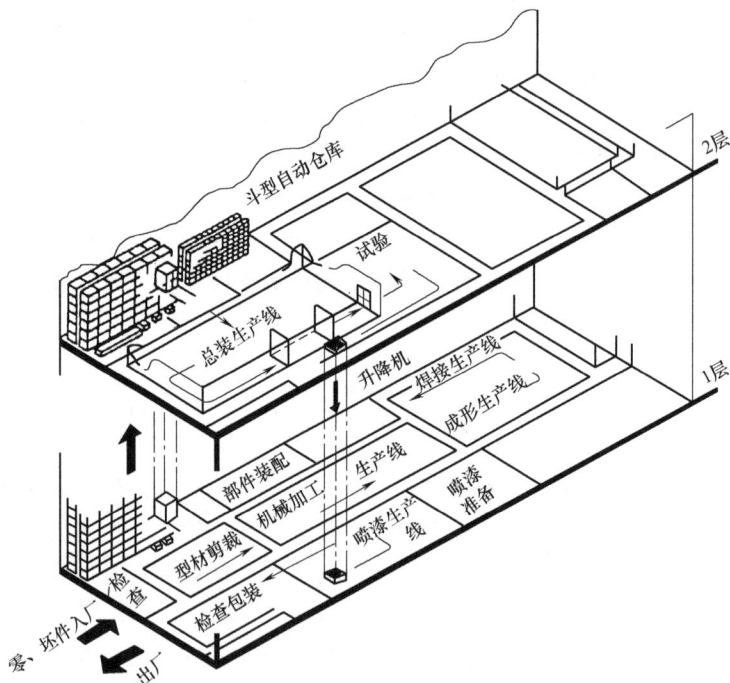

图 8-42　配电高压开关机器人生产线的总体布局

每层面积是 120m×40m，整个车间均为恒温控制。一层内分布有外协外购零部件检查站，机械加工生产线，型材剪裁、成形生产线，焊接生产线，喷漆生产线，检查包装站等；二层是产品总装生产线，它位于二层的净化车间内。一层生产的零部件存于立体仓库内，供二层总装生产线按要求提取。总装完成的产品由升降机送入一层的喷漆生产线。

这条生产线的主要设备有 1500t 水压机、激光加工机床、油压机、清洗装置、数控加工机床、摩擦焊接机、表面处理装置、自动检测设备，以及用于搬运、焊接、装配和喷漆作业的机器人，共 15 台，形成了具有世界先进水平的机器人生产线。这里介绍其中几条主要的子生产线。

二、成形和焊接生产线

配电高压开关的一个主要零件是圆筒形密封容器，它的成形和焊接加工过程如图 8-43 所示，生产线的布局如图 8-44 所示。主要设备有 6 台机器人、激光加工机床、油压机、水压机、卷板机和清洗装置。各设备的作业内容见表 8-4。下面主要介绍生产线中机器人的使用。

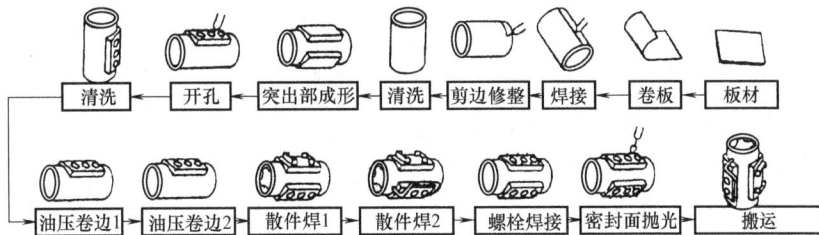

图 8-43 圆筒形密封容器的成形和焊接加工过程

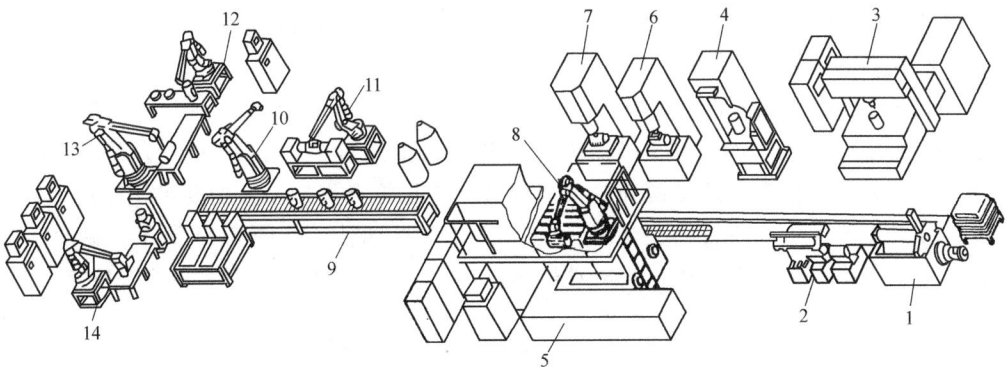

图 8-44 成形和焊接生产线的布局

1—卷板机 2—焊接机 3—机床 4—清洗装置 5—水压机 6、7—油压机
8、10~14—机器人 9—传送带

表 8-4 各设备的作业内容

序号	设备名称	作 业 内 容
1	半开式卷板机	将板材坯料卷成筒形
2	等离子焊接机	对筒形的接口进行焊接
3	激光加工机床	剪边修整及开孔加工

（续）

序号	设备名称	作业内容
4	清洗装置	粉尘及铁屑的清除
5	1500t 水压机	压出筒形的突起部分
6	油压机	孔卷边的压制成形
7	油压机	孔卷边的压制成形
8	机器人 M-L60S	第 1~9 站间的工件搬运
9	物品传送带	放置及传送成形加工后的工件
10	机器人 M-L60S	待焊散件的搬运及定位
11	机器人 M-K10S	两种类 4 个散件的焊接
12	机器人 M-K10S	两种类 6 个散件的焊接
13	机器人 M-L60S	工件搬运及孔卷边的打磨抛光
14	机器人 M-L30S	3 种类 36 根螺栓的焊接

1. 搬运机器人 M-L60S

由于各工作站的工件形状不同，设备的夹具也有较大差异，因此机器人有两种末端执行器，分别对应不同形状的工件，并使用了末端执行器快换装置。工件成形生产线的总长为10m；机器人的最大走行速度是 30m/min。

2. 待焊散件搬运及定位机器人 M-L60S

成形的圆筒形工件由该台机器人装在焊接工作站的变位机上，再把 5 种待焊散件依次从散件集装盒中取出，并定位于圆筒形工件的对应位置处，由机器人 M-K10S 实施点焊，如图 8-45 所示。所有待焊散件均在点焊之后，再进行连续焊接。显然，5 种散件的形状差别极大，而且与圆筒形工件相比，其体积非常小。所以这台机器人也使用了末端执行器快换装置，并拥有 5 种末端执行器。

3. 焊接机器人 M-K10S

散件焊接使用了两台 M-K10S 机器人。为防止焊渣过度飞溅，采用了等离子气体保护焊。散件的材料有碳钢和不锈钢两种，根据焊接工艺和提高焊接质量的要求，需用两种材料的焊丝，并在机器人末端执行器上追加了一个机器人外部轴。如图 8-46 所示，两种焊丝分别通过两根导管引至焊接点，由伺服电动机通过一套齿轮副实现两种焊丝的自动交换。另外，

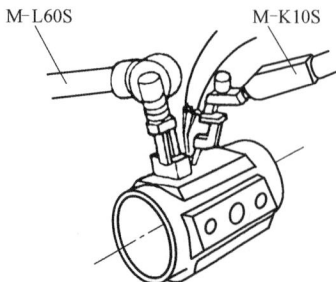

图 8-45 两机器人协同作业

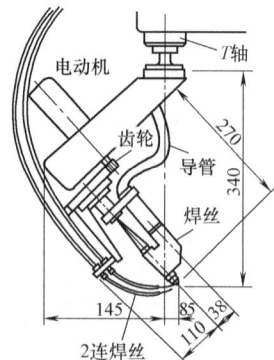

图 8-46 两种焊丝自动交换

这种灵活改变送丝方向的装置，对于形状复杂、空间狭窄、难于找位的工件焊缝，提供了多方位找位的可能性，使示教机器人更为方便，同时也提高了焊接质量。这种方法也可以用于单管送丝工件形状奇特的焊接场合。

4. 螺栓焊接机器人 M-L30S

工件凸起部端面上和其他几处共有 36 根焊死的螺杆，人工作业时常常不能保证螺杆与端面的垂直度。生产线中使用机器人 M-L30S 焊接这些螺杆，由于它们的尺寸不一，因此在焊接中要对应地交换弹簧夹头、螺杆定位装置和自动变换焊接电压，使焊接质量稳定可靠。

5. 搬运及抛光机器人 M-L60S

它既要为一台焊接机器人装卸、搬运工件，又要担负孔边的打磨、抛光，因此，需使用两套末端执行器和末端执行器的快换装置。抛光用末端执行器上安装了测力传感器，自动控制磨削轮对工件的磨削力，即使磨削轮不断地磨耗，也可以及时补偿磨耗量，保持规定的磨削力，使磨削保持最佳状态。

三、电极加工生产线

电极是配电高压开关的一个主要零件，它的加工过程如图 8-47 所示。生产线的主要设备有毛坯库、型材切断机、摩擦焊接机、数控车床、镀银处理装置以及搬运机器人，其总体布局如图 8-48 所示，各设备的作业内容见表 8-5。这条生产线实现了无人操作全自动化生产。这里只介绍两台搬运机器人。

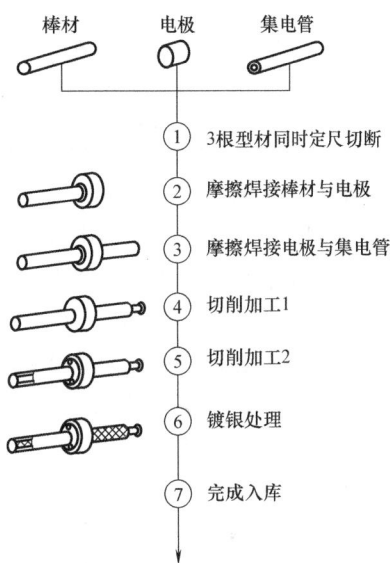

图 8-47　电极加工过程

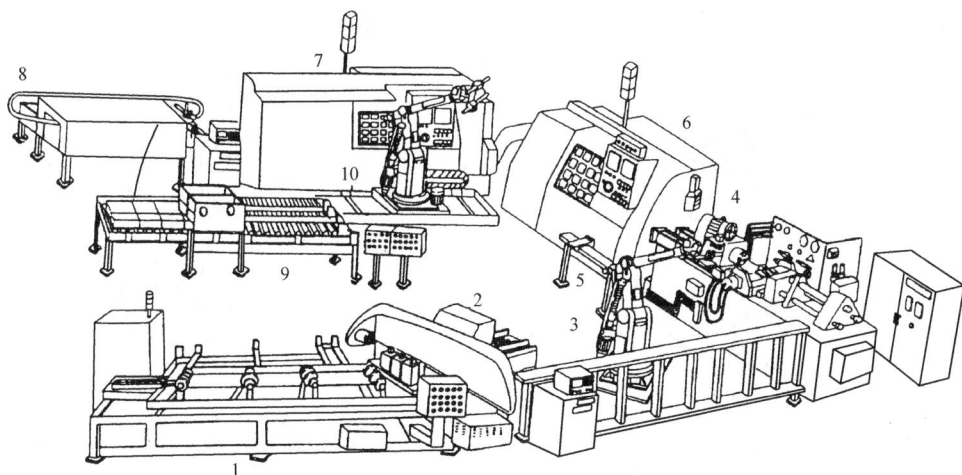

图 8-48　电极加工生产线的总体布局

1—毛坯库　2—锯切机床　3、10—搬运机器人　4—摩擦焊接机　5—工件暂存台
6、7—数控车床　8—镀银处理装置　9—成品库

表 8-5 各设备的作业内容

序号	设 备 名 称	作 业 内 容
1	毛坯库	型材的存储及供给
2	锯切机床	型材的切断
3	搬运机器人 M-L106	第 2~5 站间工件的搬运及装卸
4	摩擦焊接机	3 种散件的摩擦焊接
5	工件暂存台	焊后工件的暂存及冷却
6	数控车床 1	集电管部分的切削加工
7	数控车床 2	棒及电极部分的加工
8	镀银处理装置	部分表面的镀银处理
9	成品库	成品的存储
10	搬运机器人 M-L106	第 5~9 站间工件的搬运及装卸

在工件从毛坯到成品的加工过程中，工件的形状、直径和长度不断地发生变化，共出现
12 种不同的外形。另外各种设备装夹工件的空间和方式也存在较大的差异，有些设备的装
卸空间极其窄小，为满足上述要求，开发了两个专用的末端执行器。

1. 第一种专用末端执行器

第一台搬运机器人完成第 2~5 站间工件的搬运及装卸，从 3 个分离的散件到摩擦焊后
的一体零件，外形变化极大。图 8-49 所示的末端执行器既能夹持棒状散件，也能夹持盘状
散件。由于盘状散件的长度较短，不能一次装入摩擦焊接机的夹具中，所以可用工件压杆将
工件推入定位。

2. 第二种专用末端执行器

第二台搬运机器人完成第 5~9 站间工件的搬运及装卸，其专用末端执行器可同时夹持
两个工件，如图 8-50 所示，缩短了装卸工件的辅助时间和单件生产时间。另外由于各设备
间距离较大，使用单轴机器人移动架台，扩大了搬运机器人的动作范围。

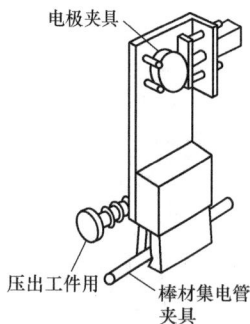

图 8-49 第一种专用末端执行器

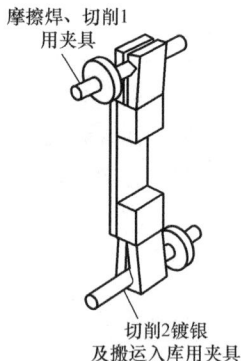

图 8-50 第二种专用末端执行器

四、电极组装生产线

电极组装生产线将切削加工后的电极、隔电瓷绝缘子、垫、螺母和垫圈等组装成电极部

件。电极组装顺序如图 8-51 所示，电极组装生产线的总体布局如图 8-52 所示。该生产线的主要设备有隔电瓷绝缘子供给传送装置、气动螺母紧固机、垫圈送料装置和两台机器人，各设备的作业内容见表 8-6。

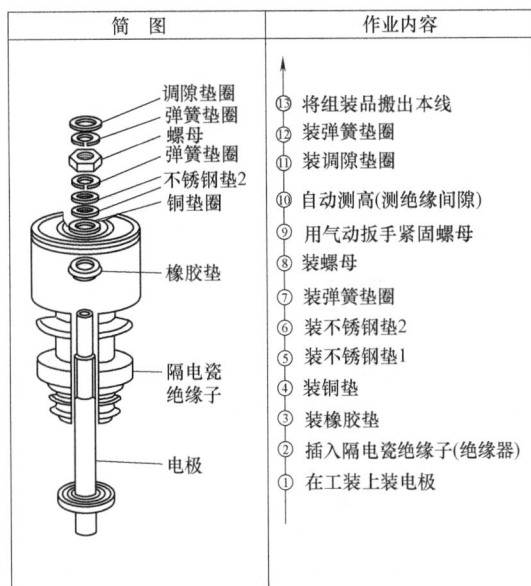

简　图	作业内容
调隙垫圈 弹簧垫圈 螺母 弹簧垫圈 不锈钢垫2 铜垫圈 橡胶垫 隔电瓷 绝缘子 电极	⑬ 将组装品搬出本线 ⑫ 装弹簧垫圈 ⑪ 装调隙垫圈 ⑩ 自动测高(测绝缘间隙) ⑨ 用气动扳手紧固螺母 ⑧ 装螺母 ⑦ 装弹簧垫圈 ⑥ 装不锈钢垫2 ⑤ 装不锈钢垫1 ④ 装铜垫 ③ 装橡胶垫 ② 插入隔电瓷绝缘子(绝缘器) ① 在工装上装电极

图 8-51　电极组装顺序

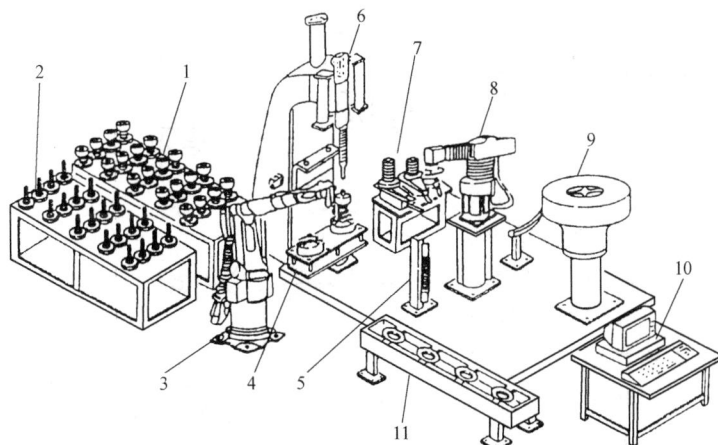

图 8-52　电极组装生产线总体布局

1—隔电瓷绝缘子供给传送装置　2—电极供给传送装置　3—搬运机器人　4—工件旋转装置　5—橡胶垫储存装置
6—气动螺母紧固机　7—垫片储存盒　8—搬运及测量机器人　9—螺母供给装置　10—工业控制计算机　11—成品传送带

表 8-6　各设备的作业内容

序号	设 备 名 称	作 业 内 容
1	隔电瓷绝缘子供给传送装置	供给隔电瓷绝缘子
2	电极供给传送装置	供给电极
3	搬运机器人 M-L106	隔电瓷绝缘子、电极、垫的搬运及装配

（续）

序号	设　备　名　称	作　业　内　容
4	工件旋转装置	工件旋转换位
5	橡胶垫储存装置	供给橡胶垫
6	气动螺母紧固机	紧固螺母
7	垫片储存盒	供给垫圈
8	搬运及测量机器人 M-RT3000	垫圈和螺母的搬运及装配
9	螺母供给装置	供给螺母
10	工业控制计算机	数据处理及质量管理
11	成品传送带	送出完成品

1. 气动螺母紧固机

在自动化生产中，紧固螺母和螺钉的作业常使用电动或气动扳手。电动扳手使用力传感器检测紧固力矩，并控制扳手的起动和停转，气动扳手则通过调节气体压力的方法控制紧固力矩。本例使用的是气动扳手，其原理如图 8-53 所示。压缩空气从扳手的尾部进入，通过流量调节阀后，驱动气缸中的叶片高速旋转，经一套减速装置输出力矩。流量调节阀在一定范围内调节转速，而减压阀调定的压力控制紧固力矩。在有些场合，往往几个螺钉的中心距过小，由于气动扳手外形尺寸的限制，不能摆放几把标准型气动扳手，此时应选用偏置型气动扳手，如图 8-53b 所示。它的输出轴与扳手中心线偏移一定距离，使输出轴线在一个方向上尽量靠近减速器的外壳，这样几把扳手就可同时紧固间距较小的螺钉。

2. 绝缘间隙自动测量系统

隔电瓷绝缘子的尺寸有较大的误差，为保证装配后绝缘间隙的精度，生产线中采用了绝缘间隙自动测量系统，如图 8-54 所示。在锁紧螺母装配后，机器人用测高传感器测出垫片安装面至结合面的尺寸，并将数据送入计算机内进行计算和判断，确定机器

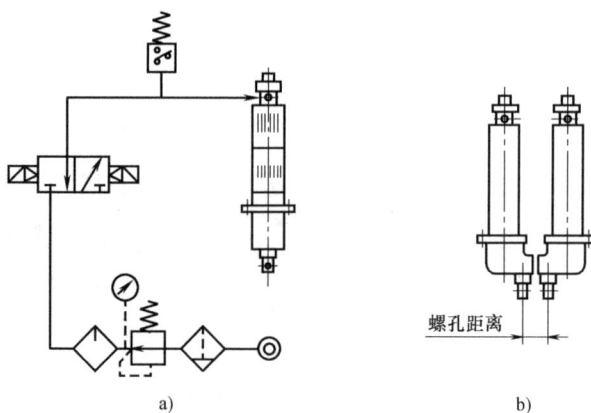

图 8-53　气动扳手原理示意图

a）气动扳手原理　b）偏置型气动扳手的安装

人应安装几枚调隙垫圈。然后通过工业控制计算机将指令通知机器人作业。调隙垫圈装配后，再进行一次测量，确认绝缘间隙是否符合要求，以此方法保证绝缘间隙的精度。

3. 螺母供给装置

在自动化生产中，常用到螺母或螺钉供给装置，如图 8-55 所示。螺钉或螺母装于一个大型容器内，容器下端是电驱动的振动源，容器内的振动鼓不停地振动，使螺钉或螺母不断地落到导轨上向前移动。对于每一种不同形状和不同尺寸的螺钉或螺母，都必须使用相应的导轨。正是这种导轨的巧妙设计，才使螺钉或螺母逐渐按要求的方向排列开来。导轨末端有定位装置，每次让出一列螺钉或螺母最前端的一个，并将跟随其后的一个螺钉或螺母用气缸

或其他方式压紧，机器人可以准确而无干扰地抓取第一个螺钉或螺母。这种装置常用于装配或焊接生产线中。一个供给装置只能对应一种规格的螺钉或螺母。

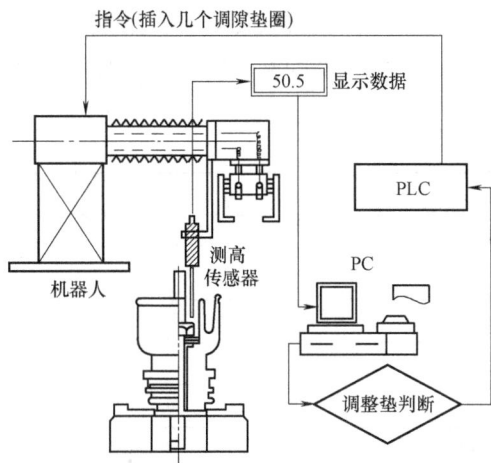

图 8-54　绝缘间隙自动测量系统

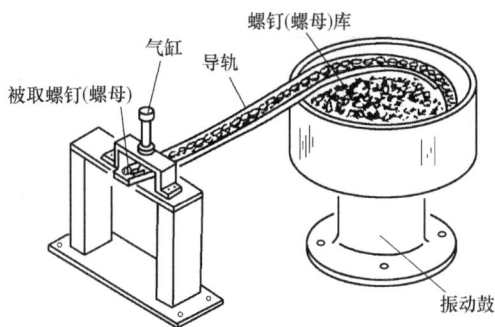

图 8-55　螺钉或螺母供给装置

五、成品喷漆生产线

成品喷漆生产线对总装后的成品进行喷漆前处理、喷底漆、表面喷漆和喷商标文字等一系列的作业，其工序流程如图 8-56 所示。整条生产线的各个工作站由吊链式传送线连接起来，生产线的总体布局如图 8-57 所示。该生产线的主要设备有清洗机、干燥炉、水洗装置、

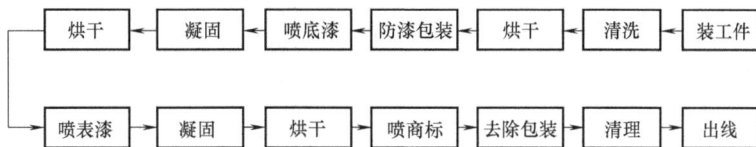

图 8-56　成品喷漆生产线工序流程

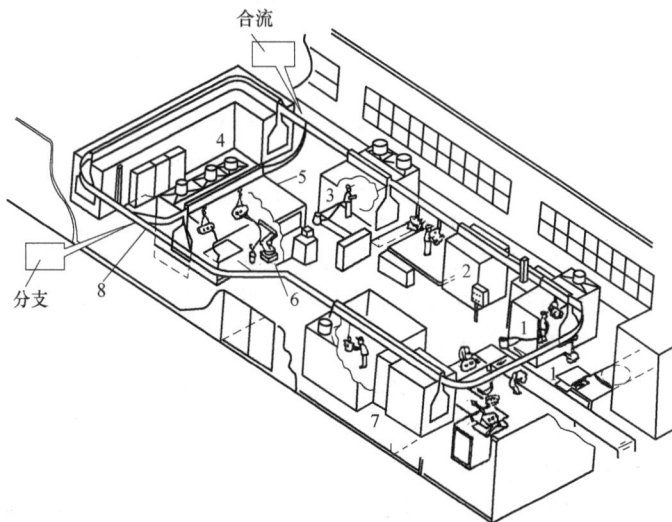

图 8-57　成品喷漆生产线总体布局

1—清洗机　2、4—干燥炉　3、7—工作间　5—喷漆工作间　6—喷涂机器人　8—吊链式传送线

吊链式传送线和喷涂机器人。各设备的作业内容见表8-7。这里主要介绍喷涂机器人工作站及其有关内容。喷涂机器人工作站的典型配置如图8-58所示。工件、喷涂机器人、机器人示教盒和防爆端子箱均设在装有排风装置的喷漆工作间内，而机器人控制箱、操作箱以及喷漆动力机械设在工作间外，这样尽可能地将设备安装在不受污染和安全的室外，而内部设备则应采取防爆措施。

表 8-7　各设备的作业内容

序号	设 备 名 称	作 业 内 容
1	清洗机	去除灰尘杂质及油污
2	干燥炉	烘干工件
3	喷漆工作间	为工件喷底漆
4	干燥炉	烘干工件
5	喷表面漆用工作间	工件表面喷漆作业室
6	喷涂机器人 M-K5G	工件表面喷漆
7	喷文字用工作间	喷商标及文字
8	吊链式传送线	传送工件

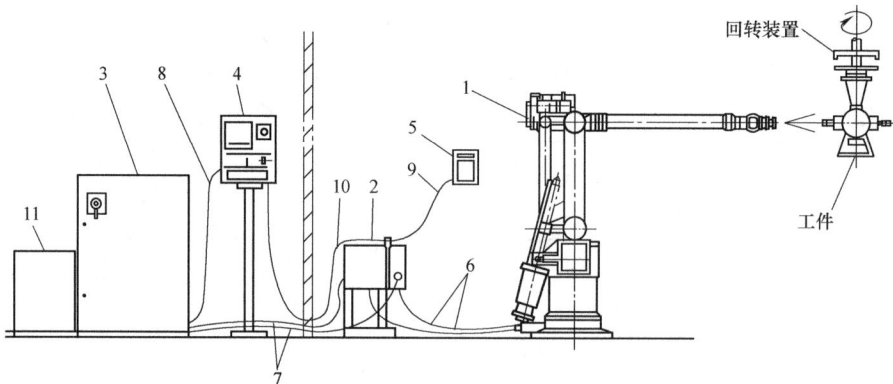

图 8-58　喷涂机器人工作站的典型配置

1—喷涂机器人 M-K5G　2—安全防爆端子箱　3—电控柜　4—操作箱　5—机器人示教盒　6—机器人与接线端子箱之间的电缆　7—接线端子箱与电控柜间的电缆　8—操作箱用电缆　9、10—机器人示教盒用电缆　11—喷漆动力机械（气泵）

在喷漆作业中，喷枪与工件的相对位置是保证喷涂质量的关键。配电高压开关的外形较为复杂，更应选择最佳喷涂方向。本工作站采用了吊链传送线和喷涂机器人协调动作的控制方式。在传送线的吊链上装有工件回转装置，它的旋转速度、吊链的运行速度、机器人的位姿和喷涂作业均由计算机协调处理，从而保证较高的喷涂质量。

另外在吊链式传送线上还装有工件有无的检测传感器。如果吊链上装有工件，那么回转装置带动工件旋转，机器人按设定程序进行作业；如果吊链上未装工件，那么使吊环通过该站，不进行喷涂作业。当改变工件的品种时，要启动相应的机器人作业程序。

综上所述，配电高压开关机器人生产线包含成形、焊接、切削加工、装配和喷漆等一系列不同的生产作业，能提高生产率约两倍，故障率接近于零，是一条具有世界先进水平的生产线。

第七节　其他工作站及生产线

这一节概略地介绍几种机器人在其他方面应用的工作站和生产线。

一、切割工作站的构成

在许多生产中都会遇到板材及飞边的切割作业问题，尤其是曲线形状复杂、甚至是空间曲线的工件，以及作业环境特别恶劣的场合，使用机器人完成切割作业是最为理想的。它可以满足任何复杂曲线的作业要求，高精度地再现轨迹曲线。切割类型有气割、水割、等离子切割和激光切割。各种切割类型的特点和适用材料见表 8-8。

机器人气割工作站的配置如图 8-59 所示，气割系统由乙炔气、氧气、气体混合器、气体控制箱、电磁阀、气割枪和引火器等部分组成。

表 8-8　几种切割作业的特点

类型	特　　点	工件材料
气割	最常用、最经济的切割方法	厚钢板
等离子切割	适用于多种材料,尤其适用于铝合金、不锈钢等材料	厚钢板 有色金属 树脂制品
水割	根据工件材料预先选择喷嘴口径、水压和切割速度 适用于各种材料,尤其是非金属材料	薄钢板 树脂制品
激光切割	属于高热能切割,切割速度快,因此材料的热变形小 适用于各种硬度的工件材料 如果使用钇铝石榴石激光切割,可以加工 $\phi 4 \sim \phi 30mm$ 的小孔,也可以加工方形孔和槽形孔	钢板 有色金属 树脂制品

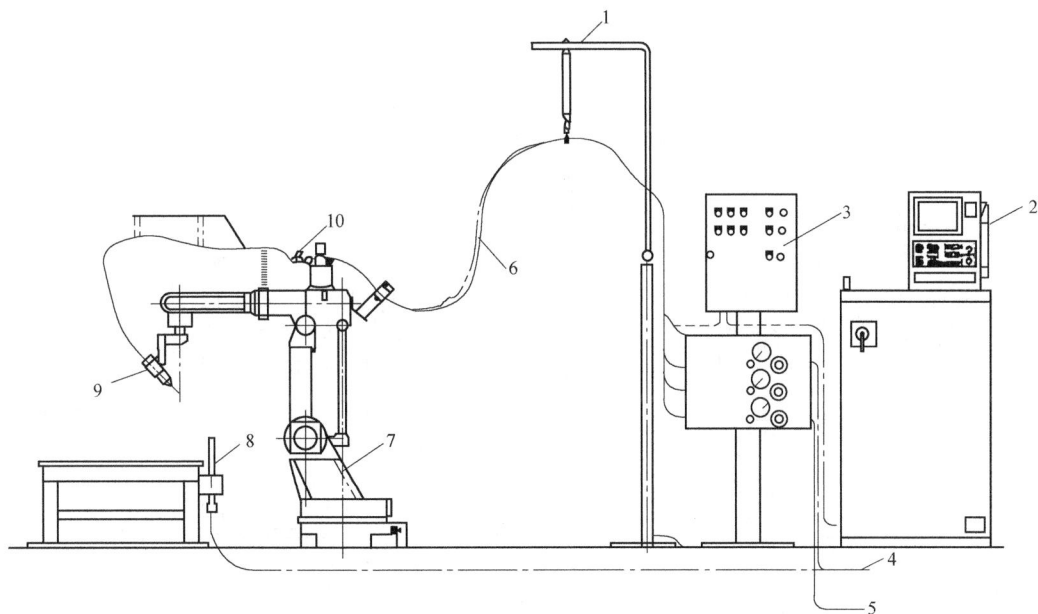

图 8-59　机器人气割工作站的配置

1—导管架　2—机器人控制柜　3—保护器控制面板　4—保护气源　5—氧气源
6—导线及导管　7—机器人　8—点火器　9—切断枪　10—保护气开关阀

机器人等离子切割工作站的配置如图 8-60 所示。等离子切割系统主要由等离子发生器、惰性气瓶、冷却水箱及等离子切割枪等几部分组成。

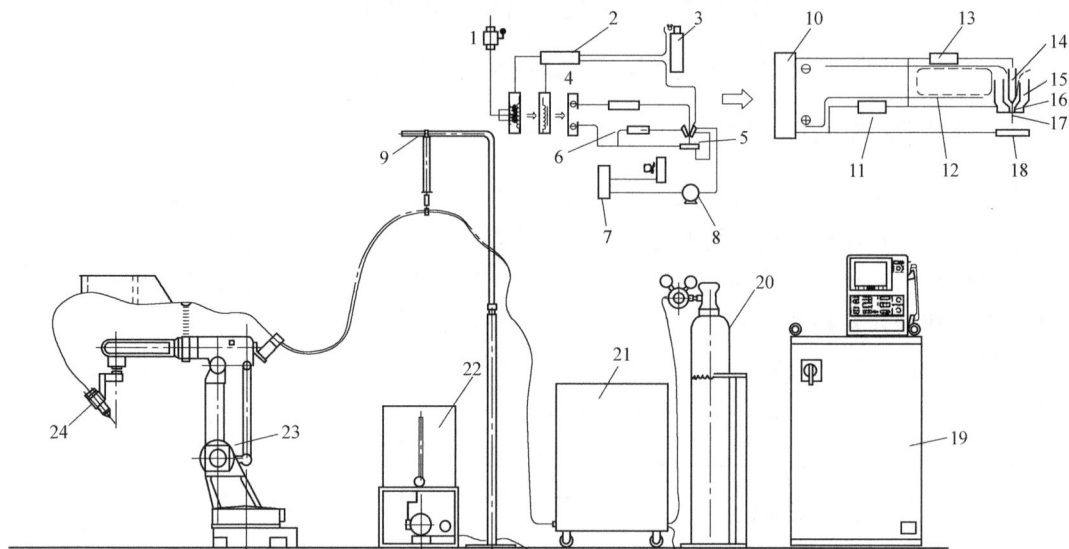

图 8-60 机器人等离子切割工作站的配置

1、10—电源 2—控制器 3—惰性气瓶 4、13—高频发生器 5、16—喷嘴 6—稳流器 7—冷却水箱
8—泵 9—导线导管架 11—稳流器 12—等离子电流 14—电极 15—保护气 17—等离子弧
18—工件 19—机器人控制柜 20—保护气瓶 21—等离子焊机
22—冷却水泵 23—机器人 24—等离子切断枪

机器人激光切割工作站的配置如图 8-61 所示。激光切割系统主要由激光发生器、氧气

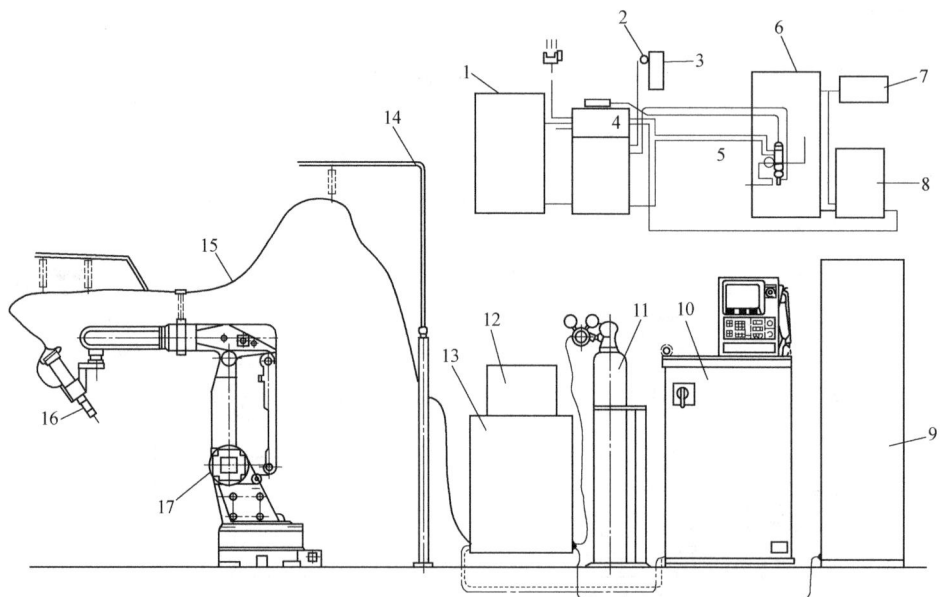

图 8-61 机器人激光切割工作站的配置

1—冷却水循环装置 2—调压器 3—氧气瓶 4—激光电源 5—水位传感器 6、17—机器人 7—水位传感器控制
8—机器人控制 9—冷却水循环装置 10—机器人控制柜 11—保护气瓶 12—水位控制装置
13—激光发生器 14—导管支架 15—电源线、保护气管、冷却水管
16—激光发射器

瓶、冷却水循环装置、水位控制装置及激光切割枪等部分组成。

二、机器人位置检查与测定系统

在实际生产中，由于夹具误差、工件制造误差、定位装置误差等造成的工件位置偏移，是机器人拓宽应用领域的最大障碍之一。例如在焊接作业中，焊缝偏离机器人的示教位置是造成焊接质量低劣或焊接失败的主要原因；再如装配作业中，被装工件或待取工件位置的偏移，尤其是对装配精度要求较高的作业，给机器人装配作业带来许多麻烦。当今开发出的机器人检查与测定系统圆满地解决了这个问题，其配置如图 8-62 所示。

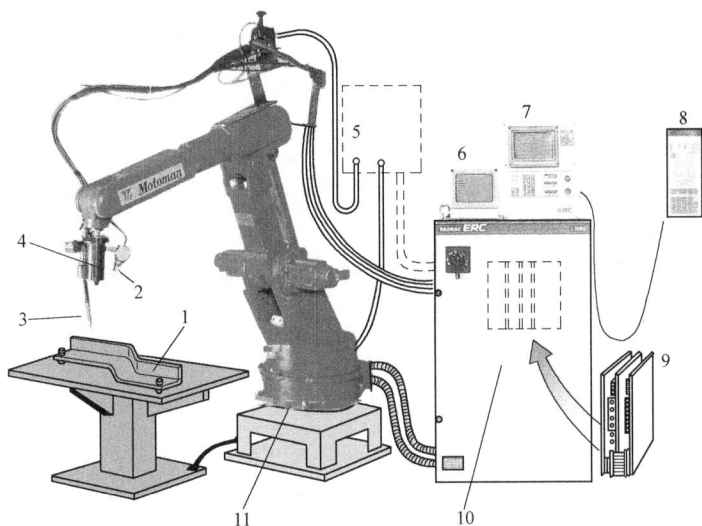

图 8-62　机器人检查与测定系统的配置
1—工件　2—照明灯　3—焊枪　4—CCD 摄像头　5—焊机　6—视觉显示器　7—控制柜显示器
8—示教盒　9—视觉控制单元　10—机器人控制柜　11—机器人

机器人检查与测定系统主要由 CCD 摄像头、照明灯、视觉显示器、视觉摄像和照明控制板等组成。摄像头和照明灯装在末端执行器上。摄像头检测的工件某部位的位置数据，与机器人示教位置数据进行比较，计算出差值，然后控制机器人按修正数据进行作业。其数据处理是非常迅速的。这种系统特别适用于焊缝起点测定、焊缝追踪、焊缝间隙测定、搬运时抓取工件、装配和检查零件等作业。

三、玻璃周边密封条装配工作站

现代建筑行业中多用铝合金门窗，为解决玻璃的固定与密封问题，在玻璃的周边和铝合金框架之间装有橡胶密封条，如图 8-63 所示。这种作业劳动强度大，且有一定的危险性。目前已研制出从铝合金框架剪裁、玻璃剪裁到整体装配的机器人作业生产线，其中难度最大的便是玻璃周边密封条装配机器人工作站。

相对于玻璃不同的厚度及密封等级的差异，橡胶密封条有 12 种型号，其截面形状和开口宽度组合出 12 个品种。一般来说，密封条的接口处于门窗上边的中央；在玻璃的 4 个拐角处，要将密封条的下半部剪断，以便于密封条在拐点处弯曲，且能保证密封效果，如图 8-64 所示。

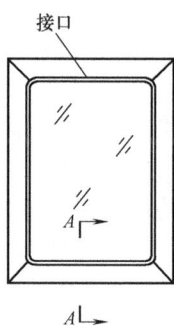

图 8-63　铝合金门窗结构示意图

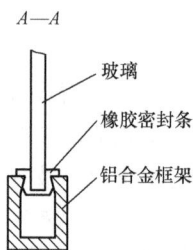

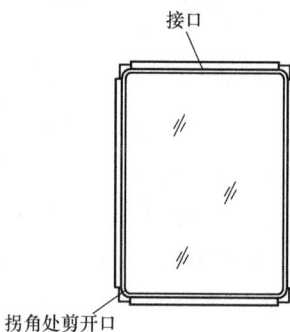

图 8-64　密封条安装形式

工作站的设计难点在于：

1）密封条输送长度的准确控制和各剪口的准确位置。

2）如何将柔软的密封条装在玻璃上，尤其是开始时，玻璃怎样入槽。

3）密封条与玻璃相对运动的形式。

经过大量试验，最终形成了图 8-65 所示的机器人工作站。它主要由机器人、密封条传送装置、待装玻璃转台和完成品转台等组成。

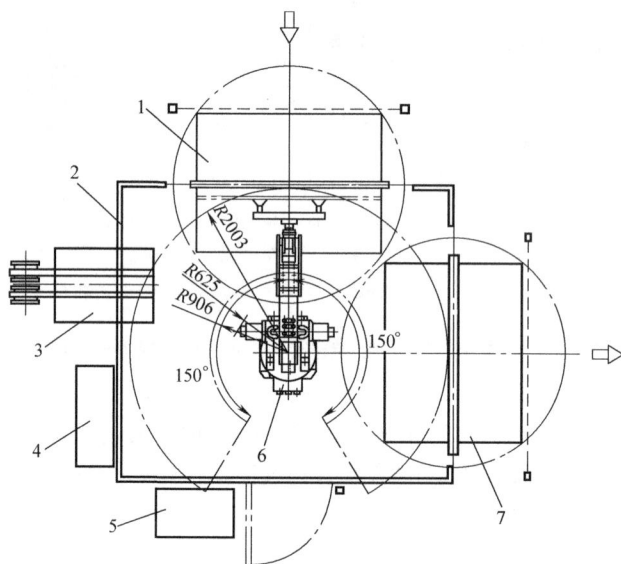

图 8-65　玻璃周边密封条装配机器人工作站总体布局图

1—待装玻璃转台　2—安全栅　3—密封条传送装置　4—电气控制柜
5—机器人控制柜　6—机器人　7—完成品转台

密封条传送装置的工作原理如图 8-66 所示。机器人末端执行器如图 8-67 所示。4 个真空吸盘用来抓取工件，密封条的夹紧爪则根据玻璃工件的大小，由步进电动机调节其伸出位置。密封条由速度伺服电动机驱动送进，该电动机作为机器人的外部轴，便于与机器人协调动作，避免由于速度不匹配而造成密封条的扯断与堆积。密封条从密封条盘中引出，通过测力轮、转向轮、导轮组、送进轮组、导槽、开口导槽送至滚轮处，伸出滚轮约 35mm。在开口导槽内部楔形结构的作用下，当密封条通过开口导槽后，约有 20mm 长度的开口扩大，使得玻璃工件可从这个区域插入密封条内，如图 8-68a 所示，然后玻璃逐渐滑入，直至到达上边的中央位置。此时，末端执行器上的夹紧爪在旋转气缸的作用下，将密封条压紧在玻璃上，以防止装配时密封条的滑移错位，如图 8-68b 所示。整压轮把密封条压紧在玻璃上。气动剪有上下两个位置，由升降气缸的调节螺钉准确调位。下位时仅剪断密封条的下半部（拐角处的剪口），上位时完全剪断密封条（接口剪口）。装有测力传感器的测力轮与密封条接触，根据力的大小，调整密封条盘变速电动机的速度，以使密封条的张力处于一个稳定的范围。

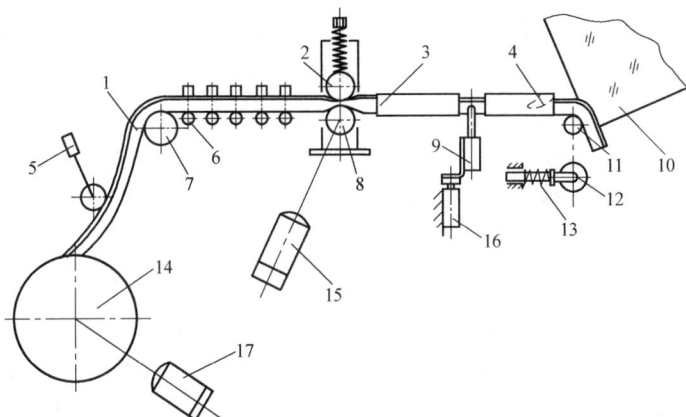

图 8-66　密封条传送装置的工作原理

1—密封条（工件 1）　2—压力轮（可调）　3—导槽　4—开口导槽　5—测力传感器　6—导轮组　7—转向轮
8—驱动轮　9—气动剪　10—玻璃（工件 2）　11—滚轮　12—整压轮　13—弹簧　14—密封条盘
15—交流伺服电动机　16—升降气缸　17—变速电动机

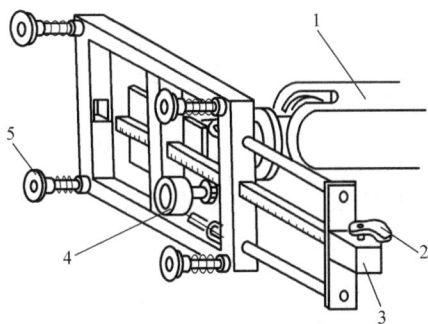

图 8-67　机器人末端执行器

1—机器人　2—夹紧爪　3—摆动气缸
4—步进电动机　5—真空吸盘

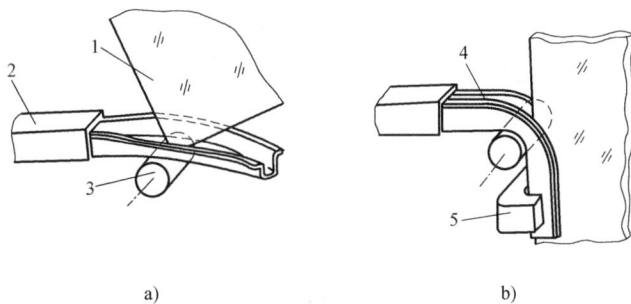

图 8-68　玻璃工件入槽状况

a）密封条开口，玻璃入槽　b）密封条夹紧爪夹紧状态

1—玻璃　2—开口导槽　3—滚轮　4—密封条　5—夹紧爪

在工作站中设置两套上述的传送装置，以便在不停止机器人作业的情况下由人工更换密封条盘。

待装玻璃转台和完成品转台均由气缸驱动、销轴定位。一面是机器人抓取和放下工件的工位，另一面是叉车送入和取出玻璃架台的工位。在待装玻璃转台上，装有测长和测宽的直线式测长传感器，由其长宽尺寸数据，经控制系统处理后，确定机器人的取放位姿和安装密封条时驱动电动机与机器人的运动协调关系。

这个工作站选用可搬质量为 60kg 的机器人，工件的最大尺寸为 2000mm×1500mm。

四、轿车车体焊接生产线

每年推出新的汽车品种是人们的消费观和生产厂家占领汽车市场的共同需要。旧的生产制造流水线的主要问题是：最多能同时适应 2、3 种车型；新车型的出现需淘汰大量的设备和模具；投资额巨大，并要停产一个月进行更换和改造，严重地影响了生产厂家的产量和效益。为此，技术人员耗费多年的时间，力图研制出适应能力极强的生产线。轿车车体机器人焊接生产线就是其中一例。它借用柔性制造系统（FMS）的设计思路，开发出柔性车体生产线（FBL）。柔性的含义在于把整个设备分成通用和专用两部分。专用部分是汽车的夹具体，依照车型的变化，夹具体结构差别较大；通用部分有机器人焊接系统、夹具体的运输线、搬运装置、定位装置和控制系统。当变更车型时，在不停产的状态下，将新车型的夹具体依次送入夹具库，变换机器人的控制程序，就可实现新老产品的混流生产。

1. 工件分析

轿车车体是轿车中最重要也是最大的支承件，既希望具有高刚性，又希望质量最轻。因此，车体是由许多冲压成型、薄板制、高刚性的散件经点焊或弧焊连成一体的。车体的组成及生产流程如图 8-69 所示。它分成底盘组件、左右侧体组件、车顶组件和门盖附件等部分，每种组件又由若干个散件焊接而成。各组件在各自的子生产线上成形并焊接，然后进入总成焊接生产线进行预焊和完成焊，最后进行车体打磨、安装附件后送入喷涂生产线。例如底盘组件共有 3 个小组件，即发动机底盘组件、前板组件和后板组件。它们由 3 条子生产线冲压

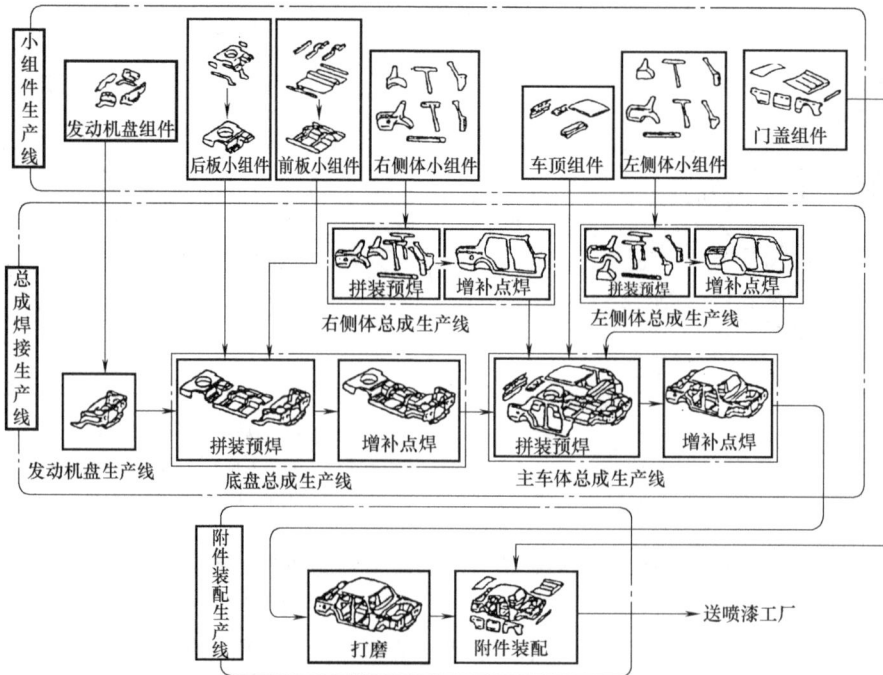

图 8-69　车体的组成及生产流程示意图

成形，焊成小组件，然后送入总成焊接生产线，并由夹具体定位，再经过预焊、完成焊而成为底盘组件。

2. 总体布局

轿车车体机器人焊接生产线的总体布局如图 8-70 所示。其生产能力为 2 万台/月，占地面积约 16000m²，由约 350 个工作站组成，设备总数约为 900 台，其中机器人约 300 台，可同时生产 4 种车型。

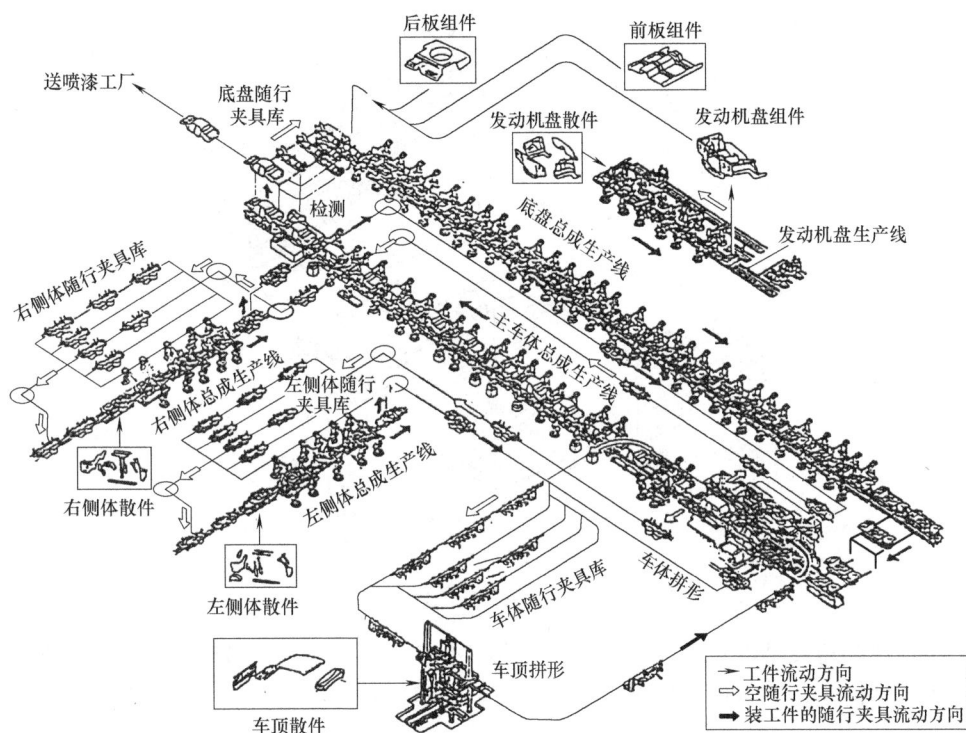

图 8-70　轿车车体机器人焊接生产线总体布局

图 8-70 所示的中部是总成生产线，起点处有底盘随行夹具库，之后布置有若干个底盘组件的预焊和完成焊工作站。底盘组件成品送入车体拼形工作站，在与其他组件拼形后，经车体总成的预焊和点焊作业，再进行车体及夹具体的计量检测，最后送入喷涂生产线。

图 8-70 所示的上部是底盘组件的 3 个小组件的子生产线，各线的完成品均送至总成线的起点处，放在同一种车型的底盘随行夹具上，定位并夹紧。这个随行夹具要经过主线的各个工作站，出线时与车体分离，并送回底盘随行夹具库，等待进入下一循环。

图 8-70 所示的左部是左右侧体组件生产线，各带有一个随行夹具库。各线的完成品分别送到车体拼形工作站的左右侧。拼形之后，空夹具返回库内。

图 8-70 所示的下部是车顶组件生产线，附带一个随行夹具库。组件成品从上端送入车体拼形工作站，拼形后空夹具返回库内。

3. 随行夹具及车体拼形工作站

车体的焊接质量和成形精度在很大程度上取决于夹具体的精度。在整个生产线中，共使用了 5 套车体组件随行夹具，即底盘随行夹具、左侧体随行夹具、右侧体随行夹具、车顶随行夹具和后盖随行夹具，如图 8-71 所示。各随行夹具均有组件定位、夹具定位、工件夹紧、车轮、抓手和气电通信接头等装置。底盘随行夹具的构成如图 8-72 所示。其中，夹具体骨架由型钢构件焊成，大大减轻了夹具体的质量；各处的定位及夹紧装置将各组件准确地拼装在一起；传感器用于识别工件；可编程控制器用于车种识别、工件判断、气缸控制与外部计算机接通。

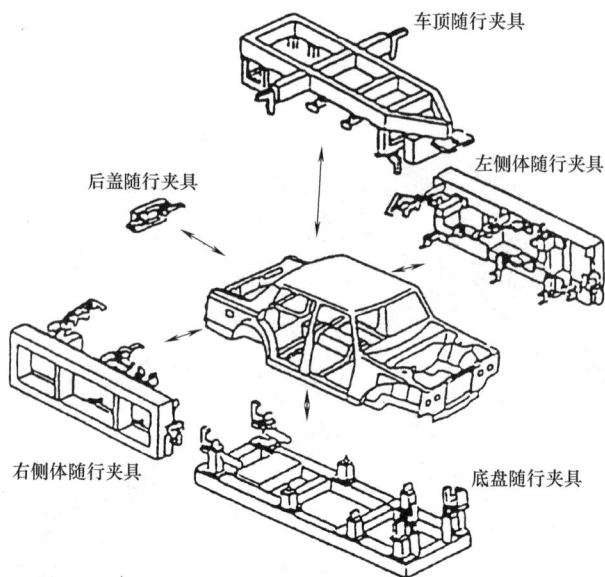

图 8-71　5 套车体组件随行夹具示意图

　　各组件在随行夹具的运动下，汇合于车体拼形工作站，如图 8-73 所示。左右侧体随行夹具进入该站的定位装置内，这个装置携带随行夹具翻转 90°，然后向中心送进到位；车顶

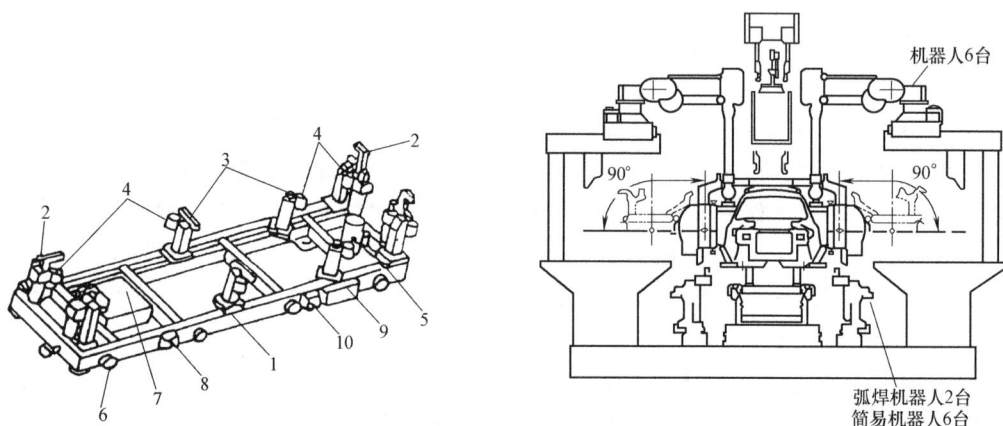

图 8-72　底盘随行夹具的构成

1—夹具体骨架　2—工件定位及夹紧装置　3—工件定
位件　4—传感器　5—夹具体搬运用销轴　6—车轮
7—可编程序控制器（PLC）　8—控制线接头
9—电力线接头（PLC 用）　10—气接头

图 8-73　车体拼形工作站横剖视图

和后盖随行夹具进入该站上部的另一套定位装置内，这个装置携带两套随行夹具竖直向下送进到位，整个车体的各组件就拼在一起；此时，14 台机器人同时进行焊接作业，将各组件预焊在一起；最后将空随行夹具（底盘随行夹具除外）送入高速直线电动机驱动的搬运车内，送回随行夹具库。

4. 机器人点焊工作站的配置

在这条生产线中，大多数机器人用于弧焊和点焊。弧焊机器人工作站在前面已有详细的介绍，这里仅介绍机器人点焊工作站的构成。

（1）机器人点焊工作站　典型的机器人点焊工作站一般由机器人本体、焊钳、点焊控制箱、气（水）管路、机器人变压器、焊钳水冷管及相关电缆等组成，如图 8-74 所示。点焊控制箱可以根据不同材料、厚度确定和调整焊接压力、焊接电流和焊接时间等参数，用于焊接低碳钢板、不锈钢板、镀锌或多功能镀铅钢板、铅板、铜板等薄板类部件，具有焊接效率高、变形小、不需添加焊接材料等优点，广泛应用于汽车覆盖件、驾驶室、车体等部件的高质量焊接中。

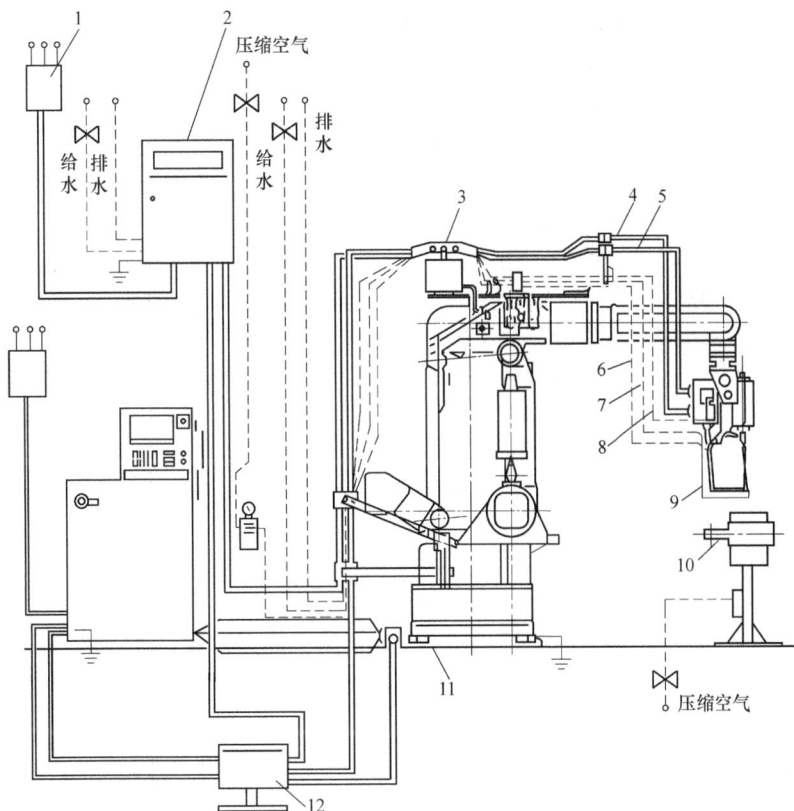

图 8-74　典型的机器人点焊工作站
1—电源　2—焊接定时装置　3—导管引入固定　4—焊枪控制线　5—焊枪动力线　6—给水管　7—排水管
8—气管　9—焊钳　10—工件　11—机器人　12—中继盒

（2）点焊机器人　点焊对所用机器人的要求并不高，因为点焊只需点位控制，而对焊钳在点与点之间的移动轨迹则没有严格要求。点焊用机器人不仅要有足够的承载能力，而且在点与点之间移位时速度要快捷、动作要平稳、定位要准确，以减少移位的时间，提高工作效率。点焊机器人需要的承载能力取决于所用的焊钳形式。对于与变压器分离的焊钳，可搬质量为 30~45kg 的机器人就足够了。但是，这种焊钳一方面由于二次电缆线长，电能损耗大，也不利于机器人将焊钳伸入工件内部焊接，另一方面电缆线需随机器人运动而不停摆动，电缆的损坏较快。因此，目前多采用一体式焊钳，这种焊钳连同变压器质量在 70 kg 左右。考虑到机器人要有足够的承载能力，能以较大的加速度将焊钳送到指定位置进行焊接，一般都选用可搬质量为 100~150kg 的重型机器人。

综上所述，这条轿车车体机器人焊接生产线是当今高水准的机器人应用示例之一，它的投入运行为轿车生产管理注入了前所未有的活力，大幅度提高了车体成形质量。

习　　题

8-1　举例说明工业机器人怎样用在机械加工作业中。

8-2　举例说明工业机器人怎样用在产品装配作业中。

8-3　举例说明工业机器人怎样用在结构件焊接作业中。

8-4　点焊机器人和弧焊机器人各有什么特点？

8-5　点焊机器人系统组成有哪些？选择机器人时要考虑哪些问题？

8-6　弧焊机器人在操作和安全上要考虑哪些因素？

8-7　搬运码垛机器人工作站的组成有哪些？

8-8　喷涂机器人有哪些特点和技术要求？

8-9　简述机器人的发展和应用对人类的影响，并从社会、经济、人类等角度阐述你的观点。

8-10　查阅资料以一类应用领域的机器人为例，详细介绍其应用现状、关键技术以及未来的发展方向。

8-11　查阅资料，以一种实际产品的作业为例，做出一套应用工业机器人的总体设计方案。

第九章　工业机器人的轨迹规划与编程

　　轨迹规划是指根据机器人的作业任务要求，确定其轨迹参数并实时计算和生成运动轨迹。它是工业机器人控制的依据，所有机器人控制的目的都在于精确实现对其所规划的运动。

　　机器人编程主要有三种方式：机器人语言编程、机器人示教编程、机器人离线编程，其中示教编程是目前工业机器人用的最多的方式。

　　本章在讨论关节空间和直角坐标空间中机器人轨迹规划和轨迹生成方法的基础上，分别介绍机器人语言编程、机器人示教编程和机器人离线编程三种方式。其中着重以 MOTOMAN 机器人焊接作业为例，详细讲述机器人示教编程的原理和方法，以便读者正确理解关节空间轨迹规划指令 MOVJ 和直角坐标空间轨迹规划指令 MOVL 的动作原理与区别。

第一节　工业机器人的轨迹规划

一、工业机器人轨迹规划的概念

　　工业机器人轨迹是指工业机器人在工作过程中的运动轨迹，包括运动点的位移、速度和加速度三个因素。工业机器人的轨迹规划是指根据工业机器人作业任务的要求（作业规划），对机器人末端执行器在工作过程中位姿变化的路径、取向及其变化速度和加速度进行人为设定。在轨迹规划中，需根据机器人所完成的作业任务要求，给定机器人末端执行器的初始状态、目标状态及路径所经过的有限个给定点，对于没有给定的路径区间则必须选择关节插值函数，生成相应的轨迹。

　　工业机器人轨迹规划属于机器人低层次规划，基本上不涉及人工智能的问题，本章仅讨论在关节空间或直角坐标空间中工业机器人运动的轨迹规划和轨迹生成方法。

二、轨迹规划的一般性问题

　　机器人的作业可以描述成工具坐标系 $\{T\}$ 相对于工作台坐标系 $\{S\}$ 的一系列运动。如图 9-1 所示，将销插入工件孔中的作业可以借助工具坐标系的一系列位姿 $P_i(i=1,2,\cdots,n)$ 来描述。这种描述方法不仅符合机器人用户考虑问题的思路，而且有利于描述和生成机器人的运动轨迹。

　　用工具坐标系相对于工作台坐标系的运动来描述作业路径是一种通用的作业描述方法，

它把作业路径描述与具体的机器人、手爪或工具分离开来，形成了模型化的作业描述方法，从而使这种描述既适用于不同的机器人，也适用于可装夹不同规格工具的某一个机器人。有了这种描述方法，就可把图 9-2 所示的机器人从初始状态到终止状态的作业看作工具坐标系从初始位置 $\{T_0\}$ 到终止位置 $\{T_f\}$ 的坐标变换。显然，这种变换与具体的机器人无关。一般情况下，这种变换包含了工具坐标系位置和姿态的变化。

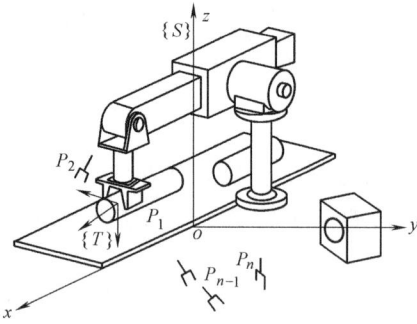

图 9-1 机器人将销插入工件
孔中的作业描述

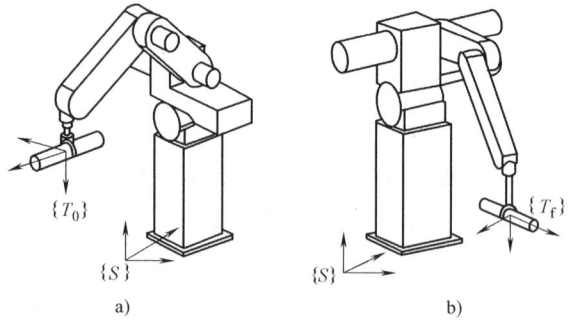

图 9-2 机器人的初始状态和终止状态
a) 初始状态 b) 终止状态

在轨迹规划中，常用点来表示机器人的状态或工具坐标系的位姿，如起始点、终止点就分别表示工具坐标系的起始位姿、终止位姿。

详细描述机器人运动时，不仅要规定机器人的起始点和终止点，而且要给出介于起始点和终止点之间的中间点，也称路径点。这时，运动轨迹除了位姿约束外，还存在着各路径点之间的时间分配问题。例如，在规定路径的同时，还必须给出两个路径点之间的运动时间。

机器人的运动应当平稳，不平稳的运动将加剧机械部件的磨损，并导致机器人的振动和冲击。为此，要求所选择的运动轨迹描述函数必须是连续的，而且它的一阶导数（速度），甚至二阶导数（加速度）也应当是连续的。

轨迹规划既可以在关节空间中进行，也可以在直角坐标空间中进行。在关节空间中进行轨迹规划是指将所有的关节变量表示为时间的函数，用这些关节函数及其一阶、二阶导数来描述机器人预期的运动；在直角坐标空间中进行轨迹规划是将手爪位姿、速度和加速度表示为时间的函数，而相应的关节位置、速度和加速度则由手爪信息导出。

在规划机器人的运动时，还需要弄清楚在其路径上是否存在障碍物，本章主要讨论连续路径的无障碍轨迹规划方法。

三、轨迹的生成方式

运动轨迹的描述或生成有以下几种方式：

（1）示教-再现运动　这种运动即由人手把手示教机器人，定时记录各关节变量，得到沿路径运动时各关节的位移-时间函数 $q(t)$；再现时，按内存中所记录的各点的值而产生序列动作。

（2）关节空间运动　这种运动直接在关节空间里进行。由于动力学参数及其极限值直接在关节空间中描述，所以用这种方式能方便地描述用时最短的运动。

（3）空间直线运动　这是一种在直角坐标空间里的运动，它便于描述空间操作，计算量小，适宜于简单的作业。

（4）空间曲线运动　这是一种在描述空间中可用明确的函数来表达的运动，如圆周运动、螺旋运动等。

下面讨论机器人的轨迹规划和轨迹的生成。

第二节　关节空间法

在关节空间中进行轨迹规划，首先需要将每个作业路径点向关节空间变换，即用逆运动学方法把路径点转换成关节角度值，或称为关节路径点。当对所有作业路径点都进行这种变换后，便形成了多组关节路径点。然后，为每个关节相应的关节路径点拟合光滑函数。这些关节函数分别描述了机器人各关节从起始点开始，依次通过路径点，最后到达某目标点的运动轨迹。由于每个关节在相应路径段运行的时间相同，所有关节都将同时到达路径点和目标点，从而保证工具坐标系在各路径点具有预期的位姿。需要注意的是，尽管每个关节在同一段路径上具有相同的运行时间，但各关节函数之间却是相互独立的。

在关节空间中进行轨迹规划时，不需考虑直角坐标空间中两个路径点之间的轨迹形状，仅以关节角度的函数来描述机器人的轨迹即可，所以计算简单、省时；而且由于关节空间与直角坐标空间并不是连续的对应关系，在关节空间内不会发生机构的奇异现象，从而可避免在直角坐标空间规划时出现的关节速度失控问题。

在关节空间进行轨迹规划的路径不是唯一的。只要满足路径点上的约束条件，就可以选取不同类型的关节角度函数，生成不同的轨迹。

一、三次多项式插值

假设机器人的起始和终止位姿是已知的，由逆运动学方程，可求得机器人对应两处位姿的期望关节角。因此，可以在关节空间中用起始和终止关节角的一个平滑轨迹函数 $\theta(t)$ 来描述末端执行器的运动轨迹。

为了实现关节的平稳运动，每个关节的轨迹函数 $\theta(t)$ 至少需要满足四个约束条件：两个端点的位置约束和两个端点的速度约束。

端点的位置约束是指起始位姿和终止位姿分别对应的关节角度。$\theta(t)$ 在时刻 $t_0 = 0$ 的值等于起始关节角度 θ_0，在终止时刻 t_f 的值等于终止关节角度 θ_f，即

$$\begin{cases} \theta(0) = \theta_0 \\ \theta(t_f) = \theta_f \end{cases} \tag{9-1}$$

为满足关节运动速度连续性的要求，在起始点和终止点的关节角速度可简单地设定为零，即

$$\begin{cases} \dot{\theta}(0) = 0 \\ \dot{\theta}(t_f) = 0 \end{cases} \tag{9-2}$$

由上面给出的四个约束条件可以唯一地确定一个三次多项式，即

$$\theta(t) = a_0 + a_1 t + a_2 t^2 + a_3 t^3 \tag{9-3}$$

对应于该路径的关节角速度和角加速度则为

$$\begin{cases} \dot{\theta}(t) = a_1 + 2a_2 t + 3a_3 t^2 \\ \ddot{\theta}(t) = 2a_2 + 6a_3 t \end{cases} \tag{9-4}$$

把上述的四个约束条件代入式（9-3）和式（9-4）可得

$$\begin{cases} \theta(0) = a_0 = \theta_0 \\ \theta(t_f) = a_0 + a_1 t_f + a_2 t_f^2 + a_3 t_f^3 \\ \dot{\theta}(0) = a_1 = 0 \\ \dot{\theta}(t_f) = a_1 + 2a_2 t_f + 3a_3 t_f^2 = 0 \end{cases} \tag{9-5}$$

求解以上方程组可得

$$\begin{cases} a_0 = \theta_0 \\ a_1 = 0 \\ a_2 = \dfrac{3}{t_f^2}(\theta_f - \theta_0) \\ a_3 = -\dfrac{2}{t_f^3}(\theta_f - \theta_0) \end{cases} \tag{9-6}$$

需要强调的是，这组解只适用于关节起始点和终止点速度为零的运动情况。对于其他情况，后面将另行讨论。

例 9-1 要求一个六轴机器人的第一关节在 5s 内从初始角 30° 运动到终止角 75°，且起始点和终止点速度均为零。用三次多项式规划该关节的运动，并计算在第 1s、第 2s、第 3s 和第 4s 时关节的角度。

解 将约束条件代入式（9-6），可得

$$a_0 = 30, \quad a_1 = 0, \quad a_2 = 5.4, \quad a_3 = -0.72$$

由此得关节角位置、角速度和角加速度方程分别为

$$\begin{cases} \theta(t) = 30 + 5.4t^2 - 0.72t^3 \\ \dot{\theta}(t) = 10.8t - 2.16t^2 \\ \ddot{\theta}(t) = 10.8 - 4.32t \end{cases}$$

代入时间求得

$$\theta(1) = 34.68°, \quad \theta(2) = 45.84°, \quad \theta(3) = 59.16°, \quad \theta(4) = 70.32°$$

该关节的角位置、角速度和角加速度随时间变化的曲线如图 9-3 所示。可以看出，本例中所需要的初始角加速度为 $10.8°/s^2$，运动末端的角加速度为 $-10.8°/s^2$。

二、过路径点的三次多项式插值

若所规划的机器人作业路径在多个点上有位姿要求，如图 9-4 所示，机器人的作业在 A、B、C、D 点都有位姿要求。对于这种情况，假如末端执行器在路径点停留，即各路径点上的速度为零，则轨迹规划可连续地直接使用前面介绍的三次多项式插值方法；但若末端执行器只是经过路径点而并不停留，就需要在关节空间路径点处角速度不为零的约束下应用前述方法。

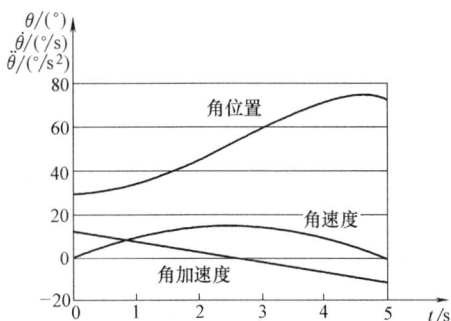

图 9-3　例 9-1 中机器人关节的角位置、角
速度和角加速度随时间变化曲线

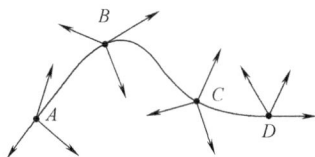

图 9-4　机器人作业路径点

对于机器人作业路径上的所有路径点，可以用求解逆运动学的方法先得到多组对应的关节空间路径点，进行轨迹规划时，把每个关节上相邻的两个路径点分别看作起始点和终止点，再确定相应的三次多项式插值函数，最后把路径点平滑连接起来。一般情况下，这些起始点和终止点的关节运动角速度不再为零。

设路径点上的关节速度已知，在某段路径上，起始点关节角速度和角加速度分别为 θ_0 和 $\dot{\theta}_0$，终止点关节角速度和角加速度分别为 θ_f 和 $\dot{\theta}_f$。这时，确定三次多项式系数的方法与前所述完全一致，只是角速度约束条件变为

$$\begin{cases} \dot{\theta}(0)=\dot{\theta}_0 \\ \dot{\theta}(t_f)=\dot{\theta}_f \end{cases} \tag{9-7}$$

利用约束条件确定三次多项式系数，有方程组

$$\begin{cases} \theta_0=a_0 \\ \theta_f=a_0+a_1 t_f+a_2 t_f^2+a_3 t_f^3 \\ \dot{\theta}_0=a_1 \\ \dot{\theta}_f=a_1+2a_2 t_f+3a_3 t_f^2 \end{cases} \tag{9-8}$$

求解该方程组可得

$$\begin{cases} a_0=\theta_0 \\ a_1=\dot{\theta}_0 \\ a_2=\dfrac{3}{t_f^2}(\theta_f-\theta_0)-\dfrac{2}{t_f}\dot{\theta}_0-\dfrac{1}{t_f}\dot{\theta}_f \\ a_3=-\dfrac{2}{t_f^3}(\theta_f-\theta_0)+\dfrac{1}{t_f^2}(\dot{\theta}_0+\dot{\theta}_f) \end{cases} \tag{9-9}$$

当路径点上的关节角速度为零，即 $\dot{\theta}_0=\dot{\theta}_f=0$ 时，式（9-9）与式（9-6）完全相同，这就说明由式（9-9）确定的三次多项式能够描述起始点和终止点具有任意给定位置和速度约束条件的运动轨迹。

三、五次多项式插值

除了指定运动段的起始点和终止点的位置和速度外，也可以指定该运动段起始点和终止点的加速度。这样，约束条件的数量就增加到了 6 个，相应地可采用下面的五次多项式来规划轨迹运动，即

$$\theta(t) = a_0 + a_1 t + a_2 t^2 + a_3 t^3 + a_4 t^4 + a_5 t^5 \tag{9-10}$$

$$\dot{\theta}(t) = a_1 + 2a_2 t + 3a_3 t^2 + 4a_4 t^3 + 5a_5 t^4 \tag{9-11}$$

$$\ddot{\theta}(t) = 2a_2 + 6a_3 t + 12a_4 t^2 + 20a_5 t^3 \tag{9-12}$$

根据这些方程，可以通过角位置、角速度和角加速度约束条件计算五次多项式的系数。

例 9-2 已知条件同例 9-1，且起始点角加速度为 $5°/s^2$，终止点角加速度为 $-5°/s^2$，求机器人关节的角位置、角速度和角加速度。

解 由例 9-1 和给出的角加速度值得到

$$\theta_0 = 30°, \quad \dot{\theta}_0 = 0°/s, \quad \ddot{\theta}_0 = 5°/s^2$$

$$\theta_f = 75°, \quad \dot{\theta}_f = 0°/s, \quad \ddot{\theta}_f = -5°/s^2$$

将起始和终止约束条件代入式（9-10）至式（9-12）得

$$a_0 = 30, \quad a_1 = 0, \quad a_2 = 2.5$$

$$a_3 = 1.6, \quad a_4 = -0.58, \quad a_5 = 0.0464$$

求得运动方程为

$$\theta(t) = 30 + 2.5t^2 + 1.6t^3 - 0.58t^4 + 0.0464t^5$$

$$\dot{\theta}(t) = 5t + 4.8t^2 - 2.32t^3 + 0.232t^4$$

$$\ddot{\theta}(t) = 5 + 9.6t - 6.96t^2 + 0.928t^3$$

图 9-5 所示为机器人关节的角位置、角速度和角加速度随时间变化曲线，其最大角加速度为 $8.7°/s$。

四、用抛物线过渡的线性函数插值

在关节空间轨迹规划中，对给定起始点和终止点的情况，选择线性函数插值较为简单。然而，单纯线性函数插值会导致起始点和终止点的关节运动速度不连续以及加速度无穷大，这样在两端点会造成刚性冲击。

为此，应对线性函数插值方案进行修正，在线性函数插值两端点的邻域内设置一段抛物线形缓冲区段。由于抛物线函数对时间的二阶导数为常数，即相应区段内的加速度恒定，这样可保证起始点和终止点的速度平滑过渡，从而使整个轨迹上的位置和速度连续。线性函数与两段抛物线函数平滑地衔接在一起形成的轨迹称为带有抛物线过渡域的线性轨迹，如图 9-6 所示，其中 ab 为线性段长度。

设两端的抛物线轨迹具有相同的持续时间 t_a 和大小相同而符号相反的恒加速度 $\ddot{\theta}$。这种路径规划存在多个解，其轨迹不唯一，如图 9-7 所示。但是，每条路径都对称于时间和位置中点 (t_h, θ_h)。

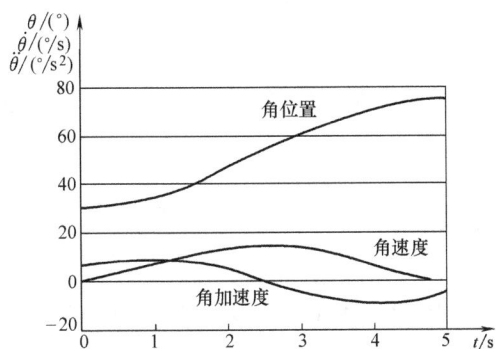

图 9-5　例 9-2 中机器人关节的角位置、
角速度和角加速度随时间变化曲线

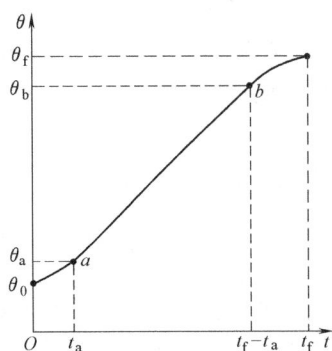

图 9-6　带有抛物线过渡域的线性轨迹

　　若要保证路径轨迹的连续、光滑，则要求抛物线轨迹的终
止点角速度必须等于线性段的角速度，故有

$$\ddot{\theta}\, t_a = \frac{\theta_h - \theta_a}{t_h - t_a} \tag{9-13}$$

式中，θ_a 为对应于抛物线持续时间 t_a 的关节角度。

　　θ_a 的值可由下式求出

$$\theta_a = \theta_0 + \frac{1}{2}\ddot{\theta}\, t_a^2 \tag{9-14}$$

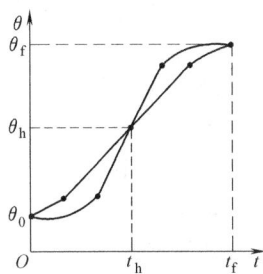

图 9-7　轨迹的多解性与
对称性

　　设关节从起始点到终止点的总运动时间为 t_f，则 $t_f = 2t_h$，并
注意到

$$\theta_h = \frac{1}{2}(\theta_0 + \theta_f) \tag{9-15}$$

则由式（9-13）至式（9-15）得

$$\ddot{\theta}\, t_a^2 - \ddot{\theta}\, t_f t_a + \theta_f - \theta_0 = 0 \tag{9-16}$$

　　一般情况下，θ_0、θ_f、t_f 是已知条件，这样，根据式（9-13）可以选择相应的 $\ddot{\theta}$ 和 t_a，
得到相应的轨迹。通常的做法是先选定角加速度 $\ddot{\theta}$ 的值，然后按式（9-16）求出相应的
t_a，即

$$t_a = \frac{t_f}{2} - \frac{\sqrt{\ddot{\theta}^2 t_f^2 - 4\ddot{\theta}(\theta_f - \theta_0)}}{2\ddot{\theta}} \tag{9-17}$$

　　由式（9-17）可知，为保证 t_a 有解，角加速度值 $\ddot{\theta}$ 必须选得足够大，即

$$\ddot{\theta} \geqslant \frac{4(\theta_f - \theta_0)}{t_f^2} \tag{9-18}$$

　　当式（9-18）中的等号成立时，轨迹线性段的长度缩减为零，整个轨迹由两个过渡域组
成，这两个过渡域在衔接处的斜率（关节速度）相等。角加速度 $\ddot{\theta}$ 的值越大，过渡域的长

度越短；若角加速度的值趋于无穷大，轨迹又回归到简单的线性插值状态。

例 9-3　在例 9-1 中，假设六轴机器人的第一关节以角加速度 $\ddot{\theta} = 10°/s^2$ 在 5s 内从初始角 $\theta_0 = 30°$ 运动到目的角 $\theta_f = 70°$。求解所需的过渡时间并绘制关节角位置、角速度和角加速度曲线。

解　由式（9-17）可得

$$t_a = \left[\frac{5}{2} - \frac{\sqrt{10^2 \times 5^2 - 4 \times 10 \times (70 - 30)}}{2 \times 10} \right] s = 1s$$

由 $\theta = \theta_0$ 到 θ_a、由 $\theta = \theta_a$ 到 θ_b、由 $\theta = \theta_b$ 到 θ_f 的角位置、角速度、角加速度方程分别为

$$\begin{cases} \theta = 30 + 5t^2 \\ \dot{\theta} = 10t \\ \ddot{\theta} = 10 \end{cases}, \quad \begin{cases} \theta = \theta_a + 10t \\ \dot{\theta} = 10 \\ \ddot{\theta} = 0 \end{cases}, \quad \begin{cases} \theta = 70 - 5(5 - t)^2 \\ \dot{\theta} = 10(5 - t) \\ \ddot{\theta} = -10 \end{cases}$$

根据以上方程，绘制出图 9-8 所示的该关节的角位置、角速度和角加速度随时间变化的曲线。

由例 9-3 可以看出，用抛物线过渡的线性函数插值进行轨迹规划的物理概念非常清楚，即在机器人每一关节中，电动机采用等加速、等速和等减速的运动规律。

如果运动段不止一个，即机器人运动到第一段末端点后，还将向下一点运动，那么这个下一点可能是终止点，也可能是另一个中间点。正如前面所讨论的，要采用各种运动段间过渡的办法来避免时走时停。假如已知机器人在初始时间 t_0 的位置，则可以利用逆运动学方程来求解中间点和终点的关节角。在各段之间进行过渡时，利用

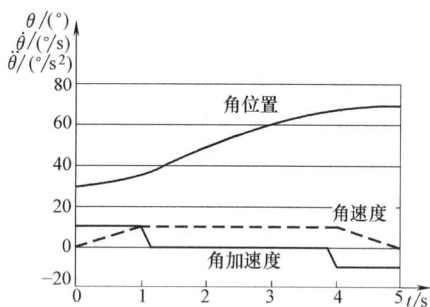

图 9-8　例 9-3 中机器人关节的角位置、角速度和角加速度随时间变化的曲线

每一点的边界条件来计算抛物线段的系数。例如，已知机器人开始运动时关节的角位置和角速度，并且在第一运动段的末端点角位置和角速度必须连续，可以将它们作为中间点的边界条件，进而对新的运动段进行计算。重复这一过程直至计算出所有运动段并到达终点。显然，对于每一个运动段，必须基于给定的关节角速度求出新的 t_a，同时还须检验角加速度是否超过限值。

第三节　直角坐标空间法

一、直角坐标空间描述

图 9-9 所示为平面两关节机器人，假设末端执行器要在 A、B 两点之间画一直线。为使机器人从 A 点沿直线运动到 B 点，将直线 AB 分成许多小段，并使机器人的运动经过所有的中间点。为了完成该任务，在每一个中间点处都要求解机器人的逆运动学方程，计算出一系列关节量，然后由控制器驱动关节到达下一目标点。当通过所有的中间目标点时，机器人便

到达所希望到达的 B 点。与前面所提到的关节空间描述不同，这里机器人在所有时刻的位姿变化都是已知的，机器人所产生的运动序列首先在直角坐标空间描述，然后转化为在关节空间描述。由此也容易看出，采用直角坐标空间描述的计算量远大于采用关节空间描述，但使用该方法能得到一条可控、可预知的路径。

直角坐标空间轨迹在常见的直角坐标空间表示，因此非常直观，人们也能很容易地看到机器人末端执行器的轨迹。然而，直角坐标空间轨迹计算量大，需要较快的处理速度才能得到类似于关节空间轨迹的计算精度。此外，虽然在直角坐标空间中得到的轨迹非常直观，但难以确保不存在奇异点。如图 9-9 所

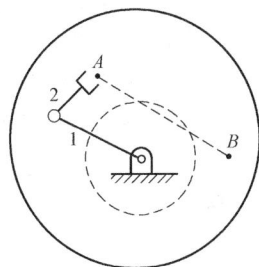

图 9-9　平面两关节机器人
直角坐标空间轨迹
规划的问题

示，连杆 2 比连杆 1 短，所以在工作空间从 A 点运动到 B 点没有问题。但是如果机器人末端执行器试图在直角坐标空间中沿直线运动，将无法到达路径上的某些中间点。这表明在某些情况下，在关节空间中的直线路径容易实现，而在直角坐标空间中的直线路径将无法实现。另外，两点间的运动有可能使机器人关节值发生突变。为解决上述问题，可以指定机器人必须通过的中间点，以避开那些奇异点。

正因为直角坐标空间轨迹规划存在上述问题，现有的多数工业机器人轨迹规划器都具有关节空间轨迹生成和直角坐标空间轨迹生成两种功能。用户通常使用关节空间法，只有在必要时，才采用直角坐标空间法。但直角坐标法对于连续轨迹控制又是必需的。

二、直角坐标空间的轨迹规划

直角坐标空间轨迹与机器人相对于直角坐标系的运动有关，如机器人末端执行器的位姿便是沿直角坐标空间的轨迹而确定的。除了简单的直线轨迹以外，也可以用许多其他的方法来规划，使之在不同点之间沿一定的轨迹运动。而且，所有用于关节空间轨迹规划的方法都可用于直角坐标空间的轨迹规划。直角坐标空间轨迹规划与关节空间轨迹规划的根本区别在于，关节空间轨迹规划函数生成的值是关节变量，而直角坐标空间轨迹规划函数生成的值是机器人末端执行器的位姿，这个位姿值需要通过求解逆运动学方程才能转化为关节变量。因此，在进行直角坐标空间轨迹规划时就需要反复求解逆运动学方程，以计算出关节角度。

上述过程可以简化为如下循环：①将时间增加一个增量 $t = t + \Delta t$；②利用所选择的轨迹函数计算出末端执行器的位姿；③利用机器人逆运动学方程计算出对应的末端执行器位姿的关节变量；④将关节信息输送给控制器；⑤返回到新循环的起始点。

在工业应用中，最实用的轨迹是点到点之间的直线运动，但也会碰到多目标点（如中间点）间需要平滑过渡的要求。

为实现一条直线轨迹，必须计算起始点和终止点位姿之间的变换，并将该变换划分为许多小段。起始点构形 $\boldsymbol{T}_0$ 和终止点构形 $\boldsymbol{T}_f$ 之间的总变换 $\boldsymbol{R}$ 可以通过下列方程计算，即

$$\begin{cases} \boldsymbol{T}_f = \boldsymbol{T}_0 \boldsymbol{R} \\ \boldsymbol{T}_0^{-1} \boldsymbol{T}_f = \boldsymbol{T}_0^{-1} \boldsymbol{T}_0 \boldsymbol{R} \\ \boldsymbol{R} = \boldsymbol{T}_0^{-1} \boldsymbol{T}_f \end{cases} \tag{9-19}$$

用以下几种方法将该总变换转化为许多的小段变换。

1）将起始点和终止点之间的变换分解为一个平移运动和两个旋转运动。一个平移是指将坐标原点从起始点移动到终止点；两个旋转分别是指将末端执行器坐标系与期望姿态对准，将末端执行器坐标系绕其自身轴线旋转到最终的姿态。这三个变换同时进行。

2）将起始点和终止点之间的变换 R 分解为一个平移运动和一个绕 $\hat{k}$ 轴的旋转运动。平移仍是将坐标原点从起始点移动到终止点，而旋转是将手臂坐标系与最终的期望姿态对准，两个变换同时进行，如图9-10所示。

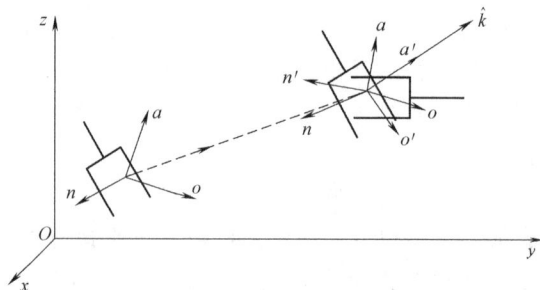

图9-10　直角坐标空间轨迹规划中起始点和终止点之间的变换

3）对轨迹进行大量分段，使起始点和终止点之间有平滑的线性变换，这样就会产生大量的微分运动。利用微分运动方程，可将末端坐标系在每一段上的位姿与微分运动、雅可比矩阵以及关节速度联系在一起。当然，采用该方法需要进行大量的计算，并且仅当雅可比矩阵存在时才是有效的。

第四节　轨迹的实时生成

一、关节空间轨迹的生成

第三节介绍了几种关节空间轨迹规划的方法，按照这些方法所得的计算结果都是有关各个路径段的数据。控制系统的轨迹生成器根据这些数据以轨迹更新的速率计算出 θ、$\dot{\theta}$ 和 $\ddot{\theta}$。

对于三次多项式，轨迹生成器只需要随 t 的变化不断按式（9-3）和式（9-4）计算 θ、$\dot{\theta}$ 和 $\ddot{\theta}$。当到达路径段的终止点时，调用新路径段的三次多项式系数，重新把 t 置成零，继续生成轨迹。

对于带抛物线拟合的直线样条曲线，每次更新轨迹时，通过检测时间 t 的值来判断当前是处在路径段的直线区段还是抛物线拟合区段。在直线区段时，对每个关节的轨迹计算为

$$\begin{cases} \theta = \theta_0 + \omega\left(t - \dfrac{1}{2}t_a\right) \\ \dot{\theta} = \omega \\ \ddot{\theta} = 0 \end{cases} \tag{9-20}$$

式中，ω 为根据驱动器的性能而选择的定值；t_a 可根据式（9-17）计算。

在起始点拟合区段，对各关节的轨迹计算为

$$
\begin{cases}
\theta = \theta_0 + \dfrac{1}{2}\omega t_a \\[2mm]
\dot{\theta} = \dfrac{\omega}{t_a}t \\[2mm]
\ddot{\theta} = \dfrac{\omega}{t_a}
\end{cases}
\tag{9-21}
$$

终止点处的抛物线段与起始点处的抛物线段是对称的，只是其加速度为负，因此可按照下式计算，即

$$
\begin{cases}
\theta = \theta_f - \dfrac{\omega}{2t_a}(t_f-t)^2 \\[2mm]
\dot{\theta} = \dfrac{\omega}{t_a}(t_f-t) \\[2mm]
\ddot{\theta} = -\dfrac{\omega}{t_a}
\end{cases}
\tag{9-22}
$$

式中，t_f 为该段抛物线终止点时间。轨迹生成器按照式（9-20）至式（9-22）随 t 的变化实时生成轨迹。当进入新的运动段以后，必须基于给定的关节速度求出新的 t_a，根据边界条件计算抛物线段的系数，以此类推，直到计算出所有路径段的数据集合。

二、直角坐标空间轨迹的生成

前面已经介绍了直角坐标空间轨迹规划的方法。在直角坐标空间的轨迹必须变换为等效的关节空间变量，为此可以通过运动学逆解得到相应的关节位置；用逆雅可比矩阵计算关节速度，用逆雅可比矩阵及其导数计算角加速度。在实际中往往采用简便的方法，即根据逆运动学以轨迹更新速率首先把 x 转换成关节角矢量 θ，然后再由数值微分根据式（9-23）计算 $\dot{\theta}$ 和 $\ddot{\theta}$。

$$
\begin{cases}
\dot{\theta}(t) = \dfrac{\theta(t)-\theta(t-\Delta t)}{\Delta t} \\[2mm]
\ddot{\theta}(t) = \dfrac{\dot{\theta}(t)-\dot{\theta}(t-\Delta t)}{\Delta t}
\end{cases}
\tag{9-23}
$$

最后，把轨迹规划器生成的 θ、$\dot{\theta}$ 和 $\ddot{\theta}$ 送至机器人的控制系统，至此轨迹规划的任务才算完成。

三、轨迹规划总结

关节空间轨迹规划仅能保证机器人末端执行器从起始点通过路径点运动至目标点，但不能对末端执行器在直角坐标空间两点之间的实际运动轨迹进行控制，所以仅适用于 PTP 作业的轨迹规划。为了满足 PTP 控制的要求，机器人语言都有关节空间轨迹规划指令 MOVEJ。该规划效率最高，对轨迹无特殊要求的作业，尽量使用该指令控制机器人的运动。

直角坐标空间轨迹规划主要用于 CP 控制，机器人的位置和姿态都是时间的函数，对轨迹的空间形状可以提出一定的设计要求，如要求轨迹是直线、圆弧或者其他期望的轨迹曲

线。在机器人语言中，MOVEL 和 MOVEC 分别是实现直线和圆弧轨迹的规划指令。

第五节　工业机器人编程

机器人编程是指为了使机器人完成某项作业而进行的程序设计。早期的机器人只具有简单的动作功能，采用固定程序控制，且动作适应性差。随着机器人技术的发展及对机器人功能要求的提高，希望同一台机器人通过不同的程序能适应多种不同的作业，即机器人应具有较好的通用性。因此机器人编程语言的研究变得越来越重要，机器人编程语言也层出不穷。

一、工业机器人编程方式

1. 机器人语言编程

机器人语言编程是指采用专用的机器人语言来描述机器人的动作轨迹。机器人语言编程实现了计算机编程，并能够引入传感信息，从而提供了一个解决人-机器人通信接口问题的更通用的方法。机器人编程语言具有良好的通用性，同一种机器人语言可用于不同类型的机器人。此外，机器人编程语言可解决多台机器人之间协调工作的问题。

2. 示教编程

示教编程是一项成熟的技术，它是目前大多数工业机器人的编程方式。采用这种方法时，程序编制是在机器人现场进行的。示教时，操作者把机器人末端执行器上的作业点从原点位置移动到目标位置，并把此位置对应的机器人关节角度信息写入内存储器，这就是示教的过程。当要求复现这个运动时，顺序控制器从内存储器中读出相应位置，机器人就可重复示教时的轨迹和相应的操作。示教方式有多种，常见的有手把手示教和示教盒示教等。手把手示教要求用户使用安装在机器人手臂上的操纵杆，按给定运动顺序示教动作内容；示教盒示教则是利用示教盒上的按钮驱动机器人按需要的顺序运动。机器人每一个关节对应着示教盒上的一对按钮，分别控制该关节正向和反向的运动。

示教盒示教是目前使用最广泛、最实用的一种示教编程方式。在这种示教编程方式中，为了示教方便及快捷、准确地获取信息，操作者可以选择在不同坐标系下示教。常用的坐标系有关节坐标系、直角坐标系、工具坐标系和用户坐标系。

示教编程的优点是只需要简单的设备和控制装置即可进行，操作简单、易于掌握，而且机器人动作直观，示教后即可立即重现。它的缺点主要有：

1）编程占用机器人的作业时间。

2）很难规划复杂的运动轨迹及准确的直线运动。

3）与传感信息的配合操作较烦琐。

4）难以与其他操作同步进行。

3. 离线编程

离线编程是在专门的软件环境支持下，用专用或通用程序在离线状态下进行机器人轨迹规划编程的一种方法。离线编程程序通过支持软件的解释或编译产生出目标程序代码，最后生成机器人路径规划数据。一些离线编程系统带有仿真功能，这使得在编程时就可解决障碍干涉和路径优化问题。这种编程方法类似于数控机床中数控加工程序的编制。

二、机器人编程语言

1. 机器人语言简介

从第一台机器人诞生以来，人们就开始了对机器人语言的研究。1973 年，斯坦福（Standford）人工智能实验室研究和开发了第一种机器人语言——WAVE 语言。该语言具有动作描述、配合视觉传感器进行手眼协调控制等功能。1974 年，斯坦福人工智能实验室在 WAVE 语言的基础上开发了 AL 语言，这是一种编译形式的语言，具有 ALGOL 语言的结构，可以控制多台机器人协调动作，对后来机器人语言的发展产生了很大的影响。

美国 IBM 公司在 1975 年研制了 ML 语言，并用于机器人装配作业。接着该公司又推出 AUTOPASS 语言，这是一种较高级的机器人语言，它可对几何模型任务进行半自动编程。后来 IBM 公司又推出了 AML 语言，用于 IBM 机器人的控制。

1979 年，美国 Unimation 公司开发了 VAL 语言，并且配置在 PUMA 机器人上，使其成为一门实用的机器人语言。该语言类似于 BASIC 语言，语句结构简单，易于编程。1984 年该公司又推出 VAL Ⅱ 语言，与 VAL 语言相比，VAL Ⅱ 语言增加了利用传感器信息进行运动控制、通信和数据处理等功能。

其他的机器人语言还有：美国麻省理工学院（MIT）的 LAMA 语言，它是一种用于自动装配的机器人语言；美国 Automatic 公司的 RAIL 语言，它具有与 PASCAL 语言相似的形式。

2. 机器人语言的分类

机器人语言有很多种分类方法。根据作业描述水平的高低，机器人语言通常分为 3 级，即动作级、对象级和任务级。

（1）动作级语言　动作级语言以机器人的运动作为描述的中心，通常由使末端执行器从一个位置运动到另一个位置的一系列命令组成。动作级语言的每一个命令（指令）对应于一个动作。例如，定义机器人运动序列的基本语句为

$$\text{MOVE} \quad \text{TO} \quad <\text{destination}>$$

动作级语言的代表是 VAL 语言，它的语句比较简单，易于编程。该语言的缺点是不能进行复杂的数学运算，不能接收复杂的传感器信息，仅能接收传感器的开关信号，而且和其他计算机的通信能力较差。VAL 语言不提供浮点数或字符串，而且子程序不含自变量。

（2）对象级语言　对象级语言是描述被操作物体间关系、使机器人动作的语言，即以描述被操作物体之间的关系为中心的语言。这类语言有 AML、AUTOPASS 等。对象级语言弥补了动作级语言的不足，它具有以下特点。

1）可进行运动控制，具有与动作级语言类似的功能。

2）能处理传感器的信息，可以接收比开关信号复杂的传感器信号，并可以利用传感器信号进行控制、监督、修改和更新环境状态。

3）可进行通信和数字运算，能方便地与计算机的数据文件进行通信，数字计算功能强，可以进行浮点运算。

4）具有很好的扩展性，用户可以根据需要扩展语言功能，如增加指令等。

（3）任务级语言　任务级语言是比较高级的机器人语言。这类语言允许操作者根据工作任务所要求达到的目标对机器人直接下达指令，不需要规定机器人的每一个动作细节，只要按某种原则给出最初的环境模型和最终的工作状态，机器人就可以自动进行推理、计算，

最后自动生成动作。任务级语言的概念类似于人工智能中程序自动生成的概念。任务级机器人编程系统能够自动执行许多规划任务。例如，当发出"抓起螺杆"的命令时，该系统能规划出一条避免与周围障碍物发生碰撞的机器人运动路径，自动选择一个合适的螺杆抓取位置，并且把螺杆抓起。不过，目前应用于工业中的语言是动作级和对象级机器人语言，还没有真正的任务级编程系统，但它是一个有实用意义的研究课题。

三、机器人语言结构和基本功能

1. 机器人语言结构

机器人语言实际上是一个语言系统，包括硬件、软件和被控设备。具体而言，机器人语言系统包括语言本身、机器人控制柜、机器人、作业对象、周围环境和外围设备接口等，如图9-11所示，图中的箭头表示信息的流向。机器人语言本身给出作业指示和动作指示，处理系统则根据上述指示来控制机器人动作。机器人语言系统能够支持机器人编程、控制，以及与外围设备、传感器和机器人的接口，同时还能支持和计算机系统的通信。

机器人语言操作系统包括3个基本的操作状态：监控状态、编辑状态和执行状态。

1）监控状态供操作者实现对整个系统的监督控制。在此状态下，操作者

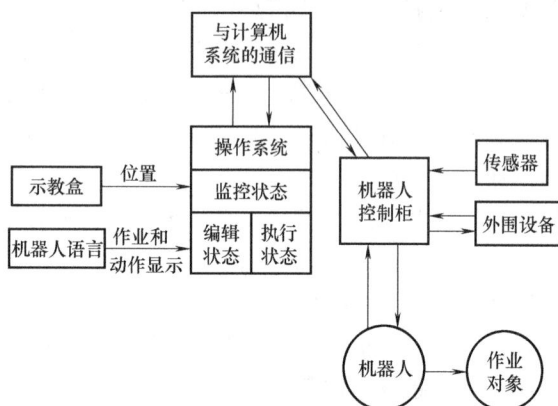

图9-11 机器人语言系统

可以用示教盒定义机器人在空间的位置、设置机器人的运动速度、存储或调出程序等。

2）编辑状态供操作者编制或编辑程序。尽管不同语言的编辑操作不同，但一般均包括写入指令、修改或删去指令及插入指令等。

3）执行状态是执行机器人程序的状态。在执行状态，机器人执行程序的每一条指令，在此过程中，操作者可通过调试程序来修改错误。例如，在执行程序的过程中，某一位置关节超过了限制，机器人不能动作，这种情况下将显示错误信息并停止运行，操作者就需要退回到编辑状态修改程序。目前大多数机器人语言允许在程序执行的过程中，直接返回到监控或编辑状态。

与计算机语言类似，机器人语言程序可以编译，即把机器人源程序转换成机器码，以便机器人控制柜直接读取和执行编译后的程序，使机器人的运行速度大大提高。

2. 机器人语言编程的基本功能

（1）运算功能 运算功能是机器人控制系统最重要的功能之一。如果机器人不装传感器，那么就可能不需要对机器人程序进行运算。但没有传感器的机器人只是一台适于编程的数控机器。装有传感器的机器人所进行的运算是解析几何运算。这些运算结果能使机器人自行决定下一步把末端执行器置于何处。

（2）决策功能 机器人系统能根据传感器的输入信息做出决策，而不用执行任何运算。这种决策能力使机器人控制系统的功能更强。通过一条简单的条件转移指令（如检验零值）

就足以执行任何决策算法。

（3）通信功能　机器人系统与操作者之间的通信能力，可使机器人从操作者处获取所需的信息，提示操作者下一步要做什么，并可使操作者知道机器人打算干什么。人和机器人能够通过许多不同的方式进行通信。

（4）运动功能　机器人语言的一个最基本的功能是描述机器人的运动。通过使用语言中的运动语句，操作者可以建立轨迹规划程序和轨迹生成程序之间的联系。运动语句允许通过规定点和目标点，可以在关节空间或直角坐标空间说明定位目标，可以采用关节插补运动或直角坐标直线运动。另外，操作者还可以控制运动时间等。

（5）工具指令功能　工具控制指令通常是由闭合某个开关或继电器而触发的，而开关和继电器又可能接通或断开电源，直接控制工具运动，或给电子控制器发送一个小功率信号，让其控制工具动作。

（6）传感数据处理功能　机器人语言的一个极其重要的功能是与传感器相互作用。语言系统能够提供一般的决策结构，如"if…then…else""case…""do…until…"和"while…do…"等，以便根据传感器的信息来控制程序的流程。

传感器数据处理在许多机器人程序编制中都十分重要而且复杂，当采用触觉、听觉和视觉传感器时更是如此。例如，当应用视觉传感器获取视觉特征数据、辨识物体和进行机器人定位时，对视觉数据的处理工作量往往很大，而且极为费时。

第六节　工业机器人编程语言

一、VAL 语言

VAL 语言适用于机器人两级控制系统，上级是 LA I-11/23 在上位机编程，进行系统的管理；下级是 6503 微处理器，控制机器人各关节的实时运动。上级还可以和用户终端、软盘、示教盒、I/O 模块及机器视觉模块等连接。在调试过程中，VAL 语言可以和 BASIC 语言及 6503 汇编语言联合使用。

VAL 语言主要在各种类型的 PUMA 机器人及 UNIMATE2000 和 UNIMATE4000 系列机器人中使用。在 VAL 语言中，机器人终端位姿用齐次变换表示。当精度要求较高时，可以用精确点的位姿来表示终端位姿。VAL 语言的硬件支持系统框图如图 9-12 所示。VAL 的语言系统框图如图 9-13 所示。

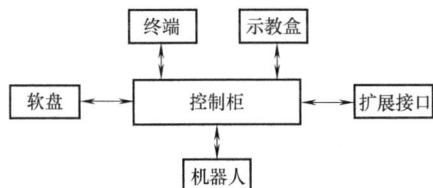

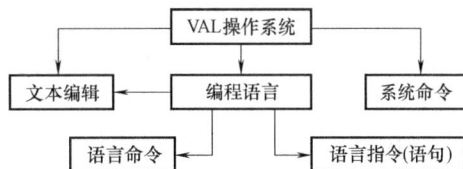

图 9-12　VAL 语言的硬件支持系统框图　　　图 9-13　VAL 语言系统框图

1. VAL 语言的指令

VAL 语言的指令可分为两类：程序指令和监控指令。

（1）程序指令

1）运动指令，包括 GO、MOVE、MOVEI、MOVES、DRAW、APPRO、PPROS、DE-PART、DRIVE、READY、OPEN、OPENI、RELAX、GRASP、DELAY 等。

2）机器人位姿控制指令，包括 RIGHTY、LEFTY、ABOVE、BELOW、FLIP、NOFLIP 等。

3）赋值指令，包括 SETI、TYPEI、HERE、SET、SHIFT、TOOL、INVERSE、FRAME 等。

4）控制指令，包括 GOTO、GOSUB、RETURN、IF、IFSIG、REACT、REACTI、IG-NORE、SIGNAL、WAIT、PAUSE、STOP 等。

5）开关量赋值指令，包括 SPEED、COARSE、FINE、NONULL、NULL、INTOFF、IN-TON 等。

6）其他指令，包括 REMARK、TYPE 等。

（2）监控指令

1）定义位姿的指令有如下几种：

POINT——执行终端位置、姿态的齐次变换或以关节位置表示的精确点位赋值。

DPOINT——取消位置、姿态齐次变换或精确点位的已赋值。

HERE——定义当前的位置和姿态。

WHERE——显示机器人在直角坐标系中的位置、姿态、关节位置和手爪张开量。

BASE——定义机器人基准坐标系位置。

TOOLI——对工具终端相对于工具支承端面的位置、姿态赋值。

2）程序编辑指令，用 EDIT 指令进入编辑状态后，可以使用 C、D、E、I、L、P、R、S、T 等编辑指令字。

3）列表指令有如下几种：

DIRECTORY——显示存储器中的全部用户程序名。

LISTL——显示位置变量值。

LISTP——显示用户的全部程序。

4）存储指令有如下几种：

FORMAT——格式化磁盘。

STOREP——在磁盘文件内存储指定程序。

STOREL——存储用户程序中注明的全部位置变量的名字和值。

LISTF——显示软盘中当前输入的文件目录。

LOADP——将文件中的程序送入内存。

LOADL——将文件中指定的位置变量送入内存。

DELETE——撤销磁盘中的指定文件。

COMPRESS——压缩磁盘空间。

ERASE——擦除软盘中的内容并初始化软盘。

5）控制程序执行指令有如下几种：

ABORT——紧急停止。

DO——执行单步指令。

EXECUTE——按给定次数执行用户程序。

NEXT——控制程序单步执行。

PROCEED——在某步暂停、急停或运行错误后,自下一步起继续执行程序。

SPEED——运动速度选择。

6)系统状态控制指令有如下几种:

CALIB——校准关节位置传感器。

STATUS——显示机器人状态。

FREE——显示未使用的存储容量。

ENABLE——开、关系统硬件。

ZERO——清除全部用户程序和定义的位置,重新初始化。

DONE——停止监控程序,进入硬件调试状态。

2. VAL 程序设计举例

例 9-4 编制一个作业程序,要求机器人抓起由送料器送来的部件,并送到检查站。在检查站判断该部件是 A 类还是 B 类,然后根据判断结果转入相应的处理程序。在这个程序中,要用到以下几种外部信号:

传感器 1——置位表示送料器正在提供部件。

传感器 2——置位表示部件已送到检查站。

传感器 3、4、5——判断部件所需的特征信号。

传感器 6——置位表示检查完毕。

程序名:DEMO

解 程序编辑如下:

·EDIT DEMO	启动程序编辑状态;
·PROGRAM DEMO	VAL 响应;
1? SIGNAL-2	关掉信号 2;
2? OPENI 100	打开手爪,使其开度为 100mm,完毕后转入下一步;
3? 10REACTI7,ALWAYS	启动监控;
4? WAIT 1	等待供给的部件;
5? SPEED 200	标准速度的两倍;
6? APPRO PART,50	移动到距部件 PART 位置 50mm 处;
7? MOVES PART	直线移动到部件 PART 处;
8? CLOSEI	立即抓住部件;
9? DEPARTS 50	垂直抬起 50mm;
10? APPRO TEST,75	移动到距检查站位置 75mm 处;
11? MOVE TEST	到达检查站;
12? IGNORE7,ALWAYS	关掉监控信号,监控停止;
13? SIGNAL 2	部件准备完;
14? WAIT 6	等待检查完;
15? DEPART 100	取出部件;
16? SIGNAL-2	复位信号 2;

17? IFSIG -3,-4,-5 THEN 20   部件为 A 型,则转到 20;

18? IFSIG 3,-4,-5 THEN 30   部件为 B 型,则转到 30;

19? GOSUB REJECT   若非 A 且非 B,则取消该程序;

20? GOTO 40

21? 20REMARK PROCESS PART" A"

22? GOSUB PART A

23? GOTO 40

24? 30REMARK PROCESS PART"B"

25? GOSUB PART B

26? GOTO 40

27? 40REMARK PART PROCESSING
COMPLETE

28? GET ANOTHER PART

29? GOTO 10

30? E   退出编辑状态,返回到监控状态。

二、MOTOMAN 机器人编程语言

MOTOMAN 机器人所采用的编程语言为 INFOR M II,属于动作级编程语言。该语言以机器人的动作行为为描述中心,由一系列命令组成,一般一个命令对应一个动作,语言简单、易于编程。其缺点是不能进行复杂的数学运算。

1. 机器人指令的功能分析

机器人指令的功能可以概括为如下几种:运动控制功能、环境定义功能、运算功能、程序控制功能、输入/输出功能等。运动控制功能是其中非常重要的一项功能。

目前工业机器人语言大多数以动作顺序为中心,通过示教的方式,省略了作业环境内容的位置姿态计算。具体而言,对机器人的运动控制可分为:①运动速度设定;②轨迹插补分为关节插补、直线插补、圆弧插补和自由曲线插补;③动作定时;④定位精度设定;⑤手爪、焊枪等工具的控制等。除此之外,还有工具变换、基本坐标设置、初始值设置和作业条件设置等功能,这些功能往往体现在具体的程序编制中。

2. 主要运动控制命令

机器人一般采用插补的方式进行运动控制。

(1) MOVJ——关节插补 在机器人未规定采取何种轨迹运动时,使用关节插补,采用最高速度的百分比来表示再现速度。关节插补的效率最高。

(2) MOVL——直线插补 机器人以直线轨迹运动,默认单位为 cm/min。直线插补常被用于焊接区间等作业区间,机器人在移动过程中可自动改变手腕位置。

(3) MOVC——圆弧插补 机器人沿着用圆弧插补示教的 3 个程序点执行圆弧轨迹运动,再现速度的设定与直线插补相同。

(4) MOVS——自由曲线插补 对于形状不规则的曲线,常使用自由曲线插补,再现速度的设定与直线插补相同。

三、在线示教编程及程序分析

现以 MOTOMAN 机器人示教系统为例进行在线示教编程及程序分析。MOTOMAN 机器人示教系统主要由六自由度机器人（SV3X）、机器人控制柜（XRC）、示教盒、上位计算机和输入装置等组成。控制柜与机器人、计算机、示教盒间均通过电缆连接，输入装置（游戏操纵杆）连接到计算机的并行端口 LPT（或声卡接口）上，如图 9-14 所示。

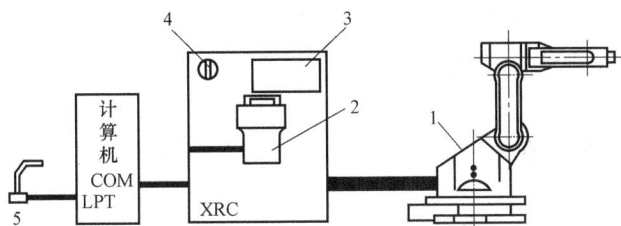

图 9-14　MOTOMAN 机器人示教系统的组成

1—机器人　2—示教盒　3—再现面板　4—电源开关　5—输入装置

示教前需对系统进行如下设置：零位标定、特殊点设置、控制器时钟设置、干涉区域设置、操作原点设置、工具参数标定、用户坐标设置及文件初始化等。以机器人的零位标定为例，操作步骤为：首先利用示教盒切换到管理模式（manage mode）下，按照操作顺序选取TOP MENU，接着选取 ROBOT 菜单的 HOME POSITION 子菜单，然后将机器人移动到零位，选取所有的轴 ALL ROBOT AXIS，实现零位标定（注：零位也就是关节脉冲为零的位置，它是后续输入脉冲的基准）。其他设置方法与此类似。

1. 示教前的准备

（1）操作顺序　按下列操作顺序使用机器人，如图 9-15 所示。

1）开启 XRC 控制柜。

2）示教机器人的一种作业。

3）机器人自动"再现"作业过程。

4）完成作业后，关闭电源。

（2）示教前的操作

1）打开 XRC 控制柜上的电源开关，示教盒的液晶显示屏显示出初始化后的画面。

2）液晶显示屏开始显示系统控制软件菜单界面。

3）左手"抬握"示教盒上的伺服安全开关，接通伺服电源，此时控制柜上的伺服电源指示灯亮。

图 9-15　操作顺序

4）按下示教盒上的示教锁定操作键，此时控制柜正面的 REMOTE 指示灯处于熄灭状态。

5）按示教盒上的 TEACH 键，此时机器人处于示教状态。

2. 示教的步骤

（1）示教操作　一切示教操作都通过操作示教盒显示屏下部的按键进行。

1）按光标键移动光标，使光标处于显示屏中的程序菜单。

2）按选择键打开程序菜单，接着按光标键将光标移动到新建子菜单，按选择键确认，此时可以创建一个新的示教程序。程序名通过移动光标和选择键的组合来输入。

3）光标移动到执行上，创建的程序被送到控制器的内存中，显示程序，自动生成 NOP 和 END 命令。

4）将机器人从当前位置移动到适当的起始位置，输入程序点 1。其输入过程如下：

① 用轴操作键把机器人移到适合作业准备的位置。

② 按插补方式键，把插补方式选定为关节插补，在输入缓冲显示行中以 MOVJ 表示关节插补命令。

③ 光标停在行号 0000 处，按选择键。

④ 光标停在显示速度"VJ = ＊＊.＊＊"上，按转换键的同时按光标键，设定再现速度，如设为 50%。

⑤ 按回车键，输入程序点 1（行 0001）。

5）输入程序点 2，即确定作业开始位置附近的示教点。程序点 2 输入过程如下：

① 用轴操作键设定机器人为可作业姿态。

② 用轴操作键移动机器人到适当位置。

③ 按回车键，输入程序点 2（行 0002）。

6）输入作业开始位置即程序点 3。

① 按手动速度高或低键，选择示教速度。

② 保持程序点 2 的姿态不变，按坐标键设定机器人坐标系为直角坐标系，用轴操作键把机器人移到作业开始位置。

③ 光标在 0002 行上按选择键。

④ 光标位于显示速度"VJ = 50.00"上，按转换键的同时按光标键，设定再现速度，例如设为 12%。

⑤ 按回车键，输入程序点 3。

7）输入作业结束位置即程序点 4。

① 用轴操作键把机器人移到作业结束位置。

② 按插补方式键，设定插补方式为直线插补（MOVL）。如果作业轨迹为圆弧，则插补方式选为圆弧插补（MOVC）。

③ 光标在行号 0003 处，按选择键。

④ 光标位于显示速度"VJ = 66.00"上，按转换键的同时按光标键，设定再现速度，例如把速度设为 138cm/min。

⑤ 按回车键，输入程序点 4。

以后各点分别为把机器人移到不碰工件和夹具的程序点 5，机器人回到开始位置附近的程序点 6（需经过适当的操作，使之与程序点 1 重合）等。各点的操作与上述点类似。

8）所有各点的示教完成后进行示教轨迹确认。

① 把光标移到程序点 1 所在行。

② 手动速度设为中速。

③ 按前进键，利用机器人的动作确认每一个程序点。每按一次前进键，机器人移动一

个程序点。

④ 程序点完成确认后，机器人回到程序起始处。

⑤ 按下联锁键的同时按试运行键，机器人连续再现所有程序点，一个循环后停止。

生成的程序还可以进行点位置的修改、程序点插入或删除等。

（2）示教程序

从以上过程可以看出，示教再现机器人的操作程序是通过对机器人的示教操作自动生成的。程序中控制机器人运动的指令即为机器人的移动指令，指令中记录移动到的位置、插补方式及再现速度等。

每个程序点前都有程序点号。对于不同用途的机器人，程序中还需插入相应的操作指令。例如焊接机器人有引弧（ARCON）和熄弧（ARCOF）指令，搬运机器人有抓持工件（HAND ON）命令和放置工件（HAND OFF）指令，另外还有定时指令（TIMERT = *）等。

3. 示教生成的程序

（1）示教作业程序　MOTOMAN 机器人用于焊接作业的示教编程示例的轨迹如图 9-16 所示。该机器人经过示教自动产生的一个作业程序，见表 9-1。

（2）示教作业程序解释　对于焊接图 9-16 所示的焊缝，MOTOMAN 机器人首先在示教状态下走出图示轨迹。程序点 1、6 为待机位置，两点重合，选取时需处于工件、夹具及装卸工件均不干涉的位置。从程序点 5 向程序点 6 移动时，也需处于与工件、夹具不干涉的路径上。从程序点 1 到程序点 2 再到程序点 3，以及从程序点 4 到程序点 5 再回到程序点 6 均为空行程，对轨迹无要求，所以选择工作状态好、效率高的关节插补，生成的代码为 MOVJ。空行程中接近焊缝轨迹段时选择慢速。程序中关节插补的速度用 VJ 表示，数值代表最高关节速度的百分比，如 VJ = 25 就表示以关节最高运行速度的 25% 运动。从程序点 3 到程序点 4 为实施焊接的轨迹段，以要求的焊缝形状（这里为直线）移动，生成的代码为 MOVL，以规定的焊接速度前进，速度用 V

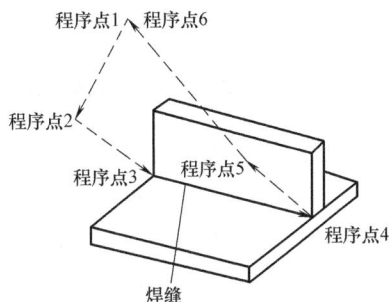

图 9-16　用于焊接作业
的示教编程示例

表 9-1　焊接作业程序

行	指　　　令	内 容 说 明
0000	NOP	程序开始
0001	MOVJ VJ = 25. 00	移到待机位置（程序点 1）
0002	MOVJ VJ = 25. 00	移到焊接开始位置附近（程序点 2）
0003	MOVJ VJ = 12. 50	移到焊接开始位置（程序点 3）
0004	ARCON	焊接开始
0005	MOVL V = 50. 00	移到焊接结束位置（程序点 4）
0006	ARCOF	焊接结束
0007	MOVJ VJ = 25. 00	移到不碰触工件和夹具的位置（程序点 5）
0008	MOVJ VJ = 25. 00	移到待机位置（程序点 6）
0009	END	程序结束

表示，单位为 mm/s。程序中 ARCON 为引弧指令，ARCOF 为熄弧指令，分别用于引弧的开始和结束，这两个命令也是在示教过程中通过按动示教盒上的功能键而生成的。NOP 表示程序开始，END 表示程序结束。

第七节　工业机器人离线编程

机器人编程技术正在迅速发展，已经成为机器人技术向智能化发展的方向之一，尤其是机器人离线编程系统（OLP）。它是一种已经被广泛应用、以计算机图形学为依托的机器人编程语言，它可以使机器人程序的开发在不用访问机器人本体的情况下进行。无论是作为当今工业自动化装备的辅助编程工具，还是机器人研究的平台，离线编程系统都具有重要的意义。

一、离线编程系统的特点和要求

早期的机器人主要用于大批量生产，如自动线上的点焊、喷涂，故编程所花费的时间相对较少，在线的示教编程可以满足这些机器人作业的要求。但随着机器人应用范围的不断扩大、任务复杂程度的不断增加，示教编程方式已很难满足要求。在 CAD/CAM/Robotics 一体化中，由于机器人工作环境的复杂性，对机器人及其工作环境，乃至生产过程的计算机仿真都是必不可少的。机器人仿真系统的任务就是在不接触实际机器人及其工作环境的情况下，通过图形技术，构造一个和机器人进行交互作用的虚拟工作环境。

表 9-2 所示为示教编程和离线编程两种方式的比较。

表 9-2　示教编程和离线编程的比较

示　教　编　程	离　线　编　程
需要实际机器人系统和工作环境	需要机器人系统和工作环境的图形模型
编程时机器人停止工作	编程不影响机器人工作
在实际系统上检验程序	通过仿真检验程序
编程的质量取决于编程者的经验	可用 CAD 方法，进行最佳轨迹规划
很难实现复杂的机器人运动轨迹	可实现复杂运动轨迹的编程

与在线示教编程相比，离线编程系统具有如下优点：①减少机器人非工作时间，当对下一个任务进行编程时，机器人仍可在生产线上进行当前任务的工作；②使编程者远离危险的工作环境；③离线编程系统可以对各种机器人进行编程，使用范围广；④便于和 CAD/CAM 系统结合，做到 CAD/CAM/Robotics 一体化；⑤可使用高级计算机编程语言对复杂任务进行编程；⑥便于修改机器人程序。

机器人语言系统在数据结构的支持下，可用符号描述机器人的动作，也有一些机器人语言具有简单的环境构型功能。但是由于目前的计算机语言多为动作级或对象级语言，使编程工作相当繁重。作为高水平语言的任务级语言系统目前还在研制之中。任务级语言系统除了要求更加复杂的机器人环境模型支持外，还需要利用人工智能，以自动生成控制决策和产生运动轨迹。离线编程系统可以看作动作级和对象级语言图形方式的延伸，是从动作级语言发展到任务级语言所必须经历的阶段。从这一点看，离线编程系统是研制任务级编程系统的一个重要基础。

离线编程系统是当前机器人实际应用的一个重要方向，也是开发和研究任务级规划方式的有力工具。通过离线编程可以建立起机器人与 CAD/CAM 之间的联系。设计离线系统时应考虑以下几个方面：①机器人工作过程的知识；②机器人和工作环境三维实体模型；③机器人几何学、运动学和动力学知识；④基于图形显示和可进行机器人运动图形仿真的关于上述3 个方面的软件系统；⑤轨迹规划和检查算法，如检查机器人关节角是否超限、检测碰撞情况、规划机器人在工作空间的运动轨迹等；⑥传感器的接口和仿真，以及利用传感器的信息进行决策和规划；⑦进行离线编程系统所生成的运动代码传输到机器人控制柜的通信；⑧提供有效的人机界面，便于人工干预和进行系统的操作。

另外，由于离线编程系统是基于机器人系统的图形模型来模拟机器人在实际环境中的工作而进行编程的，因此，为了使编程结果能更好地符合实际情况，系统应当能够计算仿真模型和实际模型间的误差，并且尽量减小这个误差。

二、离线编程系统的组成

离线编程系统主要由用户接口、机器人系统三维几何构型、运动学计算、轨迹规划、三维图形动态仿真、通信接口和误差校正等部分组成。离线编程系统组成框图如图 9-17 所示。

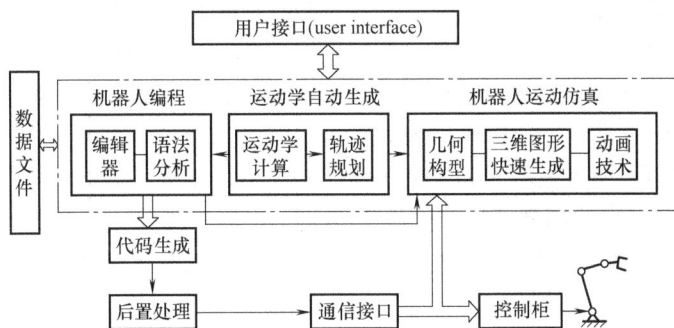

图 9-17　离线编程系统组成框图

1. 用户接口

离线编程系统的一个关键问题是能否方便地构建出机器人编程系统的环境，便于人机交互。因此，用户接口就非常重要。工业机器人一般提供两个用户接口，一个用于示教编程，另外一个用于语言编程。示教编程可以用示教盒直接编制机器人程序。语言编程则是用机器人语言编制程序，使机器人完成给定的任务。目前两种方式已广泛地应用于工业机器人。

由机器人语言发展形成的离线编程系统应把机器人语言作为用户接口的一部分，用机器人语言对机器人运动程序进行修改和编辑。用户接口的语言部分具有与机器人语言类似的功能，因此在离线编程系统中需要仔细设计。关于用户接口的另一个关键是对机器人系统进行图形编辑，为便于操作，一般将用户接口设计成交互式，用户可以用鼠标标明物体在屏幕上的方位，并能交互修改环境模型。好的用户接口可以帮助用户方便地进行整个系统的构型和编程的操作。

2. 机器人系统的三维几何构型

离线编程系统中的一个基本功能是利用图形描述对机器人和周边元素进行仿真，也就是对机器人、所有的工装卡具、零件和刀具等元素进行三维实体几何构型。目前用于机器人系统三维几何构型的方法主要有三种：结构的立体几何表示、扫描变换表示和边界表示。其中，最便于计算机表示、运算、修改和显示形体的建模方法是边界表示方法；结构的立体几何表示方法所覆盖的形体种类较多；扫描变换表示方法则便于生成轴对称的形体。机器人系统的几何构型大多采用以上三种方法的组合。

构造机器人系统的三维模型，最好是采用零件和工具的 CAD 模型，直接从 CAD 系统获得，使 CAD 数据共享。正因为对设计和制造的 CAD 集成系统的需求越来越迫切，所以离线编程系统包括 CAD 建模子系统或把离线编程系统本身作为 CAD 系统的一部分。若把离线编程系统作为单独的系统，则必须具有适当的接口以便与外部的 CAD 系统进行模型转换。

3. 运动学计算

运动学计算分运动学正解和运动学逆解两部分。正解是给出机器人运动参数和关节变量，计算机器人末端位姿；逆解则是由给定的末端位姿计算相应的关节变量值。离线编程系统应具有自动生成运动学正解和逆解的功能。

就运动学逆解而言，离线编程系统与控制柜的联系方式有两种：一是用离线编程系统代替机器人控制柜的逆运动学求解方程，将逆运动学求解的机器人关节坐标值传送给控制柜；二是将直角坐标值传送给控制柜，由控制柜提供的逆运动学方程求解机器人的形态。第二种方式较第一种方式好，尤其是在给机器人配置了机械臂特征标定的情况下。这些标定技术为每台机器人制订了独立的逆运动学模型，因此在直角坐标系下和机器人控制柜通信效果要好一些。在关节坐标系下和机器人控制柜通信时，离线编程系统运动学逆解方程式应和机器人控制柜所采用的公式一致，如 PUMA-560 机器人，当关节 5 在零位、4 轴和 6 轴处在一直线上时，机器人控制柜先解出关节 4 和 6 的角度之和，然后根据某一准则，唯一地确定出关节 4 和 6 的数值。因此在离线编程系统中，运动学逆解也要采用类似的准则。此外，还有可行解的选择问题，如果 PUMA-560 机器人从直角坐标系转换到关节坐标系时有 8 组可行解，需要引入一个准则，以便确定出唯一的可行解。为了使仿真模型相对于实际情况的误差较小，离线编程系统所采用的规则应和机器人控制柜所采用的准则一致。

4. 轨迹规划

在离线编程系统中，除了需对机器人静态位置进行运动学计算外，还要对机器人在工作空间的运动轨迹进行仿真。由于不同的机器人厂家所采用的轨迹规划算法各异，所以离线编程系统应对机器人控制柜所采用的算法进行仿真。

机器人的运动轨迹分为两种类型：自由运动（仅由初始状态和目标状态定义）和依赖于轨迹的约束运动。约束运动受到路径约束，以及运动学和动力学的约束，而自由运动没有约束条件。轨迹规划器接收路径设定和约束条件的输入，并输出起始点和终止点之间按时间排列的中间形态（如位姿、速度、加速度等）序列，它们可用关节空间和直角坐标空间表示。轨迹规划器采用轨迹规划算法，如关节空间的插补、直角坐标空间的插补计算等。同时，为了发挥离线编程系统的优点，轨迹规划器还应具备可达空间的计算、碰撞的检测等功能。

5. 三维图形动态仿真

离线编程系统在对机器人运动进行规划后，将形成以时间序列排列的机器人各关节的关节角序列。经过运动学正解方程式，就可得出与之相应的一系列机器人不同的位姿。将这些位姿参数通过离线编程系统的构型模块，产生一系列对应每一位姿的机器人图形，然后将这些图形在计算机屏幕上连续显示出来,产生动画效果,从而实现对机器人运动的动态仿真。机器人动态仿真是离线编程系统的重要组成部分,它能逼真地模拟机器人的实际作业过程,为编程者提供直观的可视图形,进而可以检验编程的正确性和合理性。此外,编程者还可以通过对图形的多种操作,获得更为丰富的信息。

6. 通信接口

在离线编程系统中,通信接口起着连接软件系统和机器人控制柜的桥梁作用。利用通信接口,可以把仿真系统所生成的机器人运动程序转换成机器人控制柜可以接收的代码。

为工业机器人所配置的机器人语言由于生产厂家的不同差异很大,这样就给离线编程系统的通用性带来了很大限制。离线编程系统实用化的一个主要问题是缺乏标准的通信接口,而标准通信接口的功能是将机器人仿真程序转换成各种机器人控制柜可接收的格式。为解决该问题,一种方法是选择一种较为通用的机器人语言,然后对该语言进行加工(后置处理),使其转换成控制柜可以接收的语言。直接进行语言转换有两个优点:一是使用者不需要学习各种机器人语言,就能对不同的机器人进行编程;二是在很多机器人应用的场合,采用这种方法从经济上看是合算的。但是直接进行语言转化是很复杂的,这主要是由于目前工业上所使用的机器人语言种类很多。另外一种方法是将离线编程的结果转换成机器人可接收的代码,采用这种方法时需要一种翻译系统,以便快速生成机器人运动的程序代码。

7. 误差校正

离线编程系统中的仿真模型(理想模型)和实际的机器人模型之间存在误差,产生误差的因素主要表现在以下几方面:

(1)机器人 ①连杆制造的误差和关节偏置的变化,这些结构上微小的误差也会使机器人终端产生较大的误差;②机器人结构的刚度不足,在重负载情况下会产生较大的变形误差;③相同型号机器人的不一致性,在仿真系统中,型号相同的机器人的图形模型是完全相同的,而在实际情况下往往存在差别;④控制器的数字精度,这主要是受微处理器字长及控制算法计算效率的影响。

(2)作业范围 ①在作业范围内,很难准确地确定出物体(如机器人、工件等)相对于基准点的方位;②外界工作环境(如温度)的变化,会对机器人的性能产生不利的影响。

(3)离线编程系统 ①离线编程系统的数字精度;②实际世界坐标系模型数据的质量。

以上这些因素都会使离线编程系统工作时产生误差。有效地消除误差,是离线编程系统进入实用化的关键。目前误差校正的方法主要有两种:一是用基准点方法,即在工作空间内选择一些基准点(一般不少于3个点),这些基准点具有较高的位置精度,通过离线编程系统规划使机器人运动到基准点,根据两者之间的差异形成误差补偿函数;二是利用传感器(力觉或视觉传感器等)形成反馈,在离线编程系统所提供的机器人位置的基础上,靠传感器来完成局部精确定位。第一种方法主要用于精度要求不高的场合(如喷涂作业),第二种方法主要用于较高精度的场合(如装配作业)。

三、离线编程和仿真系统 HOLPSS

HOLPSS 系统包括机器人语言处理模块、运动学及规划模块、机器人及环境的三维构型模块、机器人运动仿真模块、通信模块、主控模块和传感器仿真模块等。该软件用 C++语言编写,其总体工作流程如图 9-18 所示。HOLPSS 系统采用的机器人语言类似于 VAL-Ⅱ。

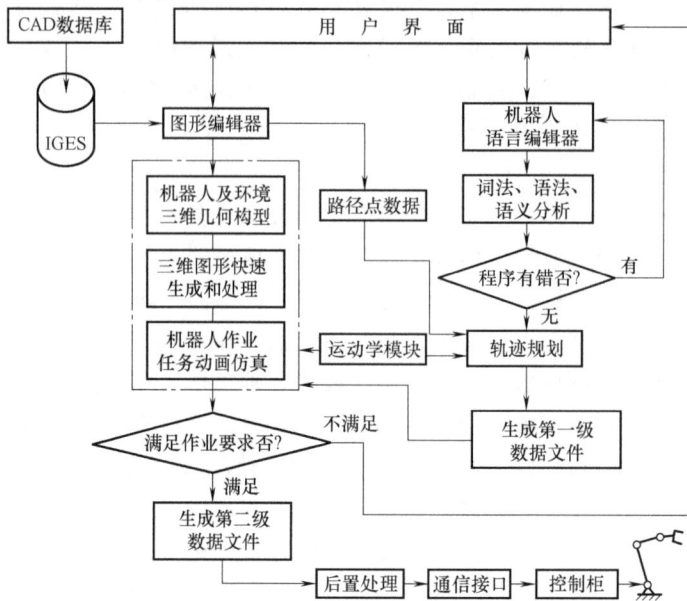

图 9-18 HOLPSS 系统总体工作流程

HOLPSS 系统的工作过程：首先用系统提供的机器人语言，根据作业任务对机器人进行编程，所得程序由机器人语言处理模块进行处理，生成仿真所需的第一级数据文件；然后对编程结果进行三维图形动态仿真，进行碰撞检测和可行性检测；最后生成通信所需的代码，经过处理后，将代码传到机器人控制柜，驱动机器人完成给定的任务。

1. 三维几何构型

在机器人离线编程系统中，对机器人及其周围的环境进行构型的目的主要是为了对机器人的运动进行图形仿真，增强直观性，以检验机器人运动轨迹的可行性和合理性。因此在构型时可将机器人和环境中物体的外形进行适当的简化。在三维构型模块中，主要采用多面体来逼近真实的形体。几何造型以体素堆砌为主，尽量避免拼合运算，实在必要时才进行布尔操作。因为堆砌操作不需修改数据结构，简单快速，适合机器人及环境中物体的造型。

根据机器人结构分级的特点，对机器人总体的构型采用体素构造、分级装配的方法，即用基本体元经过一定的操作后生成机器人各部件，然后再将部件装配成整体。

（1）机器人的结构参数模型 机器人操作臂总体上为一开式链状结构。从基座到手爪的运动是有级别之分的，即从低级到高级。机器人几何模型的描述是由基本体元形成的，即对整个机器人的几何描述是以基本体元为单位，由此扩展到部件，进而由部件装配成机器人。

（2）基本体的构造 基本体的构造采用扫（移动扫和旋转扫）的方法。而对于较复杂的基本体则辅以局部变形操作或集合运算完成。基本体是在局部坐标系中定义的，相对于局部坐标系，基本体的各顶点有固定的坐标。数据结构中还应有面表和边表的信息。

（3）基本体的装配 机器人的各连杆（亦称部件）是由多个基本体元构成的。在两体元装配之前要确定装配平面，使两装配平面贴合到一起，并确定相对的位置关系。经过正常的投影变换（如透视、轴测等），就可以显示出各部件的三维形体。

2. 运动的动态仿真和动画技术

用机器人语言编程并进行轨迹规划,形成各关节的关节角序列$\{\theta_i\}$,经过运动学正解得到一系列机器人的位姿,然后将每一位姿用三维图形连续显示出来,就实现了机器人的运动仿真。HOLPSS 系统采用计算机视频技术来制作动画,以完成仿真功能。针对计算机的视频特性,采用了两种动画技术:"画面存储、重放"技术和"换页面"技术。

3. 通信及后置处理

离线编程的结果必须经过通信接口传到机器人控制柜,驱动机器人完成指定的任务,以达到离线编程的目的。由于机器人控制柜具有多样性,要设计通用的通信模块比较困难。因此,一般通过后置处理将离线编程的最终结果翻译成机器人控制柜可以接收的代码形式。

针对目前机器人控制柜的情况,离线编程的通信方式有两种。一是当控制柜配有机器人语言时,把离线编程语言翻译成控制柜所配的语言形式,直接驱动机器人;二是控制柜未配置机器人语言时,生成一些与驱动机器人有关的数据,并把数据传送到控制柜,用以驱动机器人。数据和程序的传送方式有两种,一是利用接口总线传送,二是以磁盘为介质进行传送。

在机器人离线编程中,仿真所需数据和机器人控制柜中的数据有些不同。传送到控制柜中的数据必须详尽,以保证机器人运行平稳,而仿真时受计算机速度限制,数据必须简练,即输入一些关键数据即可。所以离线编程系统中生成的数据有两套,一套供仿真用,另一套供控制柜用,这些都由后置处理模块来完成。

在上述离线编程仿真系统的基础上,还可进一步集成某些更为先进的功能,例如机器人布局功能、自动规划功能、自动调度功能和作业仿真功能等。

目前各大机器人制造厂商都提供离线编程软件供用户使用,如:MOTOMAN 机器人的离线编程仿真系统 ROSTY(robot off-line teaching system of YASKAWA),它适用于 Windows 操作系统,具有仿真、示教、编辑及检测等功能;ABB 机器人的离线编程仿真系统 RobotStudio V5.07 等。

四、MOTOMAN 机器人的离线编程仿真软件

这里介绍 MOTOMAN 机器人的离线编程仿真软件 ROSTY 的功能。ROSTY 是一种在 Windows 环境下使用的仿真软件,具有与工作站相当的高速图形处理能力,能方便地实现三维图形的仿真,便捷地实现用户机器人系统的建立。

ROSTY 仿真软件具有如下功能,其功能如图 9-19 所示。

1. 编辑功能

随着 3D 图形显示的强化,ROSTY 实现了 CAD 图形的编辑功能。此外,还配备了程序文件及其他各种数据的编辑功能,提供了强有力的编辑环境。

图 9-19 ROSTY 仿真软件功能

(1)3D 模型编辑功能 用鼠标可方便地建立 3D 模型,系统内还配备有立方体、圆柱体等模型。

(2)程序编辑功能 可编辑作业命令,并能在示教的同时简单地追加命令。

(3)工具数据编辑功能 实现工具数据的编辑。

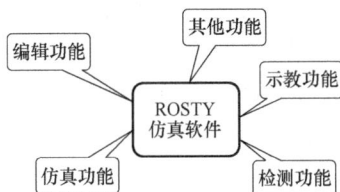

（4）用户坐标编辑功能　编辑用户坐标信息，自动生成三点指定方式的用户坐标系，与离线示教功能组合还可进一步简化数据的建立。

2. 仿真功能

随着仿真功能的强化，仿真精度得到提高，可通过画面操作确定实际机器人的位置和作业工具的适当配置。

（1）跟踪功能　用图像显示机器人的动作轨迹。

（2）脉冲记录　用脉冲数据记录机器人的轨迹；借助视觉可实现机器人动作的再现和逆动；通过显示点到点的时间可以直接确定机器人点到点的移动时间。

（3）提高轨迹精度　考虑到伺服控制的延迟，仿真精度可控制在 20% 以内。

（4）作业时间计算　仿真操作结束后自动算出作业时间，预测精度通常为±5%。

（5）动作范围显示功能　用图形显示机器人的作业范围，使得作业工具的配置变得简单易行。

（6）干涉状况自动检测　检测机器人和其他工具和夹具的干涉。

（7）机器人可配置区域检测功能　为使机器人达到理想的示教点，可检测出机器人的配置位置。

3. 检测功能

检测功能使仿真时动作状况的检测得到加强。

（1）I/O 信号的检测　支持控制器的各种 I/O 指令、机器人 I/O 信号的检测以及 I/O 信号的输入、输出功能；模拟实现 I/O 信号同步程序的连锁。

（2）程序步骤的同步显示　与运行中的程序相对应，机器人动作时的各步骤得到同步显示。

4. 示教功能

用鼠标指向示教的目标点就可以实现工具前端的瞬时移动，离线示教变得简单易行。

（1）示教盒功能　具有与实际机器人示教盒类似的功能：会操作机器人就会使用该功能；可以应用于示教盒的实际操作培训。

（2）离线编程示教功能　示教功能与离线编程功能相结合，使原来的示教工作量大幅度减轻，直接对画面进行操作，实现目标点移动及姿态变换。

5. 其他功能

（1）高速 3D 图像显示　具有明暗显示功能、线型轮廓显示功能、远近投影显示功能、光源设定功能、旋转及放大/缩小显示功能等。

（2）校准功能　该功能使得机器人本体精度以及作业工具控制点动作精度得以提高；工具和机器人之间的相对位置得以修正。

（3）外部 CAD 数据的应用　可以利用外部 DXF、3DS 格式的数据。

习　　题

9-1　要求一个六轴机器人的第一关节用 3s 由初始角 50° 移动到终止角 80°。假设机器人从静止开始运动，最终停在目标点上，试计算一条三次多项式关节空间轨迹的系数，确定第 1s、2s、3s 时该关节的角位置、角速度和角加速度。

9-2 要求一个六轴机器人的第三关节用 4s 由初始角 20°移动到终止角 80°。假设机器人由静止开始运动，抵达目标点时的角速度为 5°/s。计算一条三次多项式关节空间轨迹的系数，绘出关节的角位置、角速度和角加速度随时间变化的曲线。

9-3 一个六轴机器人的第二关节用 5s 由初始角 20°移动到 80°的中间点，再用 5s 运动到 25°的目标点。计算关节空间的三次多项式的系数，并绘制关节的角位置、角速度和角加速度随时间变化的曲线。

9-4 要求用一个五次多项式来控制机器人在关节空间的运动，试求五次多项式的系数，使得该机器人关节用 3s 由初始角 0°运动到终止角 75°。机器人的起始点和终止点角速度均为零，初始角加速度为 10°/s², 终止角减速度为 -10°/s²。

9-5 要求一个六轴机器人的第一关节用 4s 以角速度 $\omega = 10°/s$、初始角 $\theta_0 = 40°$ 运动到终止角 $\theta_f = 120°$。若使用抛物线过渡的线性运动来规划轨迹，求线性段与抛物线之间所必需的过渡时间，并绘制关节的角位置、角速度和角加速度随时间变化的曲线。

9-6 机器人从 A 点沿直线运动到 B 点，其坐标分别为

$$A = \begin{bmatrix} -1 & 0 & 0 & 10 \\ 0 & 1 & 0 & 10 \\ 0 & 0 & -1 & 10 \\ 0 & 0 & 0 & 1 \end{bmatrix}, \quad B = \begin{bmatrix} 0 & -1 & 0 & 10 \\ 0 & 0 & 1 & 10 \\ -1 & 0 & 0 & 10 \\ 0 & 0 & 0 & 1 \end{bmatrix}$$

且绕等效轴 K 匀速回转等效角为 θ，求矢量 K 和转角 θ，并求 3 个中间变换。

9-7 用 VAL 语言编程：装配标准电话机的手提部分，它的 6 个零件（手柄、发话器、受话器、两个圆帽盖和电缆）同时到达，由专用托盘装载各个零件，并用一个专用夹具装夹手提部分。在编程时可做适当的假设。

9-8 机器人的示教方式有哪些种类？各有什么特点？

9-9 机器人在示教前的准备工作有哪些？示教步骤有哪些？

9-10 手把手示教和示教盒示教有何异同点？各有什么优缺点？

9-11 什么是离线编程？有什么特点？

9-12 说说机器人语言的编程要求有哪些？

9-13 机器人编程语言有哪些级别？各有何特点？

9-14 动作级的语言编程有哪些分工？

9-15 机器人编程语言的基本特性和基本功能有哪些？

9-16 说说你所知道的机器人编程语言。

9-17 VAL 语言的指令有哪些？

第十章　工业机器人运动学

要控制工业机器人的运动轨迹，完成预定的作业任务，就需要研究机器人末端执行器在空间瞬时的位置与姿态。机器人运动学正是研究机器人末端执行器的位姿与机器人各个关节变量之间的关系。其中正向运动学是给出机器人关节角度来求取末端执行器的位姿；逆向运动学是已知末端执行器的位姿反求机器人的关节角度。

本章主要讨论机器人运动学的基本问题，利用矩阵法建立机器人位姿的表述方法；引入齐次坐标变换，推导出坐标变换方程；利用 D-H 参数法建立机器人运动学方程，进行机器人的位姿分析；最后介绍机器人逆向运动学的基础知识。本章仅考虑工业机器人运动时的位置、速度和加速度，而不考虑引起运动的力。

第一节　刚体的位姿描述

工业机器人大多采用的是开式链结构，即机器人是由一系列关节（转动关节或移动关节）连接起来的刚体（连杆）所组成的。刚体的位姿可以用附着于刚体上并与其一起运动的坐标系（称为动坐标系）和固定参考坐标系之间的几何关系来描述。刚体在空间的运动有 6 个自由度，分别是沿着 X、Y、Z 三轴的移动和绕这三个轴的转动。刚体的移动可以由动坐标系原点的位置来描述，而刚体的转动可以由动坐标系的姿态来描述。

一、位置描述

如图 10-1 所示，$\{A\}$ 为参考坐标系，$\{B\}$ 为固联在刚体上的动坐标系。刚体在空间的位置可以用 $\{B\}$ 的坐标原点在 $\{A\}$ 中的位置矢量 $^A P_{\mathrm{Borg}}$ 表示，或用一个 3×1 的列矩阵来描述，即

$$^A\boldsymbol{P}_{\mathrm{Borg}}=\begin{bmatrix}P_x\\P_y\\P_z\end{bmatrix} \qquad (10\text{-}1)$$

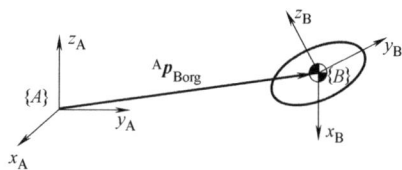
图 10-1　刚体在空间的位姿表示

其中，P_x、P_y、P_z 为 $^A P_{\mathrm{Borg}}$ 在 $\{A\}$ 中的 3 个坐标分量，$^A P_{\mathrm{Borg}}$ 的上标 A 代表 $\{A\}$。$^A P_{\mathrm{Borg}}$ 也可以表示为

$$^A\boldsymbol{P}_{\mathrm{Borg}}=P_x\boldsymbol{x}_{\mathrm{A}}+P_y\boldsymbol{y}_{\mathrm{A}}+P_z\boldsymbol{z}_{\mathrm{A}} \qquad (10\text{-}2)$$

式中，$\boldsymbol{x}_{\mathrm{A}}$、$\boldsymbol{y}_{\mathrm{A}}$、$\boldsymbol{z}_{\mathrm{A}}$ 分别表示 $\{A\}$ 中 3 个坐标轴的单位矢量。

二、姿态描述

刚体在空间的姿态可以用 $\{B\}$ 的 3 个坐标轴指向，即相对于 $\{A\}$ 的单位矢量来表示。^Ax_B、^Ay_B、^Az_B 表示 $\{B\}$ 的 3 个坐标轴在 $\{A\}$ 中的单位矢量，表达式为

$$\begin{cases} ^Ax_B = x_B \cdot x_A + x_B \cdot y_A + x_B \cdot z_A \\ ^Ay_B = y_B \cdot x_A + y_B \cdot y_A + y_B \cdot z_A \\ ^Az_B = z_B \cdot x_A + z_B \cdot y_A + z_B \cdot z_A \end{cases} \tag{10-3}$$

第二节 旋 转 矩 阵

为使描述简便，式（10-3）中描述刚体相对 $\{A\}$ 指向的 3 个单位矢量可以组合成一个 3×3 的矩阵，即

$$^A_BR = \begin{bmatrix} ^Ax_B & ^Ay_B & ^Az_B \end{bmatrix} = \begin{bmatrix} x_B \cdot x_A & y_B \cdot x_A & z_B \cdot x_A \\ x_B \cdot y_A & y_B \cdot y_A & z_B \cdot y_A \\ x_B \cdot z_A & y_B \cdot z_A & z_B \cdot z_A \end{bmatrix} \tag{10-4}$$

^A_BR 称为旋转矩阵。

^A_BR 的每一个分量是 $\{B\}$ 各坐标轴在 $\{A\}$ 各轴线方向上的投影，分别用一对单位矢量的标量积来表示。因为 $x_B \cdot x_A = |x_B||x_A|\cos\alpha = \cos\alpha$，其他类推，即两个单位矢量的点积是二者之间夹角的余弦，因此旋转矩阵的各分量常被称作方向余弦。

一、旋转矩阵的特性

因为旋转矩阵 ^A_BR 的 3 个列矢量都是正交坐标系的单位矢量，且两两互相垂直，它的 9 个元素满足以下 6 个约束条件（正交条件），即

$$\begin{cases} ^Ax_B \cdot ^Ay_B = ^Ay_B \cdot ^Az_B = ^Az_B \cdot ^Ax_B = 0 \\ ^Ax_B \cdot ^Ax_B = ^Ay_B \cdot ^Ay_B = ^Az_B \cdot ^Az_B = 1 \end{cases} \tag{10-5}$$

故只有 3 个元素是独立的，即空间中刚体转动的 3 个自由度。旋转矩阵 ^A_BR 具有以下性质：

1）^A_BR 是一个正交矩阵，因此

$$^A_BR \cdot ^A_BR^T = I = \begin{bmatrix} 1 & 0 & 0 \\ 0 & 1 & 0 \\ 0 & 0 & 1 \end{bmatrix} \tag{10-6}$$

2）其逆矩阵等于转置阵，即

$$^A_BR^{-1} = ^A_BR^T = ^B_AR \tag{10-7}$$

3）^A_BR 的矩阵行列式等于 1，即

$$|^A_BR| = 1 \tag{10-8}$$

二、基本旋转

假设动坐标系{B}和参考坐标系{A}重合，现将{B}绕着{A}的z_A轴旋转θ，用$\boldsymbol{R}(z_A, \theta)$表示，如图10-2所示。在{$B$}中的单位矢量可以用如下方式表示在{$A$}中，即

$$^A\boldsymbol{x}_B = \begin{bmatrix} \cos\theta \\ \sin\theta \\ 0 \end{bmatrix}, \quad ^A\boldsymbol{y}_B = \begin{bmatrix} -\sin\theta \\ \cos\theta \\ 0 \end{bmatrix}, \quad ^A\boldsymbol{z}_B = \begin{bmatrix} 0 \\ 0 \\ 1 \end{bmatrix}$$

从而，{B}关于{A}的旋转矩阵为

$$\boldsymbol{R}(z_A, \theta) = \begin{bmatrix} \cos\theta & -\sin\theta & 0 \\ \sin\theta & \cos\theta & 0 \\ 0 & 0 & 1 \end{bmatrix} \tag{10-9}$$

类似地，绕x_A轴旋转及绕y_A轴旋转θ可以表示为

$$\boldsymbol{R}(x_A, \theta) = \begin{bmatrix} 1 & 0 & 0 \\ 0 & \cos\theta & -\sin\theta \\ 0 & \sin\theta & \cos\theta \end{bmatrix} \tag{10-10}$$

$$\boldsymbol{R}(y_A, \theta) = \begin{bmatrix} \cos\theta & 0 & \sin\theta \\ 0 & 1 & 0 \\ -\sin\theta & 0 & \cos\theta \end{bmatrix} \tag{10-11}$$

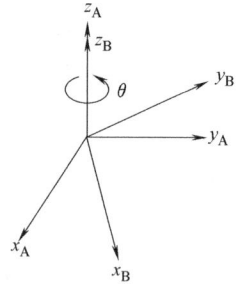

图10-2 绕z_A轴旋转θ

三、旋转矩阵的意义

1. 描述

描述是表示一个坐标系相对于另一个坐标系的姿态。

例 10-1 如图10-3所示，已知动坐标系{B}的初始位姿与参考坐标系{A}相同，{B}相对{A}的z_A轴旋转了30°，求{B}相对于{A}的姿态。

解

$$^A\boldsymbol{x}_B = \begin{bmatrix} \boldsymbol{x}_B \cdot \boldsymbol{x}_A \\ \boldsymbol{x}_B \cdot \boldsymbol{y}_A \\ \boldsymbol{x}_B \cdot \boldsymbol{z}_A \end{bmatrix} = \begin{bmatrix} \cos30° \\ \cos60° \\ \cos90° \end{bmatrix} = \begin{bmatrix} 0.866 \\ 0.5 \\ 0 \end{bmatrix}$$

$$^A\boldsymbol{y}_B = \begin{bmatrix} \boldsymbol{y}_B \cdot \boldsymbol{x}_A \\ \boldsymbol{y}_B \cdot \boldsymbol{y}_A \\ \boldsymbol{y}_B \cdot \boldsymbol{z}_A \end{bmatrix} = \begin{bmatrix} \cos120° \\ \cos30° \\ \cos90° \end{bmatrix} = \begin{bmatrix} -0.5 \\ 0.866 \\ 0 \end{bmatrix}$$

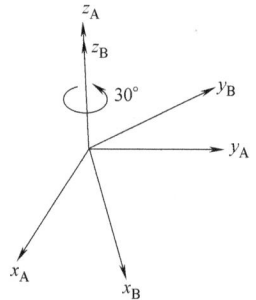

图10-3 例10-1图

$$^A\boldsymbol{z}_B = \begin{bmatrix} \boldsymbol{z}_B \cdot \boldsymbol{x}_A \\ \boldsymbol{z}_B \cdot \boldsymbol{y}_A \\ \boldsymbol{z}_B \cdot \boldsymbol{z}_A \end{bmatrix} = \begin{bmatrix} \cos90° \\ \cos90° \\ \cos0° \end{bmatrix} = \begin{bmatrix} 0 \\ 0 \\ 1 \end{bmatrix}$$

因此，{B}相对于{A}的姿态可以用旋转矩阵表示为

$$\substack{A\\B}\boldsymbol{R} = \begin{bmatrix} \substack{A}\boldsymbol{x}_B & \substack{A}\boldsymbol{y}_B & \substack{A}\boldsymbol{z}_B \end{bmatrix} = \begin{bmatrix} 0.866 & -0.5 & 0 \\ 0.5 & 0.866 & 0 \\ 0 & 0 & 1 \end{bmatrix}$$

2. 映射

旋转矩阵除描述相对姿态外，也可以用于同一点在两个不同坐标系（坐标原点重合）下的坐标变换，即为映射。

如图 10-4 所示，相对于 $\{B\}$，空间的一点 P 可以表示为

$$\substack{B}\boldsymbol{P} = \substack{B}P_x\boldsymbol{x}_B + \substack{B}P_y\boldsymbol{y}_B + \substack{B}P_z\boldsymbol{z}_B \tag{10-12}$$

相对于 $\{A\}$，P 点可以表示为

$$\substack{A}\boldsymbol{P} = \substack{A}P_x\boldsymbol{x}_A + \substack{A}P_y\boldsymbol{y}_A + \substack{A}P_z\boldsymbol{z}_A \tag{10-13}$$

因为

$$
\begin{aligned}
\substack{A}P_x &= \substack{B}\boldsymbol{P} \cdot \boldsymbol{x}_A = \boldsymbol{x}_B \cdot \boldsymbol{x}_A\substack{B}P_x + \boldsymbol{y}_B \cdot \boldsymbol{x}_A\substack{B}P_y + \boldsymbol{z}_B \cdot \boldsymbol{x}_A\substack{B}P_z \\
\substack{A}P_y &= \substack{B}\boldsymbol{P} \cdot \boldsymbol{y}_A = \boldsymbol{x}_B \cdot \boldsymbol{y}_A\substack{B}P_x + \boldsymbol{y}_B \cdot \boldsymbol{y}_A\substack{B}P_y + \boldsymbol{z}_B \cdot \boldsymbol{y}_A\substack{B}P_z \\
\substack{A}P_z &= \substack{B}\boldsymbol{P} \cdot \boldsymbol{z}_A = \boldsymbol{x}_B \cdot \boldsymbol{z}_A\substack{B}P_x + \boldsymbol{y}_B \cdot \boldsymbol{z}_A\substack{B}P_y + \boldsymbol{z}_B \cdot \boldsymbol{z}_A\substack{B}P_z
\end{aligned} \tag{10-14}
$$

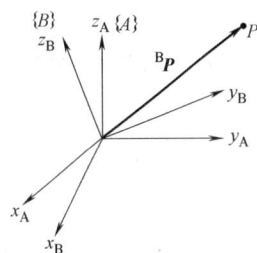

图 10-4 旋转坐标变换

可得

$$\substack{A}\boldsymbol{P} = \substack{A}\begin{bmatrix} P_x \\ P_y \\ P_z \end{bmatrix} = \begin{bmatrix} \boldsymbol{x}_B \cdot \boldsymbol{x}_A & \boldsymbol{y}_B \cdot \boldsymbol{x}_A & \boldsymbol{z}_B \cdot \boldsymbol{x}_A \\ \boldsymbol{x}_B \cdot \boldsymbol{y}_A & \boldsymbol{y}_B \cdot \boldsymbol{y}_A & \boldsymbol{z}_B \cdot \boldsymbol{y}_A \\ \boldsymbol{x}_B \cdot \boldsymbol{z}_A & \boldsymbol{y}_B \cdot \boldsymbol{z}_A & \boldsymbol{z}_B \cdot \boldsymbol{z}_A \end{bmatrix}^{\substack{B}}\begin{bmatrix} P_x \\ P_y \\ P_z \end{bmatrix} \tag{10-15}$$

即

$$\substack{A}\boldsymbol{P} = \substack{A}_{B}\boldsymbol{R}\substack{B}\boldsymbol{P} \tag{10-16}$$

例 10-2 图 10-5 所示为 $\{B\}$ 由 $\{A\}$ 绕 z 轴旋转 30° 得到。这里 z 轴指向纸面外方向。已知 $\substack{B}\boldsymbol{P} = \begin{bmatrix} 0 & 2 & 0 \end{bmatrix}^T$，求 $\substack{A}\boldsymbol{P}$。

解 根据式（10-9），可得 $\substack{A}_{B}\boldsymbol{R}$ 为

$$\substack{A}_{B}\boldsymbol{R} = R(z, 30°) = \begin{bmatrix} \cos30° & -\sin30° & 0 \\ \sin30° & \cos30° & 0 \\ 0 & 0 & 1 \end{bmatrix} = \begin{bmatrix} 0.866 & -0.5 & 0 \\ 0.5 & 0.866 & 0 \\ 0 & 0 & 1 \end{bmatrix}$$

由式（10-16），可得 $\substack{A}\boldsymbol{P}$ 为

$$\substack{A}\boldsymbol{P} = \substack{A}_{B}\boldsymbol{R}\substack{B}\boldsymbol{P} = \begin{bmatrix} -1 \\ 1.732 \\ 0 \end{bmatrix}$$

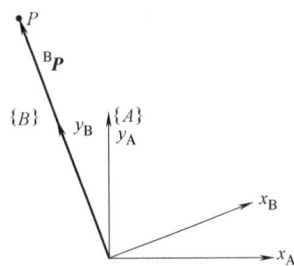

图 10-5 绕 z 轴旋转 30° 的 $\{B\}$

3. 算子

旋转矩阵还可以作为将矢量在同一坐标系下进行旋转的"旋转算子"。如用旋转矩阵 $\boldsymbol{R}$ 将一个矢量 $\substack{A}\boldsymbol{P}_1$ 变成一个新的矢量 $\substack{A}\boldsymbol{P}_2$，这时旋转矩阵 $\boldsymbol{R}$ 作为算子，它不涉及两个坐标系，因此就无需写出下标或上标，可写成

$$\substack{A}\boldsymbol{P}_2 = \boldsymbol{R}\substack{A}\boldsymbol{P}_1 \tag{10-17}$$

例 10-3 图 10-6 给出矢量 $\substack{A}\boldsymbol{P}_1 = \begin{bmatrix} 0 & 2 & 0 \end{bmatrix}^T$，计算绕 z 轴旋转 30° 得到的新矢量 $\substack{A}\boldsymbol{P}_2$。

解 将矢量 $\substack{A}\boldsymbol{P}_1$ 绕 z 轴旋转 30° 得到的旋转矩阵与描述一个坐标系相对于参考坐标系 z 轴旋转 30° 得到的旋转矩阵是相同的。因此，旋转算子为

$$R(z_A,30°) = \begin{bmatrix} 0.866 & -0.5 & 0 \\ 0.5 & 0.866 & 0 \\ 0 & 0 & 1 \end{bmatrix}$$

因此

$$^A\boldsymbol{P}_2 = \boldsymbol{R}(z_A,30°)\,^A\boldsymbol{P}_1 = \begin{bmatrix} -1 \\ 1.732 \\ 0 \end{bmatrix}$$

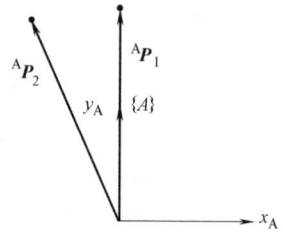

图 10-6　矢量 $^A\boldsymbol{P}_1$ 绕 z 轴旋转 30°

四、旋转矩阵与转角

前面介绍过旋转矩阵的 9 个元素中，只有 3 个是独立元素，用它来作为旋转算子对旋转运算来说是非常方便的，但用其确定姿态却不太方便。

如果将绕一个坐标轴进行基本旋转的旋转矩阵看作是单个角度函数，这样一般的旋转矩阵就可以通过 3 个基本旋转（两个连续旋转不能绕同一个轴进行）来实现。空间中的转动是 3 个自由度，那么如何把一般旋转矩阵所表达的姿态，拆解成 3 次旋转角度，以对应到 3 个自由度上去呢？

旋转一般不满足交换律，所以对多次旋转的先后顺序需要明确定义。另外，对旋转转轴也需要明确，可以分为绕参考坐标系"固定轴"旋转的 RPY 角和绕动坐标系"当下转轴"旋转的欧拉角。

1. RPY 角（绕固定轴 x-y-z 旋转）

RPY 角描述动坐标系姿态的方法是：首先将动坐标系 $\{B\}$ 与参考坐标系 $\{A\}$ 重合，先将 $\{B\}$ 绕 $\{A\}$ 的 x_A 轴旋转 γ，再绕 y_A 轴旋转 β，最后绕 z_A 轴旋转 α，如图 10-7 所示。

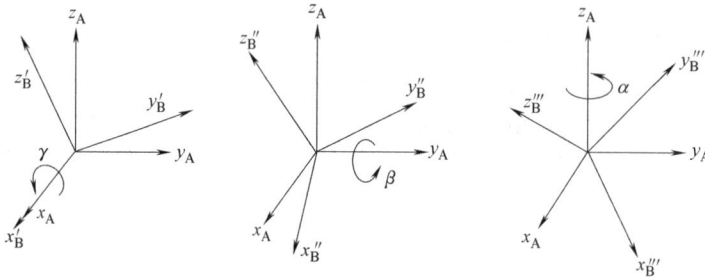

图 10-7　绕固定轴 x-y-z 的旋转

因为 3 次旋转都是绕参考坐标系的各轴，所以得到的相应旋转矩阵为

$$^A_B\boldsymbol{R}_{xyz}(\gamma,\ \beta,\ \alpha) = \boldsymbol{R}(z_A,\ \alpha)\boldsymbol{R}(y_A,\ \beta)\boldsymbol{R}(x_A,\ \gamma) \tag{10-18}$$

$$^A_B\boldsymbol{R}_{xyz}(\gamma,\ \beta,\ \alpha) = \begin{bmatrix} \cos\alpha & -\sin\alpha & 0 \\ \sin\alpha & \cos\alpha & 0 \\ 0 & 0 & 1 \end{bmatrix} \begin{bmatrix} \cos\beta & 0 & \sin\beta \\ 0 & 1 & 0 \\ -\sin\beta & 0 & \cos\beta \end{bmatrix} \begin{bmatrix} 1 & 0 & 0 \\ 0 & \cos\gamma & -\sin\gamma \\ 0 & \sin\gamma & \cos\gamma \end{bmatrix} \tag{10-19}$$

将旋转看作算子依次进行旋转时，先转的应放在后面，将矩阵左乘得

$$^A_B\boldsymbol{R}_{xyz}(\gamma,\ \beta,\ \alpha) = \begin{bmatrix} \cos\alpha\cos\beta & \cos\alpha\sin\beta\sin\gamma - \sin\alpha\cos\gamma & \cos\alpha\sin\beta\cos\gamma + \sin\alpha\sin\gamma \\ \sin\alpha\cos\beta & \sin\alpha\sin\beta\sin\gamma - \cos\alpha\cos\gamma & \sin\alpha\sin\beta\cos\gamma - \cos\alpha\sin\gamma \\ -\sin\beta & \cos\beta\sin\gamma & \cos\beta\cos\gamma \end{bmatrix} \tag{10-20}$$

而对于逆解问题，如果给定旋转矩阵，则如何求出绕固定轴 x-y-z 的转角 γ、β、α？

令
$$
{}_B^A\boldsymbol{R}_{xyz}(\gamma,\quad\beta,\quad\alpha)=\begin{bmatrix} r_{11} & r_{12} & r_{13} \\ r_{21} & r_{22} & r_{23} \\ r_{31} & r_{32} & r_{33} \end{bmatrix} \tag{10-21}
$$

用通式表示为

$$
\begin{bmatrix} \cos\alpha\cos\beta & \cos\alpha\sin\beta\sin\gamma-\sin\alpha\cos\gamma & \cos\alpha\sin\beta\cos\gamma+\sin\alpha\sin\gamma \\ \sin\alpha\cos\beta & \sin\alpha\sin\beta\sin\gamma-\cos\alpha\cos\gamma & \sin\alpha\sin\beta\cos\gamma-\cos\alpha\sin\gamma \\ -\sin\beta & \cos\beta\sin\gamma & \cos\beta\cos\gamma \end{bmatrix}=\begin{bmatrix} r_{11} & r_{12} & r_{13} \\ r_{21} & r_{22} & r_{23} \\ r_{31} & r_{32} & r_{33} \end{bmatrix} \tag{10-22}
$$

通过计算 r_{11} 和 r_{21} 的二次方和的二次方根，可求得

$$
\cos\beta=\sqrt{r_{11}^2+r_{21}^2}
$$

然后用 $-r_{31}$ 除以 $\cos\beta$ 再求其反正切，可求得 β。如果 $\cos\beta\neq0$，就可以用 $r_{21}/\cos\beta$ 除以 $r_{11}/$ $\text{cps}\beta$ 再求其反正切，而得到 α，用 $r_{32}/\cos\beta$ 除以 $r_{33}/\cos\beta$ 再求其反正切而得到 γ。

$$
\begin{cases} \beta=\arctan2(-r_{31},\sqrt{r_{11}^2+r_{21}^2}) \\ \alpha=\arctan2(r_{21},r_{31}) \\ \gamma=\arctan2(r_{32},r_{33}) \end{cases} \tag{10-23}
$$

其中，$\arctan2(y,x)$ 为双变量反正切函数。利用双变量反正切函数 $\arctan2(y,x)$ 计算 $\arctan\dfrac{y}{x}$ 的优点在于利用 x 和 y 的符号就能确定这个角度所在的象限，这是利用单变量函数反正切函数所不能完成的。

虽然式（10-23）中的根式一般有两个解，通常取 $-90°\leqslant\beta\leqslant90°$ 范围内的一个解。如果 $\beta=\pm90°$（即 $\cos\beta=0$），在这种情况下取 $\alpha=0$，结果如下：

如果 $\beta=90°$，解得

$$
\begin{cases} \beta=90° \\ \alpha=0 \\ \gamma=\arctan2(r_{12},r_{22}) \end{cases} \tag{10-24}
$$

如果 $\beta=-90°$，解得

$$
\begin{cases} \beta=-90° \\ \alpha=0 \\ \gamma=-\arctan2(r_{12},r_{22}) \end{cases} \tag{10-25}
$$

2. 欧拉角

（1）绕动坐标系 z-y-x 转动的欧拉角　这种描述动坐标系转动的方法是：首先将动坐标系 $\{B\}$ 与参考坐标系 $\{A\}$ 重合。先将 $\{B\}$ 绕 z_B 轴旋转 α，再绕 y_B 轴旋转 β，最后绕 x_B 轴旋转 γ，如图 10-8 所示。

在这种描述法中的各转动都是相对于动坐标系的某轴进行的，而不是相对于固定的参考系。这样的三次转动角称为欧拉角。

图 10-8 所示为每次进行欧拉角变换后的 $\{B\}$ 轴的状态，绕 z_B 轴旋转 α，使 x_B 转到 x_B'，y_B 转到 y_B' 等。每次旋转得到的轴被附加一个撇号。由 z-y-x 欧拉角参数化的旋转矩阵

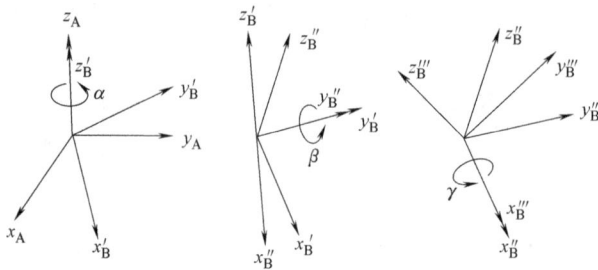

图 10-8 绕动坐标系 z-y-x 转动的欧拉角

用 $_B^A\boldsymbol{R}_{z'y'x'}(\alpha,\ \beta,\ \gamma)$ 表示。注意下标 z、y、x 上附加的撇号表明这是用欧拉角描述的旋转。

参见图 10-8，用中间坐标系 $\{B'\}$ 和 $\{B''\}$ 来表达 $_B^A\boldsymbol{R}_{z'y'x'}(\alpha,\ \beta,\ \gamma)$。如果把这些旋转都看成是对坐标系的描述，先转的旋转矩阵放在前面，后转的旋转矩阵依次放在后面。从映射的角度来考虑，将某一个变量，从最后一个坐标系的描述 $^B\boldsymbol{P}$ 逐渐变换到对第一个坐标系的描述 $^A\boldsymbol{P}$

$$^A\boldsymbol{P} = {_B^A}\boldsymbol{R}_{z'y'x'}(\alpha,\ \beta,\ \gamma)\,^B\boldsymbol{P} = {_{B'}^A}\boldsymbol{R}\,{_{B''}^{B'}}\boldsymbol{R}\,{_B^{B''}}\boldsymbol{R}\,^B\boldsymbol{P} \tag{10-26}$$

3 次旋转依次右乘可以求得旋转矩阵为

$$_B^A\boldsymbol{R}_{z'y'x'}(\alpha,\ \beta,\ \gamma) = {_{B'}^A}\boldsymbol{R}\,{_{B''}^{B'}}\boldsymbol{R}\,{_B^{B''}}\boldsymbol{R} = \boldsymbol{R}(z_B,\ \alpha)\boldsymbol{R}(y'_B,\ \beta)\boldsymbol{R}(x''_B,\ \gamma)$$

$$= \begin{bmatrix} \cos\alpha & -\sin\alpha & 0 \\ \sin\alpha & \cos\alpha & 0 \\ 0 & 0 & 1 \end{bmatrix} \begin{bmatrix} \cos\beta & 0 & \sin\beta \\ 0 & 1 & 0 \\ -\sin\beta & 0 & \cos\beta \end{bmatrix} \begin{bmatrix} 1 & 0 & 0 \\ 0 & \cos\gamma & -\sin\gamma \\ 0 & \sin\gamma & \cos\gamma \end{bmatrix} \tag{10-27}$$

$$= \begin{bmatrix} \cos\alpha\cos\beta & \cos\alpha\sin\beta\sin\gamma - \sin\alpha\cos\gamma & \cos\alpha\sin\beta\cos\gamma + \sin\alpha\sin\gamma \\ \sin\alpha\cos\beta & \sin\alpha\sin\beta\sin\gamma - \cos\alpha\cos\gamma & \sin\alpha\sin\beta\cos\gamma - \cos\alpha\sin\gamma \\ -\sin\beta & \cos\beta\sin\gamma & \cos\beta\cos\gamma \end{bmatrix}$$

观察式（10-27）和式（10-20），这一结果与绕固定轴 x-y-z 旋转的结果完全相同。这是因为当绕固定轴旋转的顺序与绕运动轴旋转的顺序相反，且旋转的角度对应相等时，所得到的变换矩阵是相同的。因此用 z-y-x 欧拉角与用固定轴 x-y-z 转角来描述动坐标系姿态是完全相同的。

（2）绕动坐标系转动的 z-y-z 欧拉角　这种描述动坐标系转动的方法是：首先将动坐标系 $\{B\}$ 与参考坐标系 $\{A\}$ 重合。先将 $\{B\}$ 绕 z_B 轴旋转 α，再绕 y_B 轴旋转 β，最后绕 z_B 轴旋转 γ。

3 次旋转依次右乘可以求得旋转矩阵为

$$_B^A\boldsymbol{R}_{z'y'x'}(\alpha,\ \beta,\ \gamma) = \boldsymbol{R}(z_B,\ \alpha)\boldsymbol{R}(y'_B,\ \beta)\boldsymbol{R}(z''_B,\ \gamma)$$

$$= \begin{bmatrix} \cos\alpha\cos\beta\cos\gamma - \sin\alpha\sin\gamma & -\cos\alpha\cos\beta\sin\gamma - \sin\alpha\cos\gamma & \cos\alpha\sin\beta\cos\gamma + \sin\alpha\sin\gamma \\ \sin\alpha\cos\beta\cos\gamma + \cos\alpha\sin\gamma & -\sin\alpha\cos\beta\sin\gamma + \cos\alpha\cos\gamma & \sin\alpha\sin\beta \\ -\sin\beta\cos\gamma & \sin\beta\sin\gamma & \cos\beta \end{bmatrix}$$

$$\tag{10-28}$$

同样，求 z-y-z 欧拉角的逆解方法如下：

已知

$$
{}_{B}^{A}\boldsymbol{R}_{z'y'z'}(\alpha,\quad\beta,\quad\gamma)=\begin{bmatrix} r_{11} & r_{12} & r_{13} \\ r_{21} & r_{22} & r_{23} \\ r_{31} & r_{32} & r_{33} \end{bmatrix} \tag{10-29}
$$

如果 $\sin\beta\neq0$，则

$$
\begin{cases} \beta=\arctan2\left(\sqrt{{r_{31}}^{2}+{r_{32}}^{2}},\quad r_{33}\right) \\ \alpha=\arctan2\left(r_{23}/\sin\beta,\quad r_{13}/\sin\beta\right) \\ \gamma=\arctan2\left(r_{32}/\sin\beta,\quad -r_{31}/\sin\beta\right) \end{cases} \tag{10-30}
$$

虽然 $\sin\beta=\sqrt{r_{31}^{2}+r_{32}^{2}}$ 有两个 β 解存在，但一般总是取 $0\sim180°$ 范围内的一个解。

如果 $\beta=0$，解得

$$
\begin{cases} \beta=0 \\ \alpha=0 \\ \gamma=\arctan2\left(-r_{12},r_{11}\right) \end{cases} \tag{10-31}
$$

如果 $\beta=180°$，解得

$$
\begin{cases} \beta=180° \\ \alpha=0 \\ \gamma=\arctan2\left(r_{12},-r_{11}\right) \end{cases} \tag{10-32}
$$

第三节　齐次坐标变换

如本章第一节所述，刚体在空间中的位置可以通过刚体上某一点相对参考坐标系的位置来表示（平移），而其姿态可以通过固联在刚体上的动坐标系（以上述点为原点）相对同一参考坐标系的单位矢量的分量来表示（旋转）。

如图 10-9 所示空间任意点为 P，令 ${}^{A}\boldsymbol{P}$ 为 P 点相对参考坐标系 $\{A\}$ 的位置矢量，${}^{A}\boldsymbol{P}_{\mathrm{Borg}}$ 为动坐标系 $\{B\}$ 原点相对于 $\{A\}$ 的位置矢量，${}_{B}^{A}\boldsymbol{R}$ 为 $\{B\}$ 相对于 $\{A\}$ 的旋转矩阵，同时令 ${}^{B}\boldsymbol{P}$ 为 P 点相对 $\{B\}$ 的位置矢量。由此，P 点关于 $\{A\}$ 的位置矢量可以表示为

$$
{}^{A}\boldsymbol{P}={}_{B}^{A}\boldsymbol{R}\ {}^{B}\boldsymbol{P}+{}^{A}\boldsymbol{P}_{\mathrm{Borg}} \tag{10-33}
$$

式（10-33）的坐标变换中既有矩阵相乘，又有矩阵相加。为编程计算方便，需引入齐次坐标变换的概念，使得变换过程描述更加统一。

一、齐次坐标

将一个 n 维空间的点用 $n+1$ 维坐标表示，则该 $n+1$ 维坐标即为 n 维坐标的齐次坐标。令 ω 为该齐次坐标中的比例因子，当 $\omega=1$ 时，其表示方法称为齐次坐标的规格化形式。例如，在选定的 $\{A\}$ 中，对于空间任一点 P 的位置矢量为

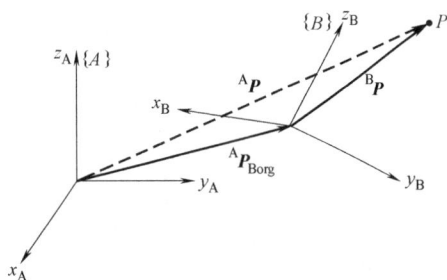

图 10-9　点 P 在不同坐标系中的表示

$$
{}^{A}\boldsymbol{P}=\begin{bmatrix} P_{x} & P_{y} & P_{z} & 1 \end{bmatrix}^{\mathrm{T}} \tag{10-34}
$$

式中，P_x、P_y、P_z 为 P 点在 $\{A\}$ 中的 3 个坐标分量。

当 $\omega \neq 1$ 时，则相当于将该阵列中各元素同时乘以一个非零的比例因子 ω，仍表示同一点 P，即

$$^A\boldsymbol{P} = \begin{bmatrix} a_x & b_y & c_z & \omega \end{bmatrix}^T \tag{10-35}$$

其中，$a_x = \omega P_x$，$b_y = \omega P_y$，$c_z = \omega P_z$。

比例因子 ω 变化，矢量的大小也会发生变化。如果 $\omega > 1$，矢量所有的分量都变大；如果 $\omega < 1$，矢量所有的分量都变小；如果 $\omega = 1$，各分量的大小保持不变。如果 $\omega = 0$，a_x、b_y、c_z 则为无穷大，$^A\boldsymbol{P}$ 表示一个长度为无穷大的矢量，此时它的长度不再重要，它的方向为该矢量所表示的方向，称为方向矢量。直角坐标系中 x、y、z 坐标轴的单位矢量，用齐次坐标表示为

$$\boldsymbol{x} = \begin{bmatrix} 1 & 0 & 0 & 0 \end{bmatrix}^T, \quad \boldsymbol{y} = \begin{bmatrix} 0 & 1 & 0 & 0 \end{bmatrix}^T, \quad \boldsymbol{z} = \begin{bmatrix} 0 & 0 & 1 & 0 \end{bmatrix}^T \tag{10-36}$$

二、齐次变换

为了整体描述一般变换中的移动和转动，由式（10-33）可引出齐次坐标变换的形式

$$^A\boldsymbol{P} = {}^A_B\boldsymbol{T}{}^B\boldsymbol{P} \tag{10-37}$$

其中，${}^A_B\boldsymbol{T} = \begin{bmatrix} {}^A_B\boldsymbol{R} & {}^A\boldsymbol{P}_{Borg} \\ 0 & 1 \end{bmatrix}$，即用一个矩阵形式的算子表示从一个坐标系到另一个坐标系的一般变换。由矩阵分块原理，式（10-37）可写为

$$\begin{bmatrix} {}^A\boldsymbol{P} \\ 1 \end{bmatrix} = {}^B_A\boldsymbol{T} \begin{bmatrix} {}^B\boldsymbol{P} \\ 1 \end{bmatrix} = \begin{bmatrix} {}^B_A\boldsymbol{R} & {}^A\boldsymbol{P}_{Borg} \\ 0 & 1 \end{bmatrix} \begin{bmatrix} {}^B\boldsymbol{P} \\ 1 \end{bmatrix} \tag{10-38}$$

根据分块矩阵的计算方法，容易得到

$$\begin{bmatrix} {}^A\boldsymbol{P} \\ 1 \end{bmatrix} = \begin{bmatrix} {}^B_A\boldsymbol{R}{}^B\boldsymbol{P} + {}^A\boldsymbol{P}_{Borg} \\ 1 \end{bmatrix} \tag{10-39}$$

可知，式（10-39）与式（10-33）完全等价。

$$^A_B\boldsymbol{T} = \begin{bmatrix} {}^A_B\boldsymbol{R} & {}^A\boldsymbol{P}_{Borg} \\ 0 & 1 \end{bmatrix} = \begin{bmatrix} r_{11} & r_{12} & r_{13} & {}^A P_x \\ r_{21} & r_{22} & r_{23} & {}^A P_y \\ r_{31} & r_{32} & r_{33} & {}^A P_z \\ 0 & 0 & 0 & 1 \end{bmatrix} \tag{10-40}$$

当 $\{B\}$ 相对于 $\{A\}$ 的姿态相同，只需表示位置变换关系时，有 ${}^A_B\boldsymbol{R} = \boldsymbol{I}$；当 $\{B\}$ 相对于 $\{A\}$ 的原点相同，只需表示姿态变换关系时，有 ${}^A\boldsymbol{P}_{Borg} = 0$；当非上述两种情况时，${}^A_B\boldsymbol{T}$ 表示复合变换情形。

三、齐次坐标变换计算

1. 平移坐标变换（translation）

将 $\{B\}$ 相对于 $\{A\}$ 平移 $\begin{bmatrix} x_0 & y_0 & z_0 \end{bmatrix}$，则

$$R = \begin{bmatrix} 1 & 0 & 0 \\ 0 & 1 & 0 \\ 0 & 0 & 1 \end{bmatrix}$$

$$^A\boldsymbol{P}_{\text{Borg}} = \begin{bmatrix} x_0 & y_0 & z_0 \end{bmatrix}$$

所以经平移后的齐次坐标变换矩阵为

$$\boldsymbol{T} = \text{Trans}(x_0, y_0, z_0) = \begin{bmatrix} 1 & 0 & 0 & x_0 \\ 0 & 1 & 0 & y_0 \\ 0 & 0 & 1 & z_0 \\ 0 & 0 & 0 & 1 \end{bmatrix} \tag{10-41}$$

2. 旋转坐标变换（rotation）

将 $\{B\}$ 绕 $\{A\}$ 的轴分别旋转 θ 时，旋转后的齐次坐标变换矩阵分别为

$$\boldsymbol{T} = \boldsymbol{R}(x_A, \theta) = \begin{bmatrix} 1 & 0 & 0 & 0 \\ 0 & \cos\theta & -\sin\theta & 0 \\ 0 & \sin\theta & \cos\theta & 0 \\ 0 & 0 & 0 & 1 \end{bmatrix} \tag{10-42}$$

$$\boldsymbol{T} = \boldsymbol{R}(y_A, \theta) = \begin{bmatrix} \cos\theta & 0 & \sin\theta & 0 \\ 0 & 1 & 0 & 0 \\ -\sin\theta & 0 & \cos\theta & 0 \\ 0 & 0 & 0 & 1 \end{bmatrix} \tag{10-43}$$

$$\boldsymbol{T} = \boldsymbol{R}(z_A, \theta) = \begin{bmatrix} \cos\theta & -\sin\theta & 0 & 0 \\ \sin\theta & \cos\theta & 0 & 0 \\ 0 & 0 & 1 & 0 \\ 0 & 0 & 0 & 1 \end{bmatrix} \tag{10-44}$$

3. 复合变换

复合变换是由参考坐标系或当前动坐标系相对于另一坐标系的一系列沿轴平移和绕轴旋转变换所形成的。

例 10-4　设动坐标系 $\{B\}$ 与参考坐标系 $\{A\}$ 初始位置重合，经下列坐标变换：①绕 z_A 轴旋转 $90°$；②绕 y_A 轴旋转 $90°$；③相对于 $\{A\}$ 平移 $\begin{bmatrix} 4 & -3 & 7 \end{bmatrix}^T$。试求合成齐次坐标变换矩阵。

解　动坐标系 $\{B\}$ 绕参考坐标系 $\{A\}$ z_A 轴旋转 $90°$，其齐次变换矩阵为

$$\boldsymbol{T}_1 = \boldsymbol{R}(z_A, 90°) = \begin{bmatrix} 0 & -1 & 0 & 0 \\ 1 & 0 & 0 & 0 \\ 0 & 0 & 1 & 0 \\ 0 & 0 & 0 & 1 \end{bmatrix}$$

动坐标系 $\{B\}$ 绕参考坐标系 $\{A\}$ y_A 轴旋转 $90°$，其齐次变换矩阵为

$$\boldsymbol{T}_2 = \boldsymbol{R}(y_A, 90°) = \begin{bmatrix} 0 & 0 & 1 & 0 \\ 0 & 1 & 0 & 0 \\ -1 & 0 & 0 & 0 \\ 0 & 0 & 0 & 1 \end{bmatrix}$$

动坐标系 $\{B\}$ 再平移 $[4 \quad -3 \quad 7]^{\mathrm{T}}$，有

$$T_3 = \mathrm{Trans}(4, -3, 7) = \begin{bmatrix} 1 & 0 & 0 & 4 \\ 0 & 1 & 0 & -3 \\ 0 & 0 & 1 & 7 \\ 0 & 0 & 0 & 1 \end{bmatrix}$$

因为三次变换都是绕参考坐标系固定轴进行的，则矩阵左乘，所以合成的齐次变换矩阵为

$$T = T_3 T_2 T_1 = \mathrm{Trans}[4 \quad -3 \quad 7]\, \boldsymbol{R}(y_A, 90°)\, \boldsymbol{R}(z_A, 90°)$$

$$= \begin{bmatrix} 0 & 0 & 1 & 4 \\ 1 & 0 & 0 & -3 \\ 0 & 1 & 0 & 7 \\ 0 & 0 & 0 & 1 \end{bmatrix}$$

上面所述的坐标变换每一步都是相对于参考坐标系固定轴的，当然也可以相对于动坐标系变换：动坐标系 $\{B\}$ 与参考坐标系 $\{A\}$ 初始位置重合，首先相对于参考坐标系平移 $[4 \quad -3 \quad 7]^{\mathrm{T}}$，然后绕动坐标系 y_B 轴旋转 $90°$，最后绕动坐标系 z_B 轴旋转 $90°$，这时因为每次变换都是相对于动坐标系进行的，则矩阵右乘，合成的变换矩阵为

$$T = T_1 T_2 T_3 = \mathrm{Trans}[4 \quad -3 \quad 7]\, \boldsymbol{R}(y_B, 90°)\, \boldsymbol{R}(z_B, 90°)$$

$$= \begin{bmatrix} 0 & 0 & 1 & 4 \\ 1 & 0 & 0 & -3 \\ 0 & 1 & 0 & 7 \\ 0 & 0 & 0 & 1 \end{bmatrix}$$

可见与前面的计算结果相同。

结论：若变换是动坐标系相对于参考坐标系进行的，则矩阵左乘；若变换是参考坐标系相对于动坐标系进行的，则矩阵右乘。

4. 逆变换

在机器人的运动分析中常用到矩阵的逆，也就是已知 $\{B\}$ 相对于 $\{A\}$ 的描述 $_B^A\boldsymbol{T}$，如何求 $_B^A\boldsymbol{T}^{-1}$，即如何求 $\{A\}$ 相对于 $\{B\}$ 的描述 $_A^B\boldsymbol{T}$。求取的方法有两种：一是使用求逆矩阵的一般公式计算；二是利用齐次变换矩阵的特点求逆。第二种方法可简化矩阵的求逆运算过程。根据旋转矩阵的正交性质，由

$$_B^A\boldsymbol{T} = \begin{bmatrix} _B^A\boldsymbol{R} & ^A\boldsymbol{P}_{\mathrm{Borg}} \\ 0 & 1 \end{bmatrix} \tag{10-45}$$

可得

$$_A^B\boldsymbol{T} = \begin{bmatrix} _A^B\boldsymbol{R} & ^B\boldsymbol{P}_{\mathrm{Aorg}} \\ 0 & 1 \end{bmatrix} \tag{10-46}$$

这样，对于已知 $_B^A\boldsymbol{T}$ 来求 $_A^B\boldsymbol{T}$，实际上就等价于已知 $_B^A\boldsymbol{R}$ 和 $^A\boldsymbol{P}_{\mathrm{Borg}}$ 来求 $_A^B\boldsymbol{R}$ 和 $^B\boldsymbol{P}_{\mathrm{Aorg}}$。

一方面有

$$_A^B\boldsymbol{R} = _B^A\boldsymbol{R}^{-1} = _B^A\boldsymbol{R}^{\mathrm{T}}$$

另一方面，由公式 $^B\boldsymbol{P} = _A^B\boldsymbol{R}\,{}^A\boldsymbol{P} + {}^B\boldsymbol{P}_{\mathrm{Aorg}}$ 求原点 $^A\boldsymbol{P}_{\mathrm{Borg}}$ 在 $\{B\}$ 中的描述，可得

$$^B\left(^A\boldsymbol{P}_{\text{Borg}}\right) = {}_A^B\boldsymbol{R}\,^A\boldsymbol{P}_{\text{Borg}} + {}^B\boldsymbol{P}_{\text{Aorg}} = 0$$

则

$$^B\boldsymbol{P}_{\text{Aorg}} = -{}_A^B\boldsymbol{R}\,^A\boldsymbol{P}_{\text{Borg}} = -{}_B^A\boldsymbol{R}^{\mathrm{T}}\,^A\boldsymbol{P}_{\text{Borg}}$$

即

$$^B_A\boldsymbol{T} = \begin{bmatrix} {}_B^A\boldsymbol{R}^{\mathrm{T}} & -{}_B^A\boldsymbol{R}^{\mathrm{T}\,A}\boldsymbol{P}_{\text{Borg}} \\ 0 & 1 \end{bmatrix} = -{}_B^A\boldsymbol{T} \tag{10-47}$$

例 10-5　已知变换矩阵 $\boldsymbol{T}$，求其逆矩阵。

$$\boldsymbol{T} = \begin{bmatrix} 0 & 0 & 1 & 4 \\ 1 & 0 & 0 & 0 \\ 0 & 1 & 0 & 0 \\ 0 & 0 & 0 & 1 \end{bmatrix}$$

解　用式（10-47）求解，由

$$-{}_A^B\boldsymbol{R}\,^A\boldsymbol{P}_{\text{Borg}} = -\begin{bmatrix} 0 & 1 & 0 \\ 0 & 0 & 1 \\ 1 & 0 & 0 \end{bmatrix}\begin{bmatrix} 4 \\ 0 \\ 0 \end{bmatrix} = \begin{bmatrix} 0 \\ 0 \\ -4 \end{bmatrix}$$

得

$$\boldsymbol{T}^{-1} = \begin{bmatrix} {}_B^A\boldsymbol{R}^{\mathrm{T}} & -{}_B^A\boldsymbol{R}^{\mathrm{T}\,A}\boldsymbol{P}_{\text{Borg}} \\ 0 & 1 \end{bmatrix} = \begin{bmatrix} 0 & 1 & 0 & 0 \\ 0 & 0 & 1 & 0 \\ 1 & 0 & 0 & -4 \\ 0 & 0 & 0 & 1 \end{bmatrix}$$

第四节　坐标系之间的变换矩阵

一、多级坐标变换

工业机器人均具有两个以上的自由度，从末端执行器作业点的坐标系到参考坐标系的变换要经过多级坐标变换，其变换方法如下：

设有一具有 n 个自由度的机器人，如图 10-10 所示，P 点为末端执行器的作业点，也是动坐标系的原点。P 点相对于参考坐标系 $\{O_0\}$ 的坐标 $^{O_0}\boldsymbol{P}$ 为 $[x_0\quad y_0\quad z_0]^{\mathrm{T}}$，而相对于动坐标系 $\{O_n\}$ 的坐标 $^{O_n}\boldsymbol{P}$ 为 $[x_n\quad y_n\quad z_n]^{\mathrm{T}}$。现在已知 $^{O_n}\boldsymbol{P}$，要求 $^{O_0}\boldsymbol{P}$ 的表达式。很显然，从坐标系 $\{O_n\}$ 到坐标系 $\{O_0\}$ 要经过 n 级的逐次坐标变换，且每次都是相对于动坐标系进行的。如果求出了任意一个相邻两级之间的坐标变换矩阵 $\boldsymbol{T}_i$，那么，从坐标系 $\{O_n\}$ 到坐标系 $\{O_0\}$ 之间的坐标变换矩阵可表示为

$$\boldsymbol{T} = \boldsymbol{T}_1\boldsymbol{T}_2\boldsymbol{T}_3\boldsymbol{T}_4\cdots\boldsymbol{T}_{n-1}\boldsymbol{T}_n \tag{10-48}$$

则齐次坐标变换方程式可以表示为

$$\boldsymbol{X} = \boldsymbol{T}\boldsymbol{X}_n \tag{10-49}$$

式中，$\boldsymbol{X} = [x\quad y\quad z\quad 1]^{\mathrm{T}}$；$\boldsymbol{X}_n = [x_n\quad y_n\quad z_n\quad 1]^{\mathrm{T}}$。

式（10-49）确定了 n 个自由度的机器人末端执行器作业点 P 相对于参考坐标系的位置，以及末端执行器在空间的姿态。如作业点 P 取在末端执行器的手爪中心时，即 $x_n = y_n = z_n = 0$ 时，机器人末端执行器的位移方程式为

$$\begin{cases} x = x_0 \\ y = y_0 \\ z = z_0 \end{cases} \qquad (10\text{-}50)$$

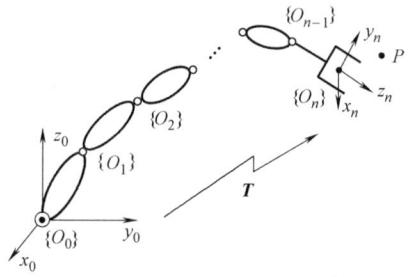

图 10-10 多级坐标变换

式中，x_0、y_0、z_0 为坐标系 $\{O_n\}$ 相对于坐标系 $\{O_0\}$ 坐标原点的平移量，由矩阵 $\boldsymbol{T}$ 的第 4 列确定。

二、多种坐标系的变换

前面的坐标系变换中一直使用参考坐标系和动坐标系。而在实际使用中，为了便于描述机器人的运动、作业的编程与操作，根据实际工作环境，可以定义多种坐标系。如图 10-11 所示，假设机器人要抓取放在工作台上的工件，需以一定的位姿向工作台移动，为了便于描述机器人与周围环境的相对位姿关系，一般用到以下几种坐标系。

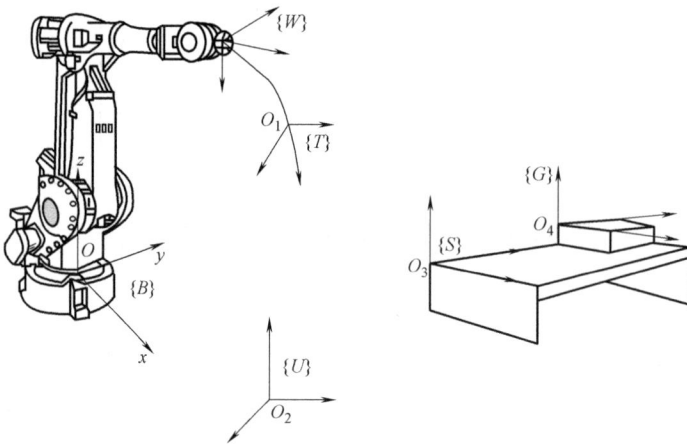

图 10-11 机器人多种坐标系的定义

（1）通用（universal）坐标系 用 $\{U\}$ 表示。它是机器人坐标系中最大的一个坐标系，用于多台机器人的协调控制。

（2）基（base）坐标系 用 $\{B\}$ 表示（注意：这里的 $\{B\}$ 与前几节所讲的动坐标系 $\{B\}$ 不同）。它固定在机器人的基座上，通常 x 轴表示机器人手臂伸缩方向，y 轴表示机器人的横方向，z 轴表示机器人的身高方向。

（3）手腕（wrist）坐标系 用 $\{W\}$ 表示。其原点选在手腕中心（法兰中心），相对于基坐标系，即 $\{W\} = {}^{\mathrm{B}}\boldsymbol{T}_{\mathrm{W}}$。

（4）工具（tool）坐标系 用 $\{T\}$ 表示。它固定在工具的端部，如图 10-12 所示，其坐标原点为工具中心点（tool center point，TCP），也就是常说的作业点。相对于手腕坐标系，即 $\{T\} = {}^{\mathrm{W}}\boldsymbol{T}_{\mathrm{T}}$。

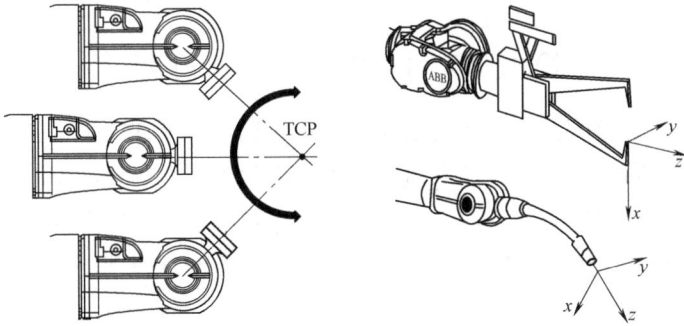

图 10-12 TCP 的定义

（5）工作台（staging）（用户）坐标系 用 $\{S\}$ 表示，固定在工作台的某一角上，相对于通用坐标系，即 $\{S\} = ^U\boldsymbol{T}_S$。

（6）目标（goal）（工件）坐标系 用 $\{G\}$ 表示，固定在工作台的某一点上，相对于 $\{S\}$ 坐标系，即 $\{G\} = ^S\boldsymbol{T}_G$。

多种坐标系之间的关系如图 10-13 所示。

三、多种坐标系之间的变换矩阵

规定以上的标准坐标系，目的在于为机器人规划和编程提供一种标准符号。对于确定的机器人，手腕坐标系相对于基坐标系的变换矩阵是一定的，一旦确定了末端执行器，工具坐标系相对于手腕坐标系的变换矩阵也就确定了，这样就可以把工具坐标系原点（TCP）作为机器人控制定位的参照点（作业点），把机器人的作业描述成工具坐标系 $\{T\}$ 相对于工作台坐标系 $\{S\}$ 的一系列运动，这样就大大简化了编程操作。例如，为了按一定的位姿抓取工件，只需控制工具坐标系 $\{T\}$ 相对于工作台坐标系 $\{S\}$ 的位姿即可。

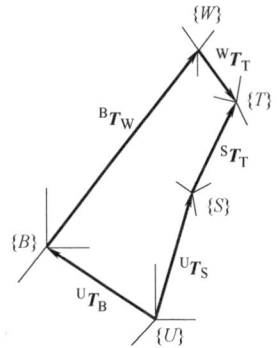

图 10-13 多种坐标系之间的关系

工具坐标系 $\{T\}$ 相对于通用坐标系 $\{U\}$ 的变换方程可表示为

$$^U\boldsymbol{T}_T = ^U\boldsymbol{T}_B{}^B\boldsymbol{T}_W{}^W\boldsymbol{T}_T \qquad (10\text{-}51)$$

另一方面，$\{T\}$ 相对于 $\{U\}$ 的变换方程也可以表示为

$$^U\boldsymbol{T}_T = ^U\boldsymbol{T}_S{}^S\boldsymbol{T}_T \qquad (10\text{-}52)$$

由式（10-51）和式（10-52）可得

$$^U\boldsymbol{T}_B{}^B\boldsymbol{T}_W{}^W\boldsymbol{T}_T = ^U\boldsymbol{T}_S{}^S\boldsymbol{T}_T \qquad (10\text{-}53)$$

变换方程的任一变换矩阵都可用其余的变换矩阵来表示。例如，为了求出工具坐标系 $\{T\}$ 到工作台坐标系 $\{S\}$ 的变换矩阵，需对式（10-53）左乘 $^U\boldsymbol{T}_S^{-1}$，得

$$^S\boldsymbol{T}_T = ^U\boldsymbol{T}_S^{-1}{}^U\boldsymbol{T}_B{}^B\boldsymbol{T}_W{}^W\boldsymbol{T}_T \qquad (10\text{-}54)$$

由式（10-54）便可求出工具相对于工作台的位姿，以便于完成抓取工件的作业任务。

第五节　机器人运动学方程

在建立坐标变换方程时，把一系列坐标系建立在机器人连杆的关节上，用齐次坐标变换来描述这些坐标系之间的相对位置和方向，就可建立起机器人的运动学方程。现在的问题是如何在每个关节上确定坐标系的方向，以及如何确定相邻两个坐标系之间相对的平移和旋转量，即需要采用一种合适的方法来描述相邻连杆之间的坐标方向和几何参数。解决该问题常用的方法就是 D-H 参数法。

一、D-H 参数法

Denavit 和 Hartenberg 于 1955 年提出了一种为关节链中的每一个杆件建立坐标系的矩阵方法，即 D-H 参数法。

假设一个机器人由任意多的连杆和关节以任意形式构成，关节可能是移动或转动的，需要给每个关节指定一个参考坐标系，然后将从基座到第一个关节、第一个关节到第二个关节，直至到最后一个关节的所有变换结合起来，就得到机器人的总变换矩阵。

1. 连杆坐标系的建立

图 10-14 所示为三个顺序的关节和两个连杆的 D-H 坐标系建立示意图。每个关节都是可以转动或平移的。第一个关节指定为关节 $i-1$，第二个关节为关节 i，第三个关节为关节 $i+1$。关于建立连杆坐标系的规定如下：

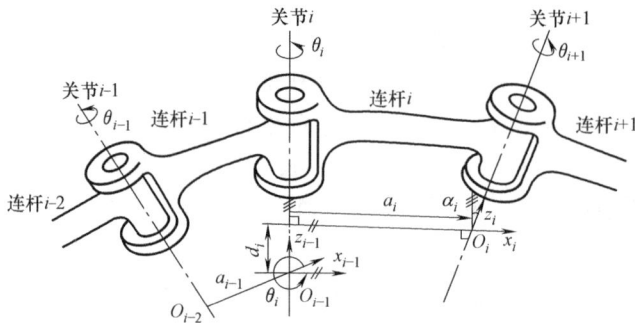

图 10-14　关节和连杆的 D-H 坐标系建立示意图

所有关节都用 z 轴表示。如果关节是旋转的，则 z 轴位于按右手规则旋转的轴线方向；如果关节是移动的，则 z 轴为沿直线运动的方向。

1）z_i 坐标轴沿 $i+1$ 关节的轴线方向。

2）x_i 坐标轴沿 z_i 和 z_{i-1} 轴的公垂线方向，且指向背离 z_{i-1} 轴的方向。

3）y_i 坐标轴不重要，但其方向必须满足与 x_i 轴、z_i 轴构成右手直角坐标系的条件。

2. 连杆参数

（1）单根连杆参数　用两相邻关节轴线间的相对位置关系来描述单根连杆自身的几何尺寸，有两个参数。

1）连杆长度 a_i。a_i 为两关节轴线之间的距离，即 z_i 轴与 z_{i-1} 轴的公垂线长度，沿 x_i 轴方向测量。当两关节轴线平行时，$a_i = l_i$，l_i 为连杆的长度；当两关节轴线垂直时，$a_i = 0$。

2）连杆扭角 α_i。α_i 为两关节轴线之间的夹角，即 z_i 轴与 z_{i-1} 轴之间的夹角，绕 x_i 轴从 z_{i-1} 轴旋转到 z_i 轴，符合右手规则时为正。当两关节轴线平行时，$\alpha_i = 0$，当两关节轴线垂直时，$\alpha_i = 90°$。

（2）相邻连杆之间的参数　相邻两连杆之间的参数用两根公垂线之间的关系来描述。

1）连杆距离 d_i。d_i 为两根公垂线 a_i 与 a_{i-1} 之间的距离，即 x_i 轴与 x_{i-1} 轴之间的距离，在 z_{i-1} 轴上测量。对于转动关节，d_i 为常数；对于移动关节，d_i 为变量。

2）连杆转角 θ_i。θ_i 为两根公垂线 a_i 与 a_{i-1} 之间的夹角，即 x_i 轴与 x_{i-1} 轴之间的夹角，绕 z_{i-1} 轴从 x_{i-1} 轴旋转到 x_i 轴，符合右手规则时为正。对于转动关节，θ_i 为变量；对于移动关节，θ_i 为常数。

这样，每根连杆由 4 个参数来描述，其中两个参数描述连杆自身的尺寸，即 a_i 和 α_i；另外两个参数描述连杆之间的相对位置关系，即 d_i 和 θ_i。

二、连杆坐标系之间的坐标变换

从坐标系 $\{O_{i-1}\}$ 到 $\{O_i\}$ 之间的坐标变换，可由坐标系 $\{O_{i-1}\}$ 经过下述变换顺序来实现：

1）绕 z_{i-1} 轴旋转 θ_i，使 x_{i-1} 轴与 x_i 轴同向。

2）沿 z_{i-1} 轴平移距离 d_i，使 x_{i-1} 轴与 x_i 轴在同一条直线上。

3）沿 x_i 轴平移距离 a_i，使坐标系 $\{O_{i-1}\}$ 的坐标原点与坐标系 $\{O_i\}$ 的坐标原点重合。

4）绕 x_i 轴旋转 α_i，使 z_{i-1} 轴与 z_i 轴在同一条直线上。

上述每次变换都是相对于动坐标系进行的，所以经过这 4 次变换的齐次变换矩阵为

$$\boldsymbol{T}_i = \boldsymbol{R}(z_{i-1}, \theta_i) \mathrm{Trans}(0,0,d_i) \mathrm{Trans}(a_i,0,0) \boldsymbol{R}(x_i, \alpha_i) \tag{10-55}$$

即

$$\boldsymbol{T}_i = \begin{bmatrix} \cos\theta_i & -\sin\theta_i & 0 & 0 \\ \sin\theta_i & \cos\theta_i & 0 & 0 \\ 0 & 0 & 1 & 0 \\ 0 & 0 & 0 & 1 \end{bmatrix} \begin{bmatrix} 1 & 0 & 0 & a_i \\ 0 & 1 & 0 & 0 \\ 0 & 0 & 1 & d_i \\ 0 & 0 & 0 & 1 \end{bmatrix} \begin{bmatrix} 1 & 0 & 0 & 0 \\ 0 & \cos\alpha_i & -\sin\alpha_i & 0 \\ 0 & \sin\alpha_i & \cos\alpha_i & 0 \\ 0 & 0 & 0 & 1 \end{bmatrix}$$

$$= \begin{bmatrix} \cos\theta_i & -\sin\theta_i\cos\alpha_i & \sin\theta_i\sin\alpha_i & a_i\cos\theta_i \\ \sin\theta_i & \cos\theta_i\cos\alpha_i & -\cos\theta_i\sin\alpha_i & a_i\sin\theta_i \\ 0 & \sin\alpha_i & \cos\alpha_i & d_i \\ 0 & 0 & 0 & 1 \end{bmatrix} \tag{10-56}$$

三、机器人运动学方程

上述的 $\boldsymbol{T}_i$ 仅描述了连杆坐标系之间相对平移和旋转的一次变换，如 $\boldsymbol{T}_1$ 描述第一根连杆相对于某个坐标系（如机身）的位姿，$\boldsymbol{T}_2$ 描述第二根连杆相对于第一根连杆坐标系的位姿。

对于一个六连杆结构的机器人，机器人的末端（连杆坐标系 6）相对于参考坐标系的变换可表示为

$${}^0\boldsymbol{T}_6 = \boldsymbol{T}_1 \boldsymbol{T}_2 \cdots \boldsymbol{T}_6 = \begin{bmatrix} n_x & o_x & a_x & P_x \\ n_y & o_y & a_y & P_y \\ n_z & o_z & a_z & P_z \\ 0 & 0 & 0 & 1 \end{bmatrix} \tag{10-57}$$

也就是所说的机器人运动学方程。

例 10-6 求图 10-15 所示的极坐标机器人手腕中心 P 点的运动学方程。

解 （1）建立 D-H 坐标系 按 D-H 参数法建立各连杆的坐标系，如图 10-15 所示。坐标系 $\{O_0\}$ 设置在基座上，坐标系 $\{O_1\}$ 设置在旋转关节上，坐标系 $\{O_2\}$ 设置在机器人手腕中心 P 点。

（2）确定连杆参数 连杆参数见表 10-1。

表 10-1 极坐标机器人连杆参数

连杆参数	θ_i	d_i	a_i	α_i
$i=1$	θ_1	h	0	$90°$
$i=2$	θ_2	0	a_2	0

（3）求两连杆间的齐次坐标变换矩阵 $\boldsymbol{T}_i$ 根据表 10-1 给出的参数和式（10-57）可求得 $\boldsymbol{T}_i$ 为

$$\boldsymbol{T}_1 = \boldsymbol{R}(z_0, \theta_1)\,\mathrm{Trans}(0,0,h)\,\boldsymbol{R}(x_1, 90°)$$

$$\boldsymbol{T}_2 = \boldsymbol{R}(z_1, \theta_2)\,\mathrm{Trans}(a_2, 0, 0)$$

图 10-15 极坐标机器人机构简图和坐标系

即

$$\boldsymbol{T}_1 = \begin{bmatrix} \cos\theta_1 & -\sin\theta_1 & 0 & 0 \\ \sin\theta_1 & \cos\theta_1 & 0 & 0 \\ 0 & 0 & 1 & 0 \\ 0 & 0 & 0 & 1 \end{bmatrix} \begin{bmatrix} 1 & 0 & 0 & 0 \\ 0 & 1 & 0 & 0 \\ 0 & 0 & 1 & h \\ 0 & 0 & 0 & 1 \end{bmatrix} \begin{bmatrix} 1 & 0 & 0 & 0 \\ 0 & 0 & -1 & 0 \\ 0 & 1 & 0 & 0 \\ 0 & 0 & 0 & 1 \end{bmatrix} = \begin{bmatrix} \cos\theta_1 & 0 & \sin\theta_1 & 0 \\ \sin\theta_1 & 0 & -\cos\theta_1 & 0 \\ 0 & 1 & 1 & h \\ 0 & 0 & 0 & 1 \end{bmatrix}$$

$$\boldsymbol{T}_2 = \begin{bmatrix} \cos\theta_2 & -\sin\theta_2 & 0 & 0 \\ \sin\theta_2 & \cos\theta_2 & 0 & 0 \\ 0 & 0 & 1 & 0 \\ 0 & 0 & 0 & 1 \end{bmatrix} \begin{bmatrix} 1 & 0 & 0 & a_2 \\ 0 & 1 & 0 & 0 \\ 0 & 0 & 1 & 0 \\ 0 & 0 & 0 & 1 \end{bmatrix} = \begin{bmatrix} \cos\theta_2 & -\sin\theta_2 & 0 & a_2\cos\theta_2 \\ \sin\theta_2 & \cos\theta_2 & 0 & a_2\sin\theta_2 \\ 0 & 1 & 0 & 0 \\ 0 & 0 & 0 & 1 \end{bmatrix}$$

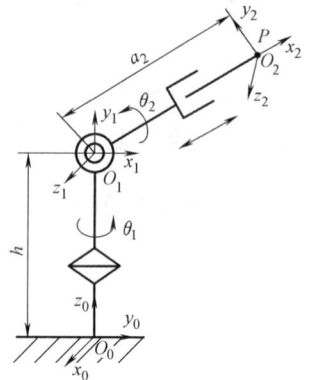

式中，a_2 为移动关节，是变量。

（4）求手腕中心的运动方程

$${}^0\boldsymbol{T}_2 = \boldsymbol{T}_1 \boldsymbol{T}_2$$

即

$${}^0\boldsymbol{T}_2 = \begin{bmatrix} \cos\theta_1 & 0 & \sin\theta_1 & 0 \\ \sin\theta_1 & 0 & -\cos\theta_1 & 0 \\ 0 & 1 & 1 & h \\ 0 & 0 & 0 & 1 \end{bmatrix} \begin{bmatrix} \cos\theta_2 & -\sin\theta_2 & 0 & a_2\cos\theta_2 \\ \sin\theta_2 & \cos\theta_2 & 0 & a_2\sin\theta_2 \\ 0 & 1 & 0 & 0 \\ 0 & 0 & 0 & 1 \end{bmatrix}$$

$$
= \begin{bmatrix}
\cos\theta_1\cos\theta_2 & -\cos\theta_1\sin\theta_2 & \sin\theta_1 & a_2\cos\theta_1\cos\theta_2 \\
\sin\theta_1\sin\theta_2 & -\sin\theta_1\sin\theta_2 & -\cos\theta_1 & a_2\sin\theta_1\cos\theta_2 \\
\sin\theta_2 & \cos\theta_2 & 0 & a_2\sin\theta_2+h \\
0 & 0 & 0 & 1
\end{bmatrix}
$$

由上式可得手腕中心的运动方程为

$$
\begin{cases}
P_x = a_2\cos\theta_1\cos\theta_2 \\
P_y = a_2\sin\theta_1\cos\theta_2 \\
P_z = a_2\sin\theta_2+h
\end{cases}
$$

式中，P_x、P_y、P_z 为手腕中心在 x、y、z 方向上的位移。

例 10-7 PUMA-560 关节型六自由度机器人如图 10-16 所示，试计算其末端执行器作业点（TCP）的位姿矩阵。

解 （1）建立 D-H 坐标系 PUMA-560 机器人的所有关节均为转动关节。和大多数工业机器人一样，PUMA-560 机器人的后三个关节轴线相交于同一点。这个交点可以选作连杆坐标系 $\{O_4\}$、$\{O_5\}$ 和 $\{O_6\}$ 的原点。

图 10-16 所示是机器人在 $\theta_1 = 90°$、$\theta_2 = 0°$、$\theta_3 = -90°$、$\theta_4 = 0°$、$\theta_5 = 0°$、$\theta_6 = 0°$ 时的坐标系关系图。首先，建立坐标系 $\{O_0\}$，并将该坐标系固定在机器人基座上。当第一个关节的变量值 $\theta_1 = 0$ 时，坐标系 $\{O_0\}$ 与坐标系 $\{O_1\}$ 重合，而且 z_0 轴和关节 1 的轴线重合。关节 1 的轴线为铅垂方向，关节 2 和 3 的轴线沿水平方向且互相平行，距离为 a_2。关节 1 和 2 的轴线垂直相交，关节 3 和 4 的轴线垂直交错，距离为 a_3。

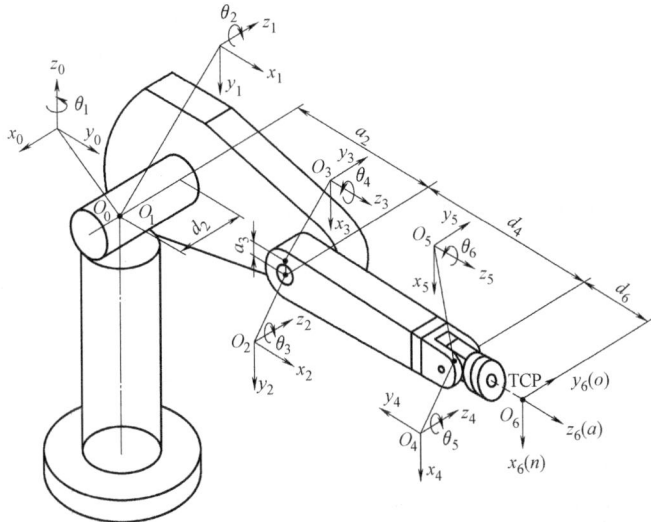

图 10-16 PUMA-560 关节型六自由度机器人的连杆坐标系

（2）确定各连杆参数 建立各个连杆坐标系后，PUMA-560 机器人的连杆参数见表 10-2。

表 10-2　PUMA-560 机器人连杆参数

连杆参数	θ_i	d_i	a_i	α_i
$i=1$	θ_1	0	0	$-90°$
$i=2$	θ_2	d_2	a_2	0
$i=3$	θ_3	0	a_3	$-90°$
$i=4$	θ_4	d_4	0	$90°$
$i=5$	θ_5	0	0	$-90°$
$i=6$	θ_6	d_6	0	0

（3）求两杆之间的位姿矩阵 $\boldsymbol{T}_i$　根据表 10-2 所示的参数和齐次变换矩阵公式可求得 $\boldsymbol{T}_i$，即

$$\boldsymbol{T}_1 = \begin{bmatrix} \cos\theta_1 & 0 & -\sin\theta_1 & 0 \\ \sin\theta_1 & 0 & \cos\theta_1 & 0 \\ 0 & -1 & 0 & 0 \\ 0 & 0 & 0 & 1 \end{bmatrix}, \boldsymbol{T}_2 = \begin{bmatrix} \cos\theta_2 & -\sin\theta_2 & 0 & a_2\cos\theta_2 \\ \sin\theta_2 & \cos\theta_2 & 0 & a_2\sin\theta_2 \\ 0 & 0 & 1 & d_2 \\ 0 & 0 & 0 & 1 \end{bmatrix}, \boldsymbol{T}_3 = \begin{bmatrix} \cos\theta_3 & 0 & -\sin\theta_3 & a_3\cos\theta_3 \\ \sin\theta_3 & 0 & \cos\theta_3 & a_3\sin\theta_3 \\ 0 & -1 & 0 & 0 \\ 0 & 0 & 0 & 1 \end{bmatrix}$$

$$\boldsymbol{T}_4 = \begin{bmatrix} \cos\theta_4 & 0 & \sin\theta_4 & 0 \\ \sin\theta_4 & 0 & -\cos\theta_4 & 0 \\ 0 & -1 & 0 & d_4 \\ 0 & 0 & 0 & 1 \end{bmatrix}, \boldsymbol{T}_5 = \begin{bmatrix} \cos\theta_5 & 0 & -\sin\theta_5 & 0 \\ \sin\theta_5 & 0 & \cos\theta_5 & 0 \\ 0 & -1 & 0 & 0 \\ 0 & 0 & 0 & 1 \end{bmatrix}, \boldsymbol{T}_6 = \begin{bmatrix} \cos\theta_6 & -\sin\theta_6 & 0 & 0 \\ \sin\theta_6 & \cos\theta_6 & 0 & 0 \\ 0 & 0 & 1 & d_6 \\ 0 & 0 & 0 & 1 \end{bmatrix}$$

（4）求机器人的运动方程

$$^0T_6 = T_1 T_2 T_3 T_4 T_5 T_6 = \begin{bmatrix} n_x & o_x & a_x & P_x \\ n_y & o_y & a_y & P_y \\ n_z & o_z & a_z & P_z \\ 0 & 0 & 0 & 1 \end{bmatrix}$$

其中：

$n_x = \cos\theta_1 \left[\cos\theta_{23}(\cos\theta_4\cos\theta_5\cos\theta_6 - \sin\theta_4\sin\theta_6) - \sin\theta_{23}\sin\theta_5\cos\theta_6 \right] + \sin\theta_1 (\sin\theta_4\cos\theta_5\cos\theta_6 + \cos\theta_4\sin\theta_6)$

$n_y = \sin\theta_1 \left[\cos\theta_{23}(\cos\theta_4\cos\theta_5\cos\theta_6 - \sin\theta_4\sin\theta_6) - \sin\theta_{23}\sin\theta_5\cos\theta_6 \right] - \cos\theta_1 (\sin\theta_4\cos\theta_5\cos\theta_6 + \cos\theta_4\sin\theta_6)$

$n_z = -\sin\theta_{23}(\cos\theta_4\cos\theta_5\cos\theta_6 - \sin\theta_4\sin\theta_6) - \cos\theta_{23}\sin\theta_5\cos\theta_6$

$o_x = \cos\theta_1 \left[-\cos\theta_{23}(\cos\theta_4\cos\theta_5\sin\theta_6 + \sin\theta_4\cos\theta_6) + \sin\theta_{23}\sin\theta_5\sin\theta_6 \right] + \sin\theta_1 (-\sin\theta_4\cos\theta_5\sin\theta_6 + \cos\theta_4\cos\theta_6)$

$o_y = \sin\theta_1 \left[-\cos\theta_{23}(\cos\theta_4\cos\theta_5\sin\theta_6 + \sin\theta_4\cos\theta_6) + \sin\theta_{23}\sin\theta_5\sin\theta_6 \right] - \sin\theta_1 (-\sin\theta_4\cos\theta_5\sin\theta_6 + \cos\theta_4\cos\theta_6)$

$o_z = \sin\theta_{23}(\cos\theta_4\cos\theta_5\sin\theta_6 + \sin\theta_4\cos\theta_6) + \cos\theta_{23}\sin\theta_5\sin\theta_6$

$a_x = -\cos\theta_1 (\cos\theta_{23}\cos\theta_4\sin\theta_5 + \sin\theta_{23}\cos\theta_5) - \sin\theta_1\sin\theta_4\sin\theta_5$

$a_y = -\sin\theta_1 (\cos\theta_{23}\cos\theta_4\sin\theta_5 + \sin\theta_{23}\cos\theta_5) + \cos\theta_1\sin\theta_4\sin\theta_5$

$a_z = \sin\theta_{23}\cos\theta_4\sin\theta_5 - \cos\theta_{23}\cos\theta_5$

$P_x = \cos\theta_1 \left[-d_6 \left(\cos\theta_{23}\cos\theta_4\sin\theta_5 + \sin\theta_{23}\cos\theta_5 \right) - \sin\theta_{23}d_4 + a_2\cos\theta_2 + a_3\cos\theta_{23} \right] - \sin\theta_1 (d_6\sin\theta_4\sin\theta_5 + d_2)$

$P_y = \sin\theta_1 \left[-d_6 \left(\cos\theta_{23}\cos\theta_4\sin\theta_5 + \sin\theta_{23}\cos\theta_5 \right) - \sin\theta_{23}d_4 + a_2\cos\theta_2 + a_3\cos\theta_{23} \right] + \cos\theta_1 (d_6\sin\theta_4\sin\theta_5 + d_2)$

$P_z = d_6(-\cos\theta_{23}\cos\theta_5 - \sin\theta_{23}\cos\theta_4\sin\theta_5) - \cos\theta_{23}d_4 - a_2\sin\theta_2 - a_3\sin\theta_{23}$

$\cos\theta_{23} = \cos(\theta_2 + \theta_3)$, $\sin\theta_{23} = \sin(\theta_2 + \theta_3)$。

例 10-8　建立 MOTOMAN-SV3 机器人运动学方程实例。

MOTOMAN-SV3 机器人与 PUMA 机器人一样都属于关节型机器人，具有 6 个转动关节的自由度，前 3 个关节用于确定手腕中心参考点在空间的位置，后 3 个关节用于确定手腕中心的姿态。所不同的是 PUMA 机器人的手臂像人的手臂一样具有肩宽，肩关节向一边偏置，而 MOTOMAN-SV3 机器人的手臂是向前布置，肩关节向前边偏置。MOTOMAN-SV3 机器人的坐标系和机构简图如图 10-17 所示。

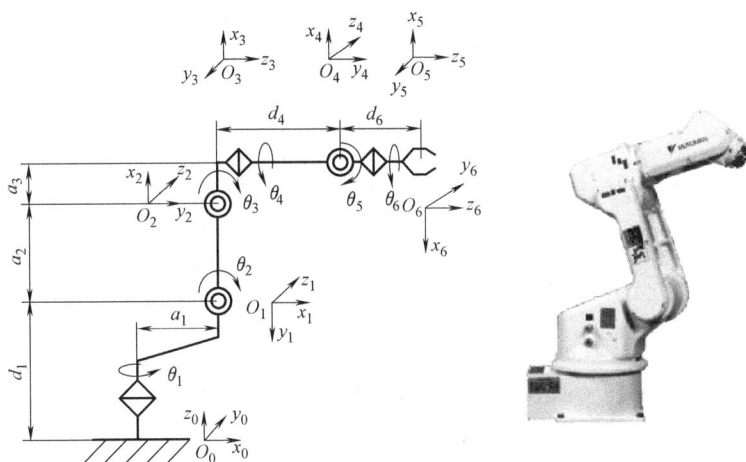

图 10-17　MOTOMAN-SV3 机器人坐标系和机构简图

解　(1) 建立 D-H 坐标系　按 D-H 参数法建立各连杆坐标系，如图 10-17 所示，将坐标系 $\{O_0\}$ 设在机器人的基座上，x_0 代表机器人手臂的正前方，y_0 代表机器人的横方向，z_0 代表机器人的身高方向。x_1 轴在水平面内，x_2 轴沿大臂轴线方向，x_3 轴与小臂轴线垂直，x_3、x_4、x_5 相互平行。坐标系原点 O_4 与 O_5 重合。$\{O_6\}$ 为终端坐标系，该坐标系考虑了工具长度 d_6。

(2) 确定各连杆参数　表 10-3 给出了各连杆的参数。

表 10-3　MOTOMAN-SV3 机器人连杆参数

连杆参数	θ_i	d_i	a_i	α_i
$i = 1$	θ_1	d_1	a_1	$-90°$
$i = 2$	θ_2	0	a_2	0
$i = 3$	θ_3	0	a_3	$-90°$
$i = 4$	θ_4	d_4	0	$90°$
$i = 5$	θ_5	0	0	$-90°$
$i = 6$	θ_6	d_6	0	0

(3) 求两杆之间的位姿矩阵 $\boldsymbol{T}_i$　根据表 10-3 所示的连杆参数和齐次变换矩阵公式可求

得 T_i，即

$$T_1=\begin{bmatrix}\cos\theta_1 & 0 & -\sin\theta_1 & a_1\cos\theta_1\\ \sin\theta_1 & 0 & \cos\theta_1 & a_1\sin\theta_1\\ 0 & -1 & 0 & d_1\\ 0 & 0 & 0 & 1\end{bmatrix},T_2=\begin{bmatrix}\cos\theta_2 & -\sin\theta_2 & 0 & a_2\cos\theta_2\\ \sin\theta_2 & \cos\theta_2 & 0 & a_2\sin\theta_2\\ 0 & 0 & 1 & 0\\ 0 & 0 & 0 & 1\end{bmatrix},T_3=\begin{bmatrix}\cos\theta_3 & 0 & -\sin\theta_3 & a_3\cos\theta_3\\ \sin\theta_3 & 0 & \cos\theta_3 & a_3\sin\theta_3\\ 0 & -1 & 0 & 0\\ 0 & 0 & 0 & 1\end{bmatrix}$$

$$T_4=\begin{bmatrix}\cos\theta_4 & 0 & \sin\theta_4 & 0\\ \sin\theta_4 & 0 & -\cos\theta_4 & 0\\ 0 & 1 & 0 & d_4\\ 0 & 0 & 0 & 1\end{bmatrix},T_5=\begin{bmatrix}\cos\theta_5 & 0 & -\sin\theta_5 & 0\\ \sin\theta_5 & 0 & \cos\theta_5 & 0\\ 0 & -1 & 0 & 0\\ 0 & 0 & 0 & 1\end{bmatrix},T_6=\begin{bmatrix}\cos\theta_6 & -\sin\theta_6 & 0 & 0\\ \sin\theta_6 & \cos\theta_6 & 0 & 0\\ 0 & 0 & 1 & d_6\\ 0 & 0 & 0 & 1\end{bmatrix}$$

（4）求机器人的运动方程

$$^0T_6=T_1T_2T_3T_4T_5T_6=\begin{bmatrix}n_x & o_x & a_x & P_x\\ n_y & o_y & a_y & P_y\\ n_z & o_z & a_z & P_z\\ 0 & 0 & 0 & 1\end{bmatrix}$$

其中：

$n_x=\cos\theta_1[\cos\theta_{23}(\cos\theta_4\cos\theta_5\cos\theta_6-\sin\theta_4\sin\theta_6)-\sin\theta_{23}\sin\theta_5\cos\theta_6]+\sin\theta_1(\sin\theta_4\cos\theta_5\cos\theta_6+\cos\theta_4\sin\theta_6)$

$n_y=\sin\theta_1[\cos\theta_{23}(\cos\theta_4\cos\theta_5\cos\theta_6-\sin\theta_4\sin\theta_6)-\sin\theta_{23}\sin\theta_5\cos\theta_6]-\cos\theta_1(\sin\theta_4\cos\theta_5\cos\theta_6+\cos\theta_4\sin\theta_6)$

$n_z=-\sin\theta_{23}(\cos\theta_4\cos\theta_5\cos\theta_6-\sin\theta_4\sin\theta_6)-\cos\theta_{23}\sin\theta_5\cos\theta_6$

$o_x=\cos\theta_1[-\cos\theta_{23}(\cos\theta_4\cos\theta_5\sin\theta_6+\sin\theta_4\cos\theta_6)+\sin\theta_{23}\sin\theta_5\sin\theta_6]-\sin\theta_1(\sin\theta_4\cos\theta_5\sin\theta_6-\cos\theta_4\cos\theta_6)$

$o_y=\sin\theta_1[-\cos\theta_{23}(\cos\theta_4\cos\theta_5\sin\theta_6+\sin\theta_4\cos\theta_6)+\sin\theta_{23}\sin\theta_5\sin\theta_6]+\cos\theta_1(\sin\theta_4\cos\theta_5\sin\theta_6-\cos\theta_4\cos\theta_6)$

$o_z=\sin\theta_{23}(\cos\theta_4\cos\theta_5\sin\theta_6+\sin\theta_4\cos\theta_6)+\cos\theta_{23}\sin\theta_5\sin\theta_6$

$a_x=-\cos\theta_1(\cos\theta_{23}\cos\theta_4\sin\theta_5-\sin\theta_{23}\cos\theta_5)+\sin\theta_1\sin\theta_4\sin\theta_5$

$a_y=-\sin\theta_1(\cos\theta_{23}\cos\theta_4\sin\theta_5+\sin\theta_{23}\cos\theta_5)+\cos\theta_1\sin\theta_4\sin\theta_5$

$a_z=\sin\theta_{23}\cos\theta_4\sin\theta_5-\cos\theta_{23}\cos\theta_5$

$P_x=\cos\theta_1[-\cos\theta_{23}(\cos\theta_4\sin\theta_5d_6-a_3)-\sin\theta_{23}(\cos\theta_5d_6+d_4)+a_2\cos\theta_2]-\sin\theta_1\sin\theta_4\sin\theta_5d_6+a_1\cos\theta_1$

$p_y=\sin\theta_1[-\cos\theta_{23}(\cos\theta_4\sin\theta_5d_6-a_3)-\sin\theta_{23}(\cos\theta_5d_6+d_4)+a_2\cos\theta_2]+\cos\theta_1\sin\theta_4\sin\theta_5d_6+a_1\sin\theta_1$

$P_z=\sin\theta_{23}(\cos\theta_4\sin\theta_5d_6-a_3)-\cos\theta_{23}(\cos\theta_5d_6+d_4)-a_2\sin\theta_2+d_1$

$\cos\theta_{23}=\cos(\theta_2+\theta_3)$；$\sin\theta_{23}=\sin(\theta_2+\theta_3)$。

建立运动学方程的步骤：

对于图 10-18 所示的 n 自由度机器人，其运动学方程建立步骤如下：

步骤 1：建立坐标系并确定 4 个 D-H 参数（θ_i，d_i，a_i，α_i）。

步骤 2：计算两坐标系之间的齐次变换矩阵 T_i。

$$T_i=R(z,\theta_i)\text{Trans}(0,0,d_i)\text{Trans}(a_i,0,0)R(x,a_i)$$

步骤 3：计算整个机器人的齐次坐标变换矩阵 ^0T_n。

$$ {}^0\boldsymbol{T}_n = \boldsymbol{T}_1\boldsymbol{T}_2\cdots\boldsymbol{T}_i\cdots\boldsymbol{T}_n = \begin{bmatrix} n_x & o_x & a_x & P_x \\ n_y & o_y & a_y & P_y \\ n_z & o_z & a_z & P_z \\ 0 & 0 & 0 & 1 \end{bmatrix} $$

步骤 4：求机器人末端执行器作业点的运动学方程式。

机器人末端执行器作业点在空间的位置方程式为

$$ \begin{cases} x = P_x \\ y = P_y \\ z = P_z \end{cases} $$

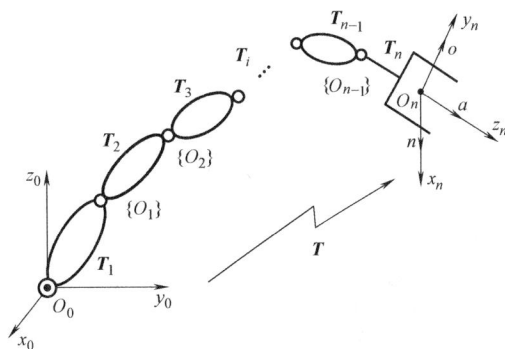

图 10-18 机器人运动学方程的建立

机器人末端执行器在空间的姿态由矩阵 $\boldsymbol{R}$ 确定，即

$$ \boldsymbol{R} = \begin{bmatrix} n_x & o_x & a_x \\ n_y & o_y & a_y \\ n_z & o_z & a_z \end{bmatrix} $$

第六节 逆运动学问题

前面讨论了机器人运动学的正向求解问题，即给出关节变量值就可求出末端执行器在空间直角坐标系下的位姿，也就是说，实现了由机器人关节变量组成的关节空间到直角坐标空间的变换。但在机器人控制中，问题却往往相反，即需在已知末端执行器要到达的目标位姿的情况下求出所需的关节变量值，以驱动各关节的电动机旋转，使末端执行器的位姿满足要求，这就是机器人反向运动学问题，也称为求运动学逆解，即由直角坐标空间到关节空间的逆变换，如图 10-19 所示。由于机器人末端执行器的作业是在直角坐标空间中完成的，所以直角坐标空间又称为操作空间。

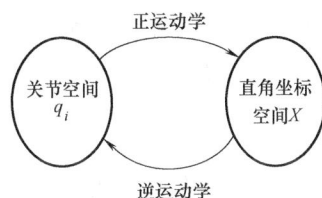

图 10-19 直角坐标空间与关节空间的正逆变换

一、逆运动学的特性

1. 解可能不存在

机器人都具有一定的工作区域，假如给定的末端执行器作业点位置在其固有的工作区域之外，则解不存在。图 10-20 所示为二自由度平面关节机械手，假如给定的末端执行器作业点位置矢量 (x, y) 位于外半径 l_1+l_2 与内半径 $|l_1-l_2|$ 的圆环之外，则无法求出逆解 θ_1、θ_2，即该解不存在。

2. 解的多重性

机器人的逆运动学问题可能出现多解，如图 10-21 所示的二自由度平面关节机械手就有两个逆解。对于给定的机器人工作区域内的末端执行器作业点位置 $A(x, y)$，可以得到两对逆解：θ_1、θ_2 和 θ_1'、θ_2'。

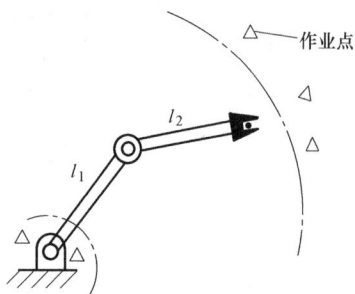

图 10-20　二自由度平面关节机械手　　　　图 10-21　机器人运动学逆解多解性示意图

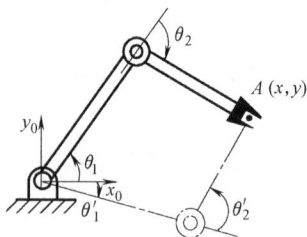

机器人运动学具有多个逆解是由于解反三角函数方程造成的。对于一个工业机器人来说，只有一组解与实际情况对应，为此必须做出判断，以选择合适的解。通常采用的剔除多解的方法有：①根据关节运动空间来选择合适的解；②选择一个最接近的解，在实际编程中选择离上一个解最接近的解；③根据避障要求选择合适的解；④逐级剔除多余解。

3. 求解方法的多样性

机器人逆运动学有多种求解方法，一般分为数值解法和封闭解法。采用数值解法时，使用递推算法得出关节变量的具体数值。而封闭解法的计算速度快、效率高，便于实时控制，数值解法则不具备这些特点，因此一般多采用封闭解法。

在已知终端位姿的条件下，采用封闭解法可得出每个关节变量的数学函数表达式。封闭解法有代数解法和几何解法。目前，已建立的一种系统化的代数解法为：运用变换矩阵的逆矩阵 T_i^{-1} 左乘，然后找出右端为常数的元素，并令这些元素与左端元素相等，这样就可以得出一个可以求解的三角函数的方程式。重复上述过程，直到解出所有未知数为止。这种方法也称为分离变量法。

二、逆运动学求解举例

例 10-9　求例 10-7 中 PUMA-560 机器人（此题不考虑末端执行器）的运动学逆解。

解　PUMA-560 机器人的运动学方程为

$$
\begin{bmatrix}
n_x & o_x & a_x & P_x \\
n_y & o_y & a_y & P_y \\
n_z & o_z & a_z & P_z \\
0 & 0 & 0 & 1
\end{bmatrix} = T_1 T_2 T_3 T_4 T_5 T_6
$$

在该矩阵方程中，等式左边的矩阵元素 n_x、n_y、n_z、o_x、o_y、o_z、a_x、a_y、a_z、P_x、P_y、P_z 是已知的，而等式右边的 6 个矩阵是未知的，它们的值取决于关节变量 θ_1、θ_2，…，θ_6 的大小。

（1）求解 θ_1、θ_3　用逆矩阵 T_1^{-1} 左乘以上矩阵方程，可得

$$
T_1^{-1} {}^0T_6 = T_2 T_3 T_4 T_5 T_6
$$

于是有

$$
\begin{bmatrix}
\cos\theta_1 & \sin\theta_1 & 0 & 0 \\
-\sin\theta_1 & \cos\theta_1 & 0 & 0 \\
0 & 0 & 1 & 0 \\
0 & 0 & 0 & 1
\end{bmatrix}
\begin{bmatrix}
n_x & o_x & a_x & P_x \\
n_y & o_y & a_y & P_y \\
n_z & o_z & a_z & P_z \\
0 & 0 & 0 & 1
\end{bmatrix}
= {}^1\boldsymbol{T}_6
\tag{10-58}
$$

式中，${}^1\boldsymbol{T}_6 = \boldsymbol{T}_2\boldsymbol{T}_3\boldsymbol{T}_4\boldsymbol{T}_5\boldsymbol{T}_6$。

将式（10-58）的左、右两边展开，且令左、右两边的（2，4）元素相等，可得

$$
-\sin\theta_1 P_x + \cos\theta_1 P_y = d_2
\tag{10-59}
$$

令

$$
\begin{cases}
P_x = \rho\cos\phi \\
P_y = \rho\sin\phi
\end{cases}
\tag{10-60}
$$

其中，$\rho = \sqrt{P_x^2 + P_y^2}$；$\phi = \arctan2(P_x, P_y)$，$\phi = \arctan2(y, x)$ 表示计算 y/x 的反正切值。把式（10-60）带入式（10-59），可得

$$
\sin(\phi - \theta_1) = \frac{d_2}{\rho}
$$

$$
\cos(\phi - \theta_1) = \pm\sqrt{1 - \frac{d_2^2}{\rho^2}}
$$

$$
\phi - \theta_1 = \arctan2\left(\frac{d_2}{\rho^2}, \pm\sqrt{1 - \frac{d_2^2}{\rho^2}}\right)
$$

于是可解得

$$
\theta_1 = \arctan2(P_y, P_x) - \arctan2\left(d_2, \pm\sqrt{P_x^2 + P_y^2 - d_2^2}\right)
\tag{10-61}
$$

式（10-61）中的正、负号分别对应于 θ_1 的两种可能解。

再令矩阵两边的（1，4）元素、（3，4）元素分别相等，可得以下方程

$$
\cos\theta_1 P_x + \sin\theta_1 P_y = a_3\cos\theta_{23} - d_4\sin\theta_{23} + a_2\cos\theta_2
\tag{10-62}
$$

$$
-P_z = a_3\cos\theta_3 + d_4\cos\theta_{23} + a_2\sin\theta_2
$$

式中，$\cos\theta_{23} = \cos(\theta_2 + \theta_3)$；$\sin\theta_{23} = \sin(\theta_2 + \theta_3)$

求式（10-62）与式（10-59）的二次方和，得

$$
a_3\cos\theta_3 - d_4\sin\theta_3 = k
\tag{10-63}
$$

式中，$k = \dfrac{P_x^2 + P_y^2 + P_z^2 - a_2^2 - a_3^2 - d_2^2 - d_4^2}{2a_2}$。

式（10-63）中消除了 θ_1，因此可用三角代换求出 θ_3，即

$$
\theta_3 = \arctan2(a_3, d_4) - \arctan2\left(k, \pm\sqrt{a_3^2 + d_4^2 - k^2}\right)
\tag{10-64}
$$

（2）求解 θ_2 和 θ_4　将式（10-58）左乘 $\boldsymbol{T}_3^{-1}\boldsymbol{T}_2^{-1}$，可得

$$\begin{bmatrix} \cos\theta_1\cos\theta_{23} & \sin\theta_1\cos\theta_{23} & -\sin\theta_{23} & -a_2\cos\theta_{23} \\ -\cos\theta_1\sin\theta_{23} & -\sin\theta_1\sin\theta_{23} & -\cos\theta_{23} & a_2\sin\theta_3 \\ -\sin\theta_1 & \cos\theta_1 & 0 & -d_2 \\ 0 & 0 & 0 & 1 \end{bmatrix} \begin{bmatrix} n_x & o_x & a_x & P_x \\ n_y & o_y & a_y & P_y \\ n_z & o_z & a_z & P_z \\ 0 & 0 & 0 & 1 \end{bmatrix} = {}^3T_6 \quad (10\text{-}65)$$

式中，${}^3T_6 = T_4 T_5 T_6$。

将式（10-65）的左、右两边展开，且令左、右两边矩阵的（1，4）元素、（2，4）元素分别相等，得

$$\cos\theta_1\cos\theta_{23}P_x + \sin\theta_1\cos\theta_{23}P_y - \sin\theta_{23}P_z - a_2\cos\theta_{23} = a_3$$
$$-\cos\theta_1\cos\theta_{23}P_x - \sin\theta_1\cos\theta_{23}P_y - \sin\theta_{23}P_z - a_2\cos\theta_{23} = d_4$$

由该两式求得

$$\sin\theta_{23} = \frac{(-a_3 - a_2\cos\theta_3)P_z + (\cos\theta_1 P_x + \sin\theta_1 P_y)(a_2\sin\theta_3 - d_4)}{P_z^2 + (\cos\theta_1 P_x + \sin\theta_1 P_y)^2}$$

$$\cos\theta_{23} = \frac{(a_2\sin\theta_3 - d_4)P_z + (\cos\theta_1 P_x + \sin\theta_1 P_y)(a_3 + a_2\cos\theta_3)}{P_z^2 + (\cos\theta_1 P_x + \sin\theta_1 P_y)^2}$$

由于 $\cos\theta_{23}$ 和 $\sin\theta_{23}$ 表达式的分母相等且为正，故有

$$\theta_{23} = \theta_2 + \theta_3$$
$$= \arctan2\big[(-a_3 - a_2\cos\theta_3)P_z - (\cos\theta_1 P_x + \sin\theta_1 P_y)(a_2\sin\theta_3 - d_4),$$
$$(a_2\sin\theta_3 - d_4)P_z + (\cos\theta_1 P_x + \sin\theta_1 P_y)(a_3 + a_2\cos\theta_3)\big] \quad (10\text{-}66)$$

根据 θ_3 和 θ_1 解的 4 种可能组合，由式（10-65）可以算出 θ_{23} 的 4 个值，于是得到 θ_2 的 4 个可能解

$$\theta_2 = \theta_{23} - \theta_3 \quad (10\text{-}67)$$

因为矩阵方程式（10-58）的左边为已知，令等式两边的（1，3）元素和（3，3）元素分别相等，便可得

$$a_x\cos\theta_1\cos\theta_{23} + a_y\sin\theta_1\cos\theta_{23} = -\cos\theta_4\sin\theta_5$$
$$-a_x\sin\theta_1 + a_y\cos\theta_1 = \sin\theta_4\sin\theta_5$$

只要 $\sin\theta_5 \neq 0$，便可求得

$$\theta_4 = \arctan2(-a_x\sin\theta_1 + a_y\cos\theta_1, \ -a_x\cos\theta_1\cos\theta_{23} - a_y\sin\theta_1\cos\theta_{23} + a_z\sin\theta_{23})$$

当 $\sin\theta_5 = 0$ 时，操作臂处于奇异状态，此时关节轴 4 和关节轴 6 重合在同一直线上，只能解出 θ_4 和 θ_6 的和或差。奇异状态可以由 $\arctan2(x, y)$ 中的两个变量是否接近于零来判别。若两个变量都接近零，则为奇异状态，这时 θ_4 可以任意取值（通常取关节 4 为当前值）。

（3）求解 θ_5 解出 θ_4 后，便可进一步求解出 θ_5。将 $T_1^{-1}{}^0T_6 = T_2 T_3 T_4 T_5 T_6$ 继续左乘 $T_4^{-1} T_3^{-1} T_2^{-1}$，可得

$$T_4^{-1} T_3^{-1} T_2^{-1} T_1^{-1}{}^0T_6 = {}^4T_6$$

因 θ_1、θ_2、θ_3、θ_4 均已解出，从而有

$$\begin{bmatrix} \cos\theta_1\cos\theta_{23}\cos\theta_4 + \sin\theta_1\sin\theta_4 & \sin\theta_1\cos\theta_{23}\cos\theta_4 - \cos\theta_1\sin\theta_4 & -\sin\theta_{23}\cos\theta_4 & -a_2\cos\theta_{23}\cos\theta_4 + d_2\sin\theta_4 - a_3\cos\theta_4 \\ -\cos\theta_1\cos\theta_{23}\cos\theta_4 + \sin\theta_1\cos\theta_4 & -\sin\theta_1\cos\theta_{23}\cos\theta_4 - \cos\theta_1\cos\theta_4 & \sin\theta_{23}\cos\theta_4 & a_2\cos\theta_{23}\cos\theta_4 + d_2\cos\theta_4 + a_3\cos\theta_4 \\ -\cos\theta_1\sin\theta_{23} & -\sin\theta_1\sin\theta_{23} & -\cos\theta_{23} & a_2\sin\theta_3 - d_4 \\ 0 & 0 & 0 & 1 \end{bmatrix} = {}^4T_6$$

$$(10\text{-}68)$$

式中，${}^4T_6 = T_5 T_6$。

使式（10-68）两边的（1，3）元素和（3，3）元素相等，得

$$a_x(\cos\theta_1\cos\theta_{23}\cos\theta_4 + \sin\theta_1\sin\theta_4) + a_y(\sin\theta_1\cos\theta_{23}\cos\theta_4 - \cos\theta_1\sin\theta_4) - a_z(\sin\theta_{23}\cos\theta_4) = -\sin\theta_5$$

$$-a_x\cos\theta_1\cos\theta_{23} - a_y\sin\theta_1\sin\theta_{23} - a_z\cos\theta_{23} = \cos\theta_5$$

因而可得

$$\theta_5 = \arctan2(\sin\theta_5, \cos\theta_5)$$

（4）求解 θ_6 继续用上述方法求解 θ_6，得

$$T_5^{-1} T_4^{-1} T_3^{-1} T_2^{-1} T_1^{-1} {}^0 T_6 = {}^5 T_6 \tag{10-69}$$

使式（10-69）两边的（3，1）元素和（1，1）元素相等，得

$$\sin\theta_6 = -n_x(\cos\theta_1\cos\theta_{23}\sin\theta_4 - \sin\theta_1\cos\theta_4) - n_y(\sin\theta_1\cos\theta_{23}\sin\theta_4 + \cos\theta_1\cos\theta_4) + n_z(\sin\theta_{23}\sin\theta_4)$$

$$\cos\theta_6 = n_x\left[(\cos\theta_1\cos\theta_{23}\sin\theta_4 + \sin\theta_1\cos\theta_4)\cos\theta_5 - \cos\theta_1\sin\theta_{23}\sin\theta_5\right] + n_y$$

$$\left[(\sin\theta_1\cos\theta_{23}\cos\theta_4 - \cos\theta_1\sin\theta_4)\cos\theta_5 - \sin\theta_1\sin\theta_{23}\sin\theta_5\right] -$$

$$n_z(\sin\theta_{23}\cos\theta_4\cos\theta_5 + \cos\theta_{23}\sin\theta_5)$$

从而得

$$\theta_6 = \arctan2(\sin\theta_6, \cos\theta_6)$$

注意：PUMA-560 机器人的运动学逆解可能存在 4 个。这是因为在求解 θ_1 和 θ_3 的式（10-61）和式（10-64）中出现了"±"，故可能得到 4 个解。图 10-22 给出了这 4 个解的对应位姿。

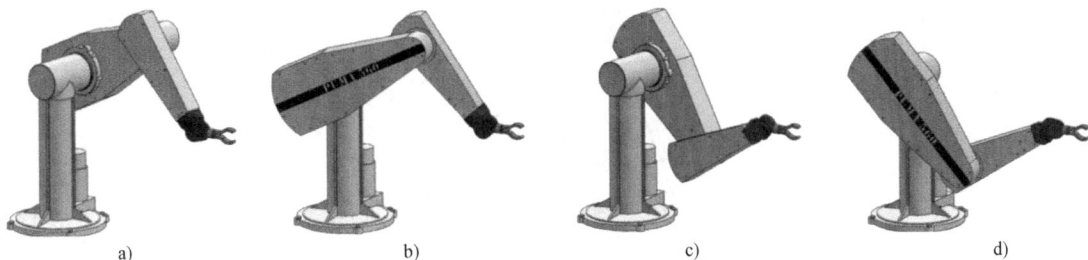

图 10-22 PUMA 560 机器人的运动学逆解的对应位姿

a）左高臂 b）右高臂 c）左低臂 d）右低臂

习　题

10-1 点矢量 $\boldsymbol{v}$ 为 $[10.00\quad 20.00\quad 30.00]^T$，相对参考坐标系做如下齐次变换：

$$A = \begin{bmatrix} 0.866 & -0.500 & 0.000 & 11.0 \\ 0.500 & 0.866 & 0.000 & -3.0 \\ 0.000 & 0.000 & 1.000 & 9.0 \\ 0 & 0 & 0 & 1 \end{bmatrix}$$

写出变换后点矢量 $\boldsymbol{v}$ 的表达式，并说明是什么性质的变换，写出其经平移坐标变换和旋转变换后的齐次坐标变换矩阵。

10-2 有一旋转变换，先绕固定坐标系 z_0 轴旋转 45°，再绕 x_0 轴旋转 30°，最后绕 y_0 轴旋转 60°，试

求该齐次变换矩阵。

10-3 动坐标系 $\{B\}$ 起初与固定坐标系 $\{O\}$ 相重合，现绕 z_B 旋转30°，然后绕旋转后的动坐标系的 x_B 轴旋转45°，试写出该坐标系 $\{B\}$ 的起始矩阵表达式和最终矩阵表达式。

10-4 写出齐次变换矩阵 $^A\boldsymbol{H}_B$，它表示坐标系 $\{B\}$ 连续相对固定坐标系 $\{A\}$ 做以下变换：

1）绕 z_A 轴旋转90°。

2）绕 x_A 轴旋转−90°。

3）移动 $[3 \quad 7 \quad 9]^T$。

10-5 写出齐次变换矩阵 $^B\boldsymbol{H}_B$，它表示坐标系 $\{B\}$ 连续相对自身动坐标系 $\{B\}$ 做以下变换：

1）移动 $[3 \quad 7 \quad 9]^T$。

2）绕 x_B 轴旋转−90°。

3）绕 z_B 轴旋转90°。

10-6 图10-23所示的二自由度机械手，若从手爪看到的 P 点位置为 $^E\boldsymbol{P}_P = [0.2, 0.2]^T$ 时，试用齐次变换矩阵求出 $^E\boldsymbol{P}_{BP}$。这里假设 $L_1 = L_2 = 0.2\text{m}$，$\theta_1 = \theta_2 = (\pi/6)\text{rad}$。

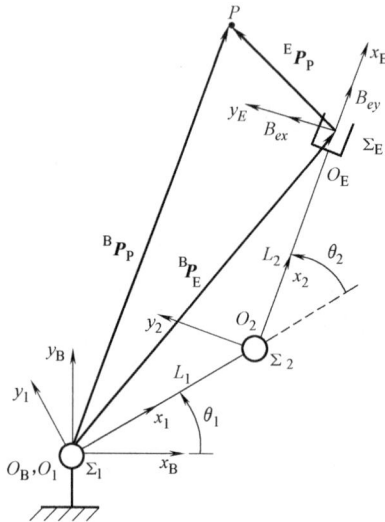

图 10-23 题 10-6 图

10-7 图10-24所示的机器人，求从指尖坐标系到基准坐标系的坐标变换矩阵。

10-8 图10-25所示为二自由度平面机械手。关节1为转动关节，关节变量为 θ_1；关节2为移动关节，关节变量为 d_2。

1）建立关节坐标系，并写出该机械手的运动方程式。

2）按下列关节变量参数求出手部中心的位置值。

$\theta_1/(°)$	0	30	60	90
d_2/m	0.50	0.80	1.00	0.70

10-9 三自由度机械手如图10-26所示，臂长分别为 l_1 和 l_2，手部中心离手腕中心的距离为 H，转角为 θ_1，θ_2，θ_3，试建立杆件坐标系，并推导出该机械手的运动学方程。

10-10 图10-27所示为一个二自由度机械手，两连杆长度均为1m，试建立各杆的坐标系，并求出 $\boldsymbol{T}_1$、$\boldsymbol{T}_2$ 及该机械手的运动学逆解。

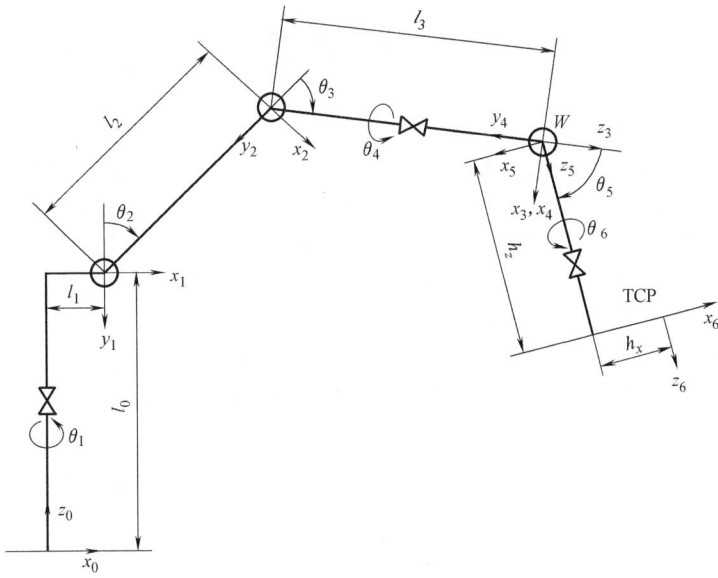

图 10-24　题 10-7 图

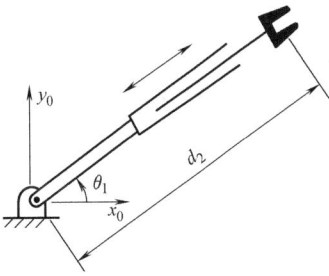

图 10-25　题 10-8 图

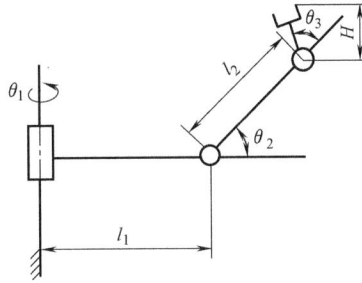

图 10-26　题 10-9 图

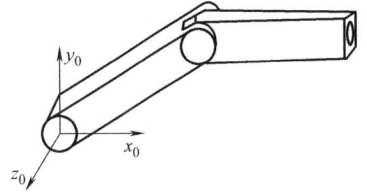

图 10-27　题 10-10 图

参 考 文 献

［1］ 韩建海. 工业机器人 ［M］. 武汉：华中科技大学出版社，2008.

［2］ 余达太，马香峰，等. 工业机器人应用工程 ［M］. 北京：冶金工业出版社，1999.

［3］ 谢存禧，张铁. 机器人技术及其应用 ［M］. 北京：机械工业出版社，2005.

［4］ 郭洪红. 工业机器人技术 ［M］. 西安：西安电子科技大学出版社，2012.

［5］ 董春利. 机器人应用技术 ［M］. 北京：机械工业出版社，2015.

［6］ 郗安民，刘颖. 机电系统原理及应用 ［M］. 北京：机械工业出版社，2007.

［7］ 蔡自兴，谢斌. 机器人学 ［M］. 3 版. 北京：清华大学出版社，2015.

［8］ NIKU S B. 机器人学导论：分析、系统及应用 ［M］. 孙富春，朱纪洪，刘国栋，等译. 北京：电子
工业出版社，2004.

［9］ CRAIG J J. 机器人学导论：原书第 4 版 ［M］. 贠超，王伟，译. 北京：机械工业出版社，2020.

［10］ SICILIANO B，SCIAVICCO L，VILLANI L，et al. 机器人学：建模、规划与控制 ［M］. 张国良，曾
静，陈励华，等译. 西安：西安交通大学出版社，2015.